U0175192

钢结构技术创新与绿色施工

中国建筑金属结构协会钢结构专家委员会　编

中国建筑工业出版社

图书在版编目（CIP）数据

钢结构技术创新与绿色施工/中国建筑金属结构协会钢结
构专家委员会编. —北京：中国建筑工业出版社，2020.6
ISBN 978-7-112-25262-6

Ⅰ.①钢… Ⅱ.①中… Ⅲ.①钢结构-生态建筑-建筑施
工 Ⅳ.①TU758.11

中国版本图书馆CIP数据核字（2020）第111461号

　　本书共分五大部分，从钢结构研究开发、钢结构工程施工技术、金属板屋面墙面围护
结构、集成房屋与钢结构住宅、钢结构桥梁工程方面，介绍了国内近几年在钢结构和绿色
施工中的设计理论、规程规范、BIM技术研究、桥梁技术应用及新材料、新技术、新产品
的最新研究成果；对近两年建设竣工的机场航站楼、大剧院、会展中心、超高层建筑、组
合桥梁结构、集成房屋等工程，介绍了其中钢结构施工技术研究与应用的最新实践经验。

　　本书对于从事钢结构的研究、设计、施工和管理工作的从业人员会有所帮助和启发，
对钢结构专业的师生具有参考价值。

＊　　＊　　＊

责任编辑：万　李　张　磊
责任校对：李美娜

钢结构技术创新与绿色施工
中国建筑金属结构协会钢结构专家委员会　编
＊
中国建筑工业出版社出版、发行（北京海淀三里河路9号）
各地新华书店、建筑书店经销
北京红光制版公司制版
北京建筑工业印刷厂印刷
＊
开本：880×1230毫米　1/16　印张：28¼　字数：889千字
2020年6月第一版　　2020年6月第一次印刷
定价：**85.00**元
ISBN 978-7-112-25262-6
（35967）

前　言

当前中国钢结构行业进入新的发展时期，创新发展、绿色发展、科学发展、融合发展和高质量发展已经成为全行业主要的发展方向。在国家生态文明建设和工业转型升级方针的指引下，我国钢结构行业以创新驱动发展，加快了工业化、现代化和绿色可持续发展的进程。住房和城乡建设部也在 2020 年明确提出：要着力推进建筑业供给侧结构性改革，促进建筑产业转型升级。大力发展建筑节能和绿色建筑，推进钢结构装配式住宅建设试点，推动建造方式转型，构建钢结构房屋建设产业链。因此，钢结构行业将成为我国未来高质量发展的热点行业之一。

为了进一步提升钢结构施工技术和科技创新水平，总结和推广应用钢结构行业最新成果和先进实用的技术，及时总结协会会员单位和专家在钢结构建筑方面的研究开发、科技创新成果；交流钢结构工程在深化设计、加工制作及施工安装技术等方面的经验，尤其是在 2020 年爆发的新型冠状肺炎战疫过程中的应急救治医院设施建设技术；推广建筑钢结构新产品、新工艺、新工法、新技术应用；提高我国钢结构建筑的整体技术水平，中国建筑金属结构协会钢结构专家委员会编著《钢结构技术创新与绿色施工》一书。

本书介绍了近两年高等院校、设计研究单位、钢结构施工企业的钢结构专家和技术人员在钢结构建筑设计理论、规程规范、大型工程、施工技术、钢结构住宅工程实践、BIM 技术研究、桥梁技术应用、集成房屋的设计研究及应用、金属板屋面墙面围护结构系统应用及各种新材料、新技术、新产品的最新研究成果。

在此，对积极投稿的作者，审稿的钢结构专家，以及为本书出版给予支持的企业，一并表示感谢。

对于论文编审中出现的错误，敬请读者批评指正。论文作者对文中的数据和图文负责。

目　录

一、钢结构研究开发 ·· （ 1 ）

基于振型的单层柱面网壳 MTMD 减震控制研究 ·············· 林　贺　罗永峰　刘怡鹏（ 2 ）
焊接和冷成型对超高层建筑钢-混凝土组合构件受力全过程影响研究
········ 韩林海　李　威　周　侃　叶　勇　王文达　于　清　王晓波　高继领　张翔宇（ 11 ）
水泥厂房屋面积灰荷载分布模型实测研究 ································ 葛苍瑜　罗永峰（ 18 ）
网壳结构抗震性能水平划分研究现状 ···································· 董昱昆　罗永峰（ 25 ）
关于滑移支座装置的研究探讨 ··································· 顾东锋　曹立忠　冯新建（ 32 ）
浅谈低温下钢结构焊接施工工艺研究 ······· 唐　振　韩　佩　孙青亮　吴俊鹏　任浩旭（ 37 ）
钢结构强弱支撑判定实用方法探讨 ·· 王士奇　孙　彤（ 42 ）
屈曲约束支撑与屈曲约束钢板墙的研究与应用 ········· 马文庆　郝洪涛　周立君　辛天春（ 46 ）
有轨道全位置焊接机器人的研究及应用 ··············· 孙　健　郝洪涛　周立君　辛天春（ 50 ）
超大直径鼓型焊接空心球节点极限承载力分析 ········· 崔　强　吴文平　丁剑强　孙夏峰（ 54 ）
既有 K6 型铝合金板式节点单层球面网壳的构件重要性评价
·· 郭小农　张　勇　宗绍晗　罗永峰（ 60 ）

二、钢结构工程施工技术 ·· （ 67 ）

国家速滑馆马鞍形单层正交索网结构施工关键技术研究与应用
·················· 高树栋　张晋勋　王泽强　王中录　张　怡　毛　杰　张　雷　冀　智（ 68 ）
"红飘带"景观工程钢结构施工技术 ······················· 李为阳　朱　明　李陶希（ 79 ）
大跨度单层网壳钢结构液压同步提升模拟计算
·· 陆建新　张　弦　胡保卫　孙树斌　李增源（ 88 ）
大张高铁大同南站钢结构施工技术
·································· 巫明杰　葛　方　张大慰　吴立辉　孙振华　何桢迪（101）
杭州南站站房屋盖钢桁架滑移施工技术 ·· 杨中尚（112）
钢筋混凝土梁钢筋与钢管混凝土柱牛腿连接施工工艺探究 ············ 圣学红　谢心谦（116）
西安飞机某总装智能装配厂房屋盖网架提升技术 ············ 李之硕　鲍　坤　钱伟江（124）
新建京张高铁清河站钢结构工程施工关键技术 ········· 崔　强　巫明杰　孙振华　朱　明（131）
145m 跨预应力管桁架施工技术 ···································· 李立武　王智达（141）
成都凤凰山体育中心体育馆屋盖网架施工关键技术 ······ 沈晓飞　何正刚　朱树臣　李　东（145）

赤峰西站高架站房钢网架提升施工技术 ……………… 王振坤　崔　强　巫明杰（153）

大跨度管桁架屋面钢结构滑移施工管理经验 ………………… 黄英杰　秘永健（159）

钢混结构组合体系柱间异形钢套管高空转换施工技术

………………………………… 陈海峰　顾　兵　孙学军　石　军　张　义（165）

BIM 技术在钢结构工程中的应用 …………………………… 王　贺　邵　玥（171）

南通国际会展中心（会议中心）钢结构 BIM 技术应用 ……… 穆小香　曹立忠　杨泽宇（176）

大跨度网架安装技术 …………… 邢清斌　常丽霞　王建国　常命良　王利康（181）

关于折板型钢管桁架屋盖施工技术的探讨 …………… 顾东锋　张华君　曹立忠（188）

一种花瓣状空间网格结构的施工方法 … 李立武　孙超群　赵伟健　白延文　谭星晨（193）

大跨度摩擦摆抗震支座安装工艺研究 …… 唐　振　孙青亮　荆艳明　吴俊鹏　任浩旭（202）

浅谈钢筋桁架楼承板施工要点及控制 …… 霍小帅　刘轶龙　魏宏杰　任明帅　史继全（207）

穹顶式倒挂钢桁架屋面结构分片安装施工技术 ………… 刘重斌　郑　晨　邓　旭（212）

超大吨位多提升点大刚度离散型结构累积提升施工技术 …… 李智华　梁延斌　刘续峰（217）

大跨度拱形钢网架施工技术 …………………… 张明亮　曾庆国　王其良（224）

大跨度空间钢结构转换支撑体系及监测技术研究与应用 …… 沈万玉　陈安英　田朋飞（230）

"叠层拼装、分层整体提升"施工技术的研发及应用

………………………… 周进兵　孙学军　周文浩　刘世松　柯忠亮　王　典（236）

小单元拼装法在高空大跨度钢桁架中的应用 ……………………………… 殷小峻（245）

浅谈钢结构建筑制作、安装质量控制措施 …………………… 白洁俊　唐逢春（254）

叠合板在装配式钢结构住宅中的研究与应用 …… 李　花　王从章　沈万玉　姚　翔（261）

无损检测技术在建筑钢结构工程质量控制中的应用 ………… 胡豪修　徐剑锋（265）

大跨度钢结构曲面桁架施工技术 ……………………………………… 唐辉超（269）

钢结构建筑大锚栓承台基础施工技术 ………………………………… 吴全辉（276）

超限大跨度钢连廊设计与施工技术 …… 肖毕江　李　众　吴合磊　安瑜萱　王　明（281）

大跨度单层门式刚架厂房钢结构施工技术 …… 刘西仙　周广存　姜雪松　王　亮　马春亮（287）

多层重型钢结构桁架深化设计与施工技术 …………… 吴　迪　于　戈　冯延军（293）

耐候钢表面稳定锈层处理技术 ……………………………… 刘奉良　滑会宾（298）

浅议分区多次提升钢桁架施工技术 …………………………… 范　林　王宇婷（303）

由泉州楼体倒塌引发钢结构工程质量安全思考 …………………………… 周　瑜（309）

宁波站水滴造型钢桁架施工技术 ……………………………………… 王晓辉（313）

三、金属板屋面墙面围护结构 ………………………………………………（319）

体育中心金属屋面系统工程的构思与实施 …………… 苗泽献　华贤荣　何成石（320）

新型泡沫保温玻璃在机库项目上的应用 …………………………… 苗泽献　梁民辉（325）

高端电子工业实验室金属外墙围护系统细部节点设计及安装技术创新 …… 郎占顺　苗泽献（331）

四、集成房屋与钢结构住宅 …………………………………………………（339）

模块化箱式集成房屋在传染病应急医院应用介绍 ……… 孙溪东　陈宝光　张平平　李　冬（340）

集成箱式房屋在应急医院建设中的应用 ………………………………… 牟连宝（347）

箱式房屋建筑相关配套专业线路解决方案 ……………………………… 耿贵军（352）

箱式房屋屋面排水结构 ……………………………………… 耿贵军　武春艳（356）

疫情之下，整体浴室如何帮助应急医院筑起安全堡垒 ………………… 付　雷（362）

轻型钢结构临建房屋的发展及应用 ………………………… 严　虹　弓晓芸（369）

装配式钢结构住宅 PC 外挂墙板连接件的研究与应用 … 沈万玉　陈安英　田朋飞　王从章（376）

装配式钢结构住宅体系的探索与应用 …………………………………… 骆　浩（383）

宝钢轻型钢结构房屋的研究及应用 ………………………… 魏　勇　沈佳星（393）

浅谈轻型钢结构低层住宅体系的研究及应用 ……………… 严　虹　弓晓芸（398）

五、钢结构桥梁工程 …………………………………………………………（405）

钢箱梁桥抗倾覆稳定性研究 ……………………………………………… 施　文（406）

浮托顶推法在京杭大运河钢桁梁施工中的应用

　　………………… 巫明杰　崔　强　吴文平　王振坤　傅俊玮　陈云辉（410）

阜阳西站站前广场南区落客平台钢箱梁安装方案 ……… 芮秀明　曹　靖　周春芳　庞京辉（417）

跨河双钢箱拱桥滑移竖转施工技术 ………………………… 李成杰　谢　超（422）

双转体钢混混合连续梁桥 BIM 技术应用研究 …………… 李　硕　张延旭（431）

基于 BIM 的全过程数字化建造技术在永定河特大桥的应用研究

　　……………………………………………… 刘长宇　谭宗成　王　卓（436）

一、钢结构研究开发

基于振型的单层柱面网壳 MTMD 减震控制研究

林 贺[1]　罗永峰[1]　刘怡鹏[2]

（1. 同济大学建筑工程系，上海　200092；2. 碧桂园集团，徐州　221000）

摘　要　为研究基于振型的多重调频质量阻尼器（MTMD）减震设计方法对单层柱面网壳结构的适用性，探讨影响减震效率的因素，提出了单层柱面网壳 MTMD 减震控制分析步骤，采用 ANSYS 建立单层柱面网壳的有限元模型，对模型进行减震控制分析，并对影响单层柱面网壳减震效率的重要参数：控制点数目、MTMD 质量比、MTMD 阻尼比、地震波、矢跨比等进行了参数化分析。算例计算结果表明，该减震方法可以有效减小结构地震响应，同时验证了该方法在单层柱面网壳结构上的适用性。通过对参数化分析的计算结果进行总结，得到了不同参数对结构减震效率影响的变化规律，进而提出了提高减震效率的建议。

关键词　单层柱面网壳；MTMD 减震；振型；参数分析

1　前言

调频质量阻尼器（TMD）作为被动减震的有效手段之一，在多高层结构减震和风振控制方面得到较多的应用，并取得良好效果。多高层结构抗侧和抗扭刚度均相对较小，低阶振型的变形模式以侧移和扭转为主，且低阶振型的质量参与系数较大，因此，对于多高层结构，只需控制第一阶或前几阶振型即可取得较好的震动控制效果。然而，大跨度空间结构与多高层结构的动力特性有显著差异。大跨度空间结构振型复杂，质量参与系数较大的振型往往分布较为离散，而非集中在低阶振型区段，因而，要将TMD减震控制系统应用于大跨度空间结构，需进行合理的改进。

刘怡鹏等对多自由度 MTMD 振动系统进行了理论分析，并提出了基于振型的 MTMD 减震设计方法，随后，建立了单层球面网壳的数值模型，并对结构进行了减震控制分析，验证了该方法对于单层球面网壳的适用性。目前，还未验证该减震设计方法对于单层柱面网壳的适用性，亦未有文献报道影响单层柱面网壳减震效率的重要参数对结构减震效率的影响规律。

为研究基于振型的 MTMD 减震设计方法对于单层柱面网壳结构的适用性，并分析影响其减震效率的因素，本文建立单层柱面网壳的有限元模型，进行减震控制分析，对影响单层柱面网壳减震效率的重要参数包括：控制点数目、MTMD 质量比、MTMD 阻尼比、地震波、矢跨比等进行参数化分析，通过对计算结果进行总结分析，验证刘怡鹏提出方法对于单层柱面网壳的适用性，得到不同参数对减震效率影响的变化规律，进而提出提高减震效率的建议。

2　基于振型的网壳结构 MTMD 减震控制设计方法

地震时，结构动力参数的摄动使 TMD 系统固有频率与结构受控频率的调谐产生漂移，减震效率降低，因此，一般将结构简化为一单自由度体系，配置多个不同频率的小质量 TMD，以降低单个 TMD 对地震反应频率的敏感性，然后组成集中多调频质量阻尼器（C-MTMD）系统，如图 1 所示。对于形态复杂的大跨度网壳结构，由于自由度数目多、频率分布密集、振型形态复杂，宜将多个 TMD 布置于结构的不同位置，组成分布多调频质量阻尼器（D-MTMD，下文简称 MTMD）系统，如图 2 所示，其中 K_0、C_0 为主结构的刚度和阻尼，K_{ti}、C_{ti} 为第 i 个 TMD 的刚度和阻尼。

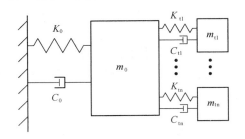

图 1　C-MTMD

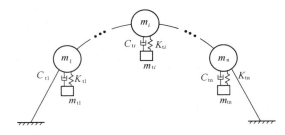

图 2　D-MTMD

2.1　MTMD 动力学方程

对大跨度空间结构 MTMD 减震控制系统，结构运动学微分方程如下：

$$\begin{bmatrix} m_s & 0 \\ 0 & m_t \end{bmatrix}\begin{Bmatrix} \ddot{u}_s \\ \ddot{u}_t \end{Bmatrix} + \begin{bmatrix} c_s + sc_t s^T & -sc_t \\ -c_t s^T & c_t \end{bmatrix}\begin{Bmatrix} \dot{u}_s \\ \dot{u}_t \end{Bmatrix} + \begin{bmatrix} k_s + sk_t s^T & -sk_t \\ -k_t s^T & k_t \end{bmatrix}\begin{Bmatrix} u_s \\ u_t \end{Bmatrix} = -\begin{Bmatrix} m_s \cdot I_s \\ m_t \cdot I_t \end{Bmatrix}\ddot{u}_g(t) \quad (1)$$

式中　m_s、c_s、k_s——分别为空间结构质量矩阵、阻尼矩阵和刚度矩阵；

　　　u_s、$\dot{u}_s$、$\ddot{u}_s$——分别为空间结构位移、速度、加速度向量；

　　　m_t、c_t、k_t——分别为 MTMD 质量矩阵、阻尼矩阵和刚度矩阵；

　　　u_t、$\dot{u}_t$、$\ddot{u}_t$——分别为 TMD 位移、速度、加速度向量；

　　　$s_{n \times m}$——由 0 和 1 组成的 TMD 位置矩阵；

　　　n——主结构自由度数；

　　　m——TMD 数目；

　　　I_s、I_t——单位荷载分布向量；

　　　$\ddot{u}_g(t)$——地震动输入函数。

由式（1）可得：

$$m_s\ddot{u}_s + c_s\dot{u}_s + k_s u_s = p_{\text{eff}} + p_{\text{TMD}} \quad (2)$$

外荷载向量包括有效地震力作用 p_{eff} 和 TMD 作用力 p_{TMD}：

$$p_{\text{eff}} = -m_s \cdot I_s \cdot \ddot{u}_g(t) \quad (3)$$

$$p_{\text{TMD}} = s \cdot \left[c_t(\dot{u}_t - s^T\dot{u}_s) + k_t(u_t - s^T u_s) \right] \quad (4)$$

将结构位移向量 u_s 按振型展开，并结合结构振型的正交性对式（2）进行解耦，得：

$$\ddot{q}_j^t + 2\xi_j\omega_j^s\dot{q}_j^t + \omega_j^{s2}q_j^s = p_{j,\text{eff}} + p_{j,\text{TMD}} \quad (5)$$

第 j 阶广义振型下，TMD 控制力：

$$p_{j,\text{TMD}} = \left[\phi_j^T sk_t s^T \phi_j(q_j^t - q_j^s) + \phi_j^T sc_t s^T \phi_j(\dot{q}_j^t - \dot{q}_j^s) \right]/M_j \quad (6)$$

假设 TMD 的频率均为 ω_{TMD}，Rayleigh 阻尼矩阵为 $c_t = \alpha m_t + \beta k_t$，式（6）可简化为：

$$M_j \cdot p_{j,\text{TMD}} = \left[\omega_{\text{TMD}}^2 + \tilde{R}(\alpha + \beta\omega_{\text{TMD}}^2) \right]\phi_j^T sm_t s^T \phi_j(q_j^t - q_j^s) \quad (7)$$

其中，$\tilde{R}$ 表示 TMD 相对于主结构速度与位移的相位差，即 $\dot{q}_j^t - \dot{q}_j^s = \tilde{R}(q_j^t - q_j^s)$。

$$\phi_j^T sm_t s^T \phi_j = m_{t1}x_1^2 + m_{t2}x_2^2 \cdots + m_{tn}x_n^2 \quad (8)$$

将 TMD 总质量设为定值 M_{TMD}，由柯西不等式得：

$$m_{t1}x_1^2 + m_{t2}x_2^2 + \cdots + m_{tn}x_n^2 \leqslant \sqrt{(m_{t1}^2 + m_{t2}^2 + \cdots + m_{tn}^2)(x_1^4 + x_2^4 + \cdots + x_n^4)}$$

$$\leqslant \sqrt{(m_{t1} + m_{t1} + \cdots + m_{t1})^2(x_1^2 + x_2^2 + \cdots + x_n^2)^2}$$

$$= M_{\text{TMD}} \cdot (x_1^2 + x_2^2 + \cdots + x_n^2) \tag{9}$$

当且仅当下式：

$$\frac{m_{t1}}{x_1^2} = \frac{m_{t2}}{x_2^2} = \cdots = \frac{m_{tn}}{x_n^2} \tag{10}$$

成立时，式（9）等号成立，即将 TMD 质量大小按所控制振型各元素平方的比例分配时，该阶振型的减震控制效果最佳，此时，定义满足式（10）的 MTMD 布置方案的设计方法为"基于振型的 MT-MD 减震设计方法"。

2.2 MTMD 减震控制设计步骤

基于网壳结构的动力特性及以上的理论分析，针对单层柱面网壳，本文提出相应的 MTMD 减震控制设计步骤如下：

（1）确定控制振型。进行单层柱面网壳数值模型的模态分析，选出不同方向质量参与系数高的某一阶或某几阶振型，作为控制振型。

（2）确定 TMD 质量。首先确定 TMD 总质量和数量，以最优减震效果合理选择 MTMD 质量比 μ（TMD 总质量与结构总质量的比值）及 TMD 数目，其次确定 TMD 布置点，可选取所控制振型向量中位移较大的部分节点，最后根据式（10）确定各控制节点处 TMD 质量。

（3）确定 TMD 自振频率和刚度。根据 TMD 振动控制理论，TMD 自振频率与激励频率（工程中一般取控制频率）接近时，控制效果最佳。通过调整 TMD 的刚度，可使其自振频率与控制频率相等，因此，可由控制频率反算得到 TMD 自振频率和刚度。

3 单层柱面网壳 MTMD 减震算例分析

3.1 数值模型及其动力特性

本文算例为一三向网格单层柱面网壳，横向跨度为 30m，纵向跨度为 36m，矢跨比为 1/3，如图 3 所示。结构杆件均为 $\phi 89 \times 3$ 的 Q235 钢管，钢材弹性模量为 2.06×10^5 MPa。网壳纵向边界采用固定铰支座，横向边界采用释放 Y 向约束的滑动铰支座。将网壳结构自重及各类荷载均等效为节点集中质量，每个节点的质量为 4000kg（相当于竖向均布荷载为 2.815kN/m²）。网壳结构非约束节点为 94 个，结构总重为 376000kg。

本文采用通用有限元分析软件 ANSYS 建立结构的有限元模型，采用 Beam188 单元模拟结构杆件，每根杆件划分为两个单元；采用 Combine14 弹簧单元与 Mass21 质量单元的组合来模拟 TMD，有限元模型如图 3 所示。结构的阻尼比为 0.02，不考虑材料非线性，动力分析中采用集中质量矩阵。

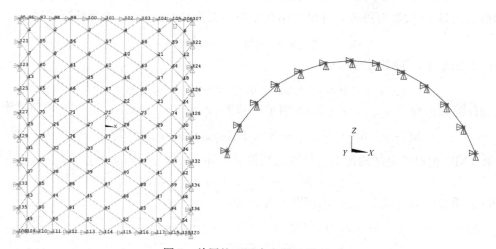

图 3 单层柱面网壳有限元模型

对未设置 TMD 的原结构模型进行模态分析，得到模型的 304 个振型，各方向质量参与系数最大的振型、振型参数见表 1。

单层柱面网壳主要参振振型参数 表1

方向	X 向	Y 向	Z 向
主要参振振型阶数	30	80	95
频率（Hz）	1.73	3.04	3.53
振型参与系数	491.44	631.40	430.53
振型质量参与系数（%）	44.40	73.28	34.07

3.2 水平地震减震控制分析

由表 1 可见，网壳结构 X 向的主要参振振型为第 30 阶，则应对第 30 阶振型进行控制。取 MTMD 质量比 $\mu = 0.1$，即 TMD 总重为 37600kg，MTMD 阻尼比 ξ 取 0.1，频率 f_{TMD} 取控制振型对应的频率，即 1.73。将 TMD 布置在控制振型相对位移最大的 16 个节点上，每个 TMD 的质量由式（10）确定，TMD 的刚度则根据式（11）确定。本算例用于控制 X 向震动的 MTMD 的布置位置和相应质量见表 2。

$$k_{TMD} = 4\pi^2 f_{TMD}^2 m_{TMD} \tag{11}$$

水平地震减震控制 MTMD 布置方案 表2

控制点分组	控制点数量	控制点节点号	TMD 质量分配（kg）
I	8	20、23、32、35、65、69、80、84	1840
II	6	13、18、26、29、37、42	2400
III	2	25、30	4240

为了对比减震效果，对减震控制前后的单层柱面网壳均进行时程分析，分析时，采用 El Centro EW 地震波（II 类场地，取前 30s，不修正），输入 X 向（水平）单向激励。分析得到减震控制前后结构各节点位移响应的最大值。由于与 X 向和 Z 向的位移响应相比，Y 向位移响应较小，远小于设计规程规定的变形限值，对结构安全性的影响可忽略，囿于篇幅，本文未列出 Y 向位移响应的最大值。结构各节点 X 向和 Z 向位移响应的最大值如图 4 所示。

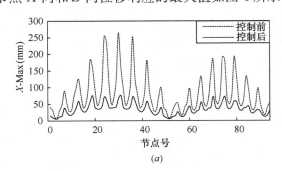
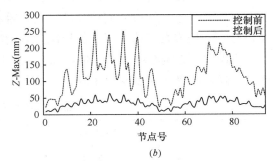

(a) $\qquad\qquad\qquad\qquad\qquad\qquad\qquad$ (b)

图 4　节点位移响应

(a) X 向；(b) Z 向

由图 4 可知，设置减震控制后，单层柱面网壳的位移响应显著减小，控制点及其附近节点的位移响应减小的幅度最大。计算得到各节点减震比（减震控制前后动力响应的减少值，与控制前动力响应的比值）的最大值为 0.79。

3.3 MTMD 控制点数量的影响

本节设计了三种 MTMD 布置方案，三种方案的质量比 μ 相同，均为 0.1，但各方案的控制点数量不同，具体布置方案见表3。

不同控制点数量 MTMD 布置方案 表3

方案	控制点分组	控制点数量	控制点节点号	TMD 质量分配（kg）
一	Ⅰ	4 个	20、23、32、35	4150
	Ⅱ	4 个	13、18、37、42	5250
二	Ⅰ	8 个	20、23、32、35、65、69、80、84	1840
	Ⅱ	6 个	13、18、26、29、37、42	2400
	Ⅲ	2 个	25、30	4240
三	Ⅰ	8 个	14、17、38、41、60、64、85、89	610
	Ⅱ	8 个	20、23、32、35、65、69、80、84	980
	Ⅲ	10 个	13、18、26、29、37、42、70、74、75、79	1240
	Ⅳ	6 个	19、24、25、30、31、36	2080

输入 El-Centro EW 波，进行动力时程分析，分析得到的节点 X 向、Z 向的位移响应最大值如图 5 所示。

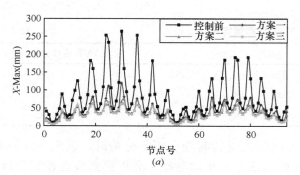 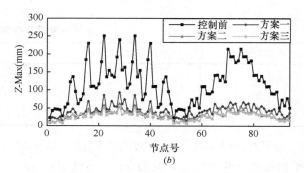

图 5 不同控制点数目减震效果对比

（a）X 向；（b）Z 向

由图 5 可见，控制点数量越多，结构减震效果越好，但减震效果的提高幅度随着控制点数量增多而减小。本文计算了部分节点的 Z 向位移减震比，得到了控制点数量与减震比的关系见表4。如 22 号节点的 Z 向位移，采用方案二比方案一的控制点数量增加了一倍，减震比由 0.66 提高至 0.77；采用方案三比方案二的控制点数量亦增加了一倍，而减震比仅由 0.77 提高至 0.80。由此可知，减震比随控制点数量增加而提高，但提高的幅度却在减小。

部分节点的 Z 向位移减震比 表4

方案	状态	22 号节点 Z 向位移		40 号节点 Z 向位移		58 号节点 Z 向位移		78 号节点 Z 向位移	
		最大值(mm)	减震比	最大值(mm)	减震比	最大值(mm)	减震比	最大值(mm)	减震比
	控制前	251.1	—	230.0	—	77.4	—	177.4	—
一	控制后	85.6	65.9%	69.0	70.0%	28.2	63.6%	63.1	64.4%
二	控制后	58.9	76.5%	47.8	79.2%	18.1	76.6%	36.5	79.4%
三	控制后	50.7	79.8%	41.9	81.8%	16.3	78.9%	34.5	80.6%

3.4 MTMD 质量比的影响

本节设计了三种 MTMD 布置方案，三种方案的控制点数量相同，均为 16 个，各方案的质量比

（$\mu = 0.05$、$\mu = 0.1$、$\mu = 0.15$）不同，控制点节点号见表2。输入 El-Centro EW 波，进行动力时程分析，分析得到的节点 X 向、Z 向的位移响应最大值如图6所示。

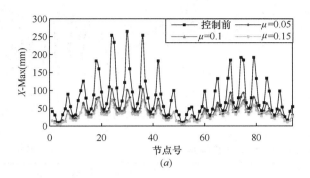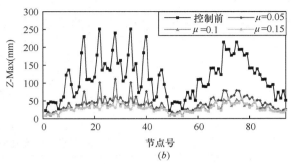

图6 不同质量比减震效果对比
（a）X 向；（b）Z 向

由图6可见，MTMD 质量比越大，减震效果越好。质量比 $\mu = 0.05$ 时，节点位移响应的平均减震比（各节点减震比的算术平均值）为 0.61；质量比 $\mu = 0.1$ 时，平均减震比可达 0.70；质量比继续增大至 $\mu = 0.15$，平均减震比为 0.71，减震效果基本不变。由此可知，MTMD 质量比存在饱和值，因此，可定义此饱和值为本结构的 MTMD 质量比最优值。本例质量比最优值可取 0.1。

3.5 MTMD 阻尼比的影响

本节设计了三种 MTMD 布置方案，三种方案的控制点数量相同，均为 16 个，各方案的阻尼比（$\xi = 0$、$\xi = 0.1$、$\xi = 0.5$）不同，控制点节点号见表2。输入 El-Centro EW 波，进行动力时程分析，分析得到的节点 X 向、Z 向的位移响应最大值如图7所示。

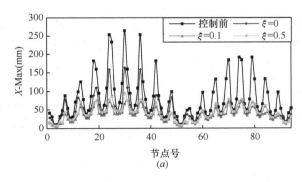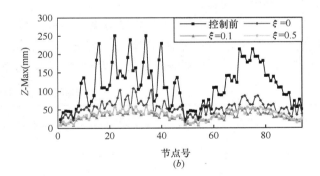

图7 不同阻尼比减震效果对比
（a）X 向；（b）Z 向

由图7可见，阻尼比取零时，MTMD 装置对结构仍具有很好的减震效果。阻尼的存在可以提高结构减震效率，但当阻尼比过大时，结构部分节点的减震效率不升反降。因此 MTMD 阻尼比存在最优值，本例可取阻尼比 0.1。

3.6 不同类型地震波的影响

采用表2所示 MTMD 布置方案，阻尼比取 0.1，分别输入 I 类场地的 Mendocino 波、II 类场地的 El-Centro EW 波及 IV 类场地的 Shanghai 人工波，进行动力时程分析，分析得到节点 Z 向的位移响应最大值如图8、图4（b）及图9所示。选取 22 号节点和 78 号节点进行比较，不同地震波下两个节点 Z 向位移时程计算结果见表5。

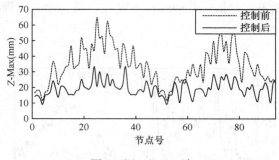

图 8　Mendocino 波

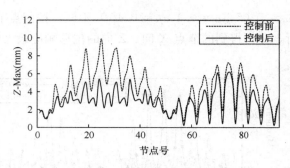

图 9　Shanghai 人工波

不同地震波下单层柱面网壳时程反应计算结果　　　　表 5

地震波	状态	22 号节点 Z 向位移				78 号节点 Z 向位移			
		最大值（mm）	减震比	均方根（mm）	减震比	最大值（mm）	减震比	均方根（mm）	减震比
Mendocino	控制前	32.3	41.5%	11.2	32.1%	56.8	52.8%	14.3	47.6%
	控制后	18.9		7.6		26.8		7.5	
El-Centro EW	控制前	251.1	76.5%	58.8	73.1%	177.4	79.4%	49.4	70.4%
	控制后	58.9		15.8		36.5		14.6	
Shanghai	控制前	5.5	40.0%	1.2	16.7%	5.6	14.3%	1.6	18.8%
	控制后	3.3		1.0		4.8		1.3	

控制频率 $f=1.73$Hz，即周期 $T=1/f=0.578$s，接近 II 类场地 El-Centro EW 波的特征周期 $T_g=0.56$s，结构减震效果明显，Mendocino 波次之，Shanghai 人工波最差。因此，控制振型的选取与地震波或场地类型有关。地震波或场地的周期越接近振型周期，减震效果越好。

3.7　矢跨比的影响

本节设计了四种 MTMD 布置方案，四种方案的控制点数量相同，均为 16 个，MTMD 质量比、阻尼比相同，均为 0.1，四种方案的结构矢跨比不同，分别为 1/2、1/3、1/4、1/5，具体布置方案见表 6。输入 El-Centro EW 波，进行动力时程分析，分析得到的 22 号和 78 号节点的 Z 向位移响应见表 7。

不同矢跨比 MTMD 布置方案　　　　表 6

方案	控制点分组	控制点数量	控制点节点号	TMD 质量分配（kg）
一	I	12 个	13、18、20、23、32、35、65、69、80、84、37、42	2112.5
	II	2 个	26、29	2460
	III	2 个	25、30	3665
二	I	8 个	20、23、32、35、65、69、80、84	1840
	II	6 个	13、18、26、29、37、42	2400
	III	2 个	25、30	4240
三	I	4 个	65、69、80、84	650
	II	10 个	13、18、26、29、37、42、20、23、32、35	2602
	III	2 个	25、30	4490
四	I	8 个	13、18、37、42、66、68、81、83	1642
	III	10 个	71、73、76、78	2006
	III	6 个	19、24、25、30、31、36	2740

不同矢跨比柱面网壳时程反应计算结果　　　　　　　　表7

矢跨比	状态	22号节点 Z 向位移				78号节点 Z 向位移			
		最大值（mm）	减震比	均方根（mm）	减震比	最大值（mm）	减震比	均方根（mm）	减震比
1/2	控制前	65.92	76.5%	18.39	72.9%	68.95	69.6%	19.23	70.9%
	控制后	15.47		4.98		20.97		5.60	
1/3	控制前	251.1	76.5%	58.8	73.1%	177.4	79.4%	49.4	70.4%
	控制后	58.9		15.8		36.5		14.6	
1/4	控制前	98.13	36.0%	29.60	36.0%	77.77	31.8%	23.68	22.5%
	控制后	62.82		18.93		53.03		18.35	
1/5	控制前	78.80	44.2%	25.99	42.8%	100.22	30.0%	31.54	50.4%
	控制后	43.98		14.86		70.16		15.65	

由表7可见：（1）矢跨比过大或过小，节点的 Z 向位移响应均较小，故存在某一特定的矢跨比，节点的位移响应最大；（2）矢跨比取 1/3～1/2 时，Z 向位移的减震比可达70%；矢跨比取 1/5～1/4 时，减震比小于45%，故矢跨比较大时，减震效果明显。综合分析可得，矢跨比取值适中时（如1/3），节点的位移响应较大，但由于减震效果较好，控制后的节点位移值可低于同等条件的其他矢跨比下相应的位移值。

4　结论

本文采用基于振型的MTMD减震设计方法，对单层柱面网壳的有限元模型进行了减震控制分析，验证了该方法对于单层柱面网壳的适用性，并通过详细的参数化分析，得到各参数对减震效率影响的变化规律。采用基于振型的MTMD减震设计方法，对单层柱面网壳数值算例进行时程分析，得出以下主要结论：

（1）基于振型的MTMD减震设计方法对单层柱面网壳的减震控制是适用且有效的，节点 Z 向位移的减震比可达70%；

（2）TMD控制点数量越多，减震效果越好，但是存在最优值，需结合工程实际合理确定；

（3）TMD质量比、阻尼比在一定范围内增大，减震效率提高，但过大时减震效率基本不变，个别节点的位移响应甚至会增大，均存在最优值；

（4）控制振型的选取不仅与振型质量参与系数有关，还受地震波或场地类型的影响，应选取质量参与系数较大的振型，且使振型周期尽量接近地震波或场地的特征周期；

（5）对于大矢跨比的单层柱面网壳，减震效果较好，节点位移的减震比可达70%；对于小矢跨比的单层柱面网壳，节点位移较小，节点位移的减震比小于45%，减震效果不明显。依据工程需求，可综合考虑节点位移和减震效果，以确定结构的矢跨比。

限于篇幅，本文仅在弹性范围内验证了该方法控制单层柱面网壳单一振型的有效性，在减震控制的多振型控制组合、弹塑性分析、柱壳边界条件、不同方向地震输入等方面还需进行进一步的研究。

参考文献

[1] 廖冰，罗永峰，王磊等．大跨度空间结构质量参与系数与振动特性理论研究[C]．空间结构学术会议．2012．
[2] 廖冰，罗永峰．基于振型贡献系数的空间结构振动反应研究[J]．空间结构，2014，20(1)．
[3] 廖冰，罗永峰，王磊等．基于质量参与系数的空间结构动力模型简化[J]．湖南大学学报（自然科学版），2013，40(9)：7-13．

［4］ 刘怡鹏，罗永峰，相阳．基于固有模态的单层球面网壳减震控制［J］．同济大学学报（自然科学版），2016，44（9）：1324-1332.

［5］ 刘怡鹏．大跨度空间结构 MTMD 地震控制研究［D］．上海：同济大学，2017.

［6］ 李春祥，黄金枝．高层钢结构 MTMD 地震反应控制优化设计［J］．振动与冲击，2000，19（1）：37-39.

［7］ Fu T S, Johnson E A. Distributed Mass Damper System for Integrating Structural and Environmental Controls in Buildings［J］. Journal of Engineering Mechanics，2011，137（3）：205-213.

焊接和冷成型对超高层建筑钢-混凝土组合构件
受力全过程影响研究

韩林海[1]　李　威[1]　周　侃[1]　叶　勇[1]　王文达[1]　于　清[1]　王晓波[2]　高继领[2]　张翔宇[2]

(1. 清华大学土木工程系，北京　100084；2. 江苏沪宁钢机股份有限公司，宜兴　214231)

摘　要　本文对超高层建筑钢结构焊接和冷成型过程进行了定量化研究，提出了可考虑高层建筑钢结构焊接和冷成型影响的全过程分析方法。在足尺试件上开展了焊接和冷成型残余应力测试试验，并建立了可考虑冷成型和焊接过程的精细化有限元模型。系统研究了加工过程对钢-混凝土组合构件正常使用阶段的影响。所提出的全过程分析方法已经成功运用于深圳平安金融中心、武汉绿地中心、上海中心大厦等典型钢结构工程的钢-混凝土组合柱力学性能研究。通过研究优化了超高层钢结构加工工艺。结果表明，基于制订工艺流程下的焊接和冷成型残余应力不会显著影响正常使用阶段钢-混凝土组合柱的安全性。

关键词　焊接；冷成型；残余应力；足尺试验；数值模型；全过程分析

1　引言

我国超高层建筑钢结构加工制作技术发展迅速，取得了许多举世瞩目的成就。焊接和冷成型是钢结构加工过程中的重要工艺，以往研究者对普通钢结构开展了相关研究。针对超高层建筑钢结构加工制作的特征和现状，国内外均未有过大体积、大厚度（部分达到 150mm 以上）、大重量、高等级别材料（一般为 Q345GJC，另有大量的 Q390D，Q420D 和 Q460E）全新异形复杂结构构件的使用，给钢结构设计和制作安装带来巨大挑战。由于对高层建筑钢结构厚钢板卷压成型和焊接全过程研究不够充分，国内外已有的试验和应用十分有限，目前尚无法得知上述大体积、大厚度、大重量钢结构加工过程及其对结构整体真实性能的影响，因此在工厂加工过程中对结构构件应力和变形较难控制，在设计上也无法对残余应力和变形的影响加以考虑。

此类问题涉及多物理场的耦合作用，具有机理复杂、量测困难、影响因素众多等特点，通过传统典型试验往往难以对其机理进行深入分析。近十几年来，随着数值计算能力的大幅提高，数值仿真成为解决此类问题的有效途径和关键技术。以往，国内外研究单位通过大量研究，建立了基于大型通用有限元软件的钢结构建模仿真方法。然而，在大型复杂钢结构工厂加工过程对施工和结构真实性能影响的模拟方面仍存在较大不足，成为制约目前建筑钢结构制造业水平进一步提升的瓶颈。

鉴于此，清华大学研究团队和江苏沪宁钢机股份有限公司开展了深入的合作研究，对超高层建筑钢结构焊接和冷成型关键步骤进行了试验研究和理论分析，并对加工过程对结构正常受力全过程的影响开展了定量化研究。进行了足尺厚板钢构件的焊接和冷成型试验，测量了残余应力分布情况。建立了可考虑冷成型和焊接残余应力的精细化有限元模型，对残余应力的影响进行全过程分析。提出的全过程分析方法可辅助优化并确定大尺寸厚板钢构件加工工艺，并为超高层建筑结构全寿命周期的力学性能研究和其他工程提供参考依据。

2 焊接影响全过程分析方法

2.1 试验研究

试验针对当前超高层建筑结构中典型的结构形式，紧密结合钢结构加工工艺，考虑加工过程的影响，采用钻孔法测量钢结构加工结束后构件表面的残余应力。设计的试验构件基于实际工程中使用的组合柱构件并进行适当简化，制作工艺和实际工程相同。其中典型试验构件之一截面形式和尺寸如图1所示。试件净尺寸为长×宽×高＝6525mm×3200mm×1000mm，由两段拼接而成。

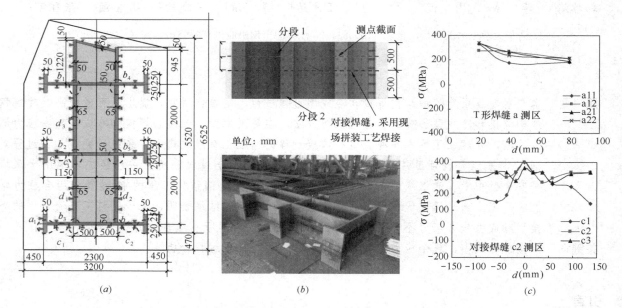

图1 焊接全过程典型试验试件及结果

(a) 试件截面；(b) 试件照片；(c) 试验结果

试验主要测试T形焊接和对接焊接位置附近的残余应力分布情况，包括：50mm 腹板-50mm 翼缘的T形直角焊缝（a类焊缝）；65mm 腹板-50mm 翼缘的T形焊缝（b类焊缝）；50mm-50mm 对接焊缝（c类焊缝）和 65mm-65mm 对接焊缝（d类焊缝）。由图1可见，T形焊缝在翼缘内侧的残余应力呈现出随着与焊缝中心距离的增大而减小的趋势；对接焊缝的残余应力较大，接近钢材的屈服强度；在焊缝附近，随着与焊缝距离的增大，焊接残余应力呈现减小的趋势。

系统试验结果表明，1）厚板加工后的表面残余应力在焊缝处较大，往往超过了钢材及焊缝材料的屈服强度，随着与焊缝中心区距离的增大，残余应力呈现减小的趋势；2）相互拼接的厚板厚度越大，需要堆焊的次数越多，随着堆焊次数的增多，残余应力的大小呈现增大的趋势，其分布也更大；3）焊接残余应力主要的分布方向为与焊缝平行的方向，垂直焊缝方向的残余应力一般小于平行方向的残余应力。残余应力在两个方向的分布趋势往往相同；4）加工过程中的各道工序均会对残余应力分布产生影响，如下料时火焰切割、焊接过程中的多道堆焊、焊接变形矫正和构件的位置、工序等，这使得残余应力分布规律离散性较大。

2.2 有限元分析

结合实际加工工艺，建立了可考虑厚板内场焊接加工和施工现场焊接加工的钢结构残余应力的精细化有限元计算模型。综合考虑计算效率和精确度，采用 ABAQUS 中的热力顺序耦合方法进行模拟。温度场分析模型中钢板使用 DC3D8 单元，焊缝使用 DC3D6 单元；力学分析模型中钢板使用 C3D8R 单元，焊缝使用 C3D6 单元。热源采用 ABAQUS 中的 DFLUX 热源子程序定义，模型采用较适合模拟厚板焊接的双椭球热源模型。模拟时在子程序中加入热源位置关于时间的函数，模拟焊接热源的不断移动。

残余应力试验结果和数值模拟结果如图 2 所示。由图中可见，计算结果和试验结果整体趋势相符合。差异的原因主要来源于温度场热源模型的选取。总体上，建立的模型可以模拟实际焊接过程，得到较为精确的残余应力分布。本研究结合实际加工工艺，测试焊接过程中的温度场和残余应力，提出了简化的温度场模型，得到更为精确的结果。

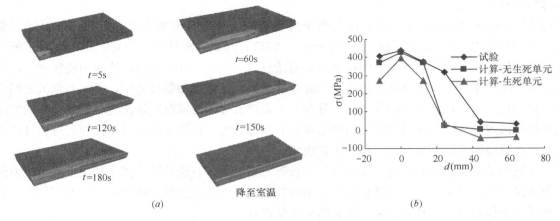

图 2　焊接全过程典型计算结果

(a) 应力分布；(b) 计算结果对比

3　冷成型影响全过程分析方法

3.1　试验研究

紧密结合沪宁钢机加工工艺，考虑加工过程的影响，测量钢结构加工结束后构件表面的残余应力的大小、分布等规律，为数值模拟、系统的理论分析和加工工艺的改进提供依据。典型试件尺寸为 2500mm×45mm，材质为 Q345GJC，高度为 1000mm，分为上下两个 500mm 的分段，如图 3 所示。试件的筒体采用厚板卷制加工成型，制作过程经历下料切割、预压弯头、筒体卷制、冲砂处理、钢管纵缝焊接、筒体矫正、筒体对接环缝焊接、铣加工等过程。

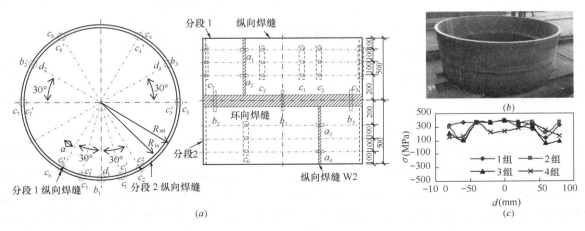

图 3　冷成型全过程典型试件试验结果

(a) 试件设计；(b) 试件实体；(c) 试验结果

试验结果表明：1) 焊缝处的构件表面残余应力在焊缝中心处较大，基本超过了钢材及焊缝材料的屈服强度，随着与焊缝中心区距离的增大，残余应力呈现减小的趋势；2) 钢管外表面残余 Mises 应力平均值与钢材屈服强度比值的平均值为 0.27，钢管内表面残余 Mises 应力平均值与钢材屈服强度比值的平均值为 0.76，内表面的残余应力水平大于外表面。纵向正应力分布规律与环向正应力的分布规律类似，且纵向正应力水平高于环向正应力水平；3）相比于钢管焊接，钢管冷成型加工产生的残余应力较小，钢管内、外表面的残余 Mises 平均值均低于钢管的屈服强度，厚度方向的残余应力从外到内呈现"压-拉-压-拉"的分布规律，焊缝及焊缝附近的残余应力均达到了屈服强度的水平。

3.2 有限元分析

采用 ABAQUS 有限元软件，建立冷成型全过程有限元模型。模型中包含钢板、上辊和下辊等部件。钢板采用减缩积分的四节点壳单元（CPS4R），辊筒采用离散刚体单元（R2D2）。如图 4 所示为所建立的有限元模型。钢板与辊筒之间的接触为面面接触（surface to surface），法向为硬接触，切向为库仑摩擦接触。摩擦系数应为平整钢表面之间的静摩擦系数，保证在卷制过程中，辊筒和钢板之间没有相对滑动。钢板在模型中没有定义边界条件，其与上下辊筒通过面面接触固定位置，设置合适的摩擦系数以解决初始阶段可能存在的接触无法找到合适状态的问题。为了模拟实际情况，把卷制过程分解为多个步骤，步骤数量根据实际卷制过程下压的次数决定。

基于开展的足尺试验，对钢材冷成型加工的有限元模型进行试验验证。图 4 给出了残余应力测量结果和预测结果对比，其中由于试验结果具有一定的离散性，为便于比较，图中给出了所测量测点的平均结果。可见在整体趋势上，预测结果与试验结果吻合较好。

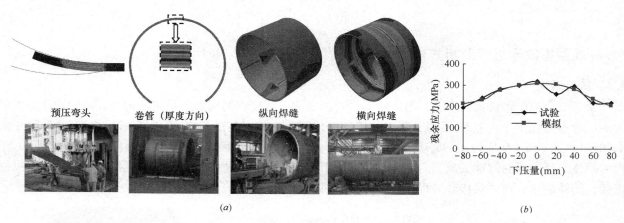

图 4　冷成型全过程典型试件计算结果
(a) 模拟过程；(b) 残余应力分布

4　工程应用

4.1　深圳平安金融中心

深圳平安金融中心主体结构高度为 558.45m，塔尖高度为 660.00m。在 −2.7～155.25m 标段施工范围内，型钢混凝土柱的最大外截面尺寸为 5562mm×2300mm，最大板厚为 75mm，材质为 Q345GJC-Z25，节点区域局部加厚至 90mm，材质为 Q390GJC-Z25。本工程钢结构组合柱的特点和难点包括：1）使用钢板厚度大，强度等级高；2）结构复杂，焊接残余应力大，变形大；3）焊缝裂纹发生的可能性大；4）层状撕裂倾向性大。

结合沪宁钢机典型钢结构构件的制作加工工艺，考虑焊接加工过程的影响，对加工过程中和加工结束后钢结构的残余应力进行分析，得到残余应力分布，如图 5 所示。结果表明，在焊缝处的残余应力最大，为 450MPa，已经超过焊缝材料的屈服强度。焊缝附近钢材的残余应力也比较大，为 370MPa。随着与焊缝距离的增大，残余应力迅速减小。

将得到的结果作为初始条件，建立精细化有限元模型，对深圳平安金融中心使用的钢-混凝土组

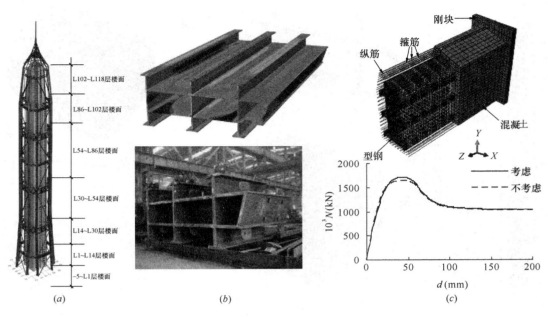

图 5　深圳平安金融中心工程应用情况

（a）结构示意图；（b）焊接后型钢残余应力；（c）计算结果对比

合柱的性能进行分析，以评估钢结构加工过程对该钢-混凝土组合柱的影响。图 5 给出了该组合柱的荷载-变形关系，其中横坐标为该柱的轴向压缩变形量，纵坐标为荷载值。图中给出了考虑和不考虑焊接残余应力两种情况下的曲线。研究结果表明，在深圳平安金融中心工程中，钢结构中的残余应力使得钢-混凝土组合柱的极限承载力提高 2%～5%，使用阶段（荷载比小于 0.3 时）的轴压刚度降低了 1%～3%。随着柱截面含钢率的降低，钢结构焊接残余应力对极限承载力和使用阶段刚度的影响有降低的趋势。通过工艺控制，加工后的残余应力对钢-混凝土组合柱正常使用阶段的影响在工程上处于可接受范围。

4.2　武汉中心

武汉中心工程总高度为 438m，结构类型为框架柱-核心筒-伸臂桁架结构体系。框架柱为钢管混凝土柱，钢管最大规格为：3000mm×60mm，材质为 Q345GJC。钢结构加工制作难点包括厚板下料、弯头预压、筒体卷制和矫正等。根据该典型钢管混凝土柱的加工顺序，建立有限元模型，对加工过程进行模拟。

结合沪宁钢机的制作、加工工艺，通过对武汉中心钢结构工程 A 标段所使用的钢管混凝土组合柱建立有限元模型。模型中材料的强度按照实际结构设计中的材料强度标准值采用，其中混凝土强度等级为 C70，钢材的型号为 Q345B，纵向钢筋和钢筋均为 HRB400，纵向钢筋为 26 Φ 20，箍筋为 Φ 10@120，柱芯直径为 1500 mm。模型中没有考虑纵向加劲肋的影响。设计的基本工况为轴向压缩，仅分析组合柱在轴向压力作用下的性能。不考虑弯矩、二阶效应的影响。

分别考虑和不考虑冷成型的影响，得到加工过程中各个阶段和加工结束后的残余应力，计算并得到了两种情况下该钢管混凝土组合柱的荷载-轴向压缩变形关系曲线，如图 6 所示。结果表明，钢结构经过冷成型后存在残余应力，针对该工程典型试件，钢结构中的残余应力对钢管混凝土组合柱的极限承载力影响在 ±2.5% 以内，轴压刚度降低不超过 2.5%。考虑钢结构加工过程时，极限承载力对应的轴向变形值有增大的趋势。总体上加工后的残余应力对钢管混凝土组合柱正常使用阶段的影响在工程上处于可接受范围。

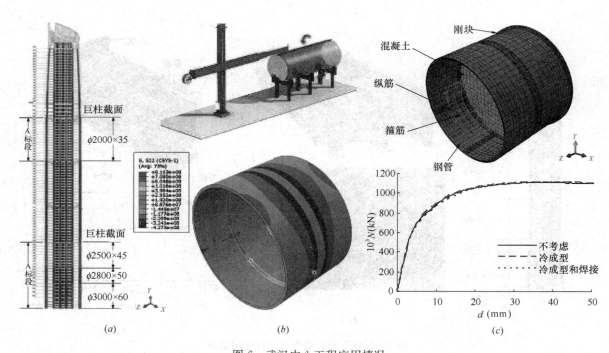

图 6　武汉中心工程应用情况

（*a*）结构示意图；（*b*）冷成型后残余应力；（*c*）计算结果对比

5　结论

本研究紧密结合典型钢结构加工工艺，进行了足尺构件的加工过程试验，建立了结构精细化全过程分析模型，实现了对整个冷成型和焊接全过程的数值模拟，并对加工过程中的应力分布和加工完成之后的残余应力分布规律进行了深入分析。基于提出的全过程分析方法，可对使用阶段安全性进行评价，结合评价结果，确定相应的焊接工艺流程。并将残余应力作为初始条件，对钢-混凝土组合构件使用阶段的力学性能进行了分析，得到钢结构加工过程的影响规律。

上述全过程分析方法已应用于深圳平安金融中心、上海中心、武汉中心等重点工程，结合结构安全性的评价，确定相应的焊接、冷成型工艺流程。成果还可应用于超高层建筑结构外的其他钢结构加工。结果表明，基于科学制订的工艺流程下的焊接残余应力不会显著影响正常使用阶段钢-混凝土组合柱的安全性。该理论研究成果在实际重大工程中得到了应用，为工程安全提供了保障。

参考文献

[1]　王国周．残余应力对钢压杆承载能力的影响及理论分析概况（一）[J]．冶金建筑．1981，9：31-36.

[2]　宋天民．焊接残余应力的产生与消除（第二版）[M]．北京，中国石化出版社，2010.

[3]　侯刚，童乐为，陈以一等．冷弯非薄壁方管材料特性试验及分析模型[J]．工程力学，2013，2：054.

[4]　Weng C C, White R N. Cold-bending of thick high-strength steel plates[J]. Journal of Structural Engineering, 1990, 116(1)：40-54.

[5]　吴言高，李午申，邹宏军，冯灵芝．焊接数值模拟技术发展现状[J]．焊接学报．2002，23(3)：89-92.

[6]　顾强，陈绍蕃．厚板焊接柱残余应力的有限元分析[J]．钢结构，1996，11(31)：12-19.

[7]　Deng D., Murakawa H. Numerical simulation of temperature field and residual stress in multi-pass welds in stainless steel pipe and comparison with experimental measurements [J]. Computational Materials Science, 2006, 37(3)：267-277.

[8]　Chand R. R., Kim I. S., Lee J. P., Kim Y. S., Kim D. G. Numerical and experiment study of residual stress and strain in multi-pass GMA welding [J]. Journal of Achievements in Materials and Manufacturing Engineering, 2013,

57 (1)：31-37.

[9] Weng C C，White R N. Residual stresses in cold-bent thick steel plates [J]. Journal of structural engineering，1990，116(1)：24-39.

[10] 胡盛德，李立新，周家林. 冷弯厚壁矩形型钢管冷弯效应[J]. 建筑结构学报，2011，32(6)：76-81.

[11] 侯刚，童乐为，陈以一等. 冷弯非薄壁方管材料特性试验及分析模型[J]. 工程力学，2013，2：054.

[12] ASTM Designation：E837-13a. Standard Test Method for Determining Residual Stresses by the Hole-Drilling Strain-Gage Method.

[13] 深圳平安金融中心钢结构供应、加工及制作工程施工组织设计[R]. 江苏沪宁钢机股份有限公司，2012.

[14] 韩林海. 钢管混凝土结构——理论与实践(第三版)[M]. 北京：科学出版社，2017.

水泥厂房屋面积灰荷载分布模型实测研究

葛苍瑜　罗永峰

（同济大学土木工程学院，上海　200092）

摘　要　水泥厂建筑的屋面普遍存在积灰现象，屋面积灰是影响屋面使用性能与结构受力性态的关键因素之一。为研究屋面积灰的分布特征，对某水泥厂厂房的屋面积灰进行了实地测量，获得了积灰沉降量分布与块状积灰厚度分布的特点与规律；设计了一种可变坡度的屋盖实体模型，并完成了不同坡度屋盖模型的积灰实测，定义了屋面积灰坡度系数，以表征积灰荷载受屋面坡度的影响程度；最后，针对屋面积灰坡度系数，对比分析了荷载规范建议值与屋盖模型实测值。研究结果表明：积灰沉降量与测点至灰源的距离、测点至坡顶的距离成负相关，积灰厚度在顺坡度方向由坡顶至坡底振荡变化，挡风板附近区域的积灰沉降量大于其他区域，挡风板导致块状积灰在屋面半坡位置局部堆积；屋面积灰坡度系数与坡度成负相关，当屋面坡度在 $0°\sim25°$ 范围内时，相比于实测值，荷载规范建议的屋面积灰坡度系数偏于保守。

关键词　屋面积灰荷载；分布模型；积灰实测；屋面坡度

1　引言

传统的水泥生产主要由原料破碎、生料制备、熟料烧成、粉磨包装等过程构成，在这一生产过程中，工作车间、窑尾烟囱会产生大量粉尘，这些粉尘的主要组成部分是水泥灰颗粒。在重力作用下，悬浮在空气中的水泥灰颗粒逐渐沉降于水泥厂厂房的屋面，遇雨时将会进一步水化反应为水泥块黏附在屋面上。厂房屋面上的这类积灰不仅影响屋面的正常使用，还将以荷载的形式作用于屋面，进而影响厂房结构的受力性态。

在结构的设计、检测鉴定计算过程中，荷载取值的准确度将直接影响结构分析的最终结果。对水泥厂厂房而言，除屋面自重与屋面活荷载之外，作用于屋面的其他荷载主要为降雪产生的积雪荷载以及积灰沉积造成的积灰荷载。目前，国内外学者已经采取多种手段对屋面积雪荷载进行研究并取得了丰硕的成果，通过实地测量获得的积雪分布，基于风洞试验的风致雪漂移机理研究，借助计算机开展的风致雪漂移 CFD 模拟研究。然而，关于屋面积灰荷载的研究相对较少，一些学者对除尘系统中的积灰荷载展开了研究，而目前仅有现行荷载规范对屋面积灰荷载给出了简单的说明，但缺乏可靠有效的屋面积灰荷载模型。由此可见，在结构受力性态分析过程中，现阶段关于屋面积灰荷载的研究成果难以满足准确计算结构受力状态的需要，且积灰荷载实测研究也较为缺乏。

为研究水泥厂建筑屋面积灰荷载的分布特征，本文依托国家自然科学基金项目，对某水泥厂厂房的屋面积灰进行实测分析研究，得到积灰沉降量分布与块状积灰厚度的分布特征与规律，并分析挡风板对积灰分布的影响。为研究屋面积灰荷载与屋面坡度的关系，参考积雪实测研究中使用的屋盖模型，设计并制作一种适用于屋面积灰测量的可变坡度屋盖实体模型，定义屋面积灰坡度系数，并对比分析现行荷载规范建议值与本文实测值异同及其原因。

2 屋面积灰实测方案

2.1 既有屋面积灰分布特征实测方法

在长达数年的沉积过程中，水泥厂建筑屋面积灰在重力作用下顺屋面坡度持续滑移，且在间歇性的大风与降雨作用下，积灰也会改变位置，因此，屋面上的积灰呈现出不均匀分布的特点。为研究屋面积灰的分布特征，本文选取某水泥厂内一压型钢板屋面（图1）作为积灰分布的实测对象，对该屋面划定待测区域并布设测点进行实地测量研究。该待测屋面为单跨双坡屋面，屋脊线由南向北延伸，屋面南侧的烟囱是屋面积灰的主要尘源。基于前期实地调查结果与安全保障措施考量，本文在屋面东北角划定了一个矩形测区（图2），测区面积约为全屋面面积的1/4。

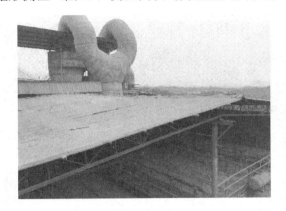

图1 实测屋面

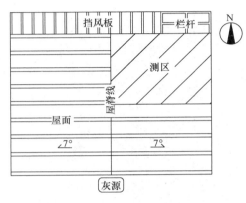

图2 测区布置图

屋面上的水泥积灰可根据沉积历史分为以下两种形态：粉末状松散积灰和块状致密积灰。逸散在空气中的水泥灰颗粒在重力与风力的作用下沉降，并松散地堆积在屋面上，受降雨影响，粉末状水泥灰发生化学胶结反应并最终形成致密的块状积灰。

经空气扩散并沉降至屋面后，细小的水泥灰颗粒在风力作用下会再次飘散到空气中进而发生新一轮沉降；另外，屋面上堆积的粉末状积灰在雨水浸润下会发生水化反应并转化为水泥浆体，受雨水冲刷和重力作用影响，水泥浆体将顺屋面坡度向低处流动。上述现象说明，沉降于屋面某一点位的粉末状积灰，仅有部分最终原位转化为块状积灰，剩余部分将迁移至屋面其他位置。因此，积灰沉降量分布与屋面块状积灰的厚度分布存在差异。

积灰沉降量分布能够反映空气中水泥灰颗粒在屋面不同位置的沉降差异。在厂房服役过程中，灰源的连续性排放，导致屋面上积灰沉降的过程持续进行，因此，难以在时间维度上界定一次积灰沉降的始末。在实际测量过程中，只能获得屋面部分点位在一段时间内，空气中水泥灰颗粒的沉降量，并以此作为积灰沉降量分布。集尘缸是一种广泛应用于环境调查的颗粒物收集装置，一般为圆柱形开口容器，具有较大的高径比，能够有效收集空气中可沉降的颗粒物。本文在测区内不同位置放置9个简易集尘缸（图3），用以收集一段时间内空气中沉降的水泥灰颗粒，为了防止屋面上的水平风吹翻集尘缸，缸中放置了钢棒作为配重，并辅以铜丝将集尘缸与砖块绑定（图4）。

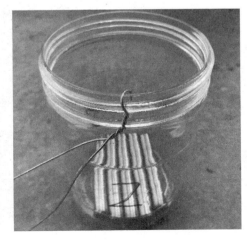

图3 简易集尘缸

块状积灰是屋面积灰的主要组成部分，不仅直接影响屋面的使用性能，还是决定结构受力性态的关键因素之一。本文在实际测量过程中，在致密块状积灰的表面钻孔，并利用数显游标卡尺量测孔深，即可获得块状积灰的厚度。

2.2 可变坡度的屋盖实体模型

在风与重力的联合作用下，屋面坡度对积灰的沉降堆积存在显著的影响，相比于大坡度屋面，平缓屋面拥有较小的迎风面积，堆积于屋面的积灰受到的下滑力较小，因此，屋面上留有更多的积灰。为研究屋面坡度对积灰荷载的影响，本文参考积雪分布实测研究中采用的屋盖模型，设计并制作了一种适用于水泥厂屋面积灰测量的可变坡度屋盖实体模型。前期实地调查结果表明，位于待测屋面北侧的厂房屋面，常年不上人，人为扰动较小，并且屋面上遮挡物较少，有利于积灰的沉降堆积，因此，将该屋面作为屋盖实体模型的放置场地（图5）。

图 4　集尘缸的防风措施　　　　　　　图 5　屋盖模型现场放置

在传统的积雪测量中，通常制作一系列具有不同坡度的屋盖模型，并将屋盖模型放置于平整的场地进行观测研究。然而，屋面上积灰的不均匀分布导致场地平整性较差，屋面上不同位置的坡度不一致。若继续采用传统积雪测量所使用的固定坡度屋盖模型，场地坡度的不确定性将导致屋盖模型的实际坡度不同于设计坡度。因此，本文在传统屋盖模型的基础上进行优化，采用可自由调节长度的风撑作为模型的支撑杆，以达到屋盖模型（图6）能够根据实际场地条件调整屋盖坡度的目的。

(a)　　　　　　　　　　　　　　　　　(b)

图 6　可变坡度的屋盖实体模型
(a) 最小屋面坡度；(b) 最大屋面坡度

3 既有屋面积灰分布模型

3.1 积灰沉降量分布特征

放置于屋面不同位置的集尘缸，缸内积灰的质量差异可以反映积灰沉降量的分布特征。2019 年 5 月在屋面不同位置放置了 9 个集尘缸，2019 年 9 月收集并称量了集尘缸内沉积的积灰，各集尘缸的相对位置以及缸内积灰的质量如图 7 所示。图 8 给出了积灰沉降量在屋面坡度方向上的分布情况，对比 1～5 号或 6～9 号集尘缸发现，坡屋面上坡顶处积灰沉降量最大，而坡底处积灰沉降量最小，积灰沉降量由坡顶至坡底呈现出递减的趋势。

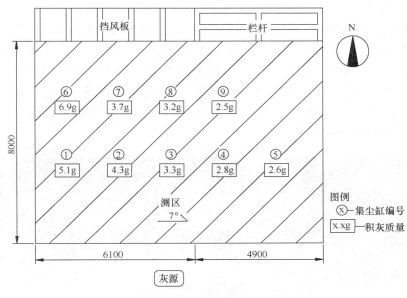

图 7 积灰沉降量分布图

空气中的水泥灰颗粒伴随空气流动向四周扩散，因此，风对水泥灰的扩散沉降具有较大的影响。为研究风对积灰沉降量分布产生的影响，需根据气象资料对屋面处的风速风向进行统计分析。在屋面上架设风速仪能够得到测区的风速风向信息，然而，考虑到仪器的维护成本与数据的采集密度，采用该方法进行长时间连续测量的成本较高，较为经济且便利的方法是根据场地附近气象台的观测资料对风速风向分布进行统计分析。本文积灰实测厂房所在的水泥厂位于浙江省金华市境内，国家气象信息中心所属的中国气象数据网（http：//data.cma.cn）拥有完整的气象信息数据库，本文利用该数据库提供的金华气象站（区站号：58549）2019 年 5 月至 9 月逐日最大风速、最大风速的风向记录，绘制风玫瑰图（图 9）来

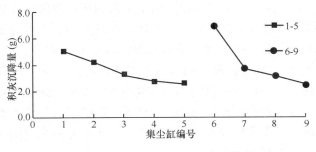

图 8 顺坡度方向的积灰沉降量分布

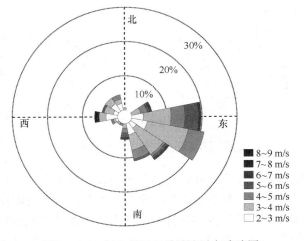

图 9 2019 年 5 月至 9 月风速风向玫瑰图

直观地反映测量场地的风速和风向。风玫瑰图由 16 个半径不同的扇形组成,扇形的半径代表风在该方向的频率,每一个扇形又细分为灰度值不同的色块,色块的径向长度代表风在该风速区间内的频率。

对比图 7 中处于同一纵向线上的集尘缸发现,6 号集尘缸内的积灰质量大于 1 号集尘缸,而其余 3 组集尘缸对比结果与此不同,距灰源较近的集尘缸内的积灰均多处于较远处的集尘缸。由图 9 可以看出,在集尘缸收集积灰的时段内,测区的主导风向为东南。图 7 所示的平面布置表明,在主导风向下,集尘缸北侧的挡风板阻挡了空气的流动,空气在此处窝积,进而使得空气裹挟的水泥灰颗粒沉降堆积,其中,6 号集尘缸在平面位置上距栏杆最远,挡风板导致的积灰局部沉降最为显著,从而导致 1 号与 6 号集尘缸内积灰的质量差远大于其余 3 组。

3.2 块状积灰的厚度分布特征

本文测得了屋面测区内各测点,在 2009 年厂房建成至 2019 年期间,沉积的积灰厚度。屋面上预先划定的测区被均分为 300 个子区域,各子区域内设置一个测点。其中,测区在东西向以屋面檩条为界,均分为 12 份,南北向以波形屋面板的波峰为界,均分为 25 份。图 10 为测区内积灰厚度分布的二维灰度图,图中横坐标为子区域在南北向(S→N)的序号,纵坐标为子区域在东西向(E→W)的序号。图 10 中灰度差异直观地显示出,测区内积灰厚度分布不均匀,南侧区域的积灰厚度总体上大于北侧区域,位于测区西南角的 A 区域内积灰厚度最大。

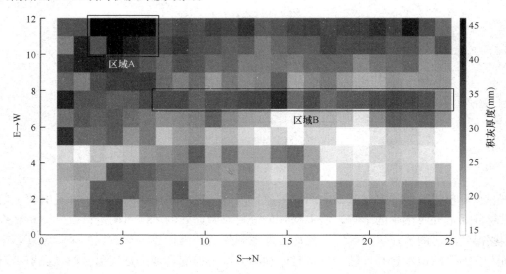

图 10 块状积灰的厚度分布

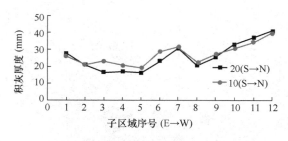

图 11 顺坡度方向的积灰厚度分布

为了更加清晰地呈现出积灰厚度在屋面坡度方向的变化特征,本文给出该方向上典型剖面的积灰厚度分布。图 11 给出了积灰厚度在屋面坡度方向上的分布情况,所选的两个剖面在南北向(S→N)的序号分别为 20、10,从图中可以看出,两个剖面的积灰厚度由坡底向坡顶近似地呈波浪形振荡变化,并且在屋面半坡位置的区间内出现极大值,积灰厚度在坡顶处达到最大值。结合图 10 给出的测区积灰分布发现,测区内多个顺坡度剖面在屋面半坡位置的积灰厚度为极大值,这些具有积灰厚度极值的测点共同组成一个狭长矩形区域(区域 B),测点的积灰厚度均高于东西两侧的测点。测区的平面布置(图 7)显示,B 区域恰好位于测区北侧的挡风板与栏杆交界线上。当水平风吹过屋面时,由于挡风板的阻挡作用,交界线东西两侧的风场条件存在差异,从而使得 B 区域内积灰呈现出局部凸起的现象。

距离差异可能会导致挡风板对 B 区域内各测点的积灰厚度产生不同程度的影响，为研究这一影响规律，本文绘制了积灰厚度差值分布图（图 12），图中横坐标为测点所在子区域的南北向（S→N）序号，纵坐标为测点积灰厚度与东西两侧相邻测点平均值的差值，用以量化挡风板对测点积灰厚度的影响。由图 12 可以看出，14 号子区域是挡风板对积灰厚度影响程度最大的区域，相比于东西两侧测点，该区域内测点的积灰厚度增量超过了 15mm，其他子区域内测点的积灰厚度差值关于最值点呈现出良好的对称性。另外，积灰厚度差值分布中值得注意的一点是，在 B 区域离挡风板最近的子区域（24、25）内，挡风板导致的积灰厚度增量反而不明显。

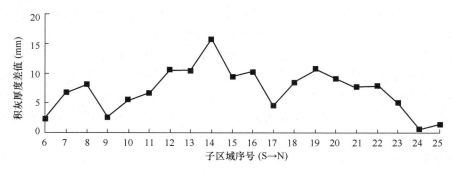

图 12　积灰厚度差值分布

4　坡度相关的屋面积灰分布特征

暴露在露天环境下的厂房，迎风面积的差异将导致不同坡度屋面上的积灰受到风雨作用的影响程度不同，积灰在自身重力作用下发生的滑移现象也与坡度相关，因此，屋面积灰分布与屋面坡度存在一定的相关性。本文在尘源环境中放置了 7 个不同坡度的屋盖实体模型，并测得了在 2019 年 5 月至 2019 年 9 月期间，屋盖模型上所沉积的积灰质量，见表 1。由表 1 可以看出，在全部屋盖模型中，平屋面（坡度为 0°）上沉积的积灰质量最大，为 27.0g，随着屋面坡度的增加，除局部区间存在振荡变化外，总体上积灰质量呈现出下降的趋势，当屋面坡度达到 60° 时，屋面上的积灰质量仅为 0.5g。

屋盖实体模型的积灰质量　　　　　　　　　　　　　　　　　　　　　　　　　表 1

屋面坡度（°）	0	15	20	25	30	45	60
积灰质量（g）	27.0	18.6	15.5	15.8	11.9	9.5	0.5

为了定量分析屋面积灰荷载与坡度的相关性，参照屋面积雪分布系数，定义屋面积灰坡度系数 μ 为：对于具有相同屋面水平投影面积的坡屋面与平屋面，其屋面上的积灰荷载的比值。我国现行荷载规范对积灰坡度系数 μ 与屋面坡度 α 的关系给出了建议。图 13 为现行荷载规范建议的屋面积灰坡度系数 μ 随坡度变化的曲线，为了与实测数据进行对比，图中也给出了由表 1 中数据计算得到的变化曲线。从图 13 中可以看出，当屋面坡度 α 在 0°～25° 范围内变化时，规范简单地将屋面积灰坡度系数 μ 取恒定值 1.0，然而，实际测得的数据显示屋面上的积灰荷载会随着屋面坡度 α 的增加显著地减少，这一结果表明屋面坡度处于该区间时，坡度变化带来的积灰荷载差异不可忽略。当屋面坡度 α 大于 25° 时，规范建议的屋面积灰坡度系数 μ 随坡度增加线性下降，待坡度增至 45° 时降低至 0。基于实测数据计算获得的屋面积灰坡度系数 μ 在该坡度范围内也呈

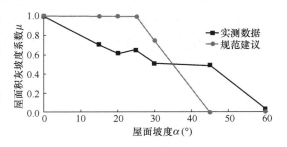

图 13　屋面积灰坡度系数 μ 实测值与
规范建议值对比

现出下降的趋势，但是下降率远低于规范建议值，并且当屋面坡度 α 增至 45°时，屋面上的积灰荷载仍不可忽略。

上述对比分析结果表明，现行荷载规范建议的坡度相关积灰荷载变化模型，总体上体现了屋面积灰荷载随坡度增加而下降的规律，但是积灰荷载在局部区间内的变化趋势及特征还值得商榷。

5 结论

为了研究屋面积灰的分布特征，本文对水泥厂厂房屋面积灰进行了实地测量，并获得了积灰沉降量分布与块状积灰厚度分布的分布特征与规律；设计并制作了一种可变坡度的屋盖实体模型，实测得到了不同坡度屋盖模型的积灰分布特征。通过对实测数据的分析，得出以下主要结论：

（1）在积灰沉降量分布中，积灰沉降量与测点至灰源的距离成负相关关系，积灰沉降量由坡顶至坡底呈递减趋势，过风路径上的挡风板直接阻挡了水泥灰颗粒的扩散，导致附近区域的积灰沉降量增大。

（2）在块状积灰的厚度分布中，总体上离灰源越近的测点积灰厚度越大，积灰厚度由屋面坡顶至坡底振荡变化，挡风板引起的风场条件差异导致屋面半坡位置呈现出狭长的积灰局部堆积区域，影响程度最大的测点位于狭长区域中部。

（3）屋面积灰坡度系数与屋面坡度成负相关关系，屋面坡度在 0°～25°范围内时，荷载规范建议的屋面积灰坡度系数偏大，规范建议的不考虑积灰荷载的屋面坡度偏小。

参考文献

[1] Taylor, D. A. Roof snow loads in Canada[J]. Canadian Journal of Civil Engineering, 1980, 7(1): 1-18.

[2] 章博睿, 张清文, 范峰. 采暖建筑结构屋面雪荷载实测研究[J]. 建筑结构学报, 2019, 40(6).

[3] Sato T, Kosugi K, Sato A. Saltation-layer structure of drifting snow observed in wind tunnel[J]. Annals of Glaciology, 2001, 32: 203-208.

[4] Okaze T, Mochida A, Tominaga Y, et al. Wind tunnel investigation of drifting snow development in a boundary layer[J]. Journal of Wind Engineering and Industrial Aerodynamics, 2012, 104-106(none): 532-539.

[5] 袁行飞, 李跃. 大跨度球壳屋盖风致积雪数值模拟及雪荷载不均匀分布系数研究[J]. 建筑结构学报, 2014, 35 (10).

[6] Sun, Xiaoying, He, et al. Numerical simulation of snowdrift on a membrane roof and the mechanical performance under snow loads[J]. COLD REGIONS SCIENCE AND TECHNOLOGY, 2018.

[7] 张天助. 燃煤电厂电除尘器积灰荷载作用下结构安全研究[D]. 中冶集团建筑研究总院, 2007.

[8] 中华人民共和国国家标准. 建筑结构荷载规范 GB 50009—2012[S]. 北京: 中国建筑工业出版社, 2012.

[9] 中华人民共和国国家标准. 环境空气 降尘的测定 重量法 GB/T 15265—1994[S]. 1995.

[10] 郑刚, 韩艳, 蔡春声. 矮寨大桥风速风向联合分布研究[J]. 中外公路, 2019, 39(05): 80-85.

网壳结构抗震性能水平划分研究现状

董昱昆　　罗永峰

（同济大学土木工程学院，上海　200092）

摘　要　针对基于性能的结构抗震设计，总结了现有的关于结构抗震性能水平划分和量化的理论研究成果以及网壳结构抗震性能水平划分的研究现状，概括说明了损伤因子指标、动力破坏系数指标、整体刚度折减系数指标等参数的概念以及相应的性能水平划分方法，在总结相关理论研究方法与研究成果的基础上，提出了网壳结构性能水平领域尚应深入研究与解决的主要问题。

关键词　基于性能的抗震设计；网壳结构；抗震性能水平

1　前言

地震是现代社会面临的最严重的自然灾害之一，直接影响结构物的安全使用。早期世界各国的结构抗震设计规范均采用以确保人的生命安全为原则的一级设计理论，然而，此后几次大的地震灾害表明，这种理论在保证生命安全方面确实具有一定的可靠性，但对结构的损伤和由此导致的经济损失却不能进行有效的控制。基于对上述问题的深刻认识，美国工程师在 20 世纪 90 年代提出了基于性能的抗震设计，其基本思想是针对不同的结构、不同的设防水准，制订不同的抗震性能指标，使结构在不同水准地震作用下满足各种预定功能或性能的目标要求。采用基于性能抗震设计方法的结构会更经济，且对于不同的设防水准具有可预测的抗震性能。基于性能的抗震设计理论和方法，是目前世界各国学术界和工程界广泛关注的课题，是抗震理念上的一次重大变革。

作为大跨度空间结构的主要结构形式之一，网壳结构具有刚度大、自重轻、造型丰富美观、综合技术经济指标优越等特点，因此，近二十多年来，网壳结构得到了迅速的应用发展，广泛应用于体育场馆、车站及航站楼等交通枢纽和会展中心等大型公共建筑中。由于网壳结构建筑承担了越来越多的社会功能，因而，以经济学、社会学和工程学为理论基础的基于性能的抗震设计思想对于网壳结构具有良好的适用性。目前，对于多高层结构，基于性能的抗震设计方法已经颇为完善，然而，对于网壳等大跨度空间结构，基于性能的抗震设计方法长期滞后于工程应用，因此，网壳结构基于性能的抗震设计方法亟待深入研究。

在基于性能的结构抗震设计方法当中，确定合适的结构抗震性能水平是重要内容之一。对于多高层结构，变形可以直观且有效地反映结构的破坏情况，因此，采用位移进行结构性能水平的划分在多高层结构中受到重视并得到了广泛的应用。而对于网壳等大跨度空间结构，其形态多样，地震破坏机理复杂，因此，在确定设计指标时，除位移之外，还应考虑其他参数的影响，如结构能量变化、塑性杆件数量等，或在多重参数的基础上提出综合性指标参数（如损伤因子），来划分结构的抗震性能水平。

本文以基于性能的结构抗震设计方法为背景，总结现有结构抗震性能水平划分的理论研究成果，综合分析网壳结构抗震性能水平方面的研究现状，说明今后需要解决的主要问题。

2 结构抗震性能水平理论研究

结构的抗震性能水平，是指在某一设防地震水平下结构达到的最大破坏程度。实际震害（日本1995年、美国1994年等）表明，在以生命安全为单一设防水准的规范指导下设计的建筑，尽管可以有效防止倒塌，但是由于结构或非结构构件破坏所导致的直接或间接的经济损失极为惨重。为了避免这种情况，在进行抗震设计时，不仅要保证生命安全还要控制结构的破坏程度，使财产损失控制在可接受的范围内，因此，就需要进行结构抗震性能水平的划分以及定量表达。

结构抗震性能水平的划分不仅要保证生命安全，还要控制结构的破坏水平，从而降低财产的损失。文献［5］指出了抗震结构性能水平划分应具备的四个特性：即安全性、完备性、适用性和梯度性，并对该特性进行了解释。安全性是结构抗震应达到的基本要求；完备性是指抗震性能水平划分数目不少于地震设防水平数量，从而保证在不同的设防地震水平下能选择到相应的抗震性能水平；适用性是指性能水平应合理地体现建筑的结构、非结构构件、内部装修、设备等在相同地震下的作用状态；梯度性是指各性能水平之间应有合适的梯度，各性能水平之间不应差异过小或过大。

结构抗震性能水平的量化，可以通过选用适当的指标或者参数来完成，如强度指标、变形指标、能量指标、低周疲劳指标等。例如刘艳辉等采用混凝土压应变和钢筋拉应变量化城市高架桥的性能水平，Ghobarah采用结构的顶点位移量化高层结构的性能水平，这其中，由于位移可以有效反映结构破坏状况，因此，现阶段大多数研究者采用位移来划分结构的抗震性能水平。表1是在总结美国三大研究机构（SEAOC、ATC和FEMA）研究成果的基础上，给出的以结构顶点位移划分的性能水平。

结构性能水平划分   表1

性能水平	人员安全情况与使用情况	结构破坏情况	顶点位移限制（%）
水平1	结构功能完整，人员安全，可以立即使用	基本完好	<0.2
水平2	经过稍微维修就可以使用	轻微破坏	<0.5
水平3	结构发生破坏，需要大量修复	中等破坏	<1.5
水平4	结构发生无法修复的破坏，但没有倒塌	严重破坏	<2.5
水平5	结构发生倒塌	基本倒塌	>2.5

在基于性能的结构抗震设计当中，为了求得不同地震作用下的结构响应，进而划分结构的性能水平，需要建立合理的结构模型，并采用适当的分析方法进行结构受力分析。由于基于性能的抗震设计需要考虑不同水平地震作用下结构的性能状态，因此，需要进行常遇地震下的结构弹性分析以及罕遇地震下的结构弹塑性分析。结构的弹性分析可选用较为成熟的弹性静力或弹性动力分析方法，而弹塑性分析一般选用弹塑性时程分析或pushover方法。对于弹塑性时程分析，由于计算量大，分析复杂且合理选择地震动时程难度很大，故不适于广泛应用。而对于pushover方法，特别是结构性能指标以结构变形（层间位移、顶点位移或某些构件的截面变形）来表示时，弹塑性静力分析可以很方便地确定这些性能指标。

3 网壳结构抗震性能水平划分研究现状

3.1 损伤因子

文献［9］指出，结构的损伤因子综合考虑了结构的变形、能量、塑性发展程度等多项响应指标，因此，更能够精确地刻画结构的损伤状态，所得到的分级性能水准也更加合理，采用损伤因子量化结构的性能水准代表了这一领域的发展方向。

在损伤因子方面，支旭东等做了大量的研究，首先，其借鉴文献［10］中关于材料损伤理论的研究成果，编制了考虑损伤累积的材料子程序，子程序中关于材料损伤因子D、弹性模量和屈服强度的定义如下：

$$D = (1-\beta)\frac{\varepsilon_m^p}{\varepsilon_u^p} + \beta\sum_{i=1}^{N}\frac{\varepsilon_i^p}{\varepsilon_u^p} \tag{1}$$

$$E_D = (1-\xi D)E \tag{2}$$

$$\sigma_D = (1-\xi D)\sigma_S \tag{3}$$

式中　　ε_m^p ——钢材所经历的最大塑性应变；

　　　　ε_i^p ——钢材在第 i 次半循环中的塑性应变；

　　　　ε_u^p ——钢材在一次拉伸时的极限塑性应变；

　　　　β ——权重系数。

基于上述考虑材料损伤累积的本构模型，支旭东等对单层柱面网壳在地震作用下的响应进行了参数研究，并拟合得到单层柱面网壳损伤因子 D_{S1} 的数学表达形式。损伤因子 D_{S1} 表征网壳的损伤程度，它与材料损伤因子 D 意义近似，当 $D_{S1}=0.0$ 时，表征结构对应无损状态，$D_{S1}=1.0$ 时，表征结构在动力荷载下由于结构内部的过度损伤而失效。基于此结果，支旭东提出了单层柱面网壳强震失效判别准则，即当某荷载强度下对应的网壳结构损伤因子达到 1.0 时，判定网壳失效，对应的动力荷载强度为结构的失效极限荷载。在此研究的基础上，支旭东等又在大量的单层球面和柱面网壳算例上运用损伤模型，并考虑长宽比、矢跨比、初始缺陷和屋面质量对结果的影响，进一步证明了网壳损伤因子 D_s 的可用性。聂桂波等在详尽考察结构在不同损伤因子下各项响应结果后，对结构损伤因子 D_s 进行了进一步的划分，选取 $D_{S1}=0.3$、$D_{S1}=0.7$ 和 $D_{S1}=1.0$ 作为结构轻微破坏、中等破坏、严重破坏和倒塌的界限值，由此完成应用损伤因子量化结构的性能水准。聂桂波等在后续的研究中详细考察了结构在地震荷载作用下的塑性耗能和耗能累积，并提出了另一种单层球面网壳同时考虑结构变形和滞回耗能累积的损伤模型如下：

$$D_{S2} = \sqrt{1.45\frac{E_m}{E_u} + 46.5\frac{D_m}{D_u}} \tag{4}$$

式中　　D_{S2} ——结构损伤因子；

　　　　E_u ——倒塌时刻结构的累积塑性耗能；

　　　　D_u ——倒塌时刻的位移，与球壳的跨度和矢跨比有关；

　　　　E_m ——任一时刻结构累积塑性耗能；

　　　　D_m ——与 E_m 对应的结构节点最大位移。

该文献证明了两种模型精度一致，并完善了网壳性能水平的定义，见表2。

结构的性能水平与损伤因子的对应关系 表2

损坏等级	网壳相应描述	震后措施	损伤因子 D_{S1} 限值	损伤因子 D_{S2} 限值
完好	杆件完好；围护构件和附属构件有轻微破坏	可继续使用，不需修理	0	0~0.2
轻微损坏	一些杆件材料屈服，但杆件塑性发展不深；围护构件和附属构件有不同程度破坏	不需修理或稍加修理后可继续使用	0~0.3	0.2~0.3
中等损坏	明显破坏，但没有构件发生断裂，结构基本保持原有刚度	需一般修理，采取加固安全措施后可适当使用	0.3~0.7	0.3~0.6
严重损坏	杆件塑性发展严重，结构刚度急剧削弱，构件断裂，结构位移剧烈增加	应排险大修，局部拆除	0.7~1.0	0.6~1.0
倒塌	网壳整体倒塌	拆除	1.0	1.0

3.2　其他指标

除损伤因子外，其他学者也提出了许多其他自定义标量指标或向量指标来划分网壳结构的性能水平。文献［17］提出，根据塑性累积耗能建立结构的破坏指标通常反映了结构总体的破坏情况，却不能反映结构破坏的全部细节，结构中的一个能量值可能对应多种破坏状态，能量不能反映结构破坏的具体形式；而变形指标虽然反映了结构最大位移响应，但不能区别结构在反复荷载作用下损伤累积的过程。基于此，杜文风同时考虑两者，建立了动力破坏的双控准则，即用结构累积耗能和最大变形的线性组合表示结构的动力破坏，如式（5）所示：

$$D = \frac{\delta_M}{\delta_U} + \frac{\beta}{Q_y \delta_U} \int dE_p \tag{5}$$

式中　D——动力破坏指数；

　　　δ_M——结构最大位移响应；

　　　δ_U——静载下的极限位移响应；

　　　Q_y——材料的屈服强度；

　　　dE_p——累积的塑性耗能。

式（5）等号右边第一项反映了结构延性位移的发展，第二项反映了塑性耗能的发展。杜文风通过网壳算例研究给出了控制指标与结构性能水平的对应关系，见表3。

结构的性能水平与控制指标的对应关系　　　　　　　　　　　　　表3

破坏等级	现象描述	控制指标1（动力破坏系数）	控制指标2（最大位移和跨度比值）	控制指标3（进入塑性杆件比例）
基本完好	结构构件均处于弹性状态，结构无损伤	$0 \leqslant D < 0.2$	$0 \leqslant U < 1/1500$	$P = 0$
轻微破坏	有少量构件进入塑性状态，结构产生轻微损伤，结构位移不大	$0.2 \leqslant D < 0.8$	$0 \leqslant U < 1/400$	$0 \leqslant P < 13\%$
中等破坏	有一定数量构件进入塑性，结构位移较大	$0.8 \leqslant D < 2.0$	$1/400 \leqslant U < 1/100$	$13\% \leqslant P < 45\%$
严重破坏	有较多构件进入塑性，结构位移很大	$2.0 \leqslant D$	$1/100 \leqslant U$	$45\% \leqslant P < 100\%$
倒塌	结构失去承载能力，发生倒塌破坏	∞	∞	$P = 100\%$

Kato 和 Nakazawa 等对于包含上部单层球面网壳和下部支承结构在内的某整体结构进行了地震反应分析，以结构最大位移和最大加速度为参数，对上部网壳中的结构构件和非结构构件（屋面板）在地震作用下的性能水平分别进行了划分，以柱间防屈曲支撑的累积塑性变形和最大层位移角为参数，分别对下部结构中的结构构件和非结构构件的性能水平进行了划分，并在此基础上进一步假定对应于不同性能水平的功能损失比例，对整体结构进行了评估。毋凯冬等基于结构整体刚度参数的概念，提出结构的整体刚度折减系数，并通过具体算例得出结论认为，整体刚度折减参数与已有的结构地震反应参数相比变化趋势较为一致，可反映结构的塑性发展情况以及结构整体刚度的折减程度。此外，整体刚度折减系数具有概念清晰、计算快捷的特点，适于网壳结构的抗震性能评估，可作为网壳结构的抗震性能参数，并可用于抗震性能水准量化、结构设计及优化。此外，毋凯冬将矢跨比大于1/4的K6型网壳性能水平划分量化，见表4。

结构的性能水平与控制指标的对应关系　　　　　　　　　　　　　表4

损坏等级	破坏状态	震后措施	η
完好	结构构件完好	可继续使用，不需修理	0
轻微损坏	少量结构构件进入浅塑性，围护、附属构件存在一定破坏	不需修理或稍加修理后可继续使用	0~0.10
中等破坏	构件屈服严重	采取加固安全措施后可继续使用	0.10~0.75
严重破坏	大量构件进入深塑性甚至断裂，塑性杆件数量迅速增加	应排险大修，局部拆除	0.75~1.00
倒塌	结构整体倒塌	需要拆除	1.00

张明等通过理论研究，推导出指数应变能密度和值参数计算公式如下

$$I_{\mathrm{d}} = \sum_{i=1}^{N} \sqrt{2}\, I_i^{\frac{1}{2}} \tag{6}$$

式中　I_{d}——结构的指数应变能密度和值；

　　　N——结构的单元数目；

　　　I_i——时程响应分析中地震波最后的荷载子步处、第 i 个单元的应变能密度。

$$F_i = \frac{(I_{\mathrm{d}i} - I_{\mathrm{d}p})}{(I_{\mathrm{d}F} - I_{\mathrm{d}p})} \tag{7}$$

式中　$I_{\mathrm{d}i}$——第 i 级荷载所对应的指数应变能密度和值；

　　　$I_{\mathrm{d}p}$——结构进入塑性时所对应的指数应变能密度和值；

　　　$I_{\mathrm{d}F}$——失效荷载所对应的结构指数应变能密度和值。

张明在此基础上提出采用基于指数应变能密度和值划分网壳的性能水平见表5，并得出结论认为，指数应变能密度和值参数能够表征结构的稳定工作状态、区分工作状态和失效状态，该参数既可以用来分析结构整体受力状态，又适用于构件和单元层次的受力状态分析。

结构的性能水平与控制指标的对应关系　　　　　　　　　　　　　　　　　表5

损坏等级	现象描述	控制指标（F_i）
完好	结构整体处于弹性工作状态，构件均处于弹性状态	$F_i \leqslant 0.0$
轻微损坏	少量结构构件进入浅塑性，围护、附属构件存在一定破坏	$0 \leqslant F_i < 0.3$
中等破坏	构件屈服严重	$0.3 \leqslant F_i < 0.7$
严重破坏	大量构件进入深塑性甚至断裂，塑性杆件数量迅速增加	$0.7 \leqslant F_i < 1.0$
失效	结构整体倒塌	$F_i \geqslant 1.0$

4　尚需要解决的主要问题

2004 年日本 Niigata Chuetsu 里氏 6.8 级地震震后空间结构的灾害调查表明：非结构构件、内部设施破坏产生的损失往往大于结构构件破坏产生的损失。对于多高层结构而言，非结构构件的影响在规范中早有体现，如《高层建筑混凝土结构技术规程》JGJ 3—2010 的 3.7.1 条中说明，在正常使用条件下，限制高层建筑结构层间位移的主要目的是保证主构件不出现裂缝和填充墙、隔墙和幕墙等非结构构件的完好；国外高层建筑特别是超高层建筑多采用钢结构，因此，在规定层间位移限值时，一般也考虑非结构构件的损坏程度。同样，网壳结构抗震性能水平的划分也不应仅考虑结构构件的损坏，更应考虑非结构构件，如屋面板、采光顶、内部设施等的损坏。然而，目前绝大部分关于网壳性能水平的研究，仅从结构构件出发考虑网壳结构的性能水平，鲜有研究同时考虑结构构件和非结构构件损坏的影响。因此，如何同时考虑结构构件和非结构构件，是网壳性能水平研究领域需要解决的主要问题。

为解决上述问题，本文研究认为，应借鉴多高层结构抗震性能水平划分考虑非结构构件的情况，建立网壳结构包括屋面板、隔墙、内部设施等非结构构件在内的整体模型进行地震反应分析，例如在对玻璃采光顶网壳结构的分析当中，应着重考虑玻璃结构对于网壳性能水平的影响，进而研究出此类网壳结构在地震作用下的变形特征。为此，本文提出以下两个研究问题与思路：

（1）网壳结构在常遇地震作用下，除考虑主体结构的受力与变形是否处于弹性范围内，同时应考虑采用非结构构件（如屋面板、采光顶、内部设施等）的损坏程度来确定抗震性能水平；

（2）网壳结构在罕遇地震作用下，应同时考虑主体结构的主要构件是否损坏、结构是否发生局部倒

塌，以及非结构构件是否发生损坏掉落，从而确定抗震性能水平。

5 结语

结构抗震性能水平及其划分是基于性能的抗震设计的重要内容之一，因而，网壳结构的抗震性能水平划分具有重要意义。本文以基于性能的结构抗震设计研究内容及发展趋势为背景，结合空间结构自身特点，对性能水平划分理论研究成果和网壳结构性能水平划分现状进行了总结与分析，并列出了网壳结构抗震设计尚需解决的主要问题和解决思路，为后续研究提供参考。

参考文献

[1] 谢礼立，马玉宏，翟长海．基于性态的抗震设防与设计地震动[M]．北京：科学出版社，2009.

[2] 董石麟．中国网壳结构的发展与应用[A]．中国土木工程学会桥梁及结构工程分会空间结构委员会．第六届空间结构学术会议论文集[C]．1996：14.

[3] 张毅刚，杨大彬，吴金志．基于性能的空间结构抗震设计研究现状与关键问题[J]．建筑结构学报，2010，31(06)：145-152.

[4] 马宏旺，吕西林．建筑结构基于性能抗震设计的几个问题[J]．同济大学学报（自然科学版），2002(12)：1429-1434.

[5] 任峰．基于性能抗震设计方法的几点思考[A]．亚太建设科技信息研究院、中国建筑设计研究院、中国土木工程学会．建筑结构（2009·增刊）——第二届全国建筑结构技术交流会论文集[C]．2009：5.

[6] 刘艳辉，赵世春，强士中．城市高架桥抗震性能水准的量化[J]．西南交通大学学报，2010，45(1)：54-58.

[7] GHOBARAHA. Performance-based design in earthquake engineering：state of development[J]. Engineering Structures，2001，23：878-884.

[8] Smith K G. Innovation in earth quake resistant concrete structure design philosophies：A century of progress since Hennebique's patent[J]. Engineering Structures，2001，23：72-81.

[9] 聂桂波，范峰，支旭东．大跨空间结构性能水准划分及其易损性分析[J]．哈尔滨工业大学学报，2012，44(04)：1-6.

[10] 董宝，沈祖炎，孙飞飞．考虑损伤累积影响的钢柱空间滞回过程的仿真[J]．同济大学学报，1999，27(1)：11-15.

[11] 支旭东，范峰，沈世钊．强震下单层柱面网壳损伤及失效机理研究[J]．土木工程学报，2007(08)：29-34.

[12] 支旭东，吴金妹，范峰，沈世钊．考虑材料损伤累积单层柱面网壳在强震下的失效研究[J]．计算力学学报，2008，25(06)：770-775.

[13] 史义博，支旭东，范峰，沈世钊．单层球面网壳在强震作用下的损伤模型[J]．哈尔滨工业大学学报，2008，40(12)：1874-1877.

[14] 聂桂波，刘坤，支旭东，戴君武．网壳结构基于性能的抗震设计方法研究[J]．土木工程学报，2018(S1)：8-12+19.

[15] Kato S，Nakazawa S. Seismic risk analysis of large lattice dome supported by buckling restrained braces［C /CD］// Proceedings of the 6th International Conference on Computation of Shell & Spatial Structures. NY，USA：IASS-IACM，2008.

[16] 罗永峰，毋凯冬，相阳．基于整体刚度折减系数的网壳结构抗震性能参数[J]．东南大学学报（自然科学版），2017，47(03)：539-544.

[17] 杜文风．基于性能的空间网壳结构设计理论研究[D]．浙江大学，2007.

[18] 张明，张瑀，周广春，支旭东．基于应变能密度的单层球面网壳结构失效判定准则[J]．土木工程学报，2014，47(04)：56-63.

[19] 张明，张克跃，李倩，周广春．基于应变能密度的网壳结构抗震性能参数分析[J]．土木工程学报，2016，49(11)：11-18.

[20] Kawaguchi K，Suzuki Y. Damage investigations of public halls in Nagaoka City after Niigata-Chuetsu Earthquake

2004 in Japan［C］／／Proceedings of the International Association for Shell and Spatial Structures（IASS）Symposium. Bucharest，Romania：INCERC，2005.

［21］ 中华人民共和国行业标准.高层建筑混凝土结构技术规程 JGJ 3—2010［S］.

［22］ 张晖，周文星，杨联萍.钢筋混凝土超高层建筑层间位移限值的探讨［J］.建筑结构学报，1999(03)：8-14.

关于滑移支座装置的研究探讨

顾东锋[1]　曹立忠[1]　冯新建[2]

（1. 南通四建集团有限公司，南通　226399；2. 江苏船谷重工有限公司，南通　226300）

摘　要　钢结构大跨度屋盖的安装往往采用高空累积滑移安装技术，本文对滑移支座进行研究探讨，设计一种可重复使用、能够减小滑移摩擦阻力的滑移支座，同时该滑移支座能够观测其在钢轨横向与纵向的相对位置。

关键词　滑移支座；测量

1　前言

钢结构桁架及平台滑移是比较成熟的技术，滑移支座一般采用水平钢板与构件的竖直支撑杆件焊接，钢板直接与滑移钢轨接触的形式，再在钢板底部两侧焊接限位块，在滑移过程中，通过人工观测支座在钢轨横向上的相对位置，是左偏还是右偏，来调节左右液压顶推器的压力。但该滑移支座底部钢板无法重复利用；当钢板遇到钢轨接头部位时，因钢轨接头部位的不平整容易发生滑移时的顶阻现象；人工观测支座与钢轨横向的相对位置时属高空作业，一般没有现成的平台利用，需要借助高空车等机械，无法实现自动实时监测，并存在高空作业风险；滑移时构件在钢轨纵向的位移，一般由两个工人用钢尺分别在两个钢轨处测量，利用对讲机报告给操作员，同一频道的对讲机不能实现同时通话，容易出现通报延迟的现象，造成操作员控制失误而导致滑移构件左右偏移。

针对上述情况，我们需要设计出一种可重复使用并能实时测量与钢轨横向与纵向相对位置的滑移支座装置。

2　滑移支座装置的特点

（1）该滑移支座通过螺栓连接，可重复利用；

（2）利用两根圆钢与钢轨接触，摩擦阻力小，滑移推力小，更利于通过有高差的钢轨接头部位，不易发生钢轨接头顶阻滑移的现象；

（3）不需要人工利用高空车等机械设备观测支座与钢轨横向的相对位置，更安全高效，节约成本。

（4）通过高精度工业红外测距传感器，实时探测滑移构件在钢轨纵向的滑移距离，不需要工人拉尺报数，克服同一频道的对讲机不能实现同时通话的缺点，通过数值显示与位置模拟，便于操作员实时观察、实时控制、实时调节液压顶推油泵的压力。

3　滑移支座装置结构介绍

（1）滑移支座三维图，如图 1 所示。

（2）高精度工业红外测距传感器及支座图，如图 2 所示。

（3）标靶及支座，如图 3 所示。

（4）高精度工业红外测距传感器，如图 4 所示。

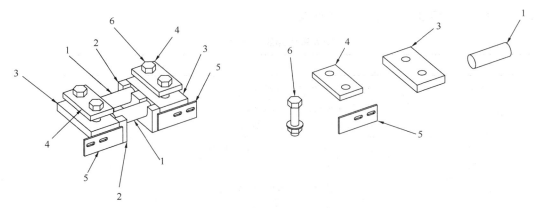

图 1　滑移支座三维图

1—直径 50mm 圆钢，材质 45 号钢；2—竖板；3—水平板；4—垫板；5—测距传感器连接板；6—直径 27mm 的 10.9 级高强度螺栓

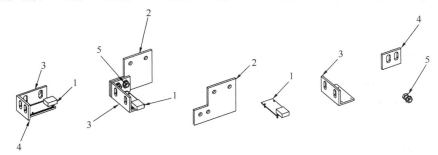

图 2　高精度工业红外测距传感器及支座图

1—高精度工业红外测距传感器；2—连接转换板；3—角铁支座；4—端头封板；5—M10 普通镀锌螺栓

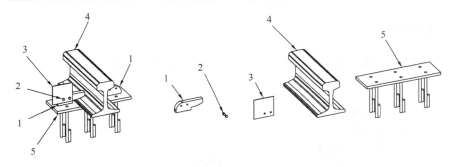

图 3　标靶及支座

1—轨道压块；2—M5 普通镀锌连接螺栓；3—标靶，上贴反射片；4—轨道；5—埋件

图 4　高精度工业红外测距传感器

摩天激光测距仪（型号 L3）相关参数见表 1。

摩天激光测距仪电气特性	表 1
分辨率	1mm
测量精度	$\pm$（1mm$+d\times$万分之 5）
数据输出率	正常模式：1～10Hz（通常 5Hz） 快速模式：约 10Hz/20Hz/30Hz
激光类型	630～670nm，Class Ⅱ，＜1mW
指示光	红色激光
操作模式	单次数据/持续数据/外部触发
连接器	6PIN2.54mm 双列排针/孔； 4PIN2.54mm 单列排针/孔
数据接口	UART（3.3V TTL）
通信协议	Modbus RTU； ASCII； CUSTOM HEX
波特率	9600/19200/38400/115200，默认 38400
供电电源	$+5V$
功耗	＜1W
储存温度范围	$-20°$～$60°$
工作温度范围	$-15°$～50
存储湿度	RH85%

4 滑移支座装置使用介绍

（1）桁架构件竖向支撑杆件底部板开长圆孔，与滑移支座用螺栓连接，如图 5 所示。

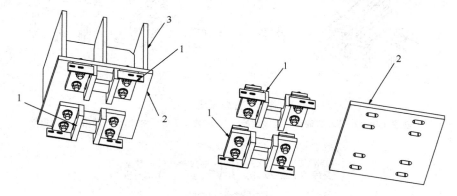

图 5 支座螺栓连接

1—滑移支座；2—构件底板；3—原结构竖向支撑构件

每个底板开 8 个横向长圆孔，安装两个滑移支座，横向长圆孔的作用是便于根据轨道的实际位置微调滑移支座的位置，让滑移支座与轨道居中对齐。螺栓紧固完后，将 4 号件垫板与 18 号件构件底板点焊，将滑移支座与构件底板完全固定。

（2）轨道的安装：滑移一般使用钢轨道，本案例使用 46 号钢轨，对于混凝土框架结构，通过在梁上表面放预埋件，用压板将轨道与埋件固定。如果是钢结构框架，直接用压板将轨道与钢梁固定，如图 6 所示。

（3）17 号件滑移支座是通用结构，端部安装有 5 号件测距传感器连接板，可以连接测距传感器。

（4）测距传感器主要用来测量两个数据，一个是支座与钢轨横向的距离，另一个是支座与钢轨纵向的距离。

测量与钢轨横向的距离时，将测距传感器的照准方向与轨道垂直，距离轨道表面 80mm（>50mm）。可以安装在滑移支座的前方，也可以安装在后方。

测量与钢轨纵向的距离时，将测距传感器的照准方向与轨道平行，将 14 号件标靶通过 13 号件螺栓与 12 号件轨道压块连接，在 14 号件标靶上，与测距传感器相应的水平位置粘贴反射片（图 7），便于测距传感器激光照射测量，如图 8 所示。

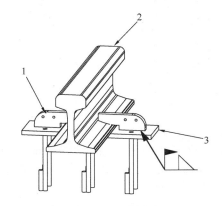

图 6 轨道安装示意图
1—轨道压块；2—钢轨；3—预埋件

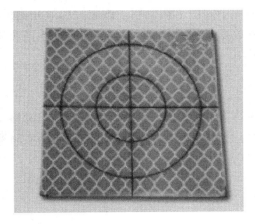

图 7 测量反射片（可以粘贴）

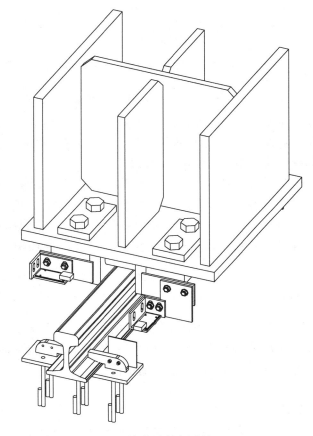

图 8 传感器激光测距

图 8 中 7 号件测距传感器，一个照射轨道上部侧面，得出滑移支座与轨道横向的距离，另一个照射 14 号件标靶上的反射片，得出滑移支座与轨道纵向的距离。

（5）数据处理方法：

1）滑移支座与轨道横向的距离数值处理：通过滑移支座与轨道横向的距离数值的变化及与初始数值的比对，能得知滑移过程中整体构件是否左右偏移（图 9）。

设初始值 80 为 m_1，存入设备，开始移动后，该值一直处于变化状态，实时变化值不便于观测，因此，实时值与初始值的差值是我们关心的内容，正负表示左偏或右偏，设差值为正时左偏，差值为负时右偏。将该差值显示到控制终端，便于操作人员调整液压油泵的压力，纠正滑移构件的位置，让其始终与轨道中对正。

2）滑移支座与轨道纵向的距离数值处理，如图 10 所示。

将 14 号件标靶固定在轨道压块上，形成一个相对静止参考点，通过照片标靶，得出测量数值的变化。通过该数值的变化及与初始数值的比对，能得出滑移过程中整体构件的实际滑移距离。

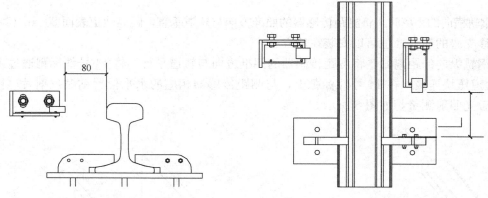

图 9　滑移支座在钢轨横向位置测量　　　　图 10　滑移支座在钢轨纵向位置测量

同样需要将初始值 N1 存入设备，开始移动后，实时值与初始值的差值显示出实际的滑移距离。由于液压油泵行程的特性，在一个顶推行程（不同的设备行程不同，该案例中一个行程为 250mm）中，一般是滑移 100mm 暂停观测一次，看看左右顶推滑移距离在同一时刻是否一样，如果不一样，就要进行调整，使得左右顶推点同步进行。

因此，需要将左右两个测量设备实时值与初始值的差值进行比较，观察左右哪个点超前或滞后了。

（6）滑移顶推过程是个比较复杂的变化过程，构件的变形、轨道的不平整或弯曲、液压油泵的压力不均、管路过长、人员观测时的误差或差错，都将导致滑移过程中间的不断调整。该装置的激光测量，使得数据测量更准确，反应更实时，在显示处理中，可以将数据转换为图像，这样变化就更直观易懂了。

5　总结

顶推滑移施工方法是比较成熟的技术，如何更安全更快捷的施工是我们一直研究的课题。该滑移支座装置能够重复使用，节约材料；能够有效减少滑移时的阻力；能够实现支座与钢轨相对位置的实时测量传送，因此具有实用与推广的价值。

参考文献
中华人民共和国国家标准．钢结构设计标准 GB 50017—2017[S].

浅谈低温下钢结构焊接施工工艺研究

唐　振　韩　佩　孙青亮　吴俊鹏　任浩旭

（中国建筑第八工程局有限公司，天津　300450）

摘　要　随着我国经济的发展及建设水平的不断提高，钢结构凭借其质量轻、强度大、抗震性能好、经济环保、施工周期短、外形美观等特点而广泛应用于建筑行业。钢结构焊接质量的好坏将直接影响建筑物的承载性能，而低温下钢结构焊接的质量控制更为关键。本文主要通过对低温下钢结构焊接进行总结与分析，并加以预防以及控制。

关键词　钢结构；低温焊接；质量控制；总结分析；预防控制

1　研究背景

钢结构主要通过焊缝进行连接，焊缝质量的好坏将对结构整体有极大的影响。如果在施工过程中不加以重视，很可能会成为极大的隐患。

京东集团总部二期2号楼项目钢结构由C座办公楼和智能环钢结构组成，总用钢量约5600t。材质主要为Q345B、Q390B，最大板厚60mm，厚板占比约80%，现场施工横跨整个冬季。

对现场低温下钢结构焊接施工展开研究，具有较强的指导意义。

2　低温下焊接难点分析

（1）低温时构件表面易结霜致滑，且焊接点较多存在缺陷，给高空作业安全带来困难。同时，寒冷环境下人员意识低迷。

（2）低温环境下，焊缝的冷却速度较常温焊缝快得多，直接后果是影响二次结晶的重要参数下降，随之出现淬硬组织，硬度提高，因此冷裂纹的敏感性也相应增加。

（3）低温下焊缝的冷却速度过快，极易增加焊缝一次结晶的区域偏析，在较大的拉应力作用下，在焊缝中心发生结晶裂纹。

（4）冷裂纹的延迟效应增加。焊缝金属在冷却过程中，游离氢的溶解速度降低，冷却的速度变快，氢逸出的时间变短，因此残留在金属中的氢含量增大，使冷裂纹的倾向增加。延迟效应同残留在金属中的氢含量成正比。

（5）低温下发生脆断的可能性增大。特别是对焊缝进行快速加载时其危险性增大，这时临界转变温度会上升，在拉应力和残余应力的共同作用下，结构的静荷载强度大幅降低，极大可能在远低于材料的 σ_s 点的外力作用下发生脆断。

（6）低温下预热效果变差。相同的温度、相同的预热时间，低温下的效果远比常温差，焊缝的层间温度保持相对困难。

（7）低温下相对湿度大且可能伴有大风，焊接时焊道容易出现气孔，且熔池氢含量增加，冷却速度增加抑制其扩散率。

3 低温下焊接施工措施

3.1 焊接施工环境

（1）低温焊接环境温度范围为－15～0℃，低于－15℃，需停止焊接作业。焊接小环境温度需严格控制在0℃以上，湿度在80%以下。

（2）焊接要求在正温焊接，当环境温度为负温时，需搭设保温棚，确保焊接环境温度达到0℃以上，环境风速需小于1m/s方可施焊。

（3）低温焊接时需搭设防风装置，防风装置应严密保温，特别是防风棚底部应密实，防止沿焊道形成穿堂风。设专门人员负责对施焊场所的风速进行监测，对焊道进行局部防护。

（4）雪天及雪后进行作业时，焊缝两端1m处，设置密封装置，防止雪水进入焊接区域。

（5）焊接作业区相对湿度不得大于80%，且当焊件表面潮湿或有冰雪覆盖时，采取加热去除潮湿，焊接环境的温度和相对湿度应在距焊接构件500～1000mm处测得。

（6）构件表面有霜、露水、残留雪花和冰等，先清除，再采用火焰方式烘干焊接面。

3.2 焊材管理

（1）焊丝使用过程中采取防潮措施，焊机上的焊丝防护罩必须保持完好，未用完的焊丝应及时送回焊材库，二次使用时严格检查焊丝的表面锈蚀度，控制使用。药芯焊丝不得分两次或以上使用。

（2）严格控制 CO_2 保护气体，保证其纯度不低于99.5%，以保证焊接接头的抗裂性能，瓶内气体压力低于 $1N/mm^2$ 时应停止使用。在负温度下使用时，要检查瓶嘴有无冰冻堵塞现象。低温焊接时气瓶应存放在0℃以上的环境里，必须采取加热保温措施，采用电热毯加热外包岩棉或其他保温材料进行保温，以保证液态气正常气化，使保护气体稳定通畅。

3.3 焊接要求

（1）低温环境在拘束度大的情况下，预热温度提高15～30℃。焊前用火焰烘烤加热构件距焊道两侧500mm范围，除去结晶之冰、霜等。

（2）对受低温影响的材料焊接前，严格进行工艺评定，确保电焊时的工艺系数、施工工序、电流、电压、预热温度、保温时间及冷却速度。

（3）负温度下厚度大于9mm的钢板应分多层焊接，焊缝应由下往上逐层堆焊。为了防止温度降得太低，原则上一条焊缝要一次焊完，不得中断。当需要中断焊接，在再次施焊时，先进行处理，清除焊接缺陷，合格后方可按焊接工艺规定再继续施焊。

（4）温度偏低情况焊接时可以适当提高焊接线能量，上限不得高于标准规定的允许上限值。

（5）严格执行既定的焊接顺序，减少拘束接头的焊接情况。禁止变形或有误差接头的强行组对，现场尽量不进行火焰矫正。焊接时采用对称成形的方法，必要时可进行低温焊接接头机械性能试验。

（6）特殊位置设有专门监护人，对长时间作业之焊工的工作状态进行监控和判断，必要时采取相应保障措施，同时提高倒班频率。

（7）栓钉焊接前，根据负温度值的大小，对焊接电流、焊接时间等参数进行测定，保证栓钉在负温度下的焊接质量。

3.4 预后热及保温措施

低温焊接的关键是防止焊接裂纹的产生，准确的预热温度、层间温度、后热温度是防止裂纹产生的关键，特别是厚板高强钢的焊接尤为重要，这是因为其直接影响和控制高强钢裂纹产生三要素，即扩散氢含量、淬硬倾向和约束应力。

（1）焊前预热

焊前是否预热与钢材的淬硬性倾向有关，有钢材的碳当量 $[C_{eq}=C+Mn/b+(Cr+Mo+V)/5+(Ni+Cu)/15]$，低温下（0℃以下）焊接会使钢材脆化，同时使得焊缝与母材热影响区冷却速度过快，易于产生脆硬组织。故低温下中等厚度以上的钢板一般都需预热，降低焊缝与热影响区冷却速度，减少延迟裂纹的敏感性。凡需预热的构件，焊前在焊道两侧按板厚的 1.5 倍且不小于 100mm 范围内均匀预热。预热温度的确定需考虑诸多因素，如钢材的碳当量、板厚、环境温度、焊材、焊接线能量等，实际工作中所处的条件不同，预热温度也不一定相同。实际焊接时预热温度最终应通过试验进行确定。根据工程施工经验，预热温度 T（℃）$=C_{eq}\times360\times t/100$，$t$ 为钢材的厚度（mm），最低温度不小于 60℃，当钢材≤20mm 时，在 0℃ 以下施焊时，预热温度 20℃ 即可。常用钢材低温下最低预热温度要求见表 1。

低温下预热温度要求 表 1

接头最后部件的板厚 t（mm）	预热温度（℃）	
	Q345	Q390
$t<20$	20	40
$20\leqslant t\leqslant40$	60	80
$40<t\leqslant60$	80	100
$60<t\leqslant80$	100	120
$80<t$	120	150

（2）层间温度控制

与预热一样，低温下焊缝层间温度控制十分关键，焊接时分段焊接的长度控制在 1m 左右（不超过 2m），需随时对焊缝进行测温监控，层间温度控制在不低于预热时的温度，一般可控制在 150℃ 左右；发现层温过低时，必须立即进行加热补偿，采用火焰加热的方式进行，待达到温度后再进行焊接。

（3）后热及保温处理

厚度超过 30mm 的焊接，进行后热处理。后热处理于焊后立即进行。后热温度控制在 100～250℃ 之间，后热的加热温度范围同预热范围，温度的测量在距焊缝中心线 50mm 处进行。焊缝后热达到规定温度后，保温缓冷，保温时间根据板厚按每 25mm 板厚/0.5h 确定，然后使焊件缓慢冷却至常温。

（4）加热方法

加热方法以电加热为主，火焰加热为辅。便于敷设电加热带的焊口，均采用电加热。当不便于敷设电加热器时（如焊口附近不平整或有其他构件影响），采用火焰加热的方式进行。电加热器如图 1 所示。对于定位焊、焊接返修等局部加热，可采用火焰加热器进行加热。

加热时每侧宽度均大于焊件厚度的 1.5 倍以上，且不小于 100mm，加热带的敷设位置如图 2 所示。

图 1 履带式电加热器

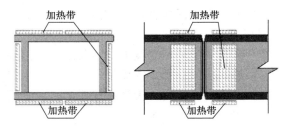

图 2 加热敷设示意图

（5）测温方法

用红外线点温计（图 3）进行温度测量。在加热面的反面测温，温度的测量在距焊缝中心线 50mm 处进行。如受条件所限需在加热面测温，在停止加热时进行测温。母材受热面的温度与背面的温度会有一定的温度差。此差值与加热功率、加热时间、散热条件有关。在正式施焊之前进行模拟试验，总结出不同厚度的钢板在不同条件下正反面温度差，用于指导施工。

（6）保温措施

1）搭设保温棚：根据构件情况搭设不同大小的防护棚，采用定型操作平台或脚手架搭设，雨水、雪花严禁飘落在炽热的焊缝上。防护棚内需满足足够作业人员同时进行相关作业，需稳定、无晃动，不因甲的作业给乙正在进行的作业造成干扰；四周及上部用防火布围挡，上部稍透风、但不渗漏，兼具防一般物体击打的功能；中部宽松，能抵抗强风的倾覆，不致使大股冷空气透入；当防护棚内小环境温度低于0℃时，在防护棚内采用电暖器对棚内进行加温。防护棚直至后热完成并检测合格后再进行拆除（图4）。

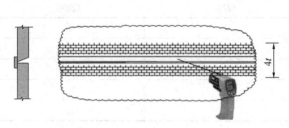 

图3　红外线点温计测温示意　　　　　　　图4　保温棚示意

2）保温棉保温：在焊接完成后进入缓冷状况时，采用保温棉进行保温，保温厚度根据温度监测情况来调整，在焊缝两侧各500～800mm宽范围内加盖保温性能好、耐高温的保温棉，在这种寒冷地区，需加盖至少50mm厚的保温棉，缓冷时间根据各规格的板厚决定，保温缓冷，保温时间根据板厚按每25mm板厚/1h确定，然后使焊件缓慢冷却至常温。

3.5　焊接工艺控制

（1）低温焊接环境温度范围为－15～0℃，采取加热保温措施，使焊缝处小环境温度在0℃以上。施工现场环境温度低于－15℃，需停止焊接作业。

（2）严格控制焊接工艺参数（按焊接工艺说明书进行）。

（3）加强层间温度检测，控制预热温度，以确保焊缝坡口的水分完全去除，有效地控制焊缝的层间温度。

（4）严格控制焊材烘干保温温度和时间，缩短使用回烘时间，减少回烘次数。加强焊材使用中间控制：所有焊条裸露空气中超过2.0h不得使用，回烘次数均不得大于两次。

（5）加强中间过程管理，严格控制坡口清理、组对、中间层处理和背面清根工作，确保一次合格率在90%以上。

（6）在非规定环境温度下，涉及碳弧气刨必须按焊前温度预热。

（7）做好防风、挡雨雪棚架，严禁违规操作。

（8）加强环境观察，天气情况恶劣时，必须按照相关人员的要求停止焊接工作。控制焊接时段，将主要焊接时间集中在中午。

（9）栓钉焊接前，应根据负温度值的大小，对焊接电流、焊接时间等参数进行测定，保证栓钉在负温度下的焊接质量。

（10）焊接完成后应在焊缝两侧各500～800mm宽范围内加盖保温性能好、耐高温的保温棉，在这种寒冷地区，需加盖至少50mm厚的保温棉，在钢柱接头焊接部位密封防护棚阻止空气流通，使其缓慢冷却，最少4h后达到环境温度。

4　结束语

本工程通过对低温下钢结构焊接工艺展开研究，极大提高了低温下钢结构焊接质量，降低了返修频率，工程质量受到各方一致好评。

参考文献

[1] 郑照高. 建筑钢结构的焊接工艺与性能分析[J]. 建材与装饰. 2018(25).

[2] 王四喜. 钢结构件制作焊接变形的控制与分析[J]. 陕西煤炭. 2015(01).

[3] 张伟伟，李卫良，朱质轩. 华侨城钢结构大厦超厚高强钢焊接冷裂纹的预防及对策[J]. 焊接技术. 2018(07).

钢结构强弱支撑判定实用方法探讨

王士奇　孙　彤

（山东省冶金设计院股份有限公司，济南　210101）

摘　要　结合新规范《钢结构设计标准》GB 50017—2017 和《高层民用建筑钢结构技术规程》JGJ 99—2015，对钢框架支撑结构中强弱支撑判定根据不同的钢材种类和结构体系给出了简便实用的判定方法，更便于工程应用。

关键词　框架支撑结构；强支撑；弱支撑；二阶效应系数；高层钢结构

1　引言

多高层钢结构框架柱稳定计算时，假定所有框架柱同时丧失稳定，即各框架柱同时达到其临界荷载。因此对于不带支撑的纯框架结构，框架柱在竖向荷载作用下的失稳不能考虑框架柱之间的相互作

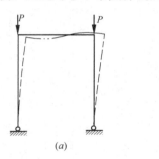

图 1　框架柱失稳模式

（a）有侧移失稳；（b）无侧移失稳

用，柱顶伴随有侧移，因此称为有侧移失稳，如图 1（a）所示，其计算长度系数不小于 1.0。而对于带支撑的框架-支撑结构，当框架柱在竖向荷载作用下失稳时，必然带动支撑架一起失稳，在当支撑架足够刚强时，支撑能够约束柱顶水平变形，可认为框架柱发生无侧移失稳，如图 1（b）所示，其计算长度系数不大于 1.0。《钢结构设计标准》GB 50017—2017 推荐采用强支撑框架，从本质上说，强支撑框架强与弱支撑框架的区别是框架失稳模式不同，与水平荷载作用下的水平侧移的大小无关。由于《钢结构设计标准》GB 50017—2017 对强弱支撑判定方法不便于工程应用，并且规范更换交替，不同规范的控制标准不一，在框架支撑结构设计时经常出现强弱支撑判定不准确，出现设计过于保守或偏于不安全的情况。因此寻找一个安全、简便、直观、便于工程应用的实用设计方法是设计人员亟待解决的问题。

2　规范规定

2.1　《钢结构设计规范》GB 50017—2003（以下简称"03《钢规》"）

03《钢规》第 5.3.3 条规定，支撑结构（支撑框架、剪力墙、电梯井等）的侧移刚度（产生单位侧倾角的水平力）S_b 满足公式（1）的要求时，为强支撑框架，框架柱的计算长度系数 μ 按无侧移框架柱的计算长度系数确定。

$$S_b \geqslant 3(1.2\sum N_{bi} - \sum N_{0i}) \tag{1}$$

式中　　S_b——产生单位侧倾角的水平力（kN）；

$\sum N_{bi}$、$\sum N_{0i}$——第 i 层层间所有框架柱用无侧移框架和有侧移框架柱计算长度系数算得的轴压杆稳定承载力之和（kN）。

由公式可以看出，框架设置支撑后，要使临界荷载由有侧移模式提高到无侧移模式，则支撑结构的侧移刚度至少等于两种失稳模式临界荷载的差值，式中系数 3 是为了考虑各种缺陷和不确定性因素的影响；系数 1.2 则是考虑构件在有无侧移两种失稳模式下的构件 $P\text{-}\delta$ 效应不同。

2.2 《钢结构设计标准》GB 50017—2017（以下简称"17《钢标》"）

17《钢标》第 8.3.1 条规定，当支撑结构（支撑框架、剪力墙、电梯井等）的侧移刚度（产生单位侧倾角的水平力）S_b 满足公式（2）的要求时，为强支撑框架，框架柱的计算长度系数 μ 按无侧移框架柱的计算长度系数确定。

$$S_b \geqslant 4.4\left[\left(1+\frac{100}{f_y}\right)\Sigma N_{bi}-\Sigma N_{0i}\right] \tag{2}$$

式中　f_y——框架柱材料强度标准值（N/mm²），其余符号同式（1）。

式中系数 4.4 是为了考虑各种缺陷和不确定性因素的影响；系数（$1+100/f_y$）则是考虑构件在有无侧移两种失稳模式下不同材料强度构件的 $P\text{-}\delta$ 效应和残余应力不同。从系数上看，17《钢标》考虑的缺陷更大，并且考虑了残余应力的影响，材料强度越高，影响系数越小。

2.3 《高层民用建筑钢结构技术规程》JGJ 99—2015（以下简称"15《高钢规》"）

15《高钢规》7.3.2 条修订了 98《高钢规》以层间位移角判定强弱支撑的规定，规定当框架柱的计算长度系数取 1.0，或取无侧移失稳对应的计算长度系数时，应保证支撑能对框架的侧向稳定提供支承作用，支撑构件的应力比 ρ 应满足下式：

$$\rho \leqslant 1-3\,\theta_i \tag{3}$$

式中　θ_i——所考虑柱在第 i 楼层的二阶效应系数。

对于未承受水平荷载的框架-支撑结构，其中框架部分发生失稳，必然带动支撑框架一起失稳，在当支撑架足够刚强时，框架首先发生无侧移失稳。但在水平荷载作用下支撑受拉屈服或受压屈曲时，支撑框架不再有刚度为框架部分提供稳定性方面的支持，此时框架柱应按无支撑框架的有侧移失稳设计。如果要求支撑框架既要承担水平荷载，又要为框架柱失稳提供支撑，此时应考虑两个方面的叠加，即：

$$\frac{S_{ith}}{S_i}+\frac{Q_i}{Q_{iy}} \leqslant 1 \tag{4}$$

$$S_{ith}=\frac{3}{h_i}(1.2\Sigma N_{bi}-\Sigma N_{0i}) \tag{5}$$

式中　Q_i——第 i 层承受的总水平力（kN）；

　　　Q_{iy}——第 i 层支撑能够承受的总水平力（kN）；

　　　S_i——支撑框架在第 i 层的层抗侧刚度（kN/m）；

　　　S_{ith}——为使框架柱从有侧移失稳转化为无侧移失稳所需要的支撑架的最小刚度（kN/m）；

　　　h_i——所计算楼层的层高（m）。

若将式（5）中有侧移承载力项 ΣN_{0i} 和系数 1.2 略去，式（5）可变为：

$$S_{ith}=\frac{3}{h_i}\Sigma N_{bi}$$

代入式（4）可得：

$$3\frac{\Sigma N_{bi}}{S_i h_i}+\frac{Q_i}{Q_{iy}} \leqslant 1$$

$$\frac{\Sigma N_{bi}}{S_i h_i}=\frac{\Sigma N_{bi}\Delta_i}{V_i h_i}=\theta_i$$

$$\rho=\frac{Q_i}{Q_{iy}}$$

ρ 为支撑构件的承载力被利用的百分比，俗称应力比。即：

$$\rho \leqslant 1-3\,\theta_i$$

对于弯曲型框架-支撑结构，应取统一的二阶效应系数。

从以上三个规范的规定来看，17《钢标》的计算公式与03《钢规》相比要求更高，并考虑了材料强度对稳定的影响，但判定公式都需要计算无侧移和有侧移稳定承载力，应用不够简便。而15《高钢规》提供的公式计算较为方便，概念清晰，但该公式是按照03《钢规》规定推导的，并略去了1.2的系数，其可靠性标准与17《钢标》规定不一致，偏于不安全。因此应根据17《钢标》的要求，按照15《高钢规》的思路，寻找一个安全、简便、直观的实用设计方法，以便于工程应用。

3 实用设计方法分析

根据17《钢标》第8.3.1条规定的式（2），使框架柱从有侧移失稳转化为无侧移失稳所需要的支撑架的最小刚度为：

$$S_{ith} = \frac{4.4}{h_i}\left[\left(1+\frac{100}{f_y}\right)\Sigma N_{bi} - \Sigma N_{0i}\right] \tag{6}$$

代入式（4）可得：

$$4.4\frac{\left[\left(1+\frac{100}{f_y}\right)\Sigma N_{bi} - \Sigma N_{0i}\right]}{S_i h_i} + \frac{Q_i}{Q_{iy}} \leqslant 1$$

即：

$$\rho \leqslant 1 - 4.4\frac{\left[\left(1+\frac{100}{f_y}\right)\Sigma N_{bi} - \Sigma N_{0i}\right]}{S_i h_i} \tag{7}$$

定义参数 β 如下：

$$\beta = 4.4\frac{\left[\left(1+\frac{100}{f_y}\right)\Sigma N_{bi} - \Sigma N_{0i}\right]}{\Sigma N_{bi}}$$

则式（7）可写为：

$$\rho \leqslant 1 - \beta\theta_i \tag{8}$$

由弹性屈曲欧拉临界力 $N_{cr} = \pi^2 EI/(\mu l)^2$，可以看出，框架柱有无侧移失稳的承载力与计算长度系数有关，并且当长细比较小时，构件为弹塑性屈曲，$\Sigma N_{0i}/\Sigma N_{bi}$ 的比值应大于弹性屈曲的荷载，为方便计算，偏于安全考虑，取弹性屈曲承载力的比值计算 $\Sigma N_{0i}/\Sigma N_{bi}$。根据框架柱上、下端梁柱线刚度比（$K_1$、$K_2$）不同，分别计算不同线刚度比时，有侧移失稳的框架柱稳定承载力与无侧移失稳的框架柱稳定承载力的比值 $\Sigma N_{0i}/\Sigma N_{bi}$，计算结果见表1。

$\Sigma N_{0i}/\Sigma N_{bi}$ 计算表　　　　　　表1

K_2 ＼ K_1	0	0.1	0.2	0.3	0.4	0.5	1	2	3	4	5	10
0	0.00	0.05	0.08	0.10	0.11	0.12	0.14	0.14	0.14	0.14	0.14	0.13
0.1	0.05	0.13	0.14	0.16	0.17	0.18	0.20	0.21	0.20	0.20	0.20	0.19
0.2	0.08	0.18	0.17	0.20	0.21	0.22	0.25	0.25	0.24	0.24	0.24	0.23
0.3	0.10	0.22	0.20	0.22	0.24	0.25	0.27	0.27	0.27	0.27	0.26	0.25
0.4	0.11	0.24	0.21	0.24	0.26	0.27	0.29	0.30	0.29	0.29	0.28	0.27
0.5	0.12	0.25	0.22	0.25	0.27	0.28	0.31	0.31	0.30	0.30	0.29	0.28
1	0.14	0.29	0.25	0.27	0.29	0.31	0.33	0.34	0.33	0.32	0.32	0.31
2	0.14	0.29	0.25	0.28	0.30	0.31	0.34	0.34	0.33	0.33	0.32	0.31
3	0.14	0.29	0.24	0.27	0.29	0.30	0.33	0.33	0.33	0.32	0.32	0.31
4	0.14	0.29	0.24	0.27	0.28	0.30	0.32	0.33	0.32	0.32	0.31	0.30
5	0.14	0.28	0.24	0.26	0.28	0.29	0.32	0.32	0.32	0.31	0.31	0.30
10	0.13	0.27	0.23	0.25	0.27	0.28	0.31	0.31	0.31	0.30	0.30	0.28

表中 K_1、K_2 分别为框架柱上端和下端梁线刚度之和与柱线刚度之和的比值。

从表 1 计算结果可以看出,一般的框架-支撑结构,梁柱刚性连接,梁柱线刚度比在 0.5～3 之间,此时 $\sum N_{0i}/\sum N_{bi}$ 比值为 0.28～0.33,此时对于 Q235 钢,$\beta = 5.0$;Q355 钢,$\beta = 4.5$。

柱底铰接的单层框架柱,$K_2 = 0$,梁柱线刚度比在 0.5～3 之间,此时 $\sum N_{0i}/\sum N_{bi}$ 比值为 0.12～0.14,此时对于 Q235 钢,$\beta = 5.7$;Q355 钢,$\beta = 5.1$。

柱底铰接和柱顶铰接的排架-支撑结构,$\sum N_{0i}/\sum N_{bi}$ 取 0,此时对于 Q235 钢,$\beta = 6.3$;Q355 钢,$\beta = 5.6$。

由此可见,按 15《高钢规》规定的 $\rho \leqslant 1 - 3\theta_i$ 要求设计偏于不安全。对于不同结构体系和不同材料强度,应采用不同的控制指标设计,以确保设计准确、安全可靠。

4 设计建议

根据 17《钢标》的要求,按照 15《高钢规》控制支撑应力比的思路,应根据不同结构体系和不同材料强度,采用不同的控制指标,按式(8)计算,即

$$\rho \leqslant 1 - \beta\theta_i$$

β 取值见表 2。

结构体系	Q235	Q355
一般框架-支撑结构	5	4.5
柱底铰接的单层框架-支撑结构	6	5
排架-支撑结构	6.5	6

β 取值 表 2

根据国家现行标准《钢结构设计标准》GB 50017—2017 和《高层民用建筑钢结构技术规程》JGJ 99—2015,本文给出的实用的判定方法偏于安全,并便于工程应用,可供工程设计参考。

参考文献

[1] 陈绍蕃. 钢结构稳定设计指南(第三版)[M]. 北京:中国建筑工业出版社,2013.
[2] 中华人民共和国国家标准. 钢结构设计标准 GB 50017—2017[S].
[3] 中华人民共和国国家标准. 钢结构设计规范 GB 50017—2003[S].
[4] 中华人民共和国行业标准. 高层民用建筑钢结构技术规程 JGJ 99—2015[S].

屈曲约束支撑与屈曲约束钢板墙的研究与应用

马文庆　郝洪涛　周立君　辛天春

（上海宝冶集团有限公司，北京　100088）

摘　要　本文结合实际工程，对屈曲约束支撑和屈曲约束钢板墙的施工过程进行分析，通过总结施工过程中遇到的难点，再根据构件本身特殊的构造形式得出一套行之有效的屈曲约束支撑和屈曲约束钢板墙的应用方法。

关键词　屈曲约束支撑；屈曲约束钢板；滞回性；工程应用

1　工程概况及特点

中冶建筑研究总院有限公司科研实验用房改造项目位于北京海淀区西土城路 33 号院，总建筑面积 118595.2m²。本项目由三座科研实验楼（A1 楼、A2 楼、A3 楼）及地下部分组成。其中 A3 楼建筑层数为 13 层，建筑高度 59.45m，为钢框架屈曲支撑剪力墙结构，由钢框架及混凝土剪力墙共同组成。屈曲约束钢板墙及屈曲约束支撑在本项目 A3 楼中大范围应用。A3 楼使用 BRB 屈曲约束支撑 90 件及 BRW 屈曲约束钢板墙 52 件，在地震作用下进行分阶段耗能，相同刚度下，其承载能力是普通支撑的 2 倍以上，可降低支撑钢材使用量约 10%，实现性能化设计。本工程采用的 BRW 形式为波纹腹板无屈曲钢板墙，是该专利授权后国内首次应用（图 1、图 2）。

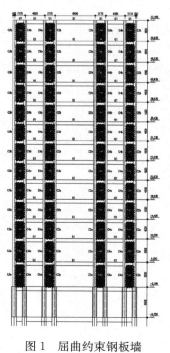 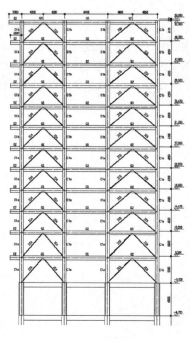

图 1　屈曲约束钢板墙　　　　　图 2　屈曲约束支撑

2　屈曲约束支撑体系原理

　　屈曲约束支撑与屈曲约束钢板墙有别于传统的支撑体系，两种构件通过各自特殊的传力方式能提供优越的屈曲性能从而大大提高结构的抗震能力。屈曲约束支撑是一种能够克服传统支撑受压屈曲，并具有金属阻尼器耗能能力的支撑构件，使得主体结构基本处于弹性范围内。因此，屈曲约束支撑可以全面提高传统中心支撑框架在中震和大震下的抗震性能。屈曲约束钢板墙作为一种新型的抗侧力结构体系，综合了板厚、加劲板、防屈曲钢板剪力墙的优势，将平直的薄钢板进行卷曲形成正弦波形的钢板，以提供优越的屈曲性能，同时通过几何形状的改变避免或者抵抗了竖向荷载传递到墙体，具有很大的发展前景。

　　支撑体系可为框架或排架结构提供很大的抗侧刚度和支撑力，在结构位移相同的情况下，支撑体系可以承担更大的水平荷载。因此，在建筑结构中采用支撑体系应用十分广泛（图3）。

　　不过，普通的支撑体系存在支撑受压失稳的情况，在支撑受压屈曲后，支撑的刚度、强度、稳定性都会大幅度的下降，从而导致结构的整体破坏。在地震和风荷载作用下，支撑持续承受压力和拉力两种受力状态下的互相转化。当支撑由受压屈曲状态逐渐变成受拉状态时，支撑的内力和刚度无限接近于零，如图4所示，可以看出普通支撑在往复荷载作用下的滞回性能较差。

　　屈曲约束支撑仅芯板与其他构件连接，所受的荷载全部由芯板承担，外套筒和填充材料仅约束芯板受压屈曲，使芯板在受拉和受压下均能进入屈服，因而，屈曲约束支撑的滞回性能优良。屈曲约束支撑一方面可以避免普通支撑拉压承载力差异显著的缺陷，另一方面具有金属阻尼器的耗能能力，可以在结构中充当"保险丝"，使得主体结构基本处于弹性范围内。因此，屈曲约束支撑的应用，可以全面提高传统的支撑框架在中震和大震下的抗震性能。如图5所示。

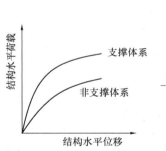

图3　支撑体系与非支撑体系荷载位移曲线对比

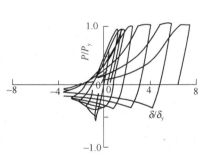

图4　普通支撑试验滞回曲线

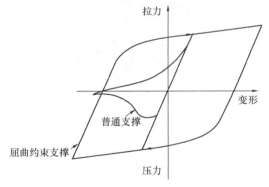

图5　屈曲约束支撑与普通支撑滞回性能对比

3　屈曲约束支撑施工工艺

3.1　屈曲约束支撑连接形式

　　屈曲约束支撑作为成品构件在工厂加工好后运输到现场，先用起重机将屈曲约束支撑运输到相应的楼层然后采用葫芦吊的方式进行精确定位。支撑表面设置有专用的吊耳，方便吊装。主体为钢结构梁柱，在钢梁钢柱上设置连接节点，屈曲约束支撑与连接节点焊接连接。

　　屈曲约束支撑与连接节点有两种连接形式，分别为十字型连接和H型连接，如图6所示。

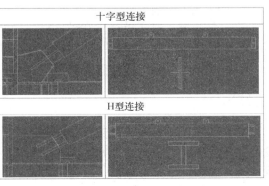

图6　屈曲约束支撑连接形式

3.2 屈曲约束支撑安装工序

现场核对支撑长度→现场测量两节点间距离→调节两节点板距离→支撑起吊→支撑临时固定→支撑校正→支撑最终固定。

3.3 安装过程注意事项

（1）为避免现场坡口质量差及工程量大的问题，屈曲约束支撑在出厂前焊接端开好坡口。

（2）成品支撑构件焊有专用的吊耳（沿支撑长度有两道），可直接穿入吊索进行吊装，支撑有吊耳的面朝上。

（3）吊装采用起重机或汽车吊，就位采用葫芦吊牵引。

（4）支撑就位后，采用措施进行临时固定。临时固定采用点焊加焊接耳板的方式。

（5）临时固定后，再对支撑位置进行校正。

（6）校正完毕后，对支撑两端进行完全固定。

（7）焊接完成后，应对连接焊缝进行探伤检查，并且应达到二级探伤要求。

4 屈曲约束钢板墙施工工艺

4.1 屈曲约束钢板墙吊装

钢板墙的垂直运输（运至楼面）采用起重机吊装，逐层提升至安装楼层，到达楼层高度后使用葫芦吊牵引至楼面。采用坡口焊接的方式，为避免现场坡口质量差及工程量大的问题，钢板墙在出厂前焊接端开好坡口。钢板墙焊有专用的吊耳，可直接穿入吊索进行吊装。钢板墙采用单坡焊接。焊接完成后，应对连接焊缝进行探伤检查，并且应达到二级探伤要求（图7）。

图7　屈曲约束钢板墙

4.2 屈曲约束钢板墙安装工序

现场测量安装位置尺寸→现场测量钢板墙尺寸→钢板墙尺寸校正→钢板墙起吊→钢板墙牵引就位→钢板墙临时固定→钢板墙位置校正→最终固定（焊接）。

4.3 焊接注意事项

（1）厚板多层焊接时应连续施焊，每一焊道焊接完成后应及时清理焊渣及表面飞溅物，发现焊接质量缺陷时，应清除后方可再焊。每层焊道厚度不大于5mm，多层焊的接头应错开，每段焊缝的起始端应呈阶梯状。在现场焊接时，每一条焊缝应在4h内焊完，中间如果有中断，则焊缝必须焊完2/3以上方可。

（2）在焊接过程中，不准在焊缝以外的母材上打火、引弧。同时焊把线应做好保护，防止裸露铜丝在母材上打火，擦伤母材。

（3）引弧板、熄弧板材质和母材材质相同，焊缝引出长度及宽度满足要求。

（4）焊接结束后，应用火焰切割去除引弧板和熄弧板，并修磨平整。

（5）焊接结束后，应清除焊缝表面焊渣。

5 结语

本项目通过对屈曲约束支撑和屈曲约束钢板墙的安装施工总结出了高效率、高质量的施工工艺。从发展角度看屈曲约束支撑技术在国内已趋于成熟和完善，在性能、价格、安装效率等方面都优于普通支撑体系。屈曲约束钢板墙属于该专利授权后的国内第一次应用，具有重要的施工意义。同时本项目将屈曲约束支撑和屈曲约束钢板墙结合在了一起。对抗震性能又是一大提高。

参考文献

[1]　中华人民共和国行业标准．高层民用建筑钢结构技术规程 JGJ 99—2010[S].

[2]　屈曲约束支撑应用技术规程 DBJ/CT 105—2011 TJ[S].

[3]　上海蓝科钢结构技术开发有限公司．TJ 屈曲约束支撑设计手册（第四版）（201208）[R].

有轨道全位置焊接机器人的研究及应用

孙　健　郝洪涛　周立君　辛天春

（上海宝冶集团有限公司，上海　200941）

摘　要　本文对刚性轨道和柔性轨道全位置焊接机器人及其基于视觉传感器的关键技术进行了介绍与分析，并给出几种有轨道全位置焊接机器人在国内工程的应用实例。

关键词　焊接机器人；全位置；轨道；关键技术；视觉传感器

1　有轨道全位置智能焊接机器人概述

有导轨全位置焊接机器人是一种沿着轨道进行焊接作业的机器人，其有着相对固定的运行轨迹，适合焊接规则的焊缝，其轨道主要为刚性和柔性两种轨道，采用模块化结构，性能稳定可靠，安装调试方便，焊接效率高，适用于直线焊接与多种角度摆动焊接。

（1）刚性轨道焊接机器人

在大型钢结构施工现场，焊接结构件通常形状复杂，构件壁较厚，焊缝形式多种多样，需全方位焊接，劳动强度较大，为此，研制出了轨道式焊接机器人，其导轨可为直导轨或圆导轨。

1）直导轨焊接机器人

直导轨焊接机器人是专为大厚板、长焊缝、多种焊位钢结构的自动焊接而设计的，可解决厚壁、长焊缝、多种焊接位置的钢结构现场自动化焊接问题。具有焊缝轨迹示教功能及焊接参数存储记忆功能，可在线示教焊缝轨迹与存储记忆焊接参数。

2）圆导轨焊接机器人

圆导轨焊接机器人，专门用于焊接管道或者圆形钢结构，其具有全位置传感器，能自动识别焊接小车所在空间位置，可沿轨道焊缝方向任意设定不同的焊接工艺参数，每套焊接工艺参数包括焊接电流、焊接电压、焊接小车车速、焊枪摆速、焊枪摆幅、焊枪摆动左右滞时等。自带送丝系统及焊枪，实现了焊车与焊接电源的联动控制，且在焊接过程中还可实时显示焊接小车的当前位置。

（2）柔性轨道焊接机器人

在刚性轨道焊接机器人的基础上，通过总结技术经验，研制出了柔性轨道焊接机器人，如 RHC-2 和 RHC-3 柔性轨道焊接机器人等。柔性轨道采用特殊钢制成，由磁座吸附在工件外表面或内表面，可与工件表面的曲率保持一致，其柔性好，装卸方便，具有在线焊缝轨迹示教记忆跟踪功能以及在线全位置焊接参数控制、离线焊接、参数设置等智能控制程序，可实现内外球面的焊接、结构件的直缝和储罐的直缝焊接以及 S 或 W 型渐变复杂曲面的焊接，如图 1 所示。

图 1　柔性轨道焊接机器人

2 智能焊接机器人关键技术

（1）基于视觉传感的初始焊位的确定与导引

实现智能化焊接机器人的关键技术之一是对焊接机器人进行基于视觉的初始焊位与导引研究。初始焊位导引系统的任务就是通过视觉传感，在操作空间内拍摄焊缝的图像，经过图像处理和立体匹配，获取焊缝起始点在操作空间内的三维坐标，将结果传递给中央处理器，由中央处理器控制机器人的焊枪到达焊缝起始点准备焊接。

视觉传感器和机器人末端执行器的精度决定着机器人操作结果的准确性，对焊缝位置的研究主要采用的方法是基于图像的伺服控制算法和双目立体视觉模型。首先根据视觉传感器所获取的焊缝图像确定和识别焊缝起始点，再运用伺服控制算法或立体视觉模型，对焊缝进行三维立体定位。目前，立体视觉模型法焊缝识别的基本方法先是建立物理模型，然后运用模板匹配法识别焊缝位置，通过动态控制模板匹配，确定焊接起始点位置。初步定位之后，根据三维立体图像信息，粗略计算估算大致的位置，然后，控制机器人运动到起始点正上方，重复以上步骤，获得起始点精确的三维坐标数据，控制机器人运行，完成起始点的焊接。

（2）基于视觉传感的焊缝跟踪技术

确保焊接质量的关键技术是精确的焊缝跟踪，也是实现自动化焊接的重要研究方向。焊缝跟踪技术就是在焊接过程中实时检测出焊缝的偏差，调整焊接参数和路径，以确保焊缝质量。焊缝跟踪传感器主要有视觉和电弧两者传感器，其中，视觉传感器被认为是最具潜力的跟踪传感器，它采用光电二极管、线阵 CCD 等光电转换器件，而应用广泛的面阵 CCD 代表着目前传感器发展的最新阶段，其因性能可靠、体积小、价格低、图像清晰而受到广泛重视。而 CCD 与计算机得结合使得对焊缝跟踪技术的研究跨上了一个新的台阶。

视觉传感系统分为激光扫描式主动跟踪系统和被动视觉系统，主动跟踪系统是通过激光经反射后投到焊缝表面，再经反射后被 CCD 摄像头获取，通过测量反射光束与 CCD 主光轴的夹角，结合已知的透射光束与扫描镜面的夹角及 CCD 与扫描镜面的距离等数据，得到每一束激光在工件表面投射点与 CCD 镜面的距离，从而得到焊缝端面剖面图。被动视觉方法是用 CCD 摄像机通过滤光片和减光片直接观察熔池附近的焊缝，但易受电弧干扰严重。因此，激光扫描式主动跟踪系统被广泛应用于视觉传感系统中。

（3）基于视觉传感的焊缝熔透实时控制

在中央处理器熔透实时控制系统中，利用 CCD 摄像机获取的视觉信息，通过中央处理器，结合预先建立的焊接熔池动态过程和相应的工艺参数，来预测熔深、熔宽、熔透、余高等焊接质量参数，调用合适的控制策略适当调整焊接参数，并适当调整机器人的运行速度、前进方向、焊头高度等，实现对焊接熔池动态特征的实时监测及对焊缝质量的智能控制。

3 有轨道全位置智能焊接机器人的应用

（1）刚性轨道焊接机器人的应用

GDC-1 有轨道式全位置焊接机器人已成功应用于国家体育场"鸟巢"工程钢结构焊接中，在"鸟巢"工程中实施了横焊、立焊和仰焊，如图 2 所示。GDC-1 轨道式全位置焊接机器人焊缝成型美观，焊接质量稳定，且焊缝超声无损检测合格，自动焊效率高，焊接速度快，能满足现场焊接施工要求。

GDC-1 型焊接机器人在大连期货大楼项目和中冶建筑研究总院实验用房改造项目的焊接施工中也得到应用，如

图 2　机器人在"鸟巢"工程现场焊接

图 3、图 4 所示。

图 3　机器人大连期货大楼工程现场焊接　　　图 4　机器人在中冶建研院 A1 科研楼现场焊接

（2）圆导轨焊接机器人的应用

GDC-3 圆导轨焊接机器人在上海五冶完成了压力钢管的焊接试验，并通过中冶集团的技术鉴定，已被应用于宝钢高强钢压力钢管全位置的全自动焊接，如图 5 所示。所焊管径 $\phi133 \sim \phi273$，壁厚为 30 $\sim 42mm$，采用实芯焊丝 CO_2 保护焊。该焊接机器人还在上海"世博中心"工程完成了 $\phi610$ 空调水管道的现场焊接，如图 6 所示。所研发的焊接机器人还参加了汶川地震灾后重建北京市对口支援什邡市的"智能援建"项目，解决了核压力容器马鞍自动焊问题，由什邡市政府举办的项目成果现场演示会如图 7 所示。

图 5　上海五冶压力钢管焊接　　　　　　图 6　"世博中心"现场焊接

（3）柔性轨道焊接机器人的应用

RHC-2 型柔性导轨焊接机器人已被成功应用于广东韶钢的大烟道降尘管道的焊接工程中，如图 8 所示。大烟道的直径为 4m，根据排版下料的要求，每节烟道长度一般不应超过 1.8m，焊接机器人同时配备 2 套导轨，实现两个相邻焊缝之间的交替焊接。另外，大型管道现场安装时的坡口精度难以保证，焊接机器人充分利用其灵活的二维调节功能和记忆示教功能，完成了焊接。图 9 为柔性轨道焊接机器人压力容器焊接现场演示。此外柔性轨道焊接机器人还在上海中心项目上也获得了应用，现场焊接如图

10 所示。

图 7　汶川灾后重建智能援建现场

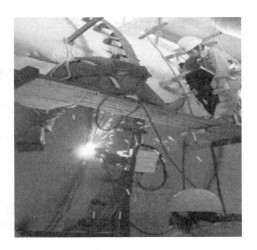

图 8　广东韶钢降尘管现场焊接

图 9　压力容器焊接

图 10　上海中心现场焊接

4　结语

通过国内有轨道全位置焊接机器人的研究成果以及其在国家工程项目中的应用实例，对焊接机器人基于视觉传感器的关键技术进行了介绍与分析。轨道式全位置焊接机器人已经实现了产品系列化，正在积极推进其产业化，使拥有自主产权的轨道式全位置焊接机器人在各行各业中得到了广泛的应用，并为我国的焊接自动化发展作出了应有的贡献。

参考文献
[1]　蒋力培，薛龙，邹勇等．钢结构全位置焊接机器人的研究与开发[J]．电焊机，2007，37(8)：23-26.
[2]　王鹏洁，郑卫刚．有轨道全位置智能焊接机器人的研究及应用[J]．起重运输机械，2015，(4)：20-22.
[3]　蒋力培等．智能焊接机器人研究与应用[C]．第十五次全国焊接学术会议，2010：613-620.
[4]　费存华．焊接机器人技术研究与应用现状探讨[J]．现代制造技术与装备，2018，(5)：58-60.
[5]　成利强，王天琪，侯仰强，郑佳等．中厚板 V 形坡口多层多道焊机器人焊接技术研究[J]．2018，(2)：10-13.

超大直径鼓型焊接空心球节点极限承载力分析

崔　强　吴文平　丁剑强　孙夏峰

（江苏沪宁钢机股份有限公司，宜兴　214231）

摘　要　某屋盖结构为大跨度网架结构体系，受建筑造型的要求，其部分网架节点为局部压平的超大直径鼓型焊接空心球节点。运用有限元软件对该节点和未局部压平的节点极限承载力进行分析对比，对 2 组共 6 个足尺的带加劲肋鼓型焊接空心球节点进行单向加载试验，并将试验得到的鼓型节点极限承载力与有限元计算结果对比分析，验证了有限元分析结果的正确性，同时为类似节点的设计提供参考。

关键词　焊接空心球节点；极限承载力；有限元分析；试验研究

1　工程概况

某屋盖结构为大跨度空间网架结构体系，受建筑造型的要求，其部分网架节点为局部压平的超大直径鼓型焊接空心球节点 WSR9035，其直径为 900mm，球壁厚为 35mm，球内设有双肋。由于规范《钢网架焊接空心球节点》JG/T 11—2009 只给出了无肋和单肋球节点极限承载力，试验的配合钢管只给出了管径值（351mm），无壁厚值，且本节点为局部压平的非常规形式，因此有必要对焊接球节点进行有限元分析，以得出焊接球节点的极限理论承载力以及试验钢管壁厚的取值，为节点试验提供指导方向与参考依据，并将节点试验结果与有限元分析结果进行对比，以验证有限元分析的正确性。

WSR9035 鼓型焊接空心球如图 1 所示，球内部设置双肋环板且在环板中部开孔，节点材质均为 Q345C。焊接球加工及安装后的实物图如图 2 所示。

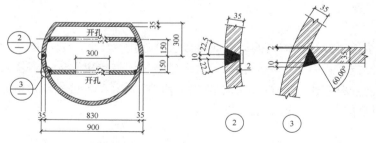

图 1　WSR9035 鼓型焊接空心球详图

图 2　WSR9035 鼓型焊接空心球实物

2 节点承载力有限元分析

2.1 规范理论极限承载力

根据《空间网格结构技术规程》JGJ 7—2010 第 5.2.2 条，焊接空心球受压和受拉承载力设计值 N_R 计算公式如下：

$$N_R = \eta_0 (0.29 + 0.54 d/D) \pi t d f$$

式中 η_0——大直径空心球节点承载力调整系数，当空心球直径＞500mm 时，取 0.9；

       D——空心球外径（mm）；

       t——空心球壁厚（mm）；

       d——与空心球相连的主钢管杆件的外径（mm）；

       f——钢材的抗拉强度设计值（MPa）；

WS9035 焊接空心球（无肋）承载力设计值 $N_R = 5126.96\text{kN}$，根据《钢网架焊接空心球节点》JG/T 11—2009 第 5.1.2 条，WSR9035 焊接空心球（有肋）受压极限承载力为：$N_{cu} = 1.4 \times 1.6 \times 5126.96 = 11484.4\text{kN}$

WSR9035 焊接空心球（有肋）受拉极限承载力为：$N_{tu} = 1.1 \times 1.6 \times 5126.96 = 9023.4\text{kN}$

2.2 有限元分析方法

根据《钢网架焊接空心球节点》JG/T 11—2009 中有关焊接空心球的承载力试验部分，有限元分析模型采用如下形式，根据有限元试算，小于 50mm 壁厚钢管易先与球大范围屈服，配合钢管壁厚取为 50mm，钢管 P351×50 屈服承载力为 16311.6kN（图 3）。

有限元分析考虑材料和几何非线性，采用多线性等向强化准则。材料本构关系为弹塑性线性强化 4 折线模型，钢材的应力-应变曲线如图 4 所示。$f_y = 345\text{MPa}$，$f_u = 510\text{MPa}$，$\varepsilon_1 = 0.167\%$，$\varepsilon_2 = 2\%$，$\varepsilon_3 = 20\%$，$\varepsilon_4 = 25\%$。模型加载采用位移加载方式，焊接空心球节点破坏荷载判定以球体变形达到球径的 1.2% 时，认为节点达到极限承载力为准则。为验证有限元分析的可靠性，对无肋的焊接空心球进行受压极限承载力有限元分析，并与规范值进行比较（图 4）。

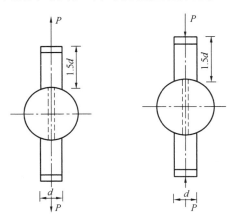

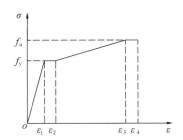

图 3   有限元分析模型简图（受拉＋受压）   图 4   钢材应力-应变关系曲线

WS9035 焊接空心球（无肋）在受压作用下的管端位移与承载力曲线如图 5 所示，其达到极限受压承载力时的应力云图如图 6 所示。

根据承载力与位移关系曲线，在受压状态下球节点为弹塑性压曲破坏，其极限抗压承载力为 8797.8kN。根据 2.1 节计算结果，WS9035 焊接空心球承载力设计值 5126.96kN，其极限抗压承载力为 $1.6 \times 5126.96 = 8203.1\text{kN}$，与有限元分析值较为接近，其相差百分比为 7.2%，说明该有限元分析方法是可靠的。

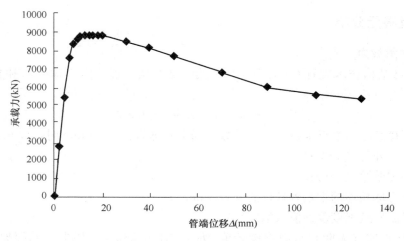

图 5　WS9035 受压承载力与位移关系曲线

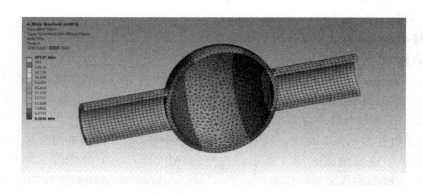

图 6　WS9035 达到受压极限承载力时应力云图

2.3　焊接空心球（双肋）节点有限元分析

图 7、图 8 为 WSR9035 焊接空心球（双肋）和鼓型焊接空心球（双肋）受压、受拉承载力与位移关系曲线。从图中可以得出，WSR9035 焊接空心球（双肋）和鼓型焊接空心球（双肋）受压极限承载力分别为 15914kN、15414kN，两者相差 3.2%；在受拉状态下，有限元分析未得到最终的极限承载力，根据破坏荷载判定准则，两者受拉极限承载力分别为 15074kN、14731kN，两者相差 2.3%，局部

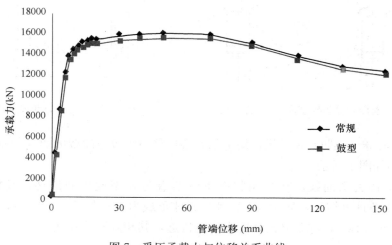

图 7　受压承载力与位移关系曲线

压平对球节点的极限承载力削弱较小。试验时，鼓型焊接空心球极限抗压、抗拉承载力分别以15400kN、14700kN 作为参考。

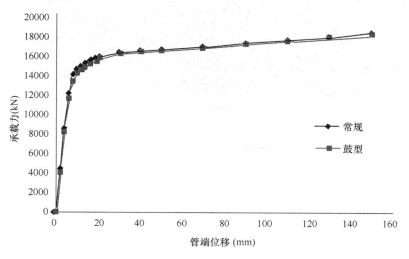

图 8　受拉承载力与位移关系曲线

图 9、图 10 为 WSR9035 鼓型焊接空心球（双肋）达到受压、受拉极限承载力和最终受压破坏时的应力云图，其受压破坏为明显的弹塑性压曲破坏。

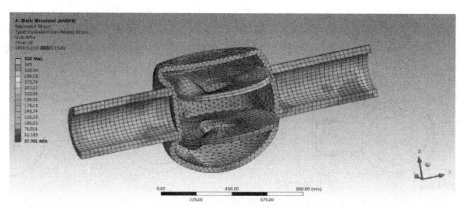

图 9　WSR9035 受压最终破坏时应力云图

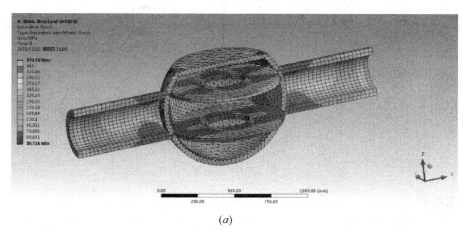

(a)

图 10　WSR9035 受拉破坏时应力云图（一）

（a）位移加载至 10mm 达到破坏承载力时

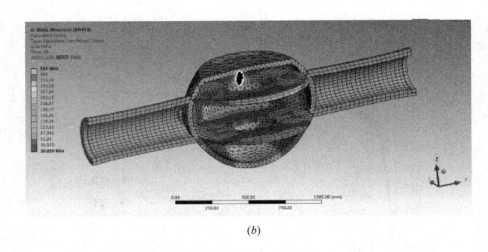

(b)

图10 WSR9035受拉破坏时应力云图（二）

(b) 最终破坏时

3 节点承载力试验

3.1 试验概述

试验球节点共6个，分2组，每组3个分别做受压、受拉承载力试验。焊接球试验采用30MN静载试验机来进行，试验负荷为±30000kN，最大试验行程为±300mm。采用位移加载方式，荷载-位移曲线在弹性范围内时，位移加载速度较小，进入塑性阶段后，位移加载速度适当增大，直至荷载下降焊接球破坏。每个球节点钢管处设置4个位移计，球冠处对称粘贴16组应变花用于数据采集（图11）。试验加载装置如图12所示。

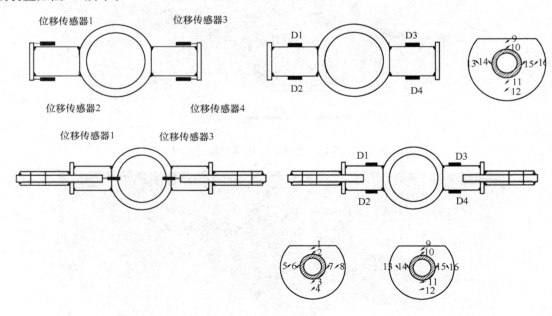

图11 测点布置

3.2 试验现象与结果

三个受压试验的焊接球破坏并不明显，只在球的加载侧向内部分凹陷，局部压平两端向外轻微鼓出。由于受拉试验加载至破坏十分危险，因此受拉加载至10000kN即终止试验，三个受拉球节点无明显破坏现象。图13、图14分别为球节点受压和受拉下的荷载-位移曲线。

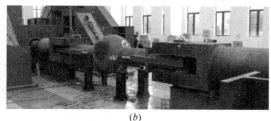

(a)   (b)

图 12　试验加载装置

（a）受压；（b）受拉

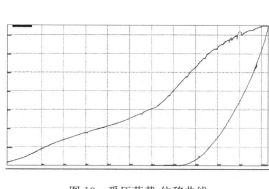
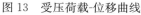
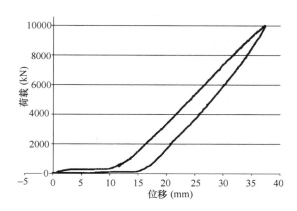

图 13　受压荷载-位移曲线　　　　　图 14　受拉荷载-位移曲线

根据荷载-位移曲线，三个受压球节点极限抗压承载力分别为 15026kN、15031kN、15329kN。

4　结论

试验数据与有限元计算结果基本吻合，因此可以通过有限元模拟试验对节点的受力性能进行更深入的分析。节点的三个试件在破坏前的试验现象及结果基本一致，试验极限荷载和有限元分析极限荷载误差较小且具有一定的安全储备。

参考文献

[1] 中华人民共和国行业标准. 钢网架焊接空心球节点 JG/T 11—2009[S]. 北京：中国标准出版社，2009.
[2] 中华人民共和国行业标准. 空间网格结构技术规程 JGJ 7—2010[S]. 北京：中国建筑工业出版社，2010.
[3] 俞可权，余江滔，唐波. 焊接空心球节点极限承载力的试验与有限元分析[J]. 工业建筑，2011，41(8)：85-90.

既有 K6 型铝合金板式节点单层球面网壳的构件重要性评价

郭小农　张　勇　宗绍晗　罗永峰

（同济大学土木工程学院，上海　200092）

摘　要　随着国内铝合金板式节点网壳服役时间的不断增长，研究构件重要性对既有网壳检测的意义日益凸显。通过研究构件重要性，可以找出网壳中重要构件的分布规律，从而减少网壳检测工作量。本文建立大量 K6 型铝合金半刚性节点网壳的有限元模型，基于弹塑性整体稳定承载力的构件重要性系数计算方法，通过逐一削弱构件截面并施加初弯曲模拟构件抗力的降低，计算得到每根构件的重要性系数，并提出了一种新的方法对构件进行等级划分。最后分析研究了网壳跨度、矢跨比、截面尺寸以及环数对网壳重要构件分布的影响规律，并得出了重要构件的一般分布规律。

关键词　构件重要性；既有铝合金板式节点网壳；有限元模型；参数分析；分布规律

1　引言

铝合金结构具有轻质、高强、耐腐蚀等诸多优点，在建筑业得到了广泛的应用。铝合金板式节点网壳是最为常见的铝合金结构形式，其中 K6 型单层球面网壳又是最为常见的网壳形式。随着国内大多数铝合金网壳服役时间的增加，网壳不可避免地会出现结构损伤，因此，对既有网壳的检测鉴定需求日益突出。而对于既有铝合金网壳的检测鉴定，可以从构件重要性评价出发。

目前国内外对铝合金板式节点网壳承载性能的研究已经相对成熟，并取得了较多研究成果。曾银枝等对铝合金板式节点网壳进行了试验分析和数值模拟，通过结果对比得出铝合金板式节点网壳需要考虑节点的半刚性。郭小农等对铝合金板式节点进行了大量的实验研究和数值计算，指出铝合金板式节点属于一种典型的半刚性节点，并提出了节点刚度的弯矩-转角四折线模型，给出了节点刚度的具体计算公式。此外，郭小农等对铝合金板式节点网壳进行稳定承载力试验研究和数值分析，给出了网壳稳定承载力计算公式，并验证了考虑节点半刚性的网壳数值模型的有效性。

同时，目前国内外对于钢结构网壳构件重要性评价也相对成熟。钢构件重要性评价可以分为与外荷载无关的评价方法和与外荷载有关的评价方法：对于与外荷载有关的评价方法，高扬通过拆除杆件法，将杆件移除前后的结构承载力变化程度作为构件重要性的衡量指标。刘晓采用削弱构件截面的方法计算空间钢结构整体稳定承载力，并将构件对承载力影响程度作为构件重要性的衡量指标。Charaibeh 以结构可靠性理论为基础，通过计算构件对结构整体可靠的影响程度判断构件重要与否。肖南根据结构损伤前后整体刚度矩阵条件数的变化评判构件重要性。然而，目前对铝合金网壳构件重要性的研究还处于空白状态。

针对以上研究现状，本文利用有限元软件 ANSYS 建立了大量考虑节点半刚性的数值模型，基于网壳非线性整体稳定承载力，对 K6 型铝合金板式节点网壳的构件重要性系数进行了计算，并对比分析网壳跨度、矢跨比、截面尺寸以及网壳环数对重要性构件分布的影响，弥补了铝合金网壳构件重要性研究的空白。

2 网壳模型及参数

本文利用有限元软件 ANSYS 建立了铝合金板式节点单层球面网壳模型，考虑结构几何非线性和材料非线性的影响，并采用一杆四单元模型以保证计算精度。由于需要考虑节点半刚性的影响，杆件单元采用文献 [5] 的研究成果，在节点域边缘把杆件分段，利用 COMBIN39 弹簧单元进行连接，弹簧刚度采用四折线模型进行计算，如图 1 和图 2 所示。网壳的荷载分布模式为满跨均布恒荷载，周边支座节点为固定铰。铝合金材料均为 6061-T6，其弹性模量为 $E=70000\mathrm{MPa}$，极限强度为 $f_u=265\mathrm{MPa}$，名义屈服强度为 $f_{0.2}=245\mathrm{MPa}$，泊松比为 0.3。铝合金板式节点构造见图 3，有限元模型见图 4。参考常见工程实例，数值分析中主要考虑了参数如下：

（1）跨度。考虑网壳跨度为 40m、50m、60m，共 3 种情况；

（2）矢跨比。共考虑 1/4、1/5、1/6，共 3 种情况；

（3）杆件截面规格。杆件截面均采用 H 形截面，主要规格及其对应节点刚度见表 1；

（4）环数。考虑 8 环、10 环以及 12 环，共 3 种情况。

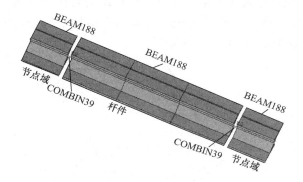

图 1 杆件单元模型

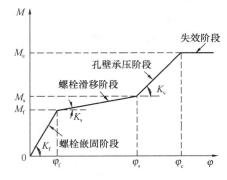

图 2 四折线模型

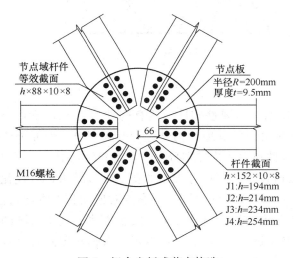

图 3 铝合金板式节点构造

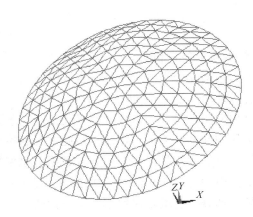

图 4 有限元模型

节点刚度   表 1

节点编号	杆件编号	截面类型（mm）	M_f（kN·m）	φ_f	M_s（kN·m）	φ_s	M_c（kN·m）	φ_c
J1	M1	194×152×8×10	36.9	0.0194	36.9	0.0438	54.2	0.0489
J2	M2	214×152×8×10	40.7	0.0175	40.7	0.0396	59.8	0.0441
J3	M3	234×152×8×10	44.5	0.0159	44.5	0.0361	65.4	0.0402
J4	M4	254×152×8×10	48.3	0.0146	48.3	0.0332	71.0	0.0370

3 构件重要性

3.1 构件重要性计算

对于构件重要性系数的计算，本文根据文献［7］采用基于网壳极限承载力的计算方法。本文在文献削弱构件截面面积的基础上，还施加了 $L/100$ 绕杆件弱轴的初弯曲，以实现构件抗力和结构极限承载力的降低。通过计算构件削弱并施加初弯曲的前后网壳极限承载力的比值，并用1减去这个比值，从而得到构件的重要性系数 I：

$$I = \frac{F_0 - F}{F_0} = 1 - \frac{F}{F_0} \tag{1}$$

式中 F_0——原结构的非线性稳定极限承载力；

F——构件削弱截面面积并施加初弯曲后的结构非线性稳定极限承载力。

从式（1）可知，构件的重要性系数越大，网壳的极限承载力下降越多，构件也就越重要。

在进行构件重要性系数计算的时候，K6型网壳共分为6个扇形区域，根据结构对称性原则，只需计算每个扇形区域内一半杆件的重要性系数，如图5所示。此外按照构件在网壳结构中所处位置的不同，可以把构件分为三类，即径向杆、环向杆以及斜向杆，如图6所示。

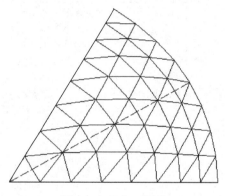

图5 六分之一网壳

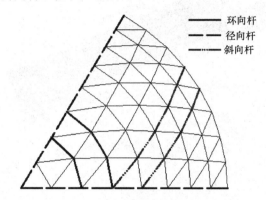

图6 网壳杆件分类

3.2 构件重要性评价

采用帕累托分类法对于构件重要性进行分类，即认为重要性构件占所有构件的20%，不重要构件占所有构件的80%。通过分析计算结果，此分类方法可以较好地对构件进行等级划分。但如果严格按照此分类方法，会在等级划分临界处把一些重要性系数较大的构件划分为非重要构件，把一些重要性系数较小的构件划分为重要构件。因此本文利用聚类分析法对ABC分类法的初步划分结果进行优化。所谓聚类分析法，就是把大量的 n 维数据对象聚集成 k 个聚类，使得同一聚类内对象的相似性尽可能大，不同聚类内的对象的相似性尽可能小。该方法可以大致分为：划分方法、层次方法、基于密度的方法等，其中划分方法就是对数据对象进行初步划分为几个簇（类），然后计算每个数据对象到各个簇的质心的距离，并将其对象划分到其最近的簇，其中质心是各个簇的数据均值。

本文基于ABC分类法以及聚类分析法，提出了一种新的方法对构件重要性进行评价，其步骤如下：

（1）对构件初步分为4簇（类）：把构件按照重要性系数从大到小进行排序，重要性系数较大的前10%的构件划分为第一类，为重要构件；前10%到20%的构件为第二类，此类构件需要重新评价重要性；前20%到30%的构件为第三类，此类构件也需要重新评价重要性；后70%的构件则为第四类，为非重要构件。

（2）分别计算第二类构件与第三类构件的重要性系数的平均值（簇的质心），结果为 I_2 与 I_3。

（3）逐一计算第二、三类的每一根杆件重要性系数与 I_2、I_3 的距离，即差值的绝对值，结果为 Δ_2 和 Δ_3。

（4）根据距离 Δ 的大小，对第二、三类构件的重要性重新进行评价，评价准则如下：

重要构件　　　　　　　　$\Delta_2 < \Delta_3$

非重要构件　　　　　　　$\Delta_2 > \Delta_3$

通过以上四个步骤，就可以对构件进行重要性评价，把初步划分的四类构件重新划分为两类构件，避免了结果的人为修正。

4 参数分析结果

4.1 跨度和矢跨比的影响

分别计算了矢跨比为 1/4、1/5 和 1/6 下的跨度为 40m、50m 和 60m 的 9 个网壳，共计算约 500 根杆件的重要性系数。计算结果如图 7 所示，图名以"矢跨比-跨度"命名，例如"4-40"代表矢跨比为 1/4、跨度为 40m 的网壳。图 7 中，线宽加粗、颜色加深的杆件为重要性构件，其余杆件为非重要性构件。

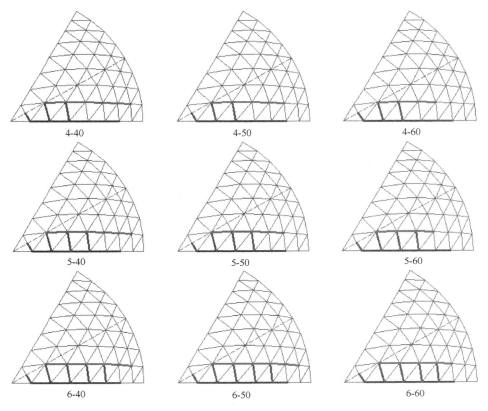

图 7　跨度和矢跨比的影响

通过横向对比可以发现：在不同矢跨比下，重要构件分布随跨度变化呈现出一定的规律性：1）随着跨度的增加，径向杆重要性构件分布不随跨度变化，始终是第 2~6 环的径向杆为重要杆件；2）随着跨度的增加，环向杆重要构件分布不随跨度变化，始终是与重要径向杆相连接的环向杆为重要构件；3）随着跨度的增加，斜向杆重要构件的数量逐渐减小，第 6~7 环的斜向杆逐渐变为不重要构件，但其分布始终平行于径向杆。

通过纵向对比可以发现：在不同跨度下，重要构件分布随矢跨比变化呈现出一定的规律性：1）随着矢跨比的减小，径向杆重要性构件分布不随矢跨比变化，始终是第2～6环的径向杆为重要构件；2）随着矢跨比的减小，环向杆重要构件数量逐渐增大，第4～5环的环向杆逐渐变为重要杆件，但始终是与径向杆相连接的环向杆为重要构件；3）随着矢跨比的减小，斜向杆重要构件分布不随矢跨比变化，始终是平行于径向杆的杆件为重要构件。

总体来看，在不同跨度和不同矢跨比下，重要构件的分布满足一定规律性，即为2～6环的径向杆、1～4环的与径向杆连接的环向杆以及3～7环的位于径向杆附近且平行于径向杆的斜向杆。

4.2 截面尺寸的影响

分别计算了跨度为40m，矢跨比为1/4、1/5和1/6下的不同截面尺寸的12个网壳，共计算约670根杆件的重要性系数。计算结果如图8所示，图名以"矢跨比-跨度-截面类型"命名，例如"4-40jm1"代表矢跨比为1/4、跨度为40m以及截面类型为第一类的网壳，截面类型见表1。

可以看到，随着截面尺寸的增大，1）径向杆和斜向杆的重要构件分布不随截面尺寸变化；2）环向杆重要构件分布主要是在截面3处发生较大变化，其数量明显减少，但第2～3环的环向杆始终是重要构件。

综合来看，若不考虑截面3处的影响，可以认为截面尺寸对重要构件的分布基本没有影响。

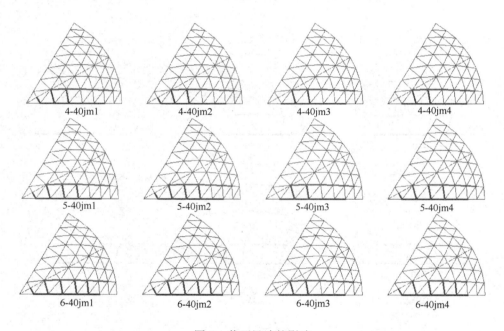

图8　截面尺寸的影响

4.3 网格数量的影响

分别计算了跨度为60m，矢跨比为1/4、1/5和1/6下的不同环数的9个网壳，共计算约840根杆件的重要性系数。计算结果如图9所示，图名以"矢跨比-跨度-环数"命名，例如"4-40-8h"代表矢跨比为1/4、跨度为40m的8环网壳。

横向来看，随着网壳环数的增大，1）径向杆的非重要构件为第一环和最后两环上的构件；2）始终是与径向杆相连接的环向杆为重要构件，同时靠近支座的环向杆出现重要构件；3）与径向杆平行的第二道斜向杆出现重要构件。

纵向来看，8环网壳的重要性构件基本分布规律同样适用于10环以及12环网壳。

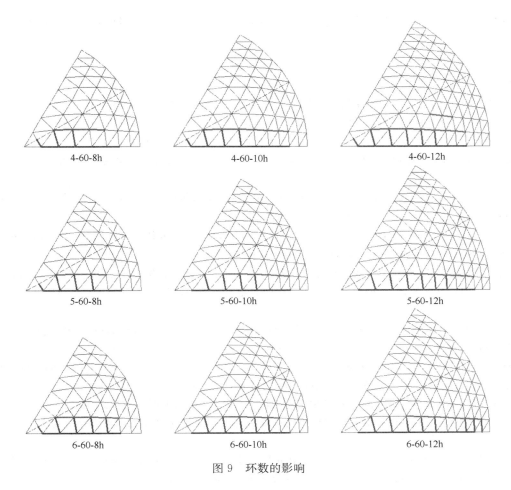

4-60-8h   4-60-10h   4-60-12h

5-60-8h   5-60-10h   5-60-12h

6-60-8h   6-60-10h   6-60-12h

图 9 环数的影响

5 结论

本文进行了大量的数值模型计算，分析了网壳跨度、矢跨比以及杆件截面面积对网壳重要构件分布的影响并归纳总结了影响规律，同时得到了 K6 型铝合金板式节点单层球面网壳的重要构件分布规律，对实际检测具有很好的参考价值和工程意义。结论如下：

（1）对于 8 环网壳，在不同跨度、不同矢跨比以及不同截面尺寸下，重要构件的分布满足一定规律性，即为 2～6 环的径向杆、1～4 环与径向杆连接的环向杆以及 3～7 环位于径向杆附近且平行于径向杆的斜向杆，重要构件分布如图 10 所示。

（2）对于 8 环网壳，随着网壳跨度增加，主要是斜向杆重要构件的数量逐渐减小，第 6～7 环的斜向杆逐渐变为不重要构件，而径向杆和环向杆的重要构件分布基本不变。

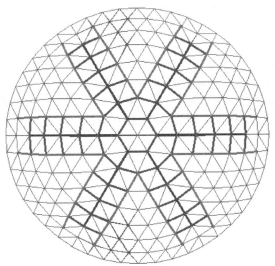

图 10 重要构件分布图

（3）对于 8 环网壳，随着网壳矢跨比减小，主要是环向杆重要构件数量逐渐增大，第 4～5 环的环向杆逐渐变为重要杆件，而径向杆和斜向杆的重要构件分布基本不变。

（4）对于 8 环网壳，截面尺寸对重要构件的分布影响很小。

（5）随着网壳环数增加，构件数量增多，与径向杆平行的第二道斜向杆以及支座附近的环向杆出现重要构件。

参考文献

[1] 沈祖炎，郭小农，李元齐．铝合金结构研究现状简述[J]．建筑结构学报，2007，28(6)：100-109.

[2] 郭小农．铝合金结构构件理论和试验研究[D]．上海：同济大学，2006.

[3] 曾银枝，钱若军，王人鹏等．铝合金穹顶的试验研究[J]．空间结构，2000，6(4)：47-52.

[4] 郭小农，熊哲，罗永峰，徐晗，邱丽秋．铝合金板式节点弯曲刚度理论分析[J]．建筑结构学报，2014，35(10)：144-150.

[5] Xiaonong Guo, Zhe Xiong, Yongfeng Luo, et al. Experimental investigation on the semi-rigid behaviour of aluminium alloy gusset joints[J]. Thin-Walled Structures, 2015(87)：30-40.

[6] Xiaonong Guo, Zhe Xiong, Yongfeng Luo, et al. Block Tearing and Local Buckling of Aluminum Alloy Gusset Joint Plates[J]. KSCE Journal of Civil Engineering, 2016, 20(2)：820-831.

[7] 熊哲，郭小农，蒋首超等．铝合金板式节点网壳稳定承载力试验研究[J]．建筑结构学报，2017，38(7)：9-15.

[8] 郭小农，朱劭骏，熊哲等．K6 型铝合金板式节点网壳稳定承载力设计方法[J]．建筑结构学报，2017，38(7)：16-24.

[9] Zhe Xiong, Xiaonong Guo, Yongfeng Luo, et al. Experimental and numerical studies on single-layer reticulated shells with aluminium alloy gusset joints[J]. Thin-Walled Structures, 2017, 118：124-126.

[10] Zhe Xiong, Xiaonong Guo, Yongfeng Luo, et al. Elasto-plastic stability of single-layer reticulated shells with aluminium alloy gusset joints[J]. Thin-Walled Structures, 2017, 115：163-175.

[11] 高扬，刘西拉．结构鲁棒性评价中的构件重要性系数[J]．岩石力学与工程学，2008，27(12)：2575-2584.

[12] 刘晓，永峰，王朝波．既有大型空间钢结构构件权重计算方法研究[J]．武汉理工大学学报，2008，30(11)：125-129.

[13] Charaiben E. S, Frangopol D. M, Onoufriout. Reliability-based Importance Assessment of Structural Members with Applications to Complex Strutures[J]. Computers and Structures, 2002, 80(12)：1113-1131.

[14] Xiao N, Zhan H L, Chen H P. Robustness Analysis and Key Element Determination of Framed Structures[J]. International Conference on Sustainable Development of Critical Infrastructure, 2014. 280-288.

[15] 刘晓．既有大型刚性空间钢结构整体安全性评定研究[D]．上海：同济大学，2008.

[16] 罗立胜．既有钢结构损伤评估与安全性评定方法研究[D]．上海：同济大学，2014.

[17] 聂琪．既有网壳结构构件重要性评定方法研究[D]．上海：同济大学，2018.

[18] 李双录，温改娣．ABC 分类管理法在建筑管理中的应用．山西建筑，2000(1)：126-127.

[19] 杨小兵．聚类分析中若干关键技术的研究[D]．杭州：浙江大学，2005.

二、钢结构工程施工技术

国家速滑馆马鞍形单层正交索网结构
施工关键技术研究与应用

高树栋[1]　张晋勋[1]　王泽强[2]　王中录[1]　张　怡[1]　毛　杰[1]　张　雷[1]　冀　智[1]

（1. 北京城建集团有限责任公司，北京　100088；
2. 北京市建筑工程研究院有限责任公司，北京　100039 ）

摘　要　针对国家速滑馆索网结构拉索规格数量多、内力大、承重索和稳定索采用双索设计等技术难题，本文从安装方法选取、施工仿真分析、索长及支座预偏值设计、误差消纳处理、主要施工工艺和施工监测等方面进行了研究，可为今后类似工程提供借鉴。

关键词　马鞍形索网结构；提升；张拉

1　工程概况

国家速滑馆是北京 2022 冬季奥运会标志性场馆，将承担速度滑冰项目的比赛和训练。

国家速滑馆主体结构采用劲性混凝土结构，屋盖采用单层双向正交马鞍形索网结构，南北向最大跨度 198m，东西向最大跨度 124m，标高为 15.800～33.800m，生根于碗状看台顶部周圈钢结构环桁架上，环桁架外侧设置幕墙拉索。承重索和稳定索都采用双索结构，承重索直径为 64mm，数量为 98 根；稳定索直径为 74mm，数量为 60 根；屋面环桁架周圈设置幕墙索，索体直径为 48mm、56mm 两种规格，数量为 120 根；索结构的索体总长度约 20410m，总重量约 968t，如图 1 所示。

本工程的马鞍形索网结构，是世界类似工程中结构跨度和规模最大的拉索，数量多、内力大，对施工工艺提出更高要求；承重索和稳定索均采用双索设计，拉索提升、张拉难度大；拉索提升张拉过程中，环桁架支座只有竖向约束，水平可滑动，环桁架外圈定长幕墙索被动张拉，更增加了施工难度。

 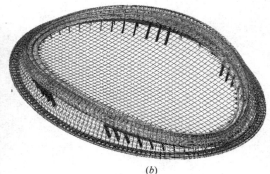

(a)　　　　　　　　　　　　　　　　(b)

图 1　国家速滑馆（一）

(a) 效果图；(b) 整体结构三维轴测图

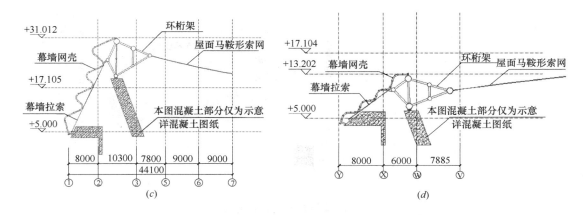

图 1　国家速滑馆（二）

（c）承重索方向剖面图；（d）稳定索方向剖面图

2　安装方案

2.1　安装方案比较

调研类似工程实践，比较地面组装整体提升法和索网高空组装法两种安装方案，其优缺点如下：

（1）索网地面组装整体提升张拉法

优点：基本都在地面操作，施工效率高、施工周期短，安全隐患少。

缺点：需要占用中心场地，要对预制看台进行保护，对索体进行保护。

（2）索网高空组装法

优点：全部高空操作、不占用中心场地，不需对预制看台进行防护，索体保护量工作小。

缺点：索体、索夹均在高空安装，施工效率低，安装周期长，安全风险高。

2.2　幕墙索和支座水平约束影响

为了研究幕墙索和支座水平约束对屋面索网的影响，分别进行了幕墙索先装、幕墙索被动张拉、支座水平约束全部固定、全部释放和部分释放等工况仿真分析。根据分析结果知：

（1）幕墙索对索网和环桁架内力和位形影响较小；

（2）支座水平约束对斜柱内力影响较大，对短轴方向斜柱受力有利、长轴方向斜柱受力不利；水平约束对环桁架内力分布影响较大，部分杆件内力反号，但应力比均很小；

（3）支座部分约束工况为最不利工况，约束哪个支座，哪个支座的反力就会很大。

2.3　总体安装方案

结合工程实际，综合考虑技术先进性和经济合理性原则，国家速滑馆屋面索网结构最终采用"地面编网、提升承重索整体就位、张拉稳定索形成预应力状态，幕墙索被动受力、支座可水平约束全释放"的总体安装方案。

3　施工仿真分析

双曲马鞍形单层双向正交索网结构的施工方法与常规预应力钢结构施工不同，其成型过程更加复杂，索网结构的张拉成型过程是由机构到结构的转变过程，在未张拉成型前，结构基本没有刚度。因此，必须进行全过程施工仿真设计分析。

根据施工方案，全过程施工仿真分析共进行了 37 步仿真计算，得到各状态下的索力和竖向位移。图 2 为索网提升完成后索网的索力和竖向位移，图 3 为索网张拉完成后索网的索力和竖向位移，图 4 为支座滑动轨迹。

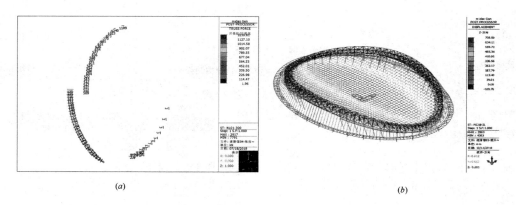

图 2　索网提升完成后结果

(*a*) 索力（kN）；(*b*) 竖向变形（mm）

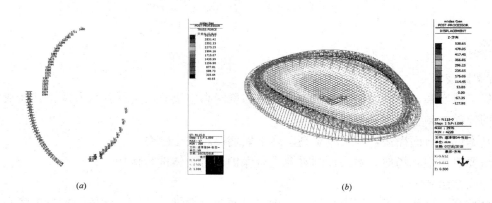

图 3　索网张拉完成后结果

(*a*) 索力（kN）；(*b*) 竖向变形（mm）

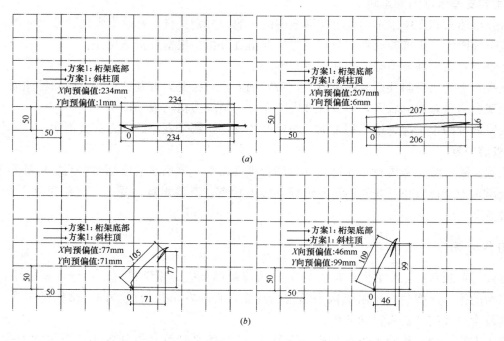

图 4　支座滑动轨迹（一）

(*a*) 短轴方向；(*b*) 对角线方向

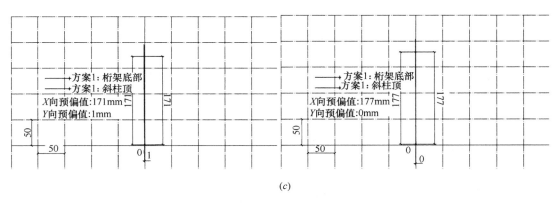

图 4　支座滑动轨迹（二）

（c）长轴方向

通过全过程施工仿真分析，确定每一个关键施工步对应的拉索内力、节点变形等关键技术参数的理论值，验证施工方案可行性，同时为施工监测提供理论依据，保证索网施工的安全性。另外，为了保证索网提升和张拉过程中整个屋面索网结构支座滑动受控，提出了对长轴方向 4 个支座进行限位的方案。

4　索长及支座预偏值设计

4.1　索长设计

根据仿真分析结果，结合设计文件，提取索网初始应力状态下的拉索长度及索力作为拉索下料长度及对应索力，索长值及标记索力如表 1 所示。

拉索下料长度和标记索力

表 1

承重索编号		标记索力（kN）	索长 L（mm）	稳定索编号		标记索力（kN）	索长 L（mm）
CZS-1	CZS-49	667.5	18369	WDS-1	WDS-30	1231	54271
CZS-2	CZS-48	871.5	39875	WDS-2	WDS-29	1464	86361
CZS-3	CZS-47	879	50468	WDS-3	WDS-28	1472.5	110422
CZS-4	CZS-46	881.5	58524	WDS-4	WDS-27	1475.5	126480
CZS-5	CZS-45	882.5	66597	WDS-5	WDS-26	1479.5	140842
CZS-6	CZS-44	884.5	74689	WDS-6	WDS-25	1482	150599
CZS-7	CZS-43	886	82330	WDS-7	WDS-24	1485.5	158648
CZS-8	CZS-42	892	87421	WDS-8	WDS-23	1488.5	166702
CZS-9	CZS-41	889.5	90941	WDS-9	WDS-22	1492	174762
CZS-10	CZS-40	894.5	96533	WDS-10	WDS-21	1494	182074
CZS-11	CZS-39	893	99105	WDS-11	WDS-20	1494	186636
CZS-12	CZS-38	897	103701	WDS-12	WDS-19	1498	190311
CZS-13	CZS-37	895.5	106556	WDS-13	WDS-18	1499.5	190898
CZS-14	CZS-36	895.5	107298	WDS-14	WDS-17	1500.5	194801
CZS-15	CZS-35	898.5	111859	WDS-15	WDS-16	1501	195835

承重索编号		标记索力（kN）	索长 L（mm）	稳定索编号	标记索力（kN）	索长 L（mm）
CZS-16	CZS-34	899	114115	—	—	—
CZS-17	CZS-33	897.5	115969	—	—	—
CZS-18	CZS-32	898	115534			
CZS-19	CZS-31	900.5	119091			
CZS-20	CZS-30	900.5	120357			
CZS-21	CZS-29	901	121278			
CZS-22	CZS-28	901	122101			
CZS-23	CZS-27	901.5	122648			
CZS-24	CZS-26	901.5	123002			
CZS-25	—	901.5	123005			

4.2 支座预偏值设计

根据仿真分析确定的支座运动轨迹，反推出 48 个支座的预偏值。考虑到结构 1/4 对称，只列出 ZZ1～ZZ12 共 12 个支座预偏值，见表 2。施工时，将支座的预偏值导入工程的整体坐标系中，得出 48 个支座提升张拉前的坐标，作为支座施工的依据。

支座预偏值（mm） 表 2

	ZZ1	ZZ2	ZZ3	ZZ4	ZZ5	ZZ6	ZZ7	ZZ8	ZZ9	ZZ10	ZZ11	ZZ12
X	177	171	159	142	121	99	71	54	34	17	6	1
Y	0	1	3	11	25	46	77	103	138	176	207	234

5 误差消纳处理

国家速滑馆屋面环桁架施工时，其内圈的拉索耳板在卸载前已经焊接完成，考虑到安装误差和卸载变形影响，其连接耳板和销孔中心与拉索销轴孔中心必然存在一定的误差。同时，拉索加工过程也存在一定的误差。因此，必须采取措施消纳这些误差。

5.1 索长两端可调

分析发现，这些加工和安装过程中的误差，最终表现为索长的误差。同时，考虑到屋面索网中心与结构中心对中的原则，提出索头两端可调的消纳误差的处理方案，每端可调距离为 100mm。另外，由于承重索和稳定索通过索夹交叉连接形成屋面索网，考虑构造空间的要求，承重索和稳定索的调节螺杆位置分两种类型，类型 A：调节螺杆靠近索头，类型 B：调节螺杆靠近第一个索夹节点。典型两端可调的拉索如图 5 所示。

5.2 限定拉索耳板偏差

利用有限元软件分别对单个、间隔及全部拉索耳板施工偏差导致结构预应力的影响进行仿真分析，提出拉索连接耳板的允许偏差，具体规定如下：

环桁架上的拉索连接耳板位置允许偏差应不大于 10mm；同一根拉索两锚固端间距（即耳板孔间距）的允许偏差应不大于 $L/5000$ 和 ±20mm 中较小值；屋面索网同一轴线的两根钢拉索相邻连接耳板间距误差应为正偏差，误差应不大于 5mm。

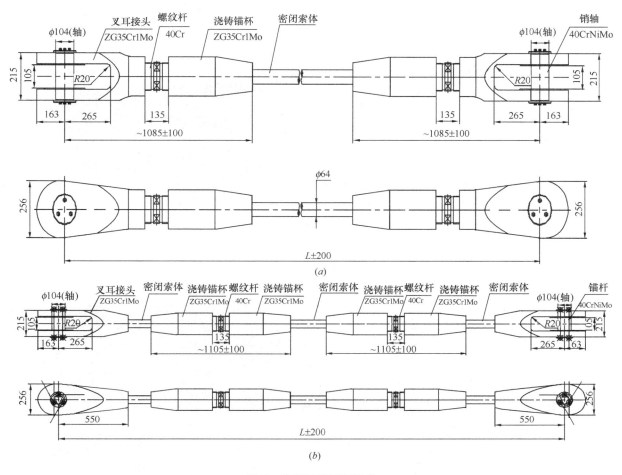

图 5 典型两端可调拉索

（a）类型 A；（b）类型 B

6 主要施工工艺

6.1 地面编网

地面编网时，采用吊车和放索盘铺放承重索和稳定索，关键施工技术如下：

（1）在看台和场地内铺设放索通道并做好看台防护，如图 6 所示。

图 6 铺设放索通道

（2）采用汽车吊和放索盘将承重索在场内铺放到位，安装下半部分索夹，夹持住承重索，如图 7 所示。

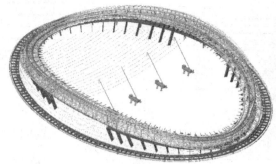

图 7　铺放承重索

（3）采用汽车吊和放索盘将稳定索在场地内铺放到位，安装上半部分索夹，夹持住稳定索，如图 8 所示。

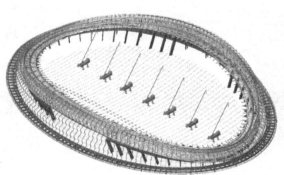

图 8　铺放稳定索

（4）安装幕墙索：

在场内地面编网的过程中，屋面环桁架滑移、合拢和卸载就位后，安装幕墙索。

幕墙索分布于整个屋盖结构的外围，数量 120 根，拉索上端固定于顶部的钢结构环桁架上，下端固定于主体结构首层顶板外圈悬挑梁端；幕墙索采用定长索安装就位的方式；每次同时安装 8 根幕墙索，从两端向中间依次对称安装；安装幕墙索时，大部分幕墙索的索力较小，直接安装，端部的 24 根幕墙索索力为 32～768kN，借助张拉工装安装就位，如图 9 所示。

图 9　安装幕墙索

6.2 提升承重索整体就位

屋面环桁架滑移就位、地面编网完成并验收合格后，进行屋面索网的提升承重索整体就位工作，其关键施工技术如下：

（1）提升点设计

国家速滑馆屋面索网的承重索共 49 榀，其东西两端均设置提升点，共 98 个提升点。提升点设置在对应的承重索与环桁架的连接耳板上，通过提升工装将千斤顶和拉索连接起来。如图 10 所示。

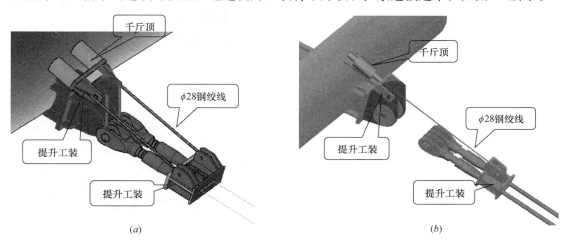

图 10　提升点设计
(a) 中间 43 榀；(b) 两端各 3 榀

（2）提升设备设置

由施工仿真分析结果知，中间 43 榀承重索就位时的提升力为 420~633kN，两端各 3 榀承重索的提升力为 226~461kN。根据施工仿真分析结果配置提升点的千斤顶和提升钢绞线：中间 43 榀承重索两端的提升点各布置 2 台千斤顶，配备 2 根 ϕ28 的钢绞线；钢南北两端各 3 榀承重索两端的提升点各布置 1 台千斤顶，配备 1 根 ϕ28 的钢绞线。各提升点相对最大提升力的提升设备能力系数 2.17~4.43。

（3）整体提升

承重索整体提升过程分预提升和正式提升，其中承重索两端距提升就位点距离大于 4m 时为预提升、4m 以内为正式提升。考虑到提升过程中索网的预应力态未形成、相互间为柔性连接，提升过程中基本未过分强调同步性，只有最后一步（100mm）时强调同步性、划分 5 小步、每步提升 20mm，保证承重索对称、同步就位。

实施时，先对环桁架承重索和稳定索连接耳板的空间坐标、几何尺寸和倾角进行复测，根据测量结果调整承重索和稳定索调节螺杆长度，以抵消环桁架的施工误差，另外两端各 3 榀承重索调整后再旋出 30mm；通过提升工装将承重索提升就位；安装 12 套承重索张拉工装，将两端各 3 榀承重索张拉到位，即相应的调节螺杆再旋进 30mm，完成整体提升施工。如图 11 所示。

6.3 整体张拉稳定索形成预应力态

提升承重索整体就位后，进行屋面索网的整体张拉稳定索形成预应力态的工作，其关键施工技术如下：

（1）张拉点设计

国家速滑馆屋面索网的稳定索共 49 榀，其南北两端均设置提升点，共 60 个张拉点。张拉点设置在对应的稳定索与环桁架的连接耳板上。提升承重索时，稳定索通过倒链与环桁架耳板连接，提升过程中随时收紧倒链，防止稳定索索头下坠，避免索体受损。承重索提升就位后，通过设计的张拉工装将张拉千斤顶和稳定索连接起来。张拉点设计如图 12 所示。

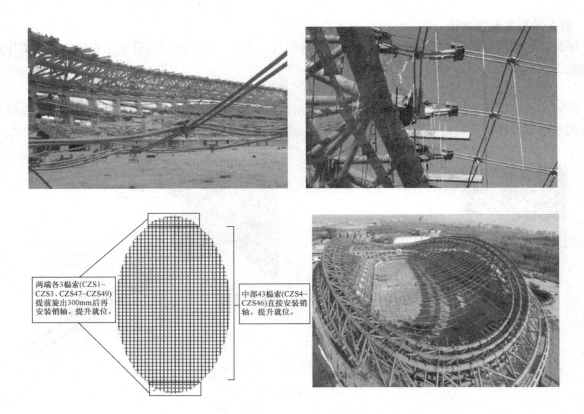

两端各3槛索(CZS1~
CZS3、CZS47~CZS49)
提前旋出300mm后再
安装销轴。提升就位。

中部43槛索(CZS4~
CZS46)直接安装销
轴。提升就位。

图 11 整体提升

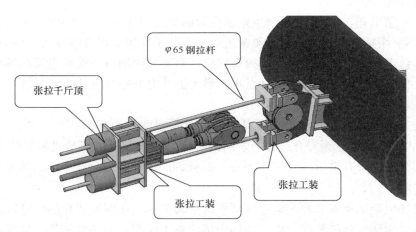

φ65 钢拉杆

张拉千斤顶

张拉工装

张拉工装

图 12 张拉点设计

（2）张拉设备设置

根据施工仿真计算结果，得到每个张拉点在最不利工况下的最大张拉力，进而配备张拉设备。稳定索张拉施工时，每个张拉点均配备 2 台 250t 千斤顶和 2 根 φ65 的钢拉杆。各提升点相对最大提升力的提升设备能力系数 2.17~4.43。

（3）整体张拉

承重索提升到位后，开始进行稳定索的张拉工作，稳定索张拉是索网结构成型的关键一步，张拉力大，同步性要求高。稳定索整体张拉形成预应力态过程分为初张拉和稳定张拉两个阶段。稳定索同步张拉最大距离约为 370mm，张拉过程采用对称分步的原则进行。预张拉一步张拉完成，正式张拉分为 8 步张拉完成。

① 初张拉阶段

稳定索预应力张拉初期，按照等距离 30mm 进行预张拉的原则，进行稳定索对称张拉；稳定索索孔与对应耳板孔距离较小的先张拉到位，为保证施工安全，将到位拉索穿销轴固定；按照此方法继续进行其余稳定索张拉安装。

② 稳定拉阶段

稳定索初张拉建立了较为稳定的初始预应力后，进行稳定张拉。初张拉完成后，稳定索索距最大为 250mm，每步张拉 30mm，因此稳定张拉共进行 8 步完成。稳定索索孔与对应耳板孔距离最大拉索张拉到位，并穿销轴固定。

整体张拉稳定索形成预应力态如图 13 所示。

图 13　整体张拉形成预应力态

7　施工监测

为了确保工程在整个施工过程中的安全性、分析施工过程中结构的变形和内力变化规律，需对结构进行现场施工监测，监测内容包括稳定索索力和索网位形。

（1）稳定索索力：张拉过程中，稳定索索力控制直接关系到结构的成型状态，因此应对稳定索进行索力监测。本工程共有 30 榀稳定索，60 个索力监测点，索力监测结果如图 14 所示，监测索力与理论索力误差最大的绝对值为 8.99%。

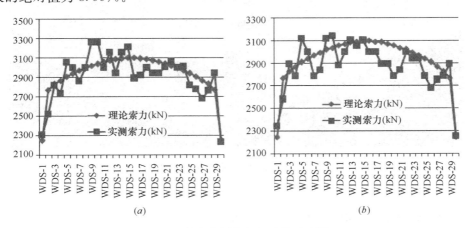

图 14　索力实测值与理论值对比图

（a）北端；（b）南端

（2）位形测量：包括索网的位形测量和环桁架耳板的位置测量；选取环桁架和索网变形比较大的位置作为位形测量的控制点，其中，环梁设置 8 个监测点，索网设置 5 个监测点，现场监测照片及位形测量布置点，如图 15 所示。位形监测结果如表 3 所示。

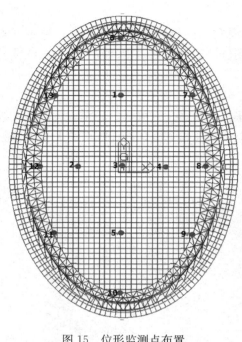

图 15　位形监测点布置

监测数据与理论标高对比表　　　表 3

监测点编号	理论标高（m）	实测标高（m）	相差百分比%
1	16.606	16.699	0.56%
2	20.467	20.553	0.42%
3	18.665	18.771	0.57%
4	20.467	20.53	0.31%
5	16.606	16.71	0.63%
6	11.314	11.373	0.52%
7	21.854	21.864	0.05%
8	26.054	26.094	0.15%
9	21.854	21.872	0.08%
10	11.314	11.354	0.35%
11	21.854	21.912	0.27%
12	26.054	26.084	0.12%
13	21.854	21.867	0.06%

8　结语

国家速滑馆屋面索网施工，2018 年 10 月 31 日开始张拉第一根索，2019 年 3 月 22 日张拉就位。实践表明，本文的研究成果是可行的，成功指导了国家速滑馆索网结构施工。图 16 为屋面索网安装完成的实景。

图 16　屋面索网全景

参考文献

［1］　中华人民共和国行业标准. 索结构技术规程 JGJ 257—2012［S］.
［2］　中华人民共和国国家标准. 钢结构工程施工质量验收规范 GB 50205—2001［S］.

"红飘带"景观工程钢结构施工技术

李为阳　朱　明　李陶希

（江苏沪宁钢机股份有限公司，宜兴　214231）

摘　要　"红飘带"工程是中华人民共和国成立 70 周年庆祝活动天安门广场的主题景观工程，整体结构飘逸灵动，彰显了中国建筑结构的美感，整体结构长 212m 高 16m。"红飘带"内部支撑框架为钢结构，外面包裹红色幕墙面板和显示屏，钢结构工程量 3200t，上部为管桁架结构，下部为 H1000×500 型钢底座，底座上压了 6000t 钢配重固定在广场基础上。

关键词　"红飘带"；钢结构；装配式；钢配重

1　工程概况

（1）本工程作为中华人民共和国成立 70 周年大庆献礼的临时景观建筑工程，布置于天安门广场，东西各一组，对称布置（图 1）。每组分 A 区和 B 区两部分。A 区 PD 装饰幕墙通过立面图案和灯光体现展示功能，并包含两块大屏幕（大屏幕 1 为平面屏幕，大屏幕 2 为弧面屏幕）。A 区顶部为灯光及可开合装饰格栅。B 区设置朝向北侧主干道的 LED 显示屏 ，工程施工区域内广场地砖需采取措施保护。

图 1　"红飘带"景观效果图

（2）"红飘带"钢结构模型如下：分 A 区和 B 区 2 部分，A 区结构分 A1～A5 五个区，布置在广场以内，B 区仅一个区在广场北面与长安街转角处。见图 2～图 4。

（3）A 区 PD 平面投影近似呈 "S" 形，弧线总长约 212m，直线长度约 185m，中部双向拱曲。结构轴线宽度 1.9～3.0m 不等，立面高度 15.5～6.0m 不等。A 区中间段为拱形桁架结构。A 区、B 区结构均采用空间钢管桁架结构体系。因现场安装条件限制，每个运输单元内为相贯焊接节点，在现场采用螺栓连接。本工程未设结构缝。

（4）本工程为中华人民共和国成立 70 周年大庆献礼工程且因为位置特殊，工程必须万无一失、质量必须精益求精。因为广场施工不能动火，施工时间又极短，钢构件连接不能采用现场焊接，只能采取

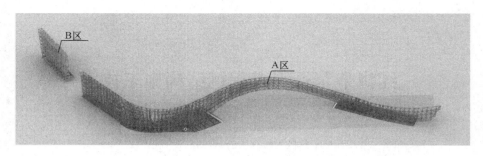

图 2 A区、B区钢结构模型

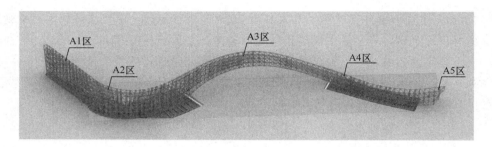

图 3 A区划分(一)

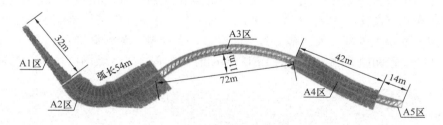

图 4 A区划分(二)

螺栓连接。通过与清华建筑设计院和幕墙施工单位多次协调最终定稿,特别是拱端加强区因为受力特别大,经过多次协商计算,采用水平"十字"形连接板节点形式既保证结构的强度,又减少了结构的外包边尺寸,兼顾到幕墙的设计施工。具体典型节点构造见图5~图9。

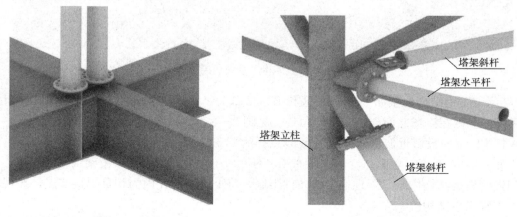

图 5 底座与立杆连接节点图　　　　图 6 塔架水平及斜撑连接节点图

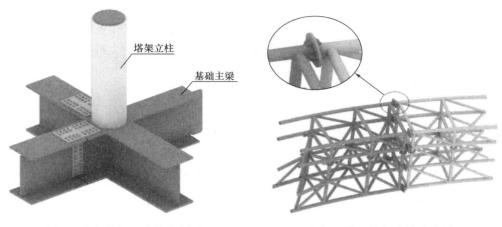

图 7　底座分段区连接节点图　　　　　图 8　拱区桁架连接节点图

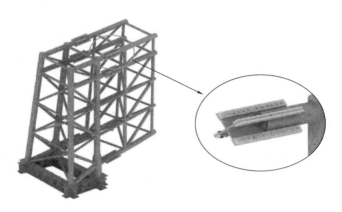

图 9　拱端加强区分段十字形连接节点

2　"红飘带"钢结构工程施工重点难点

（1）施工精度要求高，精度控制难度大

考虑到本工程特殊性、重要性，广场上施工不允许动火，不能在现场进行节点焊接，所以连接处均采用高强度螺栓连接，这就对制作、拼装质量要求极高，在大兴基地的零部件组装精度、焊接变形和预拼装精度必须严格控制。现场安装螺栓穿孔率必须达到100%，所以本工程钢结构制作、组装、测量、安装精度是本工程的关键。

（2）钢结构构件运输难度大

为尽量减少天安门广场施工时间，钢结构构件分块运输尺寸多为超高超宽，运输协调难度大，需协调大型特种运输车辆，并且北京月坛体育馆中转场地运输至广场途中需修剪南礼士路两侧景观树枝及局部红绿灯架翻转。需与交通、电力、园林绿化部门通力协作才能确保钢结构分段安全顺利运到天安门广场，所以本工程的构件运输方案也是一大难点。

（3）施工工期紧

按照国庆70周年庆祝活动准备工作要求，钢结构必须在8月30日前完成安装，为后道幕墙、显示屏、灯光、音响、绿植布置留出时间。因前期图纸多次修改、完善，5月底图纸才基本完成，在3个月内要完成材料采购杆件加工，并运送到北京大兴基地拼装，再拆卸运到月坛体育馆中转场地组装，最后到天安门广场总装，整个结构是安装二次，拆卸二次，工作量巨大，任何一道环节滞后都会影响工期，所以严格按计划施工、保证工期是本工程的一大重点。

（4）施工管理和协调难度大

本工程钢结构施工与幕墙、机电、屏幕、灯光等单位存在大量的交叉作业。在大兴基地和天安门施工时，各种机械交叉施工，确保机械施工安全、监督控制及协调组织是一大难点，特别是总拼场地拆除阶段必须与各单位紧密配合，有序拆卸、堆放、运输。

3 施工总体部署

3.1 工程施工总体部署

（1）因为设计图纸多次修改，影响了工厂构件加工时间，为确保国庆大庆的时间节点，把工厂已购的其他工程的同材质规格的材料代用，没有的材料加急加价采购；确保材料采购的时间压缩到最短时间。

（2）各个法兰连接节点全部在工厂配对钻眼并与两端的管接头、连接板焊接好，编好号整体发现场安装。保证接头穿孔质量 100% 合格。

（3）在天安门安装前先在北京大兴找一块场地按天安门广场的工况进行 1：1 预拼装再拆成尽量少的钢结构分段运至天安门广场，减少在广场施工的吊次并且确保施工顺利且质量合格。

（4）偏心拱、悬挑结构因为分段尺寸太大道路桥洞过不去，在预拼装场地把预拼装好的结构再拆成小分段运至广场附近的北京月坛体育馆中转场地再次组拼成大段吊装单元，随后根据计划大件运输至广场安装区进行分段安装。

（5）落实好大兴到天安门广场、35 中学到天安门广场钢结构大件的运输方案，确保预拼装过的大型构架分段安全顺利运到天安门施工现场总装。

（6）最后在天安门广场按天管委给定的进场时间节点按部就班，万无一失完成整体结构的安装。

3.2 钢结构拼装方案

本工程钢结构拼装主要为北京大兴基地整体预拼装及北京月坛体育场拱区分段拼装。

根据本工程结构特点，拼装的内容包括北京大兴基地整体预拼装场地基础钢梁整体吊装分段及嵌补分段、平面单片桁架、塔架格构分段、拱端加强区分段、偏心拱区及悬挑区格构分段，北京月坛体育馆偏心拱区及悬挑区整体分段。

根据吊装顺序工期要求，桁架拼装按东西二条飘带同时开展拼装工作，另外，为了能够保证连续吊装，提高安装效率，A 区 B 区同步施工，吊装前需调整资源确保拼装先行，为吊装工作连续高效地进行提供保障。

为确保在天安门总装一次性合格到位，必须严格控制拼装的质量精度，小部件组装及拼装质量好坏直接影响钢结构总装的质量和工期，因此在拼装时对每道工序都需要进行严格控制，严格按图施工，施工质量"做到精益求精"，质量误差控制在规范以内。图 10、图 11 为大兴基地拼装布置图和实际拼装图。

4 钢结构安装总体方案

4.1 工程整体安装思路

（1）本工程安装包括 A 区基础钢梁及配重、A 区标准塔架、A 区偏心拱桁架、A 区悬挑桁架、B 区基础钢梁及配重、B 区标准塔架等构件。

（2）本工程在天安门广场内整体安装思路为：因工期限制，尽量减少天安门广场施工时间，B 区基础梁构件分块现场栓接、标准塔架采用左右大小双塔进行现场栓接；A 区基础梁构件分块现场栓接、标准塔架采用左右大小双塔进行现场栓接安装、局部现场法兰散件栓接、偏心拱区构件分 7 大竖向分块现场栓接安装、悬挑区整体现场与相邻落地区栓接安装。具体前期工作如下：

1）钢结构首先在北京大兴基地采用 25t 汽车吊进行单片桁架、格构塔架组装，组装完成后采用

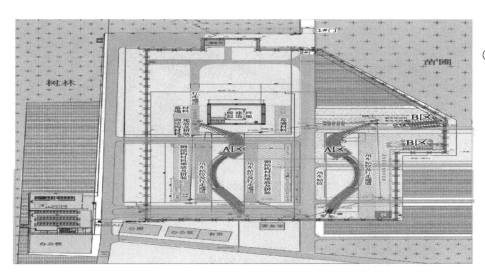

图 10　北京大兴基地整体预拼装场地总平面布置图

图 11　北京大兴基地钢结构预拼装

50～350t 汽车吊严格按照广场布置状况进行实际模拟安装，待外轮廓幕墙及灯光效果预演练展示后进行拆除发运。

2）因广场工期限制，偏心拱区及悬挑区小分块运输至北京月坛体育馆采用 200t 汽车吊进行大分块组拼后采用特种大型低平板运输车运至天安门广场安装。

3）除偏心拱区及悬挑区需再次组装成大分段安装的其他构件，在北京大兴基地拆分后直接运输至天安门广场进行安装。

4）天安门广场安装参照大兴基地拼装步骤、顺序参数按此进行安装。

4.2　基础钢梁分段划分及吊装

塔架基础钢梁划分为整体吊装分块及嵌补分段，安装时放置配重。基础钢梁单元上设置短钢牛腿，塔架通过法兰与基础梁牛腿螺栓连接。基础次梁均为整体焊接或铰接，基础钢梁典型分段划分见图 12。

4.3　标准塔架区、拱端加强区分段划分及吊装性能分析

标准塔架区和拱端加强区分为两部分现场安装形式，标准塔架区均为大小格构塔架通过法兰螺栓左右两两连接，拱端加强区主要通过十字连接板分段螺栓连接，局部现场散件法兰螺栓连接，见图 13、图 14。

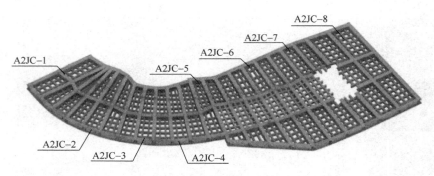

图 12　A2 区基础梁分段平面图

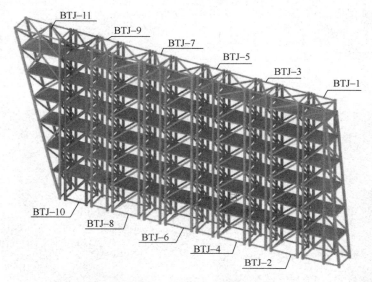

图 13　A1 区标准塔架分段立面图

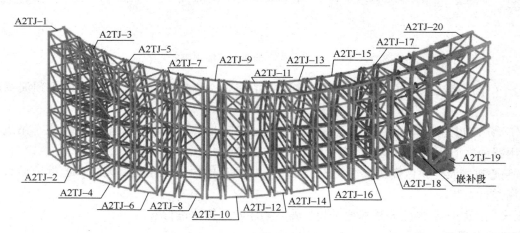

图 14　A2 区标准塔架分段立面图

　　偏心拱区、悬挑区分块分段划分：根据现场工期及运输条件要求，偏心拱区分为 7 个竖向大分块，悬挑区分为 1 个整体分块。见图 15。

4.4　临时支撑布置图

　　A 区偏心拱及悬挑区施工时需设置临时支撑，临时支撑位于钢路基箱上。如图 16 所示。

　　临时支撑设置必须考虑：

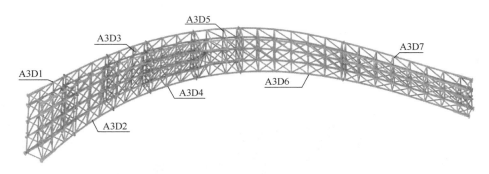

图 15　偏心拱区、悬挑区分块分段划分

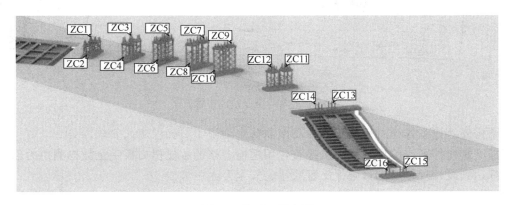

图 16　临时支撑布置

（1）支撑结构经计算确保安全的强度。

（2）上端调整段应设置可调节马板，马板可以自由顶高放低，方便调整桁架安装的高低调整。

（3）在原花坛软地基处预先垫放防下沉的厚钢板，地砖硬地面和花坛软基础处的支撑必须考虑防止支撑下部沉降不均造成支撑倾斜的安全隐患的保证措施，做到安全万无一失。

4.5　吊车选型、站位布置方案

天安门广场施工吊车选型、站位必须考虑场内构件运输通道畅通，及施工安全性，并且要考虑施工时围挡外游客、社会车辆的安全；大型吊车施工必须避开广场升国旗、降国旗的时间段；为确保安全"万无一失"的宗旨，吊车选型按"宁大不小"的原则。

（1）偏心拱区及悬挑区安装吊车的选择及布置：根据分段统计，A 区偏心拱区及悬挑区分段最大重量为 32.7t，选择 260t 汽车吊和 200t 汽车吊进行安装。

（2）A1 区塔架和底座安装选取 130t 汽车吊吊装。

（3）A2 区塔架和底座选用 350t 汽车吊和 260t 汽车吊。

（4）B 区因处于长安街与天安门东西广场路交口处，构件分段虽然重量不大，但施工距离较远，为确保安全也选用 350t 汽车吊安装。见图 17。

4.6　高强度螺栓施工

（1）本工程高强度螺栓为 8.8 级大六角螺栓，按照普通安装螺栓要求使用。所有螺栓均按照规格、型号分类储放，妥善保管，开箱后的螺栓不得混放、串用，做到按计划领用，施工未完的螺栓及时回收。

（2）严格按大六角螺栓施工规范进行施工，施工过程严格按初拧、复拧、终拧的程序，并且对称拧紧螺栓。

（3）配备足够多的大功率螺栓紧固枪，确保螺栓安装速度和效率。

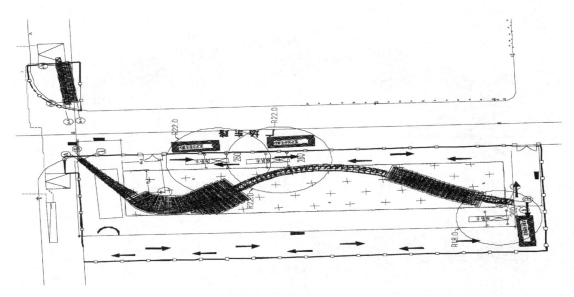

图 17　吊车选型、站位布置方案

（4）在结构外侧拧紧螺栓时采用工人在高架曲臂车内施工，确保工人安全。

（5）高强度螺栓拧紧完应报质检人员检查，用送检合格的数显扭力扳手全数检测扭力值，确保每一颗螺栓扭力都达到设计规范要求，确保工程质量、安全万无一失。

4.7　结构卸载

为了保持飘带美观，安装拱区的临时支撑要在结构卸载稳定后移走；卸载过程是主体结构和支架相互作用的一个复杂过程，是结构受力逐渐转移和内力重新分布的过程。支架由承载状态变为无荷状态，而主体结构则是由安装状态过渡到设计受力状态。该过程中影响结构安全的因素很多，支架的设计、卸载方案的选择、卸载过程的有效控制等均会对结构本身产生很大影响。因此，卸载是本工程施工过程中的一个关键重要环节，需要对卸载过程实施严格控制变形，做到卸载精准、平稳、安全；7 个支撑卸载顺序按从两边同时对称往当中逐次卸载，让结构受力平缓释放，确保结构安全稳定。

4.8　测量质量控制

为保证本工程的测量精度，在建立测量控制网阶段主要使用高精度自动导向全站仪、精密水准仪和垂准仪进行。在钢结构施工测量阶段，主要使用全站仪、水准仪等精密仪器进行。在施工测量、校核及施工监测过程中，使用的各类辅助仪器及设备，按适当精度采用，以保证本工程的质量。

（1）钢桁架拼装测量控制

本工程大量测量工作集中在北京大兴拼装场地，每榀桁架均需在拼装场地进行拼装，按照拼装胎架详图采用全站仪对桁架地样线进行测放，对胎架位置和标高进行测量控制。将管头定位点坐标测放在地面并做好标记，钢管上胎后利用线锤吊线来确定钢管的水平位置。整体拼装完成后采用全站仪进行复测。

（2）钢桁架及基础钢梁吊装测量控制

本工程主体结构基本上全是格构桁架，拼装完成后将高空安装定位点在地面做好标记，在结构地面上选择合适的位置架设全站仪，安排辅助测量工登高扶小棱镜对成榀钢桁架进行测量定位。

5　钢结构拆除

（1）因本工程是中华人民共和国成立 70 周年大庆的临时景观工程，国庆后一个月后要拆除，恢复天安门广场庄严的原貌。而拆下来的景观工程要运到北京别的地方再安装起来作为永久景观建筑保留，所以拆除一要保证安全，二要保护建筑在拆除时不破坏，应该为保护性拆除，不能乱割乱卸。

图 18 "红飘带" 英姿

（2）拆除总体顺序（基本与安装顺序相反）：

1）首先将偏心拱区及悬挑区临时支撑设置到位，由一侧向另一侧将偏心拱区及悬挑区大分段间法兰螺栓拆除，将大分块落胎分别拆分为格构桁架、单片桁架及散装杆件。

2）其次拆除落地塔架间法兰螺栓、格构塔架及散装杆件等，由专人编码保护性堆放。

3）最后拆除基础钢梁配重、钢板、分段连接螺栓、分段散件。见图 19。

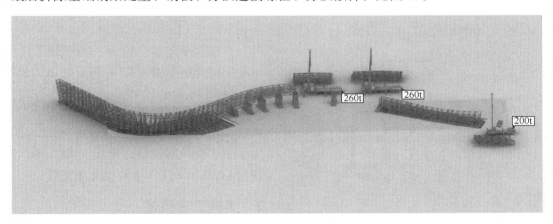

图 19 拆除总体顺序

（3）拆除施工工艺：

施工人员从上到下有序拆除法兰节点螺栓，待检查所有法兰节点彻底分离完，信号工可指挥两端分段徐徐起吊并放回地面指定区域，构件落地后一定要垫实且码放整齐，保护幕墙及显示屏连接节点不发生碰撞。按此方式依次拆除后续构件。

6 结语

我公司承担"红飘带"钢结构工程的制作安装，感到无比自豪和光荣，看到我们参建的伟大工程完美树立在祖国的心脏——"北京天安门广场"让世人参观，心情无比的激动，通过这个项目的施工历练，提升了公司的技术水平，也为企业带来了莫大的荣誉。也证实了钢结构可以用于特殊的重要工程，可以采用螺栓连接达到全装配化施工，我们出色完成国家交给的任务，为祖国成立 70 周年庆典作出贡献，为钢结构行业争光。

大跨度单层网壳钢结构液压同步提升模拟计算

陆建新　张　弦　胡保卫　孙树斌　李增源

（中建科工集团有限公司，深圳　518040）

摘　要　大跨度单层网壳钢结构跨度大，结构受力复杂，施工难度大。以深圳国际会展中心项目钢结构工程南登录大厅 A5 场馆为例，对大跨度单层网壳钢结构液压同步提升模拟计算、测量监测技术进行研究。采用计算机软件对提升施工过程进行模拟计算来指导现场施工，另通过现场测量监测很好地验证了模拟计算结果并分析了提升各阶段结构的变形。

关键词　大跨度；单层网壳；液压同步提升；模拟计算

1　工程概况

深圳国际会展项目总建筑面积 157 万 m^2，总用钢量 27 万 t。包括 4 个登录大厅，单个登录大厅面积约 2.7 万 m^2，用钢量为 27 万 t。见图 1。

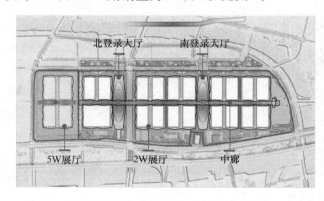

图 1　深圳国际会展中心项目示意图

登录大厅屋盖结构为"下部分叉柱＋铸钢件＋单层网壳钢罩棚体系"，钢罩棚单体长约 186m，最大标高 39.5m。

屋盖主要杆件截面为□900×250×18×18 箱形梁，相邻杆件间距 6m，材质为 Q390B；分叉柱为 ø1300×40 圆管柱，材质为 Q390B；铸钢件材质为 G20Mn5QT。结构概况详见图 2。

2　提升工艺概述

网壳结构最大安装高度 39.5m，结构杆件自重较大、杆件众多，若采用常规的分件高空散装，不但高空组装、焊接工作量巨大，而且存在较大质量、安全风险，施工的难度较大。

从网壳结构的结构体系角度分析：B 轴、E 轴、K 轴、N 轴处的钢柱组成了其主要承重体系，钢柱上方由分叉柱分散的四角支撑；网壳结构由单层箱梁结构组成，在钢柱周围的箱梁截面抗弯性能较强，适合直接吊装节点处，将所有网壳结构连成整体；可以有效控制连体结构整体提升过程中的下挠变形。且此受力体系较为简单，非常适合采用整体拼装后同步提升的安装工艺。

根据下部混凝土结构情况，结合单层网壳结构的特点将整个屋盖钢罩棚分为两个提升区域进行分区域液压整体同步提升。

采用液压整体提升的施工方法可以将大量的钢结构杆件以及檩条等在混凝土楼面进行拼装，减少了高空作业量，对施工工期及施工安全有极大的提升。

根据模拟计算结果在需要设置提升点的位置标准化胎架用以提升。提升分区详见图 3。

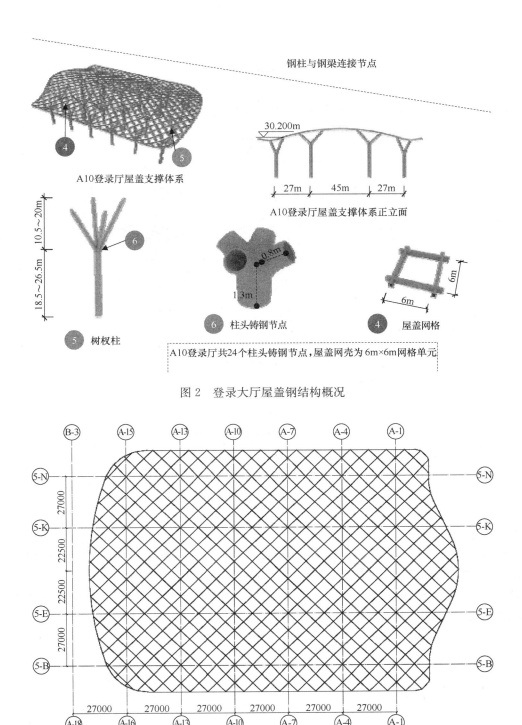

钢柱与钢梁连接节点

A10登录厅屋盖支撑体系

A10登录厅屋盖支撑体系正立面

树杈柱

柱头铸钢节点

屋盖网格

A10登录厅共24个柱头铸钢节点，屋盖网壳为6m×6m网格单元

图2　登录大厅屋盖钢结构概况

图3　提升分区示意图

3　模拟计算

3.1　概述

根据深圳国际会展中心项目钢结构工程 A5 南登录大厅液压同步提升模拟计算施工经验，总结以下模拟计算流程。

主要包括被提升结构、提升平台、下吊点、提升架、混凝土结构五个部分，涵盖主体钢结构、提升措施、混凝土结构三大类。具体流程详见图 4。

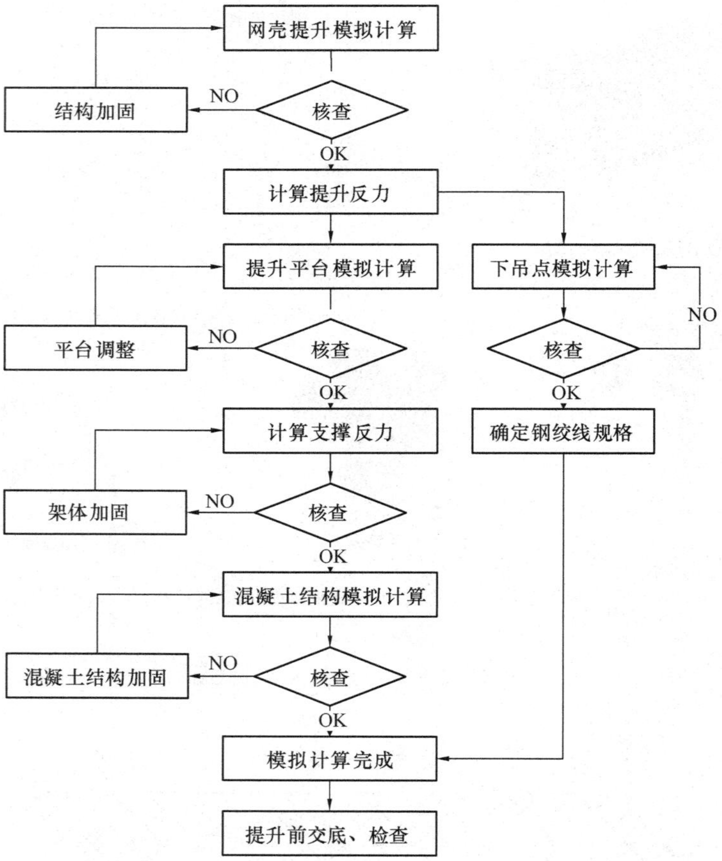

```
                    ┌──────────────┐
              ┌────→│ 网壳提升模拟计算 │
              │     └──────┬───────┘
┌────────┐ NO    ◇ 核查 ◇
│ 结构加固 │←──────
└────────┘         │ OK
                    ▼
              ┌──────────────┐
              │  计算提升反力   │──────────────┐
              └──────┬───────┘              │
                    ▼                       ▼
              ┌──────────────┐      ┌──────────────┐
        ┌────→│ 提升平台模拟计算 │      │  下吊点模拟计算 │←──── NO
        │     └──────┬───────┘      └──────┬───────┘
┌──────┐ NO   ◇ 核查 ◇          ◇ 核查 ◇
│ 平台调整 │←──────              ──────
└──────┘         │ OK                │ OK
                    ▼                       ▼
              ┌──────────────┐      ┌──────────────┐
        ┌────→│  计算支撑反力   │      │ 确定钢绞线规格 │
        │     └──────┬───────┘      └──────────────┘
┌──────┐ NO   ◇ 核查 ◇
│ 架体加固 │←──────
└──────┘         │ OK
                    ▼
              ┌──────────────┐
        ┌────→│ 混凝土结构模拟计算 │
        │     └──────┬───────┘
┌────────┐ NO   ◇ 核查 ◇
│混凝土结构加固│←──────
└────────┘         │ OK
                    ▼
              ┌──────────────┐
              │  模拟计算完成   │←──────────────┘
              └──────┬───────┘
                    ▼
              ┌──────────────┐
              │ 提升前交底、检查 │
              └──────────────┘
```

图 4 提升施工模拟计算流程

3.2 结构模拟计算

以深圳国际会展中心项目钢结构工程 A5 南登录大厅提升施工为例，采用有限元分析软件 Midas 对提升时屋盖钢罩棚结构的受力、位移进行仿真计算分析。

原设计结构在提升施工时，部分杆件受力过大，最大为 6.5，超过了《钢结构设计标准》GB 50017* 及设计要求。如图 5 所示。

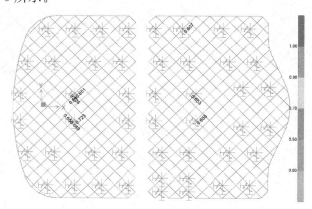

图 5 原设计结构提升应力比分布图

对应力比超过 0.85 的杆件共计 112 根进行节点补强（代换节点如图 6 所示），保证所有构件应力比小于 0.85，再进行后续的模拟计算机施工。代换杆件平面布置图如图 7 所示。

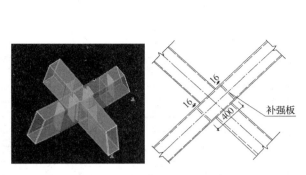

图 6　代换节点示意图

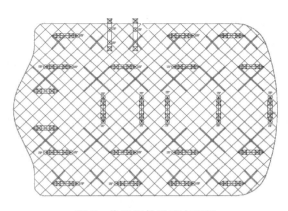

图 7　代换杆件平面布置图

根据《建筑结构荷载规范》GB 50009、《钢结构设计标准》GB 50017 等要求，并结合屋盖钢罩棚提升阶段所出现的各种荷载，本次施工模拟所采用的荷载值如下：

（1）恒荷载取屋盖自重；

（2）荷载组合如下：强度及稳定性验算取 1.35 倍的恒荷载，支座反力及变形取 1 倍的恒荷载；

（3）模拟提升约束，对提升吊点 Z 向固定、XY 向弹簧。

采用有限元分析软件 Midas 进行施工模拟分析，验算模型如图 8 所示。

提升施工过程中，最大提升反力 1028.58kN，最小提升反力 211.2kN，具体如图 9 所示。

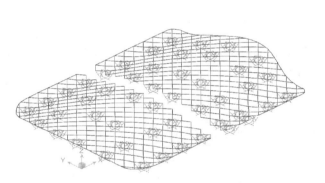

图 8　验算模型

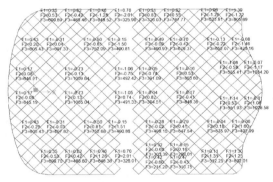

图 9　提升吊点反力分布图

提升施工过程中 Z 向位移最大点位悬挑位置中间，达到－126.4mm。具体如图 10 所示。

提升过程中屋盖钢罩棚结构竖向位移整体分布在－126.4～37.3mm 区间，具体如图 11 所示。

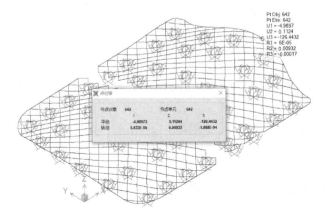

图 10　结构变形示意图

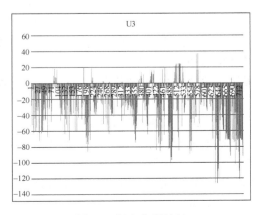

图 11　竖向位移统计

提升施工过程中杆件应力比最大为 0.723，最大点位于提升分区中部；满足设计及规范要求，也保证了施工安全。具体如图 12 所示。

提升过程中屋盖钢罩棚结构杆件应力比整体分布在 -0.086~0.723 区间，具体如图 13 所示。

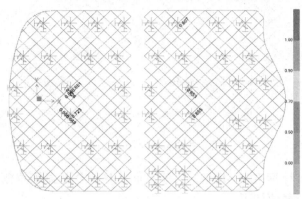

图 12 应力比云图

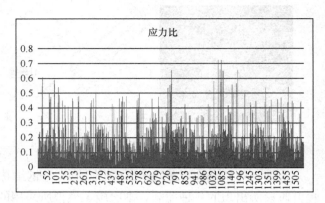

图 13 应力比统计

3.3 提升措施模拟计算

通过对被提升结构的模拟计算，得到各提升点的提升反力，从而作为依据对提升措施进行模拟计算，以保证提升措施设计的合理性与可靠性。

根据提升反力值对各提升平台进行模拟计算，可得到其提升状态下的受力情况。

本次施工模拟所采用的荷载值如下：

（1）恒荷载主要为屋盖自重；

（2）提升吊点的荷载为集中荷载的活荷载，提升吊点反力及其值的 5% 作为水平荷载；

（3）荷载组合如下：强度及稳定性验算取 1.2 倍的恒荷载 + 1.4 倍活荷载，支座反力及变形取 1 倍的恒荷载 + 1 倍活荷载；

（4）提升支架根部边界条件为刚接支座节点形式。

提升支架按照 45m 塔架高度 + 最大荷载的最不利工况对两种支撑架体分别进行计算。

最大支座反力为 933.89kN，如图 14 所示。

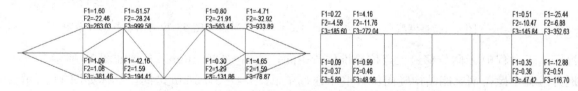

图 14 支座反力分布图

提升支架吊点处最大下挠 29.3mm，最大水平位移 95.3mm，如图 15 所示。

提升支架最大应力比 0.692，出现在吊点悬挑支撑位置，如图 16 所示。

根据《建筑结构荷载规范》GB 50009 以及《钢结构设计标准》GB 50017 对提升支架风荷载进行计算。

（1）取 50 年一遇基本风压 $\omega_0 = 0.75\text{kN/m}^2$，此工况相当于 12 级风；

（2）根据提升塔架布置，分配塔架从属网壳迎风面积，单独计算传递到每个塔架上的风荷载；高度变化系数 $u_z = 1.79$；

（3）体形系数参考《建筑结构荷载规范》表 8.3.1-38 条，密排多管体形系数取值，去密排箱形截面体形系数 $u_s = 1.4 \times 0.8/0.6 + 0.5 = 2.37$。

根据计算得知，沿着 X 方向总风荷载值为 384kN；缆风绳安全系数取 4，根据网壳 X 方向 10 年一遇风荷载总值 230kN 计算。

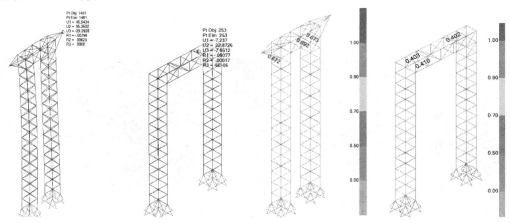

图 15　提升支架变形示意图　　　　图 16　提升支架应力比图

选用直径 26mm，6×37＋1 钢丝绳，公称抗拉强度 1700MPa，采用 3 根，按照每根平均受力 76.7kN，钢丝绳水平夹角 45°。

每根破断拉力＝76.7×4/0.82＝374kN，钢丝绳破断拉力 426.5kN＞374kN。

缆风绳在 X 方向缆风绳群的设置满足 10 年遇风荷载对网壳的影响。

具体缆风绳布置如图 17 所示。

根据计算得知，沿着 Y 方向总风荷载值为 2550kN；缆风绳安全系数取 4，根据网壳 Y 方向 10 年一遇风荷载总值 1530kN 计算。

选用直径 26mm，6×37＋1 钢丝绳，公称抗拉强度 1700MPa，采用 20 根，按照每根平均受力 76.7kN，钢丝绳水平夹角 45°。

每根破断拉力＝76.7×4/0.82＝374kN，钢丝绳破断拉力 426.5kN＞374kN，在 Y 方向缆风绳群的设置满足 10 年一遇风荷载对网壳的影响。

具体缆风绳布置如图 18 所示。

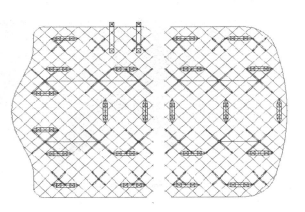

图 17　X 方向缆风绳平面布置图

考虑极端天气影响（12 级风）提升支架最大应力比 0.897，满足《钢结构设计标准》要求。最大应力出现在支架中部弯矩较大位置，如图 19 所示。

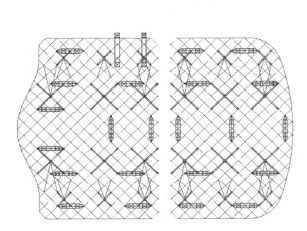

图 18　Y 方向缆风绳平面布置图

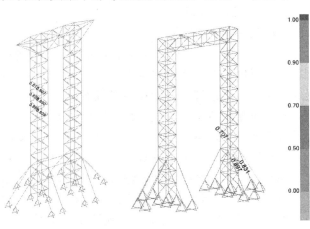

图 19　提升支架应力比云图

3.4 上下吊点计算

根据 3.3 章节计算结果，单个吊点反力最大值为 993kN，计算吊点时按设计值 1400kN 计算。
吊点有限元分析计算；上吊点吊具最大应力 191MPa，如图 20、图 21 所示。

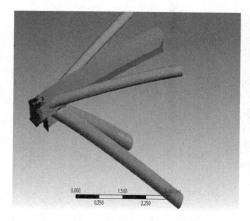

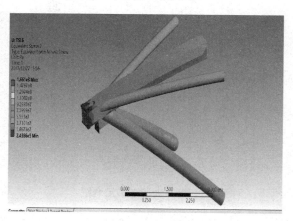

图 20　上吊点吊具应力比云图 　　　　　　　　图 21　最大应力局部示意图

上吊点吊具提升过程最大应力 191MPa，小于 Q345 钢材屈服应力 345MPa，且大部分位置应力小
于 129MPa，满足要求。

下吊点吊具最大应力 191MPa，如图 22、图 23 所示。

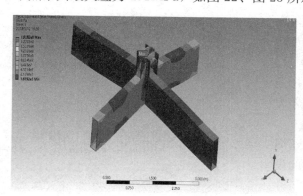

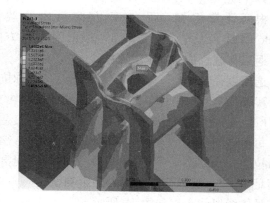

图 22　下吊点吊具应力比云图 　　　　　　　　图 23　最大应力局部示意图

普通下吊点提升过程最大应力 193MPa，小于 Q345 钢材屈服应力 345MPa，且大部分位置应力小
于 151MPa，满足要求。

3.5 支架在楼板上验算

本工程共有 24 个支撑架布置在地下室顶板的楼板上。无梁楼盖区域通过埋件直接作用在楼板上。
普通主次梁区域若作用点在楼板处，则设置转换桁架，将力转移至附近的主梁或次梁上；若作用点在主
梁或次梁上，通过埋件作用在主梁或次梁上。

提升支架验算工况下楼板荷载取值如下：

（1）室外广场不考虑覆土回填等，统一按 5kN/m² 考虑建筑面层；室内仍取 2.5kN/m²；

（2）活荷载仍按施工堆载 50kN/m² 考虑，其中支架附近柱跨不考虑大型堆载，按 10kN/m² 考虑；

（3）支撑架荷载按活荷载输入，考虑荷载分项系数 1.4；

（4）配筋计算组合 $1.35D+0.98L$ 和 $1.2D+1.4L$，挠度、裂缝计算组合 $1.0D+1.0L$。

采用 YJK 计算梁板配筋，对比原设计和施工时支撑架作用下的工况，进行结果验证，如图 24、
图 25 所示。

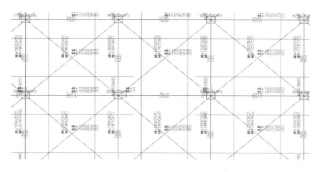

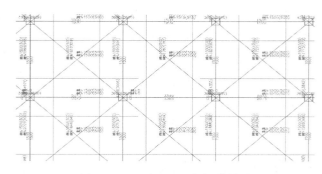

图 24　提升支架工况局部梁配筋图　　　　　　　图 25　原设计工况局部梁配筋图

计算结果表明，施加施工支架活载，梁、板配筋较原设计小。因此，按原设计的梁、板截面和配筋可以满足现有的施工支架荷载。

采用 ETABS 计算楼板的应力，对比原设计和施工时支撑架作用下的工况，进行结果验证，如图 26、图 27 所示。

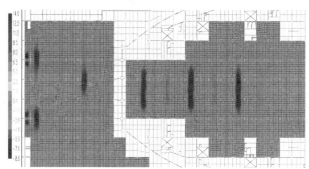

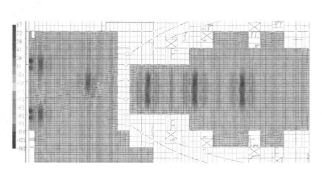

图 26　板顶应力分布云图　　　　　　　　　　图 27　板底应力分布云图

从图中可以看出，在支撑架反力作用下，板顶最大压应力为 10MPa，板底最大拉应力为 2.0MPa，小于混凝土抗拉强度标准值 $f_{tk}=2.20$MPa，强度验算满足要求。

钢筋混凝土梁的挠度按 $L/300$ 控制，钢筋混凝土梁的挠度值如图 28 所示。

从图中可以看出，按照原设计截面，考虑支撑架反力荷载，考虑地下室顶板 50kN/m² 的活荷载，按荷载准永久组合进行计算。

钢筋混凝土梁的挠度满足限值 $L/300=30$mm 的要求。

钢筋混凝土梁的裂缝宽度按 0.3mm 控制，钢筋混凝土梁的裂缝宽度值如图 29 所示。

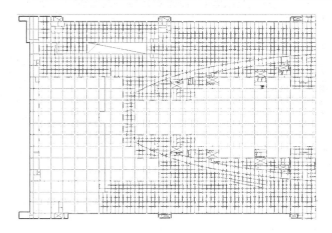

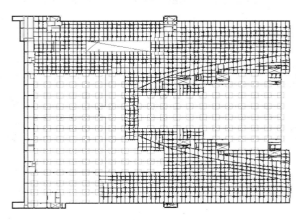

图 28　混凝土梁的挠度值示意图　　　　　　　图 29　混凝土梁的裂缝宽度值示意图

从图中可以看出，按照原设计截面，考虑支撑架反力荷载，考虑地下室顶板 50kN/m² 的活荷载，按荷载准永久组合进行计算。

钢筋混凝土梁的裂缝宽度满足限值 0.3mm 的要求。

采用 ETABS 计算楼板的内力，对比原设计和施工时支撑架作用下的工况，进行结果验证。板边合计值对比表如表 1 所示。

选取局部计算结果如图 30、图 31 所示。

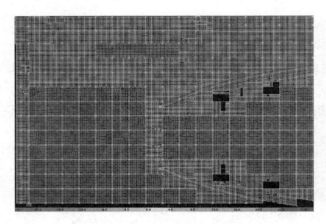
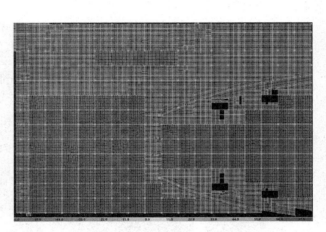

图 30　提升支撑架工况局部内力云图　　　　图 31　设计工况局部内力云图

板边合力值对比　　　　　　　　　　表 1

荷载组合	荷载条件	竖向剪力（kN）	板边弯矩（kN·m）	剪力比值	弯矩比值
1.35D+0.98L	原设计	9526.7	8922.3	100%	100%
	支撑架	6630.1	5020.6	69.6%	56.3%
1.2D+1.4L	原设计	11970.3	18962.6	100%	100%
	支撑架	7828.0	13403.8	65.4%	70.7%

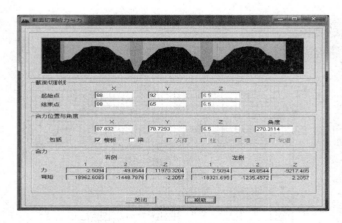
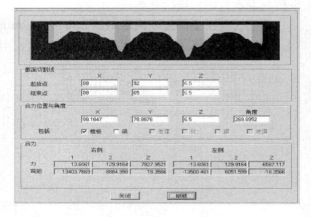

图 32　设计工况合力计算　　　　　　　图 33　提升支撑架工况合力计算

从图 30~图 33 及表 1 可以看出，支撑架使用时的板弯矩约为设计弯矩的 71%，剪力约为设计剪力的 65%，说明采用原设计的配筋结果可满足支撑架的使用要求，不需要进行施工加固。

从以上分析可以得出，混凝土楼板强度、挠度、裂缝验算均满足要求。

3.6 提升施工与设计位形对比计算

采用有限元分析软件 Midas 进行提升施工与设计位形对比计算。

主要通过位移以及应力进行对比分析：

（1）位移计算考虑 1 倍恒荷载；

（2）应力比计算考虑 1.35 倍恒荷载。

分片提升卸载后竖向位移最大值为 126mm，如图 34 所示；设计状态竖向位移最大值为 115mm，如图 35 所示；两者比值为 126/115＝1.1，且各个点位移变化规律相同。

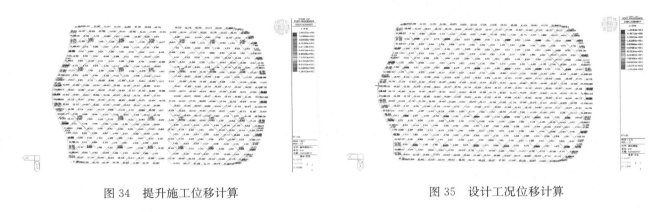

图 34　提升施工位移计算　　　　　　　　　　图 35　设计工况位移计算

分片提升卸载后应力比最大值为 0.347，如图 36 所示；原设计状态应力比最大值为 0.34，如图 37 所示；应力比分布规律基本相同。

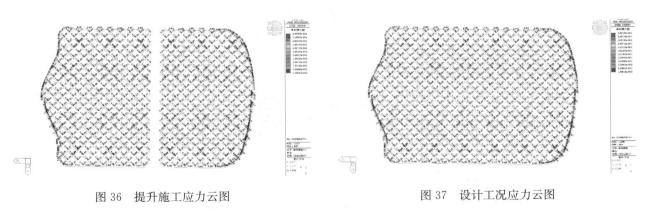

图 36　提升施工应力云图　　　　　　　　　　图 37　设计工况应力云图

分片提升卸载后结构的最大位移比与原设计状态大 10%，位移差值可通过预起拱找平；分片提升卸载后结构的最大应力比与原设计状态基本相同，且应力比较小；分片提升卸载方案可行。

4　测量监测

4.1　概述

为了研究大跨度单层网壳钢结构在提升过程中的变形情况，在屋盖设置了 57 个测量观测点。详见图 38。

通过设置在支撑架及屋盖上的测量传感器对施工过程中的应力、应变进行采集和监测，通过服务器进行数据处理，并做出相应的监测预警及监测报告。监测流程如图 39 所示。

在屋盖腹板上粘贴反光片，测量人员在楼面进行测量，见图 40。

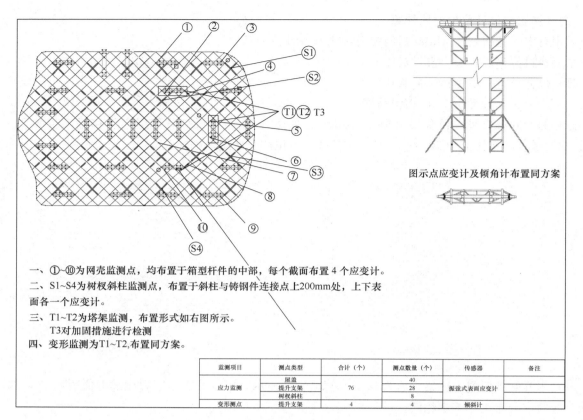

一、①～⑩为网壳监测点，均布置于箱型杆件的中部，每个截面布置4个应变计。

二、S1～S4为树杈斜柱监测点，布置于斜柱与铸钢件连接点上200mm处，上下表面各一个应变计。

三、T1～T2为塔架监测，布置形式如右图所示。
　　T3对加固措施进行检测

四、变形监测为T1～T2,布置同方案。

监测项目	测点类型	合计（个）	测点数量（个）	传感器	备注
应力监测	屋盖	76	40	振弦式表面应变计	
	提升支架		28		
	树杈斜柱		8		
变形测点	提升支架	4	4	倾斜计	

图 38　测量监测点布置图

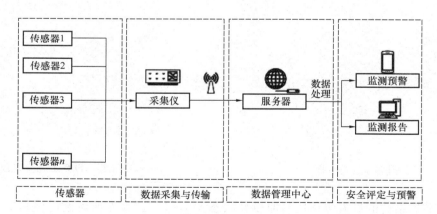

图 39　监测流程示意图

图 40　反光片粘贴施工照片

提升及卸载施工时监测施工主要分为三个时机，详见表 2。

序号	测量时机	测量数据
	测量监测时机表 表 2	
1	静置前（提升 150mm 后）	标高
2	静置 8h 后	标高
3	每提升 3m 后	标高

4.2 静置前后测量数据对比分析

静置前后通过对测量监测点数据的整理得到结构变形的对比折线图如图 41 所示。

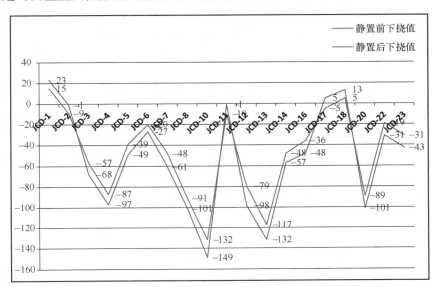

图 41　静置前后结构变形对比折线图

静置过程中网壳结构和提升措施的内力进行缓慢的二次分配，使结构受力趋于平衡，从而网壳下挠值普遍增大，平均增大 11mm，最大的增加值为 19mm。

4.3 静置后与模拟计算变形对比分析

通过静置后的测量监测数据与模拟计算的结构变形对比，得到对比折线图，详见图 42。

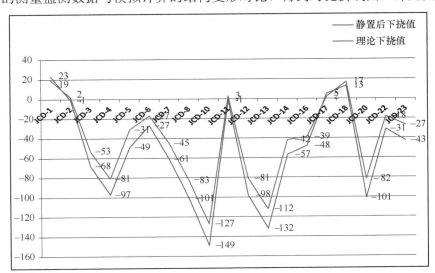

图 42　静置后与模拟计算结构变形对比折线图

将静置后的变形值与理论变形值进行比较。提升状态下，结构下挠较理论下挠值偏大，最大偏差值为−22mm。

4.4 提升过程中网壳变形分析

每提升 3m 行程，进行一次测量监测，整理后得到单个测量监测点在提升过程中的下挠值，列取其中四个典型测量观测点的下挠值，具体如图 43 所示。

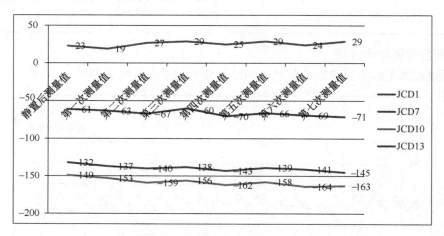

图 43　监测点提升过程中下挠值折线图

由于各提升点行程偏差、提升动载荷等因素引起下挠值波动且下挠值呈整体增大趋势，最大增加值为 14mm。

5　结语

依托深圳国际会展中心项目钢结构工程 A5 南登录大厅施工，液压同步提升模拟计算技术及施工监测得到了很好的应用，实践证明采用提升施工安全可靠，加快了施工进度，降低了施工成本，取得了较好的应用效果，为其他类似工程提供借鉴。

参考文献

[1] 刘世奎. 结构力学[M]. 北京，清华大学出版社，2008.
[2] 中华人民共和国国家标准. 建筑结构荷载规范 GB 50009—2010[S]. 北京：中国建筑工业出版社，2012.
[3] 中华人民共和国国家标准. 钢结构设计标准 GB 50017—2017[S]. 北京：中国建筑工业出版社，2017.
[4] 钢结构设计计算与实例[M]，北京，人民交通出版社，2008.
[5] 陈志阔. 超大体量钢结构屋盖整体提升技术的研究与应用[J]. 建筑施工，2010(03).

大张高铁大同南站钢结构施工技术

巫明杰　葛　方　张大慰　吴立辉　孙振华　何桢迪

（江苏沪宁钢机股份有限公司，宜兴　214231）

摘　要　大同南站钢结构最大跨度 60m。结合现场实际施工条件、分段吊重、作业半径等情况，本工程采用 2 台 350t 履带吊和 1 台 150t 汽车吊设置临时支撑后进行吊装作业然后卸载。

关键词　高铁站；临时支撑；吊装；卸载

1　工程概况

大同南站建筑设计以"建构大同"为设计理念，尊重大同丰富的历史建筑遗存，表达追求世界大同，这一中华"人世之理想"。车站为客运专线和普速铁路合设的铁路车站，站房形式为线上式站房，设计为 4 站台面 9 线规模，最高聚集人数 3000 人，总建筑规模 40000m²。见图 1。

图 1　大同南站项目建筑效果图

本工程由站房、站台雨棚和旅客地道工程组成，建筑规模地下一层，地上二层。建筑总长 202.6m，总宽 100m，建筑总高度为 33.3m。

站房主体结构为混凝土框架结构体系；屋盖为空间大跨度钢桁架结构；雨棚为新建旅客车站站台有柱雨棚，结构为混凝土框架结构。

钢结构主要由十字变截面箱形柱、劲性钢结构、房中房钢结构、屋盖钢桁架及下客钢楼梯等组成，总用钢量约 8300t。

作为站房屋盖桁架支撑结构的十字锥形箱形柱，钢柱从基础承台开始向上穿越各混凝土结构楼层向上延伸与屋盖桁架相连。站房主体结构为钢骨-混凝土框架结构，地下一层，地上二层，在钢柱与楼层连接位置设置与混凝土梁和劲性钢梁搭接的劲性牛腿结构，钢柱埋入基础结构内部的区域通过栓钉与基础承台连接。钢结构主要材质为 Q345GJD。

高架厅房中房钢结构及下客楼梯则主要分布站房两侧。房中房钢结构由箱形柱及 H 型钢梁组成的单层框架结构，局部为双层框架结构。箱形柱主要截面为□600×600×30，钢梁主要为H600×300×16×20、H800×300×20×30等，材质均为Q345B。

下客楼梯为单跑四个休息平台楼梯，楼梯宽度1900mm。主要由双组踏步梁和10mm花纹钢板组成，踏步梁截面为□1000×400×20，材质为Q345C。见图2～图4。

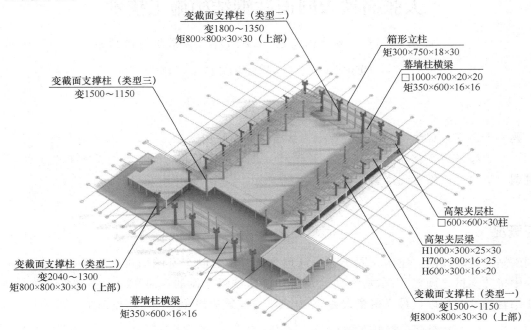

图2　站房主体结构示意图

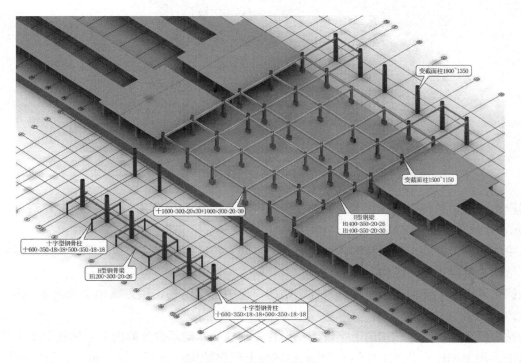

图3　钢骨构件示意图

屋盖结构体系为立体桁架和平面桁架组成的大跨度空间钢管桁架结构，整个屋盖由位于站房周边及结构内部的40根框架柱支撑，屋盖桁架与柱顶之间通过设置抗震球形支座连接。

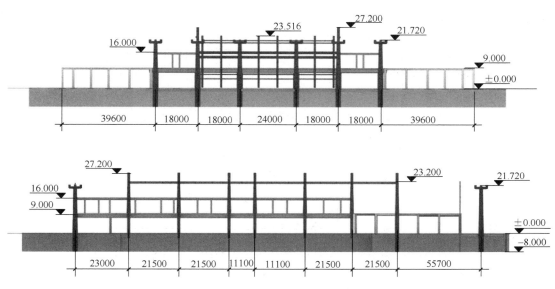

图 4　站房主体结构立面及侧立面示意图

　　屋盖桁架总体布局可分为内圈桁架和外侧边桁架。内圈桁架均为倒三角立体钢管空间桁架，主要沿结构内部钢柱布置，结构最大跨度为 60m；外侧边桁架为平面悬挑桁架，最大悬挑长度为 24m，边桁架之间通过纵向联系桁架和边桁架相连。内圈三角桁架与外侧边桁架连接处高度有突变，结构最大标高为 32.300m，最小标高 26.190m，相对落差 6.11m。杆件规格均为圆管截面，节点为相贯节点或者焊接球节点，桁架杆件最大规格为 $\phi480 \times 30$，最小规格为 $\phi95 \times 6$，其主体杆件主要材质均为 Q345C 和 Q345GJC。焊接球节点主要规格为 D600×25～D400×20，其中直径 450mm 及其以上的焊接球为双向加肋焊接球，焊接球材质 Q345C。站房屋盖内圈主桁架上设置规格为 H650×300×12×20 的主檩条。见图 5、图 6。

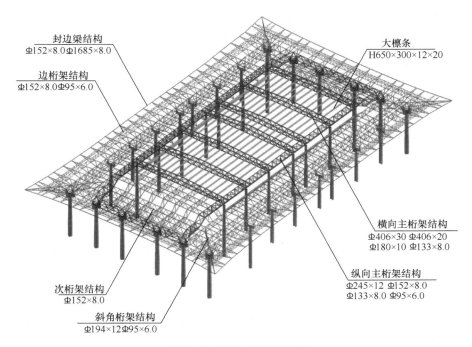

图 5　屋盖结构整体示意图

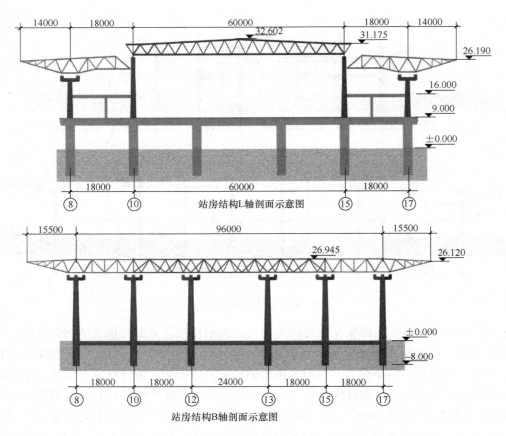

图 6 典型剖面示意图

2 主要施工特点

本工程屋面结构为大跨空间桁架结构，屋面桁架通过球型抗震支座支撑于结构钢柱。站房结构轮廓较大，周围施工环境较为复杂，涉及其他单位交叉同步施工，如下：

（1）与混凝土交叉作业多

本站房下部主体结构均为劲性混凝土框架结构，混凝土框架梁柱内均设有钢骨柱和钢骨梁，劲性钢结构施工与混凝土的浇筑穿插进行，对施工配合要求较高。

（2）施工面积大、场地狭小

本工程主体钢骨结构及屋盖钢结构分布面积大，长约202m，宽约100m。施工区域周边场地狭小，受到相邻施工段作业的限制，东侧与西侧均为站台及雨棚结构施工区域，工期特别紧张，施工部署难度大。

屋盖投影区域内均有混凝土裙房，钢结构安装只能位于结构外围吊装时，钢结构安装工作半径大。

（3）屋盖结构跨度大

本工程屋盖桁架最大跨度为60m，采用倒三角钢管桁架结构，大跨度钢桁架的安装及卸载过程中变形控制、机械选择要求较高。

（4）安装、拼装精度要求高

本工程支撑钢柱主要为十字箱形柱，主体框架混凝土梁柱中设有劲性钢骨。对应要求钢结构安装测量、校正和定位要求。

屋面结构为空间桁架结构，存在大量现场拼装，为保证桁架高空定位安装精度，对整个桁架地面现场拼装精度提出了更高的要求，为后期高空安装工程质量，结构受力及安全提供了保证。

（5）施工阶段的结构验算和施工监测

在结构自重荷载下的结构变形和安全问题；在施工荷载作用下结构整体或局部可靠度问题。对于各施工过程进行结构验算和分析，用以指导施工和控制施工。为了确保结构在施工阶段全面受控，建立贯穿施工全过程的施工控制系统，以信息化施工为主要控制手段，并根据结构验算和分析结果，对结构温度、结构应力和变形的特征点进行施工监测。

3 钢结构施工方案与安装顺序

3.1 钢柱及钢骨件安装方案

为了尽可能减少与土建施工之间的交叉影响，结合以往类似工程的施工案例，本工程钢柱和钢骨件安装分两个阶段进行：

第一阶段：采用大型汽车吊穿插施工，在基础承台施工过程中，直接将钢柱一次性安装至出候车层（结构标高＋8.700m），其中位于轴线 B/R 交轴线 12/13 四根钢柱考虑到后期安装半径的过大，在基础承台施工阶段将其考虑一次性安装至结构标高；其余部位的钢骨件根据下部承台施工时间插入安装。由于钢骨件相对重量较轻，均采用汽车吊直接整体吊装就位。

第二阶段：在屋面桁架施工前，将剩余分段钢柱按照钢柱分段编号依次安装到位，利用大型履带吊在结构外围预留通道处直接分段吊装就位。见图 7。

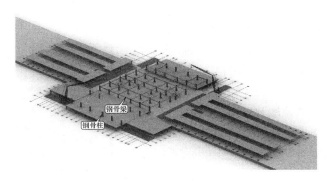

图 7　钢柱及钢骨件安装方案

3.2 屋盖桁架安装方案

本工程屋盖结构有平面桁架和立体三角桁架。站房屋盖钢结构覆盖区域较大，桁架安装将其划分为 3 个施工分区。根据总包对现场的规划，以及建筑周边状况实际情况，采取分段地面拼装，分段吊装的施工方法，在站房结构外围设置大型履带吊行走通道，所有屋盖桁架与总包单位协商就近地面拼装，大型吊装机械直接吊装利用临时支撑分段就位。见图 8。

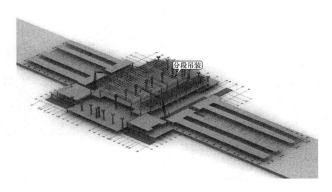

图 8　屋盖桁架安装方案

根据施工条件及屋盖安装的总体思路，确保屋盖钢结构安装方案得以实现，需与总包单位提前做好以下工作：

（1）位于轴线 B 轴为中轴线至 7/8 轴线混凝土结构需后作，预留宽度约 25m 的履带吊吊装通道方可安装屋盖桁架；

（2）高架厅两侧雨棚结构需预留后作，待屋面桁架及高架厅房中房高架施工完成后方可继续施工；

（3）位于南站房东西两侧结构周边地面需及时完成土方回填并完成土方夯实后方可具备大型履带吊作业条件。

3.3 附属钢结构安装

本工程钢结构除屋盖桁架、钢柱及劲性钢骨件之外，还有夹层房中房钢结构及旅客下客楼梯。上述附属钢结构随屋盖桁架施工间隙同步组织施工，均由工厂分段制作，现场直接利用大型吊装机械吊装就位。

3.4 钢结构安装顺序

根据选定的施工方案，本工程划分为 3 个施工分区：北站房为施工一区、高架厅为施工二区及南站房为施工三区，屋盖钢结构按施工顺序依次进行吊装。

经现场勘查，由于南北站及高架厅存在高低差，大型履带无法沿站房两侧直接行进实现转场，需从施工道路外围绕行，占用时间较长。为此，屋盖桁架安装时，各施工分区内采取节间综合安装，一次性完成所有构件的安装。

（1）北站屋盖桁架吊装时先进行主桁架的分段吊装，后进行平面桁架的吊装。履带吊站位 B 轴预留通道处，由中间向两侧后退吊装；边桁架由北向南依次吊装。

（2）高架厅屋盖钢结构吊装顺序采取与土建施工相反的顺序，避免交叉作业。主桁架吊装初步选定由北向南依次进行完成所有构件吊装，同步完成夹层钢结构和两侧钢楼梯吊装。

（3）南站房吊装同北站房吊装顺序基本一致，从中轴线向两侧后退吊装。见图 9。

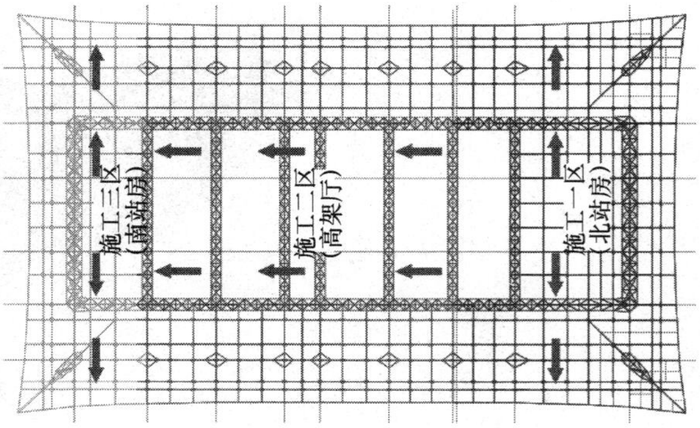

图 9 钢结构安装顺序

3.5 总体施工流程

施工流程一：地下基础承台施工过程中，插入站房支撑钢柱及主体结构劲性钢骨的安装。见图 10。

施工流程二：进行最大结构标高+8.700m 以上钢柱及高架厅夹层钢结构安装。见图 11。

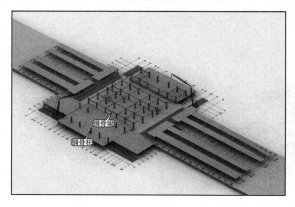

图 10 施工流程一

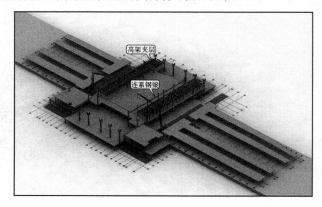

图 11 施工流程二

施工流程三：进行高架厅屋盖内圈主桁架及北站房屋盖桁架的安装，并随履带吊退出吊车通道前完成主站房两侧下客楼梯安装。见图12。

施工流程四：钢结构整体验收。见图13。

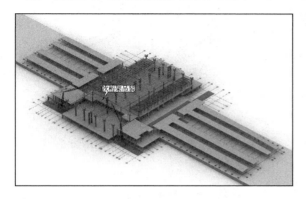

图12　施工流程三

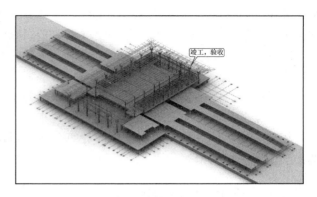

图13　施工流程四

4　钢结构关键施工技术

4.1　屋盖桁架地面拼装

屋盖桁架主要有相贯桁架和焊接球桁架，屋盖桁架地面拼装主要采用25t汽车吊。拼装时根据分段起重量将屋盖马道及檩条一同拼装，随分块一次性吊装就位。根据选定的现场安装施工方案，所有吊装分段在现场地面就近拼装。拼装顺序按吊装顺序实施，先主桁架后边桁架。

（1）拼装胎架搭设方法

桁架吊装单元拼装胎架设置时应先根据桁架模型坐标转化后的 X、Y 投影点铺设工字钢，并相互连接形成一刚性平台（地面必须先压平、压实，必要时地面硬化处理），平台铺设后，进行放 X、Y 的投影线、放标高线、检验线及支点位置，形成杆件轴线控制网，并提交验收，然后竖胎架直杆，根据支点处的标高设置胎架模板及斜撑。胎架设置应与相应的屋盖设计、分段重量及高度进行全方位优化选择，另外胎架高度最低处应能满足全位置焊接所需的高度，胎架搭设后不得有明显的晃动状，并经验收合格后方可使用。

（2）拼装前的测量要求

开始拼装前，对胎架的总长度、宽度、高度等进行全方位的测量校正。然后对杆件搁置位置建立控制网络，然后对各点的空间位置进行测量放线，设置好杆件放置的限位块。

为防止刚性平台沉降引起胎架变形，桁架胎架旁应建立胎架沉降观察点。在施工过程中结构重量全部荷载于基础工字钢上时观察标高有无变化，如有变化应及时调整，待沉降稳定后方可进行焊接。见图14～图16。

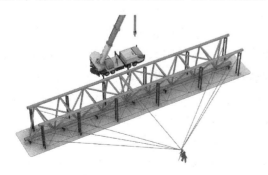

图14　三角桁架拼装图

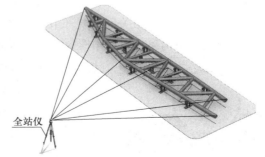

图15　平面桁架拼装图

4.2 屋盖安装技术措施

屋盖桁架分段吊装主要采取对屋盖桁架进行合理的分段，尤其是对单片桁架通过将其单片桁架和联系桁架组合划分一个吊装单元，保证高空定位过程稳定性。根据本工程屋盖桁架的分段位置，对钢桁架下侧在安装过程中采用临时支撑进行临时固定。由于本工程工期较短，原则上所有临时支撑均不考虑周转使用。

屋盖桁架分段吊装采用四点进行吊装，吊装吊点的设置应根据桁架分块的尺寸及重心位置进行合理布置，吊点设置时对桁架分块吊装过程中的变形进度计算分析，以确定合理的吊装位置，控制桁架分块吊装变形。见图17、图18。

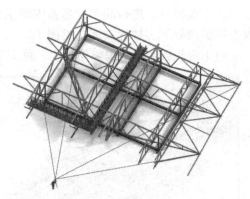

图16　立体桁架拼装

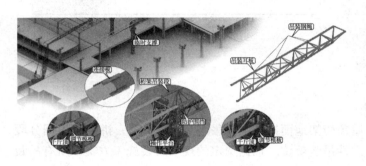

图17　主桁架分段吊装安装示意图

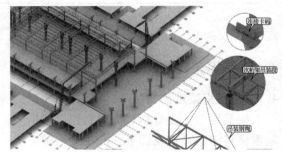

图18　次桁架分段吊装安装示意图

分段吊装前，需做好吊装准备工作及安全防护措施，先在桁架四周上、下弦杆通长设钢跳板，钢跳板与弦杆采用铁丝绑扎牢固；同时吊点设置位置铺设钢跳板，使操作工人能方便安全接触吊装索具；然后在分段桁架对接处上弦杆焊接安全围护角钢 L50×5，高度为 1.2m，并拉好安全生命线（φ10 钢丝绳）；在上下弦杆之间设置爬梯，爬梯端部设置弯钩与弦杆之间通过钢丝绑扎固定。分起吊前，需割除分段拼装时设置的临时焊接固定点，使桁架分段处于自由支撑状态。对桁架焊缝位置及涂层有破损位置进行底漆补涂。同时做好桁架测量定位标记，技术员提供分段高空定位时定位标记坐标点，经监理验收桁架拼装质量，满足要求后可进行吊装。

4.3 屋盖卸载技术措施

本工程屋盖在施工过程中设置了临时支撑，屋盖施工完成后需对临时支撑进行卸载，卸载过程是主体结构和支架相互作用的一个复杂过程，是结构受力逐渐转移和内力重新分布的过程。支架由承载状态变为无荷状态，而主体结构则是由安装状态过渡到设计受力状态。该过程中，影响结构安全的因素很多，支架的设计、卸载方案的选择、卸载过程的有效控制等均会对结构本身产生很大影响。因此，卸载是本钢屋盖施工过程中的一个关键重要环节，有必要对卸载过程实施精确合理的数值模拟分析。

由于本工程屋盖结构形式类似单跨梁，支撑设置主要集中在跨中及悬挑区域。在卸载时可以实现分区同步卸载。在卸载过程中需统一指挥，卸载操作主要对支撑顶部的胎架模板分条割除的办法进行卸载，根据支撑位置卸载位移量控制每次割除的高度 ΔH（每次割除控制在 10mm 左右）。直至割除后的钢结构不产生向下的位移后拆除支撑，见图19。

本工程屋盖桁架卸载采取分区分批、均衡缓慢的原则进行卸载，即屋盖纵向柱间屋盖桁架全部安装完成后分区域、分批次地进行卸载。

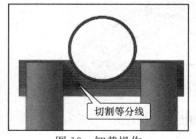

图19　卸载操作

根据采取的屋盖桁架安装顺序，即施工一区（北站房）→施工二区（高架厅）→施工三区（南站房）。确定本工程屋盖桁架卸载顺序制定如下：

卸载步骤一：北站房屋盖桁架全部焊接完成后，高架厅分段桁架同步安装过程中，即组织人员进行北站房临时支撑卸载拆除，遵循先撑先拆的原则。具体卸载支撑编号见表1。

支撑编号（一） 表1

拆卸批次	支撑编号	备注
第一批	P4、P3、P2、P1、P38、P37、P36	对称同步
	P5、P6、P7、P8、P9、P10、P11	

卸载步骤二：高架厅桁架分段安装到位且分段桁架之间焊接完成，先卸载主桁架，再卸载边桁架支撑，共计29个支撑。见表2。

支撑编号（二） 表2

拆卸批次	支撑编号	备注
第一批	P39、P40、P41、P42、P42、P43、P44、P45、P46、P47、P48、P49、P50、P51、P52、P53、P54	对称同步
第二批	P12、P13、P14、P15、P16、P17	
	P35、P34、P33、P32、P31、P30	

卸载步骤三：待南站房桁架吊装结束，整个屋盖桁架完成封顶。进行剩余支撑卸载拆除，完成支撑整体卸载。见表3。

支撑编号（三） 表3

拆卸批次	支撑编号	备注
第一批	P24、P25、P26、P27、P28、P29	对称同步
	P23、P22、P21、P20、P19、P18	

为了保证安全有序的卸载，在卸载过程中需要对卸载分区结构进行变形观测，观测点布置在变形较大区域的靠近下线杆件外表面，观测点的具体做法是根据选定的观测点位置，在分块拼装完成后将观测点打上洋冲标记，然后在标记位置贴上反射贴片，该测量点需考虑测量观测方便，同时根据设计要求对其重要部位进行监测。见图20。

卸载完一级进行一次观测并记录观测数据。观测数据采集表见表4。

观测数据采集表 表4

观测点编号	卸载前	北站卸载后	高架厅卸载后	南站房卸载后	理论变形
GC1					
GC2					
GC3					
GC4					
...					
GC33					

4.4 屋盖施工过程仿真模拟分析

通常设计单位对结构的分析是在建立整体结构模型之后，同时施加荷载来进行的。但实际上建筑物是分区分部进行施工的，且即使是相同的部分也会存在施工顺序和加载条件的不同。这种施工状态下的

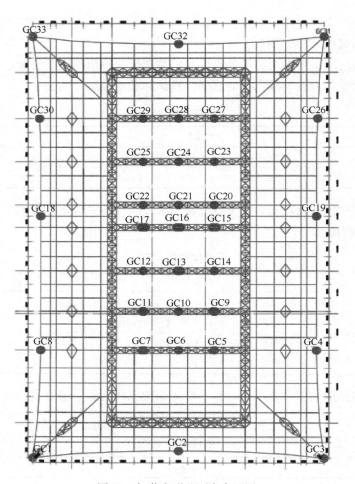

图 20　卸载变形监测点布置图

结构体系和原设计状态结构体系的不同，会导致原设计分析结果与实际结构效应存在差异。当结构体系随工程进度而变化时，构件的内力处于动态调整阶段，其最大变形和应力有可能发生在施工阶段，因此为了预测施工阶段的变形和应力变化，进行施工阶段分析是十分必要的。根据施工方案，采用有限元软件 MIDAS/Gen 2018 对钢结构的施工全过程进行模拟分析。见表 5。

模拟分析　　　　　　　　　　　　　　　　　　　　　　　　　表 5

序号	工况	屋盖层最大竖向变形	屋盖最大应力（MPa）	支撑最大应力（kN）	支撑最大反力
1	工况一	−5	38	−16	226
2	工况二	−5	38	−17	230
3	工况三	−7	55	−23	293
4	工况四	−8	62	−27	338
5	工况五	−8	62	−27	338
6	卸载工况一	−34	−62	−33	298
7	工况六	−34	−62	−38	353
8	工况七	−34	−62	−38	353
9	卸载工况二	−44	−62	−25	308
10	工况八	−44	−62	−25	323
11	工况九	−44	−63	−25	323
12	工况十	−44	−63	−25	323
13	卸载工况三	−43	−66		

从各工况的计算结果可以看出：安装过程中钢屋盖最大变形为 44mm，屋盖最大应力为 66MPa＜295MPa，临时支撑最大应力为 38MPa＜215MPa，结构满足承载力要求。

5 结语

大型钢结构工程具备形式多样、跨越能力强、刚度大、自重轻等特点，在体育馆、航站楼、高铁站、会展中心等民用建筑中广为应用，然而这些大型建筑给施工带来了巨大的挑战，尤其在复杂环境中进行钢结构施工需要解决诸多技术难点。大同南站的顺利施工给今后类似工程提供了很好的借鉴。

参考文献

[1] 陈禄如. 建筑结构施工手册[M]. 北京：中国计划出版社，2002.
[2] 赵熙元. 钢结构设计手册[M]. 北京：冶金工业出版社，1995.
[3] 中华人民共和国国家标准. 钢结构工程施工质量验收规范 GB 50205—2001[S]. 北京：中国计划出版社，2002.
[4] 沈祖炎. 钢结构制作安装手册[M]. 北京：中国建筑工业出版社，1998.
[5] 中华人民共和国国家标准. 钢结构焊接规范 GB 50661—2011[S]. 北京：中国计划出版社，2002.

杭州南站站房屋盖钢桁架滑移施工技术

杨中尚

（浙江东南网架股份有限公司，杭州　311209）

摘　要　本文介绍杭州南站工程屋盖钢桁架施工由累积滑移优化为单元分段滑移的施工技术。
关键词　站房；屋盖；滑移；技术

1　工程概况

杭州南站，位于萧山地区，与杭州城站、杭州东站共同构成三位一体的杭州铁路枢纽。改造后的杭州南站建筑面积达到 9 万 m^2。设计总体形态大气圆润，而建筑的流动形态充分展示了萧山独特的山水交融的地域特征，同时建筑细部借鉴了中国传统艺术的"透空"手法。新南站将会形成人流、物流集散地，带动商业、服务业的兴盛，形成巨大的商圈，同时带动周边地区的发展。见图 1。

图 1　杭州南站整体效果图

本工程主站房总建筑面积约为 $46973m^2$，站房地下二层（出站层－10.5m、地下夹层－5m），地上三层（设备夹层 4.2m、高架层 9m、商业夹层 15.04m）。站房屋盖南北宽 139.58m，东西长 254.5m，屋盖钢桁架最大跨度为 42m。主站房钢结构主要包括钢柱、屋盖桁架、高架层夹层钢框架、幕墙钢结构四个部分。屋盖钢桁架为方管平面桁架结构，整个屋盖钢结构由横向、纵向主次桁架组成。见图 2。

2　站房屋盖钢桁架安装总体思路及主要起重设备选择

2.1　站房屋盖钢桁架安装总体思路

站房屋盖钢桁架施工时，站房结构 9m 层以下土建结构已施工完毕，根据屋盖钢桁架规模及有限的施工场地条件，屋盖钢桁架施工我们采用"结构分单元滑移"的施工方法进行安装。具体安装思路如下：

将整个屋盖钢桁架结构分 9 个单元进行施工，其中第 1 单元、第 9 单元的桁架、檩条及拉杆在原位拼装完成，第 2、3、4、5、6、7、8 单元的桁架、檩条、拉杆在拼装胎架上拼装完成后分别单独滑移到安装位置。滑移前将外挑桁架的油漆涂装完成，减少两侧结构油漆涂装施工对既有线的影响，其余油漆

112

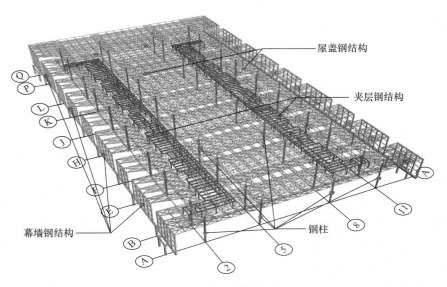

图2　站房钢结构轴测图

施工则在桁架滑移到位后涂装。

　　钢桁架滑移施工前，搭设安装好拼装胎架平台和滑移轨道。拼装胎架平台采用成品格构柱＋H型钢梁组合而成，搭设在东、西站房两端。滑移轨道共设置4条，轨道分别位于2、5、8、11轴，其中5、8轴两条位于高架范围9m层混凝土楼板上方，2、11轴位于高架范围外侧。见图3。

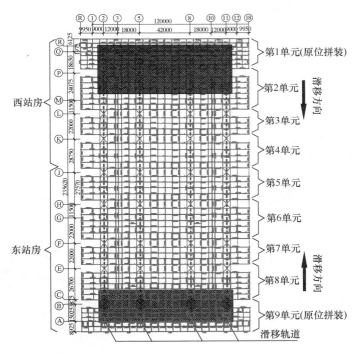

图3　站房屋盖钢桁架安装总体布置示意图

2.2　主要起重设备选择

　　站房屋盖钢桁架施工时吊装设备主要选择4台现场配置的ST8075型塔吊、2台100t汽车吊、2台25t汽车吊作为主要吊装机械。桁架的分段吊装主要采用4台ST8075型塔吊，汽车吊主要用来补装杆件和材料转运。

3 站房屋盖施工关键技术

3.1 站房屋盖钢桁架拼装平台设置

（1）拼装施工平台设计概况

本次施工的站房屋盖钢桁架采用从两端向中间的顺序滑移进行安装施工，需在站房两端按照滑移最大单元，分片搭设拼装平台，临时拼装平台采用成品格构柱＋H 型钢梁组合而成，并拉设缆风绳，确保拼装胎架在桁架吊装和滑移过程中的稳定性。见图 4。

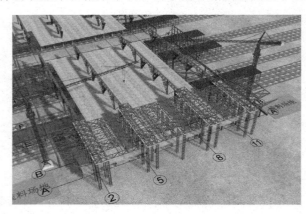

图 4　屋盖钢桁架拼装胎架布置三维示意图

临时拼装平台采用成品格构式柱＋H 型钢梁组合而成，单个格构式支撑架平面尺寸为 1.4m×1.4m，节间高度 1.4m，最大搭设高度约 24.5m，立杆采用矩形管，规格为 B100×100×6；腹杆采用角钢，规格为 L70×6，顶部转换钢梁规格为 H300×300×10×15，材质均为 Q235B；平台操作层采用 H300×300×10×15 型钢作为主梁，H200×200×8×12 型钢作为次梁，L50×5 角钢作为走道梁，走道梁上部满铺钢网片脚手板，脚手板与主次梁、走道梁之间均采用点焊固定。

根据本工程总体施工思路，拼装平台作为施工操作平台，主要承受桁架拼装施工时拼装荷载；拼装平台设计时，所考虑的施工活荷载包含有操作工人、焊接设备、千斤顶、手拉葫芦、安全带、活动扳手、测量工具、焊条焊丝、垫板、灭火器；原材料半成品不允许在拼装平台上堆放。

（2）拼装施工平台布置

根据滑移施工要求，拼装平台布置在东、西站房端部，拼装平台按照屋盖钢桁架分段拼装点位置分区块进行搭设，东、西站房端部各布置四个拼装平台，每个拼装平台宽度约为 9.5m，长度约为 45m，拼装平台操作层采用钢网片脚手板，并在操作板下方满铺安全网，平台四周设 1.2m 高钢管防护栏杆，拼装平台之间设联系通道连接起来，平台与平台之间的空当区域满挂水平安全网。

3.2 站房屋盖钢桁架滑移技术措施

（1）滑移轨道桁架设置

屋盖钢桁架滑移施工设置 4 条通长滑移轨道，分别设置于 2、5、8、11 线的轨道桁架上。轨道主要由主桁架、水平桁架及支撑柱组成。主桁架高 3m，轨道全长约 245m。见图 5。

屋盖钢桁架滑移施工过程中，为保证滑移轨道结构平面外的稳定性，应增设安全措施。考虑到四条轨道之间距离为 30m＋42m＋30m，轨道与轨道之间无法设置刚性支撑措施，故采用对称设置钢管三角斜撑的方法对滑移轨道进行平面外稳固，钢管斜撑一端与轨道下方桁架焊接连接，另一端设在高架层结构处。

由于每条屋盖钢桁架结构滑移轨道总长度约 245.8m，根据屋盖钢桁架下部支撑钢柱分布情况，计划在 5 轴、8 轴滑移轨道两侧各对称设置 14 道钢管斜撑，每道斜撑设置间距约为 18m 左右，钢管斜撑选用 $\phi219×12$ 圆钢管。整个屋盖滑移轨道系统共

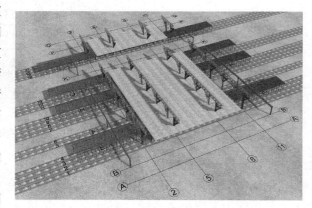

图 5　轨道桁架布置示意图

对称设置 28 道钢管三角斜撑,屋盖滑移施工时,屋盖横向主桁架结构将四条临时滑道连为一体,故设置在 5 轴、8 轴的钢管三角斜撑可以保证整个屋盖结构滑移施工平面外稳定性。

(2)液压顶推系统配置

液压顶推滑移系统主要由液压顶推器、液压泵源系统、传感检测及计算机同步控制系统组成。液压顶推滑移系统的配置本着安全性、符合性和实用性的原则进行。

本工程拟选用的液压顶推器的型号 YS-PJ-50 型,额定顶推力为 50t。在滑移过程中,顶推器所施加的推力和所有滑靴和滑轨间的摩擦力 F 达到平衡。

摩擦力 F=滑靴在结构自重作用下竖向反力×1.2×0.15(滑靴与滑轨之间的摩擦系数为 0.13~0.15,安全考虑取摩擦系数为 0.15,1.2 为摩擦力的不均匀系数)。

第二滑移 2 单元为滑移最大重量值,525t(桁架 480t、檩条及拉杆 45t)。由计算所得滑移过程中总的摩擦力大小为:

$$T=525×1.2×0.15=94.5t。$$

根据以上计算,滑移所需的总顶推力为 94.5t。本工程中钢结构滑移施工最多同时设置 4 个顶推点,每个顶推点布置 1 台 YS-PJ-50 型液压顶推器,在每条轨道上平均布置。单台 YS-PJ-50 型液压顶推器的额定顶推驱动力为 50t,则顶推点的总顶推力设计值 200t>94.5t,能够满足滑移施工的要求。

3.3 站房屋盖钢桁架落位

站房屋盖钢桁架施工时共分 9 个单元,东站房屋盖钢桁架分 5 个单元,即第 5、6、7、8、9 单元。西站房屋盖钢桁架分 4 个单元,即第 1、2、3、4 单元。第 1、9 单元在原位拼装完成,不需落位。其他 7 个单元分别滑移到安装位置后进行单独落位。

每个单元钢桁架滑移时都要在对应的线路封锁点内进行,在未滑到位前的两次封锁点间要做好临时固定措施,设专人监护临时固定状况,对滑移挡板的牢固程度以及顶推器后部的顶推支座与滑移挡块接触面的顶紧程度进行检查。

每个滑移单元设有 8 个临时滑靴结构,其中 4 个布置在支座位置处(滑靴一),另外 4 个为临时结构(滑靴二),临时滑靴标高比原屋盖支座标高位置高出 10cm。

每个单元落位前先在滑靴一和滑靴二的两侧焊上临时牛腿,每个滑靴一设置 2 个 100t 千斤顶,每个滑靴二设置 2 个 50t 千斤顶,共 16 个千斤顶。千斤顶底部四周设 4 块限位挡板,防止倾倒。落位采用千斤顶+钢板垫块进行落位,即滑移单元滑移到位、精确定位后方可落位,落位前先将放置千斤顶位置的 16 号槽钢割除。用千斤顶将滑靴顶起,割除滑块和 16 号槽钢后落位,滑靴作为临时支撑用。

4 总结

本工程钢结构已经施工完成,目前国内尚无上跨 8 条既有线累积滑移施工经验,采用累积滑移在发生不可预测风险的情况下没有应对解决措施,所以本工程屋盖钢桁架施工由一般工程的"累积滑移"优化为"分段滑移",其安装经验可供类似站房屋盖施工工程参考。

参考文献

[1] 穆国禹. 浅谈钢结构施工的安全防护措施[J]. 中国建筑金属结构,2018.
[2] 陈浩. 钢结构施工管理要点及全过程质量控制分析[J]. 建材与装饰,2018.
[3] 潘小榴. 建筑工程钢结构施工技术的有关问题分析[J]. 城市建设理论研究,2018.

钢筋混凝土梁钢筋与钢管混凝土柱牛腿连接施工工艺探究

圣学红　谢心谦

（中天建设集团有限公司，北京　101100）

摘　要　在建筑工程施工过程中，钢管混凝土柱钢结构牛腿与钢筋混凝土梁纵向钢筋连接质量是一个普遍存在的问题。本文通过对北京市通州区光大中心钢管柱牛腿与梁钢筋连接施工出现的一些连接质量问题进行分析，提高连接节点一次质量验收合格率，在钢结构技术创新与绿色施工技术应用方面为之后的类似工程施工提供参考资料。

关键词　钢筋混凝土梁钢筋与钢管混凝土柱连接；钢筋连接器；钢筋与钢板焊接；搭筋板

1　工程概况及特点

1.1　工程概况

通州区运河核心区Ⅳ-02号多功能用地项目位于通州区运河核心区西北侧2号、5号地块，东临水乡区，南临通惠河，北侧为京燕高速。本项目功能定位为中央商务区的高端办公及商业配套，地上建筑塔楼为5A级超高层写字楼，裙房商业配套；地下设置商业、车库及配套机电用房设施，并与周边地块在地下形成便捷连通。

1.2　工程特点

地下室施工阶段，共地下4层，塔楼地下结构对应外框架部分采用：圆形钢管混凝土柱与钢筋混凝土梁、板连接的节点形式。梁的纵向钢筋规格为Φ25、Φ28、Φ32，部分梁抗扭钢筋为Φ12（构造钢筋不需要焊接，但是标明为抗扭钢筋时需要焊接）。

2　建筑钢结构详图设计难点及解决办法

2.1　详图设计难点

本项目工期紧张且结构形式复杂，钢结构外伸牛腿方向角度变化大，地下结构施工每层都有所调整。针对圆形钢管混凝土柱与钢筋混凝土梁、板连接的节点：混凝土梁的钢筋有多排（多数梁纵向钢筋，上铁和下铁钢筋为两排，局部梁上铁纵向钢筋有三排的情况），节点钢筋密集；外伸牛腿翼缘板及腹板处操作空间小，部分梁为变截面的斜梁。钢筋与钢筋连接器的连接、钢筋与翼缘板的焊接及连接器与钢筋的焊接，尤其是现场钢筋与牛腿翼缘板焊接为仰焊时焊接质量的控制等是关键，应有针对性地预防与治理。

钢筋混凝土梁与钢管柱相连时，扭筋通过焊接搭接钢板连接；搭接钢板和混凝土梁钢筋双面焊$5d$，板厚取（$d-6\sim8$）且≥10mm（搭筋板长度根据实放，d为扭筋直径）；钢筋与钢板的焊接，单面焊$10d$，双面焊$5d$，并应在正式施工前各作两组焊接试验。现场只进行钢筋焊接，钢筋连接器、搭筋板必须在构件加工厂按照深化节点焊接完成，并保证构件加工的精度。见图1～图3。

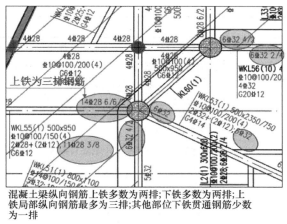

混凝土梁纵向钢筋上铁多数为两排;下铁多数为两排;上铁局部纵向钢筋最多为三排;其他部位下铁贯通钢筋少数为一排

图 1　梁配筋结构图

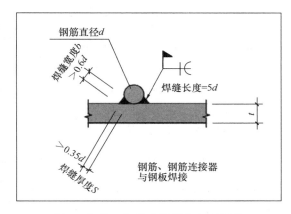

图 2　钢筋、钢筋连接器与钢板焊接

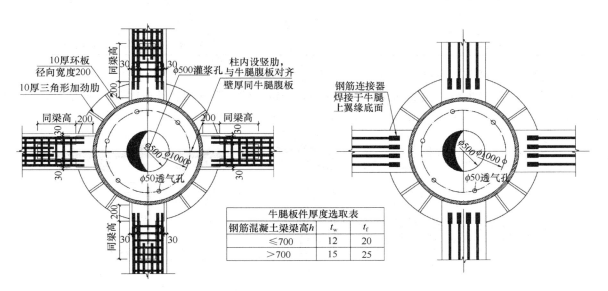

牛腿板件厚度选取表		
钢筋混凝土梁梁高 h	t_w	t_f
≤700	12	20
>700	15	25

图 3　典型节点做法

2.2　设计难点解决方法

（1）根据结构设计图纸优化节点

根据梁配筋的结构图纸要求，统计梁配筋的规格及数量，优化节点。具体需要考虑的事项详见统计表（表1）。

统计表 　　　　　　　　　　　　　　　　　　　　　　表 1

序号	考虑事项	备注
1	梁纵向钢筋的数量，钢筋间距是否满足后期焊接的操作空间	考虑采用二氧化碳气体保护焊或焊条焊接
2	梁上铁及下铁纵向钢筋的排数，是一排、两排还是三排	当为三排钢筋，需要考虑增加搭筋板
3	梁配筋图是否标注有抗扭钢筋	抗扭钢筋需要与钢柱焊接连接
4	梁纵向钢筋一边为与钢管柱连接，另一边为混凝土柱时	需要考虑钢筋是否弯锚还是直锚
5	当梁纵向钢筋为在两根钢管柱之间，且为通长钢筋时	考虑钢筋的下料长度，至少一边焊接；避免两头都是钢筋连接器不好施拧
6	钢筋及钢筋连接器与钢管柱外伸牛腿翼缘板焊接位置深化	钢筋连接器的焊接位置应按照图纸要求，合理深化并保证间距，施焊方便

序号	考虑事项	备注
7	当钢筋为两排或多排钢筋时，尽量将上二排及倒二排钢筋连接器在构件加工时焊接上，减少现场仰焊的工作量	钢筋连接器为厂里构件加工时焊接，不允许现场焊接钢筋连接器
8	当梁纵向钢筋一端为弯锚时，则另一端考虑钢筋焊接	避免使用钢筋连接器施拧不便
9	焊接的钢筋连接器位置，需要按照图集要求的间距及箍筋要求的位置及大小布置	考虑钢筋的绑扎及箍筋尺寸的大小，并按照图集的要求合理布置
10	钢筋焊接的顺序及工序安排	模板支设及钢筋绑扎、后补模板等工序安排
11	钢筋连接器的直径比钢筋直径大，连接器前后错开焊接	因钢筋较密，如使用连接器，需考虑连接器之间的间距并保证焊接空间
12	当梁的纵向钢筋为不少于两排时，需要焊接搭筋板	搭筋板的位置需要精确
13	保证梁纵向钢筋的保护层，避免过大或过小	梁纵向钢筋的位置，是放置在翼缘板上或放置在翼缘板下；避免梁的有效截面减小
14	需要考虑钢筋连接器的焊接热变形，同时做相应的工艺试验	避免焊接热变形影响钢筋施拧
15	施工工艺交底及质量检查机制	做好技术交底并落实质量验收制度

（2）二维深化图纸节点举例

根据梁截面的钢筋根数，按照钢筋的排布间距，当钢筋的间距（相邻外皮间距）不大于 45mm（即钢筋连接器的外皮间距小于 30mm）时，可以考虑钢筋连接器在翼缘板上错开位置焊接。见图 4。

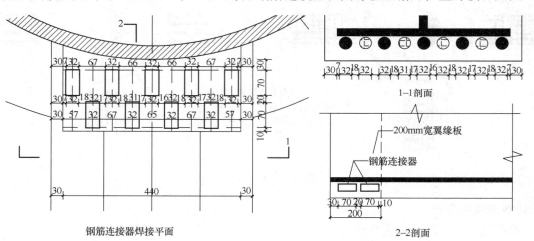

图 4　钢筋连接器位置深化

（3）采用 BIM 技术进行三维深化（图 5）

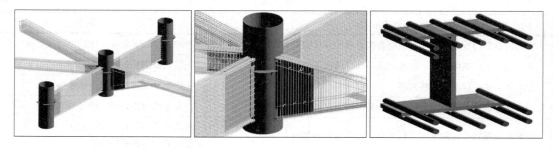

图 5　BIM 技术应用

3 钢结构的加工制作

3.1 加工制作的难点

钢管柱构件为在工厂加工制作，包括钢管柱及与钢筋混凝土梁钢筋连接的外伸牛腿。保证构件的加工精度及控制尺寸偏差在允许误差范围之内是难点。该部位主要为钢筋连接器的焊接，具体统计如表2所示。

加工制作难点统计表   表 2

序号	加工制作难点
1	根据深化图纸精确下料并定位钢筋连接器
2	钢筋连接器的焊接质量及焊脚尺寸保证
3	控制焊接过程中钢筋连接器的焊接热变形
4	当为斜梁时，钢筋连接器的方向控制

3.2 加工制作难点的解决措施（表3）

加工制作难点的解决措施   表 3

序号	加工制作难点	解决措施
1	根据深化图纸精确下料并定位钢筋连接器	做好技术交底，保证钢结构构件的精准下料尺寸。审核钢结构深化节点图纸，将钢筋连接器的位置深化到钢结构深化图里，加工制作时定位必须精准。每个节点部位检查到位
2	钢筋连接器的焊接质量及焊脚尺寸保证	逐一检查钢筋连接器的焊接质量。在构件加工厂逐一检查，并做好检查记录，保证构件验收合格后才允许出厂。同时在检查的过程中，使用已经套丝好的钢筋进行施拧，进行工艺性能的检查
3	控制焊接过程中钢筋连接器的焊接热变形	工艺试验合格。钢筋连接器与钢筋的连接工艺试验合格，有见证取样送检复试报告且试验合格；构件加工时分两次施焊，避免一次焊接，钢筋连接器受热变形影响后期钢筋的施拧
4	钢筋连接器的方向	根据设计图纸的钢筋混凝土梁方向，钢筋连接器的方向必须保证，避免后期钢筋施拧时因为方向偏差影响施工

4 钢筋混凝土梁纵向钢筋与钢管柱外伸牛腿连接现场施工

4.1 成立QC小组

项目QC小组通过对已完成部分主体施工的节点所存在的质量缺陷进行了现场调查，并对发现的焊接质量问题进行了调查统计、归类分析，调查采集了B4层共计19根圆管柱与钢筋混凝土梁连接的节点部位，统计出混凝土梁钢筋与钢管柱牛腿连接质量的问题。焊接及连接质量问题统计表见表4。

焊接及连接质量问题   表 4

序号	项目	频数（处）	频率（%）	累计频率（%）
1	钢筋焊接焊脚尺寸偏小	15	42.86	42.86
2	钢筋连接器焊接变形	6	17.14	60
3	钢筋连接器焊脚尺寸偏小	4	11.43	71.43
4	焊接长度不够	3	8.57	80
5	焊接后钢筋间距偏小	2	5.71	85.71
6	焊渣清理不到位	1	2.86	88.57
7	其他人为因素	4	11.43	100
	合计	35	100	100

4.2　原因分析

针对 B4 层出现的混凝土梁钢筋与钢管柱牛腿连接质量问题，项目进行了总结及原因分析：

（1）操作空间狭小

现场没有合理安排好施工工序；梁柱节点部位钢筋较多，且钢管柱外伸牛腿的长度较大，焊接之前除焊接长度范围内的一部分箍筋不绑扎，其他部位梁箍筋绑扎完成。钢筋调节空间小。采用二氧化碳气体保护焊，焊接时候焊枪需要的空间不足。

（2）仰焊难度大

模板支撑架搭设完成，梁底模铺设好在梁柱节点端部留开一定的焊接空间；但实际施工时，仰焊的质量及焊接工艺各类参数把握不好。考虑现场的焊接难度，部分仰焊的部位采用在钢结构构件加工厂焊接钢筋连接器的做法，避免现场仰焊焊接。

（3）焊脚尺寸偏小

焊接过程中，因钢筋直径较大，相应的焊接尺寸与设计图纸要求的焊脚尺寸有偏差。钢筋与钢板的焊接，要求焊接焊缝的宽度 b 大于 $0.6D$（D 为钢筋直径），焊缝的厚度 S 大于 $0.35D$（D 为钢筋直径）；实际施工过程中，平焊的焊脚尺寸基本都能满足相应的焊脚尺寸要求。

（4）钢筋连接器焊接后有细微的变形，影响后期钢筋与连接器之间的连接

由于地下室 B4～B1 层，顶梁钢筋直径较大，同时为减少现场的钢筋焊接量，梁的纵向钢筋局部采用钢筋连接器，在构件加工厂按照深化设计图纸的定位直接焊接在钢管柱的外伸牛腿上。

（5）施工方面

钢筋绑扎完成后，调整的空间小。尤其是箍筋绑扎完成后，钢筋因为工人操作的原因，长度方面上面的不足难以调整；当一侧为混凝土柱而非钢管柱时，钢筋锚固考虑造成一头钢筋偏短；同时，钢管柱之间的钢筋在翼缘板外侧的，计算长度应考虑圆管柱的弧形变化。

（6）角度偏差大

因现场结构梁为斜梁，外伸牛腿的角度变化，牛腿与牛腿之间的角度变化也较大，每一层角度都有调整，同时梁为变截面梁，B1 层外伸的牛腿长度大，且外伸的牛腿因混凝土梁为变截面梁，牛腿的大小也为倾斜的变截面，现场施工作业难度大。

4.3　要因确认

从"人、机、料、法、环、测"六个方面再次进行全面分析，共找到 12 个末端因素，并制定要因确认计划表（表 5），逐一进行分析后共找出 5 个要因。

要因确认计划表

表 5

序号	末端因素	确认内容	确认方法	确认依据	结论
1	技术交底不全	技术交底	查看记录	技术交底培训记录是否详细全面；是否符合规范及工程实际，可操作性强	非要因
2	工人操作不到位	实体质量	现场验证	钢筋焊接及钢筋连接器的焊接操作是否符合工艺流程要求	非要因
3	钢结构构件的加工尺寸及精度	构件的加工精度	现场验证	满足设计图纸及深化图纸的要求	要因
4	钢筋的下料	尺寸是否满足要求	现场量测	符合相关设计图纸及规范、图集的要求	非要因
5	钢筋连接器的质量	焊接是否热变形	工艺试验	符合相关工艺的要求	非要因
6	焊脚尺寸	满足设计要求	现场验证	符合相关规范及设计图纸要求	要因
7	连接焊接的位置	技术交底	现场调查	要求设置专人跟踪检查	非要因
8	钢筋的根数及间距	技术交底	现场调查	符合设计图纸的要求	非要因

续表

序号	末端因素	确认内容	确认方法	确认依据	结论
9	焊接钢筋的角度	技术交底	现场调查	根据设计图纸，满足角度及方向的要求	非要因
10	钢筋连接器的焊接质量	仪器校验情况	现场调查	焊脚尺寸检查，仪器在有效期且能正常使用	要因
11	钢筋的焊接质量	仪器校验情况	现场调查	要求设置专人跟踪检查	要因
12	钢筋与钢筋连接器的连接	技术交底	现场核实并统计	要求设置专人跟踪检查	要因

4.4 实施对策及效果

要因确定之后，项目针对以上5个要因，经过现场讨论、分析，利用5W1H原则制定了对策，以下对策的实施均委派专人在现场监督检查，确保实施到位。

（1）构件的加工尺寸及精度

实施对策：

1）严格控制混凝土施工质量加强专项施工技术培训、加强过程监督与指导控制。

2）严格审核深化设计图纸。根据设计图纸要求，对钢结构构件的节点进行深化设计。按照结构设计图纸及图集规范的要求，对连接节点的部位，外伸牛腿加工精度实际量测，精装下料并进行构件的制作。

3）构件的加工，严格按照技术交底执行，并在加工厂跟踪检查构件的制作；构件的原材料从下料到加工制作，安排专人在加工厂跟踪构件的加工情况；严格控制构件的下料尺寸及加工制作的精度，并保证偏差在允许范围之内；验收合格的构件才能出厂并运至施工现场。

4）加强对于质量策划和相关质量保证大纲的培训、学习；明确目标责任，形成文件制度；完善奖惩机制并坚决执行。见图6、图7。

图6 放样

图7 构件精度检查

（2）钢筋焊接焊脚尺寸保证

实施对策：

1）焊材。材料质量证明文件齐全，复试合格。抗拉强度、屈服点、伸长率等技术参数满足设计要求。焊接材料储存场所干燥且通风良好，有专人保管、烘干、发放及回收，并有详细的记录。焊接材料熔敷金属的力学性能不低于母材标准的下限值且满足设计图纸要求。

2）待焊接的钢筋及钢结构外伸牛腿的翼缘板，钢板及钢筋应均匀，光洁且无毛刺；焊接范围内不得有影响正常焊接及焊缝质量的氧化皮、锈蚀、油脂、水等杂质。

3）制定检查的台账清单，按照节点部位逐一检查每一处钢筋的焊接，检查频率为100%检查；不合格的部位必须整改到位，直至验收通过并形成书面资料，否则不允许进行下道工序的施工。

4）焊接使用的钢筋原材料质量证明文件齐全有效，且与钢板连接的工艺试验合格。见图8。

图 8 现场检查

（3）钢筋连接器的焊接质量

实施对策：

1）保证钢结构构件的精准下料尺寸。审核钢结构深化节点图纸，将钢筋连接器的位置深化到钢结构深化图里，加工制作时定位必须精确。每个节点部位检查到位。

2）逐一检查钢筋连接器的焊接质量。在构件加工厂逐一检查，并做好检查记录。同时在检查的过程中，使用已经套丝好的钢筋进行施拧，进行工艺性能的检查。见图 9。

图 9 型检、工艺试验及钢筋连接器焊接

（4）钢筋的焊接质量

实施对策：

1）逐一检查钢筋的焊接质量，并做好检查记录。同时在检查的过程中，针对焊接质量不合格的部位做好记录并督促现场整改。不合格部位未整改到位严禁进行下道工序的施工。尤其是仰焊的部位，全数检查。

2）使用专门的焊脚尺寸检查尺检查，焊接后及时清理焊渣。见图 10。

图 10 BIM 应用及三维交底

（5）钢筋与钢筋连接器的连接质量

实施对策：

1）做好技术交底，保证钢结构构件的精准下料尺寸；审核钢结构深化节点图纸，将钢筋连接器的位置深化到钢结构深化图里，加工制作时定位必须精确。每个节点部位检查到位。

2）逐一检查钢筋连接器的焊接质量。在构件加工厂逐一检查，并做好检查记录，保证构件验收合格后才允许出厂。同时在检查的过程中，使用已经套丝好的钢筋进行施拧，进行工艺性能的检查。

3）工艺试验合格。钢筋连接器与钢筋的连接工艺试验合格，有见证取样送检复试报告且试验合格；构件加工时分两次施焊，避免一次焊接，钢筋连接器受热变形影响后期钢筋的施拧。

4）根据设计图纸的钢筋混凝土梁方向，钢筋连接器的方向必须保证，避免后期钢筋施拧时因为方向偏差影响施工。

4.5 实施效果

在严格实施了上述措施后，项目根据实际情况对钢筋焊接、钢筋连接器的焊接及钢筋与钢筋连接器连接情况进行了效果检查，抽查中仅发现个别焊接质量问题，其余均在设计要求范围内。焊接质量不合格部位发生率由35％降为5％以下，焊接质量不合格率发生率明显下降。同时经二次整改，检查全部合格。

5 结语

本文以通州区运河核心区Ⅳ-02号多功能用地项目为案例，进行钢管柱牛腿与梁钢筋连接施工质量问题分析，从"人、机、料、法、环、测"六个方面再次进行分析，确认要因，提高一次质量验收合格率，该方案获得企业工法及省部级QC成果Ⅱ类，可为同类型钢结构建筑提供参考。

参考文献

[1] 周泽民，胡飞等. 超高层建筑钢结构施工技术浅论[J].
[2] 中华人民共和国国家标准. 钢结构工程施工规范 GB 50755—2012[S].
[3] 中华人民共和国行业标准. 型钢混凝土组合结构技术规程 JGJ 138—2001[S].
[4] 中华人民共和国国家标准. 工业建筑防腐蚀设计规范 GB 50046—2008[S].
[5] 中华人民共和国国家标准. 钢结构工程施工质量验收规范 GB 50205—2001[S].

西安飞机某总装智能装配厂房屋盖网架提升技术

李之硕　鲍　坤　钱伟江

（浙江东南网架股份有限公司，杭州　311209）

摘　要　本文通过西安飞机某总装智能装配厂房屋盖网架提升施工实例，介绍现场大跨度厂房类网架提升点设置、提升平台设计、液压系统配置等关键技术及难点，施工过程中对各种阶段的仿真模拟、实际测量、分析对比，表明该技术高效、合理，保证了工程质量、施工安全和施工工期要求，并为此类大跨度屋盖网架工程施工提供了参考依据。

关键词　屋盖网架；大跨度；整体提升；有限元仿真；提升平台；支撑架

1　工程概况

西安飞机工业（集团）有限公司新建厂房屋盖为三层正放四角锥焊接球节点网架，网架平面尺寸为 274.0m×140.30m，跨度为 140.3m，主要下弦中心标高 27.50m，基本网格尺寸 6.0m×6.0m，中间网格厚度 7.6～11.4m，两端门头处网架厚度为 9.6～13.6m，厂房两侧下弦支承为双肢 H 型钢格构柱，柱距为 12.0m，支座采用球铰支座。厂房主视图及网架侧向视图见图1、图2。

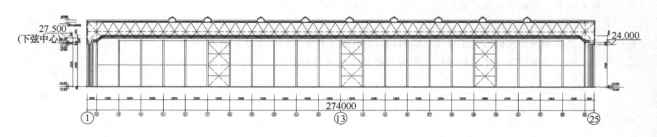

图1　厂房主视图

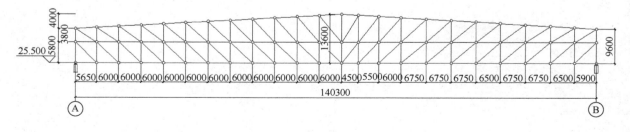

图2　网架侧向视图

2　屋盖网架提升施工方法

屋盖网架最大安装标高为+39.100m，若采用分件高空散装，不但高空组装、焊接工作量大、现场

124

机械设备很难满足吊装要求，而且所需高空组拼胎架难以搭设，存在很大的安全、质量风险。施工难度大，不利于钢结构现场安装的安全、质量以及工期的控制。

若将结构在安装位置的正下方地面上拼装成整体后，利用"超大型构件液压同步提升技术"将其整体提升到位，将大大降低安装施工难度，于质量、安全、工期和施工成本控制等均有利。

2.1 施工思路

钢结构提升单元在其投影面正下方的地面上拼装为整体，同时在屋面结构层（标高＋27.500m/＋25.500m）处，利用钢柱、支座下弦直腹杆和支撑架设置提升平台（上吊点），在钢结构提升单元与上吊点对应位置处安装临时管（下吊点），上下吊点间通过专用底锚和专用钢绞线连接。利用液压同步提升系统将钢结构提升单元整体提升 2m，而后暂停提升，补装厂房两端门头位置网架结构，结构形成整体后，将网架整体提升至设计安装位置，补装部分后装杆件，液压提升系统各吊点顺序卸载，补装剩余后装杆件，完成安装。网架"整体提升"具体表述如下：

（1）钢结构提升单元在其安装位置的投影面正下方＋0.000m 的地面上拼装成整体提升单元；

（2）在主结构屋面层利用钢柱、支座下弦直腹杆和支撑架设置提升平台（上吊点），共设置 28 组提升平台；

（3）安装液压同步提升系统设备，包括液压泵源系统、提升器、传感器等；在提升单元与上吊点对应的位置安装提升下吊点临时管；在提升上下吊点之间安装专用底锚和专用钢绞线；

（4）调试液压同步提升系统；张拉钢绞线，使得所有钢绞线均匀受力；

（5）液压提升同步系统采取分级加载的方法进行预加载，即按照设计荷载的 20％、40％、60％、70％、80％、90％、95％、100％的顺序逐级加载，直至提升单元脱离拼装平台；

（6）网架提升 15cm 后暂停提升，利用全站仪测量各吊点高差，根据测量数据对吊点调平，调平后测量网架跨中下挠挠度满足要求；

（7）微调提升单元的各个吊点的标高，使其处于水平，并静置 4～12h。再次检查钢结构提升单元以及液压同步提升临时措施有无异常；确认无异常情况后，开始正式提升；

（8）将钢结构提升单元整体提升 2m 后，暂停提升，补装厂房两端门头位置网架结构；整体提升钢结构提升单元至接近安装标高暂停提升；

（9）测量提升单元各点实际尺寸，与设计值核对并处理后，降低提升速度，继续提升钢结构接近设计位置，各提升吊点通过计算机系统的"微调、点动"功能，使各提升吊点均达到设计位置，满足对接要求；

（10）补装部分后装杆件，网架形成整体；钢结构对接工作完毕后，液压提升系统各吊点顺序卸载，使钢结构自重转移至主结构上；

（11）拆除液压提升设备，钢结构提升作业完成；补装剩余后装杆件，达到设计状态。

2.2 网架提升范围

第一次提升施工范围为 2～24 轴交 A～B 轴，第二次提升施工范围为 1～25 轴交 A～B 轴，由于结构布置及提升工艺的要求，除部分预装杆件，所有与钢柱柱间支撑干涉的杆件需要待网架提升单元到位后方可安装。本次提升施工范围如图 3 所示。

2.3 网架提升流程

步骤 1：在地面拼装网架提升单元，利用钢柱、支座下弦直腹杆和支撑架设置提升平台，在提升单元与上吊点对应的位置安装提升下吊点临时管，安装液压提升系统，见图 4。

步骤 2：调试液压提升系统，确认无异常情况后，进行试提，试提无问题后，开始正式提升，将提升单元整体提升 2m 后，暂停提升，各个吊点在上升过程中需保持±20mm 的同步性，每提升 5m 需要复核，见图 5。

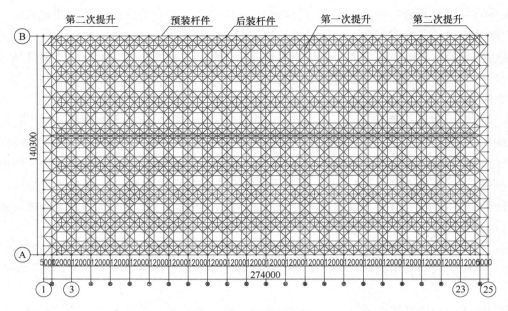

图 3 网架提升范围

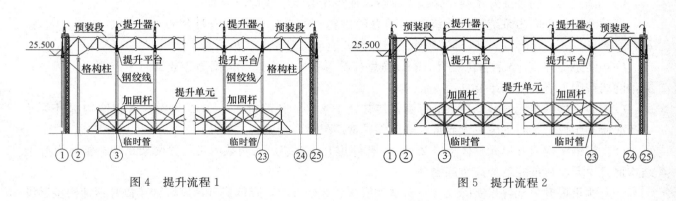

图 4 提升流程 1   图 5 提升流程 2

步骤 3：补装门头位置网架结构，在提升单元与上吊点对应的位置安装提升下吊点临时管，见图 6。

步骤 4：结构形成整体后，将网架整体提升至设计安装位置，补装部分后装杆件，见图 7、图 8。

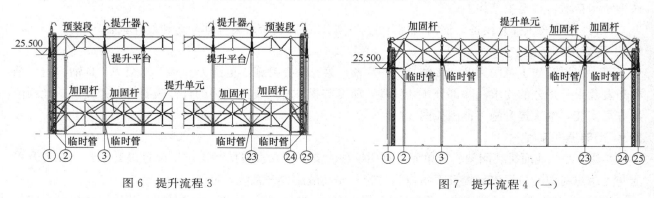

图 6 提升流程 3   图 7 提升流程 4（一）

步骤 5：结构形成整体受力后，液压提升器顺序卸载，拆除提升设备及临时措施，提升作业完成，补装剩余后装杆件，见图 9。

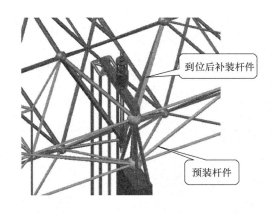

图 8　提升流程 4（二）

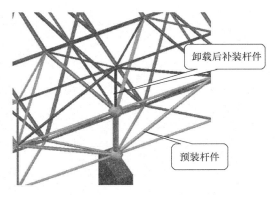

图 9　提升流程 5

2.4　网架提升的优点

（1）钢结构主要的拼装、焊接及油漆等工作在地面进行，可用汽车吊进行散件吊装，施工效率高，施工质量易于保证；

（2）钢结构的施工作业集中在地面，对其他专业的施工影响较小，且能够多作业面平行施工，有利于项目总工期控制；

（3）钢结构的附属次结构件等可在地面安装，可最大限度地减少高空吊装工作量，缩短安装施工周期；

（4）采用"超大型构件液压同步提升施工技术"吊装空中钢结构，技术成熟，有大量类似工程成功经验可供借鉴，吊装过程的安全性有保证；

（5）通过钢结构单元的整体提升，将高空作业量降至最少，加之液压提升作业绝对时间较短，能够有效保证空中钢结构安装的总体工期；

（6）液压提升设备设施体积、重量较小，机动能力强，倒运和安装方便，适合本工程的使用；

（7）提升上下吊点等主要临时结构利用自身结构设置，加之液压同步提升动荷载极小的优点，可以使提升临时设施用量降至最小，有利于施工成本控制；

（8）通过提升设备扩展组合，提升重量、跨度、面积不受限制；采用柔性索具承重，只要有合理的承重吊点，提升高度与提升幅度不受限制；

（9）液压提升器锚具具有逆向运动自锁性，使提升过程十分安全，并且构件可在提升过程中的任意位置长期可靠锁定；

（10）液压提升系统具有毫米级的微调功能，能实现空中垂直精确定位；设备体积小，自重轻，承载能力大，特别适宜于在狭小空间或室内进行大吨位构件提升。

2.5　网架提升的重点施工工艺

钢结构网架第一次整体提升范围为 2～24 轴交 A～B 轴，设置 24 组吊点。第二次整体提升范围为 1～25 轴交 A～B 轴，共设置 28 组吊点。每组吊点配置 1 台 YS-SJ 型液压提升器，YS-SJ-180 型液压提升器额定提升能力为 180t，YS-SJ-405 型液压提升器额定提升能力为 405t，共计 28 台，见图 10。

（1）第一次提升模拟分析

第一次提升模拟分析网架应力比分布如图 11（a）所示，其中大部分杆件应力比均小于 0.9，满足设计要求。在支座附近，总共有 441 根杆件应力比超过 0.9，其中最大应力比达到 1.43，因此对此部分杆件进行加固，以满足要求。网架变形分布如图 11（b）所示，位于端部跨中位置，最大变形为 380mm，小于《钢结构设计标准》GB 50017—2017 和《重型结构和设备整体提升技术规程》GB 51162—2016 要求的"140m/250＝560mm"。

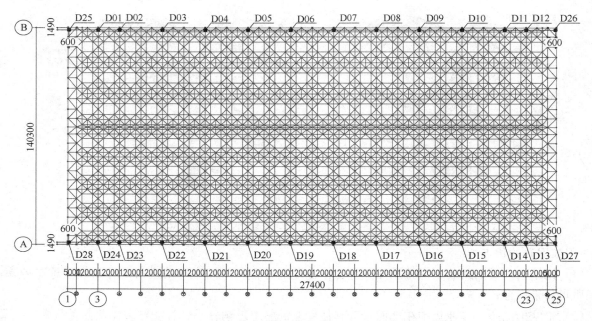

图 10 提升吊点平面布置图

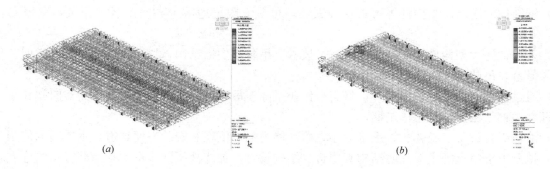

图 11 第一次提升模拟分析结果
(a) 应力比分布图；(b) 位移分布图

（2）第二次提升模拟分析

第一次提升模拟分析网架应力比分布如图 12(a) 所示，其中大部分杆件应力比均小于 0.9，满足设计要求。在支座附近位置，总共有 131 根杆件应力比超过 0.9，其中最大应力比达到 1.33，因此对此部分杆件进行加固，以满足设计要求。网架变形分布如图 12(b) 所示，最大变形为 376mm，小于《钢结构设计标准》GB 50017—2017 和《重型结构和设备整体提升技术规程》GB 51162—2016 要求的"140m/250＝560mm"。

（3）网架卸载及补杆分析

网架整体提升到位以后，先对 B 轴处网架进行补杆和卸载，然后对 A 轴处网架进行补杆和卸载。因本项目网架采用的是局部抽柱提升，为保证网架整体卸载以后，各支座的反力值接近，保证反力值与设计相符，提升点处附近两个网格内网架上弦杆及第一层腹杆暂时不补，待网架整体卸载完成以后，再补此部分网架杆件。网架补杆及整体卸载完成后分析，网架应力比分布如图 13(a) 所示，其中大部分杆件应力比均小于 0.9，满足设计要求。网架变形分布如图 13(b) 所示，最大变形为 69mm，小于《钢结构设计标准》GB 50017—2017 和《重型结构和设备整体提升技术规程》GB 51162—2016 要求的"140m/250＝560mm"。

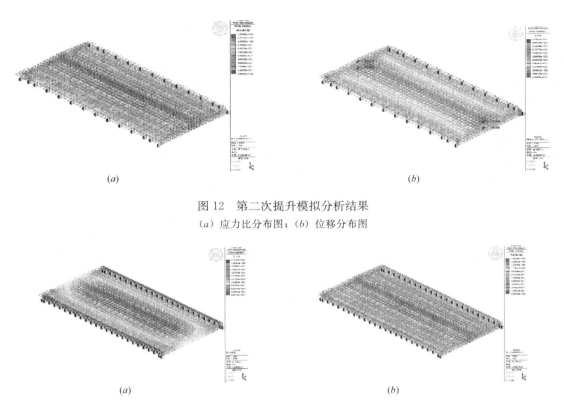

图 12 第二次提升模拟分析结果

(a) 应力比分布图;(b) 位移分布图

图 13 网架补杆及整体卸载完成后分析结果

(a) 应力比分布图;(b) 位移分布图

2.6 网架提升临时设施

(1) 提升临时设施的设置

网架提升临时设施设置的基本原则是:临时设施增加少,对结构安装影响小,安全可靠。结合本工程现场条件并通过计算机仿真计算,增设格构支撑架、格构柱和提升梁等组成提升平台,网架自身杆件及球节点和临时杆件及临时管组成提升点,保证提升体系的完整性。见图 14~图 17。

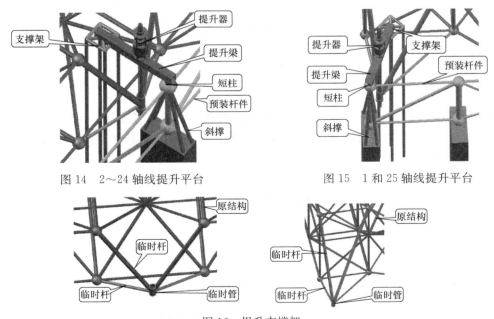

图 14 2~24 轴线提升平台

图 15 1 和 25 轴线提升平台

图 16 提升支撑架

图 17　提升临时杆

格构式支撑架高度 30.550m，尺寸 1.2m×1.2m，杆件截面分别为主肢 PIP219×8、缀杆 PIP114×6、连系杆件 PIP114×6、分配梁一 HM390×300×10 ×16、分配梁二 HN650×300×11×17；提升梁截面箱形□700×450×36；提升点杆件分别为临时杆上 PIP299×20、下 PIP159×8；临时管截面为 PIP377×30。所有杆件材质均为 Q345B。

（2）临时提升设施分析

采用有限元分析软件 midas gen 进行模拟分析，恒荷载分项系数取 1.3，活荷载分项系数取 1.5。在实际施工中，由于提升钢绞线的偏角，会对提升支架产生水平分力，《重型结构和设备整体提升技术规程》GB 51162—2016 给出了水平偏差不超过提升高度的 1/1000 且不大于 30mm 的规定，考虑实际施工偏差，水平力取竖向提升反力的 5%，按最大的荷载组合工况对支架进行设计验算。提升支架与下部钢柱整体建模，取最不利工况进行计模拟计算分析，计算结果如图 18 所示，应力比最大值为 0.74，水平位移最大值为 26mm，提升支架安全要求。

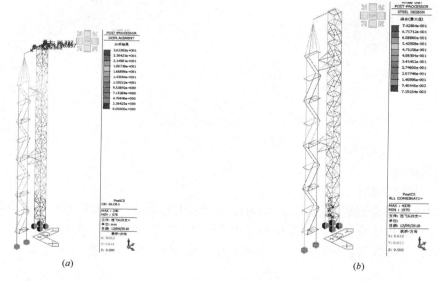

图 18　支撑架分析结果

(a) 位移分布图；(b) 应力比分布图

3　结束语

（1）本工程的液压整体提升充分利用了屋盖结构支撑格构钢柱设置提升平台，安全可靠，对于提升上下吊点、支撑架等重要构件进行有限元局部应力和各提升阶段的结构验算，保证受力合理，变形可控，为是否进行局部加固或扩大应力范围提供依据。

（2）根据本工程屋盖面积大、跨度大的特点，进行屋盖网架的液压整体提升，降低了屋盖的拼装高度，安全可靠地完成了整体屋盖网架的施工，为此类大面积、大跨度机库厂房网架结构的施工提供一定的参考依据。

参考文献

[1]　中华人民共和国国家标准. 钢结构工程施工规范 GB 50755—2012[S]. 北京：中国建筑工业出版社，2012.

[2]　鲍广鉴，陈柏全，曾强. 空间钢结构计算机控制液压整体提升技术[J]. 施工技术，2005(10).

[3]　鲍广鉴，孙大军，王宏，徐重良. 大面积钢屋盖多吊点非对称整体提升技术[J]. 施工技术，2004(05).

新建京张高铁清河站钢结构工程施工关键技术

崔　强　巫明杰　孙振华　朱　明

（江苏沪宁钢机股份有限公司，宜兴　214231）

摘　要　北京清河站工程分 A、B、C_1 和 C_4 四个区域，施工环境复杂，其中 A 区主站房采用分期施工并把整个施工过程分成 17 个工况，通过有限元软件的仿真分析结果表明：临时支撑卸载对结构体系的影响较大，对比了卸载过程中屋面的变形监测结果和仿真结果，得到施工过程安全可靠的结论；为解决复杂环境中大型履带吊的行走通道，在主站房内部设置三条临时栈桥，本文对满载状态下，吊车臂杆平行和垂直于栈桥两种状况进行了计算分析，为栈桥的安全承载提供理论支撑；最后探讨了主站房高大 A 形柱不对称组合支撑的节点设计及受力状况，确保 A 形柱顺利施工。

关键词　主站房；施工工况；临时栈桥；支撑；仿真模拟

1　工程概况

北京至张家口城际铁路线是 2022 年冬奥会的重要交通基础设施，北京清河站是该线路上最重要的交通枢纽站之一。清河站西侧紧邻地铁 13 号线和京新高速公路，由 A 区主站房、B、C_1 区高架落客平台以及 C_4 区站台雨棚四个部分组成，如图 1 所示。该工程总投影长度为 560m，其中 A 区主站房长 195m、高 39m；B、C_1 区平台长 90m、高 8.1m；C_4 区雨棚长 184m，高 9.6m。A 区屋盖采用垂链线设计，屋顶向西出挑并尽量抬高，如图 2 所示。

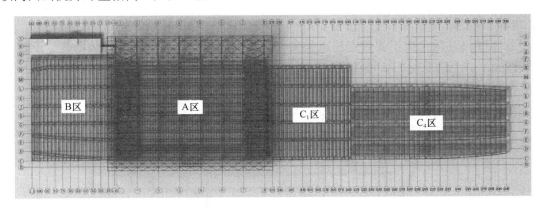

图 1　清河站平面示意图

工程 A 区主站房平面尺寸 195m×161m，由 8 榀大跨度主桁架、238 榀次桁架以及系杆、支撑和主次檩条构成，是本工程的主要建筑物。主站房候车层高 8.65m，两侧 14.15m、19.25m 高度处布置两个夹层。

A 区屋盖主桁架由东侧椭圆钢管柱、西侧 A 形柱以及中部 Y 形柱承重。主桁架高 3.5m，跨度分别为 43.5m 和 84.5m，主桁架东侧悬挑 12.5m、西侧悬挑 20.5m。A 区次桁架高 1.5～3.5m，跨度 25m，

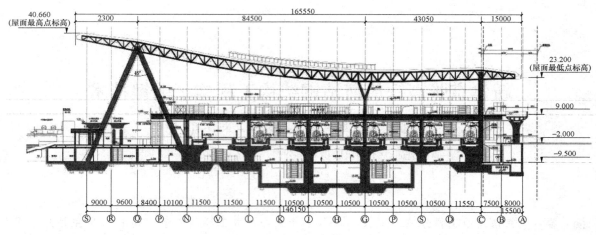

图 2 A 区主站房侧面图

两侧悬挑 10m。候车层采用框架结构，由 H 型钢梁和普通圆管柱构成，南北柱距 25m，东西柱距 21～23m。主站房钢柱采用 Q390GJC 钢材，内灌 C60 混凝土。其中椭圆柱截面 P1500×1200×40～P1800×1200×50、A 形柱截面 P1800×1200×40，Y 形柱有 Y-1、Y-2 和 Y-3 三种形式，Y-1 为 D1200×40、Y-2 为 D1200～900×40、Y-3 为 D900～700×30。

2 施工难点

由图 1 和图 2 可知，本工程 A 区主站房结构复杂、造型别致，因此，施工难度大，主要存在以下不利因素：1）干扰多，A 区西侧紧邻 13 号地铁线和京新高速公路，因地铁线需要改道，主站房分段施工必须采取合理的方法避免交叉影响；2）吊车轨道布置困难，由于主站房主桁架与铁路线垂直，而站台层与桥面均无法布置大型履带吊的行走通道，因此，现场吊车轨道设置及钢构件转运存在困难；3）跨度大，A 区屋盖主桁架最大跨度 84.5m、悬挑 20.5m，支承在异形柱上，施工过程中不易控制钢结构的安装精度及变形，临时支撑的设计至关重要。

3 施工分析

3.1 施工方案

本工程 A 区主站房的主次桁架和钢柱重量大，采用分段起吊、高空原位拼装的施工形式。支承候车层的框架柱分上、下两段制作，每段重量控制在 15～25t 之间；支承屋盖的异形柱分上、中、下三部分及若干段制作，每段重量控制在 25～35t 之间；主桁架则分成八段，如图 3 所示。

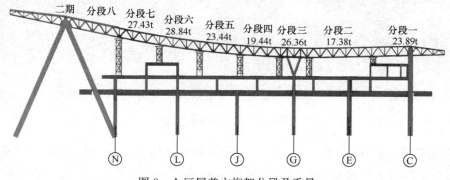

图 3 A 区屋盖主桁架分段及重量

主站房按照以下方式分期施工，站房东侧 A～N 轴区域为一期施工区（轴线编号见图 1 和图 2）、西侧 N～S 轴区域为二期施工区。一期施工时，地铁正常运营，二期则在地铁改道后再施工。为了减少相互影响，一期采取自下而上、由西向东退装的方式，靠近地铁线的 N～L 轴首先进行屋盖、候车层、夹层施工使 N～L 区域形成整体，然后依次进行 L～J、J～G 等轴线区域的整体施工直至一期完成，二期从一期 N 轴处由东向西、由中间向两侧推进。一期和二期共分 17 个施工工况，如表 1 所示。

A 区主站房施工工况 表 1

施工流程	工 作 内 容	施工流程	工 作 内 容
工况 1	N～L 轴线区域柱梁安装	工况 10	G～E 轴线区域柱梁安装
工况 2	N～L 轴线区域临时支撑和主桁梁安装	工况 11	G～E 轴线区域主次桁架安装
工况 3	N～L 轴线区域次桁架安装	工况 12	E～C 轴线区域梁柱、桁架安装
工况 4	L～J 轴线区域柱梁安装	工况 13	C 轴线悬挑屋盖安装
工况 5	L～J 轴线区域临时支撑和主桁梁安装	工况 14	E、H 轴临时支撑卸载
工况 6	L～J 轴线区域次桁架安装	工况 15	二期中间区域安装
工况 7	J～G 轴线区域柱梁安装	工况 16	二期两侧区域安装
工况 8	J～G 轴线区域临时支撑和主桁梁安装	工况 17	全部临时支撑卸载
工况 9	J～G 轴线区域次桁架安装		

本工程 A 区主站房屋盖跨度大，施工过程中，在每榀主桁架与纵轴 E、H、K、M、N 交界处都设置了截面 1.5m×1.5m 的格构式临时支撑，总共布置 40 个支撑。一期完成后拆卸 E、H 轴的临时支撑，二期完成后拆卸 N、M、K 轴即全部临时支撑。

3.2 施工过程模拟

本文根据表 1 所示的施工工况，采用 Midas Gen 2018 有限元软件进行了施工全过程的仿真分析，模拟结果如图 4～图 6 所示。

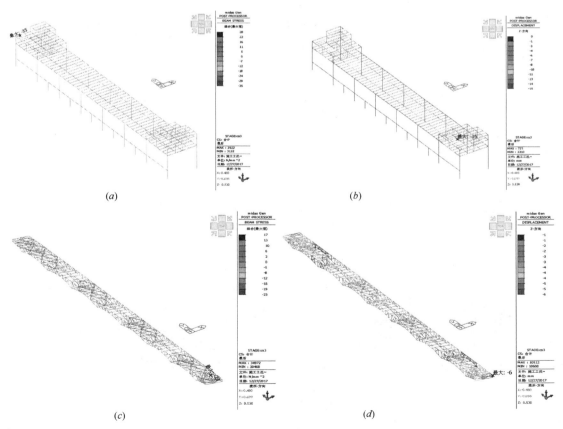

图 4 工况 3 仿真分析结果

（a）候车层结构应力图；（b）候车层结构位移图；（c）屋盖层结构应力图；（d）屋盖层结构位移图

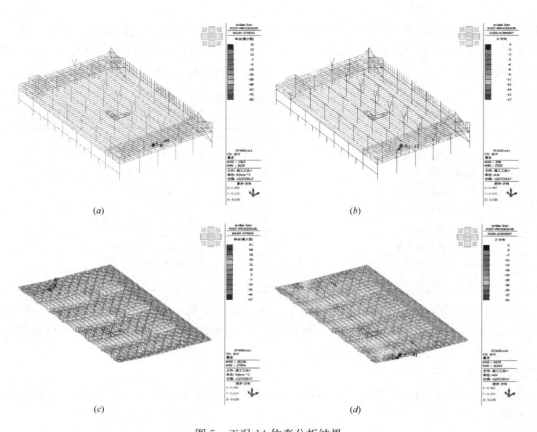

图 5　工况 14 仿真分析结果
(a) 候车层结构应力图；(b) 候车层结构位移图；(c) 屋盖层结构应力图；(d) 屋盖层结构位移图

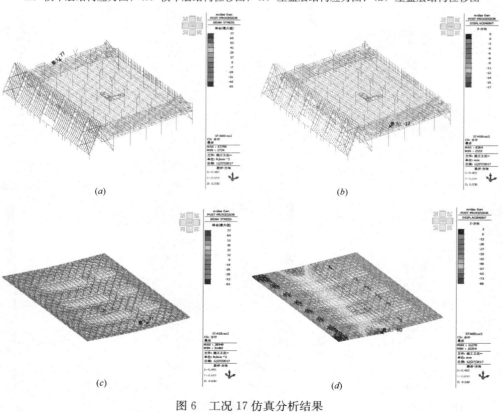

图 6　工况 17 仿真分析结果
(a) 候车层结构应力图；(b) 候车层结构位移图；(c) 屋盖层结构应力图；(d) 屋盖层结构位移图

限于篇幅,其他工况的模拟结果见表2。

各工况的模拟结果 表2

施工流程	候车层最大应力(MPa)	候车层最大竖向位移(mm)	屋盖层最大应力(MPa)	屋盖层最大竖向位移(mm)	临时支撑最大应力(MPa)
工况1	−29	−14			
工况2	−32	−15	−9	−2	−13
工况3	−35	−15	−23	−6	−28
工况4	−30	−14	−23	−5	−28
工况5	−32	−14	−23	−7	−41
工况6	−40	−14	−42	−11	−59
工况7	−40	−15	−43	−11	−59
工况8	−47	−16	−38	−11	−62
工况9	−55	−16	−40	−15	−71
工况10	−58	−16	−42	−16	−75
工况11	−57	−16	−43	−16	−72
工况12	−57	−16	−43	−16	−69
工况13	−57	−16	−43	−16	−69
工况14	−80	−17	81	−41	−106
工况15	−79	−17	82	−42	−117
工况16	−79	−17	81	−41	−110
工况17	77	−17	77	−80	

由以上模拟结果可知,在主站房施工过程中,候车层的最大竖向位移为−17mm、最大应力为80MPa;屋盖最大竖向位移为−80mm、最大应力为82MPa;临时支撑的最大应力为117MPa,所有应力和变形都在设计允许范围之内。

根据表2,本工程主站房施工的最大应力和最大变形都与临时支撑部分和全部拆卸密切相关,这是由于临时支撑的拆除是一个结构体系转换且内力重分布的过程,在拆撑过程中,主体结构将从部分受力逐渐转化为完全受力而引起内力和位移增加。目前,国内外关于钢结构临时支撑拆除过程中体系受力转化的研究尚处于探索之中,因此,为了保证拆撑过程安全可控,对结构体系进行变形监测十分必要。

3.3 变形监测

本工程遵循"分区、分级、均衡、缓慢"的拆撑原则。卸载操作主要采取对支撑顶部胎架模板割除的办法,根据支撑的卸载位移量控制每次割除的高度,一般情况下,每次的割除量控制在5~10mm之间,至某一步割除后结构不发生位移时再拆撑。本工程主站房二期完成后,在N、M、K轴临时支撑拆除时进行了变形监测,监测点设置在屋盖上,如图7所示,监测结果如图8所示(个别测点因施工干扰没有得到数据)。

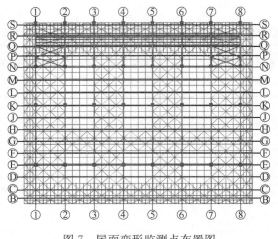

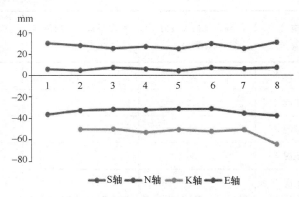

图 7 屋面变形监测点布置图　　　　　　　　图 8 屋面变形监测结果

由图 8 可知，在临时支撑全部拆卸过程中，主站房 E、S 轴发生正向位移而 N、K 轴发生负向位移，其中 S 轴比 E 轴位移大、K 轴比 N 轴位移大，最大竖向位移－65mm，出现在 K 轴与 8 轴的交点，这与屋面垂链线设计形式有关。屋盖两侧上移、中间下移的变形规律与图 6(d) 的仿真分析结果相似，两者数据也接近，充分说明了仿真模拟的合理性。因此，本工程临时支撑的拆除是安全的，该主站房施工方案可行。

4　临时栈桥设计

钢结构工程一般具有施工面积广、单体重量大、起吊构件多、工作面受限制等特点，常选择大型塔吊进行安装。本工程主站房采用 280t 大型履带吊作为施工设备，由于屋盖主桁架与铁路线垂直且站台层与桥面都无法设置大型履带吊的行走通道，因此，设计了三条室内临时栈桥，栈桥跨线架空布置，如图 9 所示，将栈桥的路基箱铺设在线路之间的临时支撑上。支撑底面标高－9.65m，顶面标高±0.000m、路基箱顶面标高＋0.70m，路基箱跨度 18m，计算模型如图 10 所示。

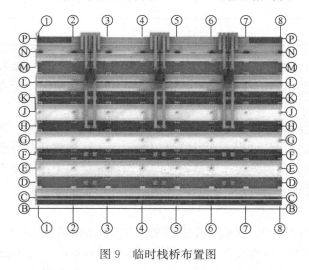

图 9　临时栈桥布置图　　　　　　　　　图 10　临时栈桥计算模型

4.1　栈桥设计参数

在图 10 中，临时栈桥的支撑截面为 6m×2m，支撑立杆采用 P402×12 或 P325×10 钢管，斜腹杆采用 P180×8 钢管，支撑顶部设置田字型钢平台，路基箱规格 0.7m×2m×18m，280t 履带吊主臂 L_2 和副臂 L_3 的长度都是 30m。履带吊参数见表 3。

履带吊参数表 表3

参 数	G	Q	Q_1	Q_2	Q_3	R	B	S	L	L_1
数 值	142t	24t	100t	25t	1t	22m	1.2m	6.4m	7.0m	5.1m

注：表中 G 为吊车本体重量；Q 为最大起重量；Q_1 为吊车配重；Q_2 为吊臂重量；Q_3 为吊钩重量；R 为回转半径；B 为履带宽度；S 为履带中心距；L 为履带接地长度；L_1 为配重至吊车中心距。

4.2 栈桥受力计算

临时栈桥最不利受力是满载状态的吊车位于栈桥跨中时，假定合力通过吊车中心并考虑动力系数 1.4，则臂杆平行于履带和垂直于履带两种情况下，通过吊车中心的力和力矩分别为：

$$P = G + Q_1 + Q_2 + 1.4 \times (Q_3 + Q) = 302t = 2959.6kN$$

$$M = 1.4 \times (Q + Q_3) \times R + Q_2 \times \frac{R}{4} - Q_1 \times L_1 = 397.5t \cdot m = 3895.5kN \cdot m$$

（1）吊车臂杆平行于履带

当吊车臂杆平行于履带时，两侧履带受力相同，其偏心距为：

$$e = \frac{M}{P} = \frac{3895.5}{2959.6} = 1.31 > \frac{L}{6} = 1.17$$

所以，吊车两侧履带均为大偏心受力，每侧履带的实际受压长度为：

$$l = 3(\frac{L}{2} - e) = 6.57m$$

每侧履带的最大压应力为：

$$q_{max} = \frac{2P_1}{Bl} = \frac{2 \times \frac{2959.6}{2}}{1.2 \times 6.57} = 375.4kPa$$

因此，在吊车臂杆平行于履带状态，每侧路基箱受到的最大线荷载为：

$$375.4 \times 1.2 = 450.5kN/m$$

（2）吊车臂杆垂直于履带

当吊车臂杆垂直于履带状态时，两侧履带的受力不同，靠近配重一侧的履带受力为 P_{max}，另一侧履带受力为 P_{min}，则：

$$P_{max} = \left(\frac{P}{2} + \frac{M}{S}\right) = (1479.8 + 608.7) = 2088.5kN$$

$$P_{min} = \left(\frac{P}{2} - \frac{M}{S}\right) = (1479.8 - 608.7) = 871.1kN$$

假定履带压力均匀分布，则两侧履带所受的压应力分别为：

$$q_{max} = \frac{P_{max}}{BL} = \frac{2088.5}{1.2 \times 7.0} = 248.6kPa$$

$$q_{min} = \frac{P_{min}}{BL} = \frac{871.1}{1.2 \times 7.0} = 103.7kPa$$

因此，两侧履带作用于路基箱的线荷载分别为：

$$248.6 \times 1.2 = 298.3kN/m$$

$$103.7 \times 1.2 = 124.4kN/m$$

4.3 栈桥仿真分析

由以上计算可知，280t 履带吊在临时栈桥上行走并进行吊装时，无论是臂杆平行或垂直于履带，路基箱都受到较大的线荷载，为保证栈桥安全，采用 Midas Gen 2018 有限元软件对体系进行了仿真分析，得到两种状态下临时栈桥系统的应力和变形值，如图 11、图 12 所示。

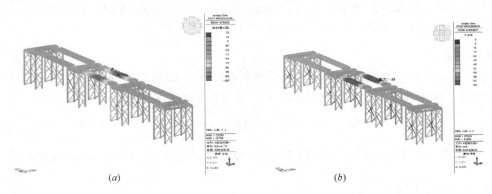

图 11　吊车臂杆平行于履带状态
（a）应力图；（b）位移图

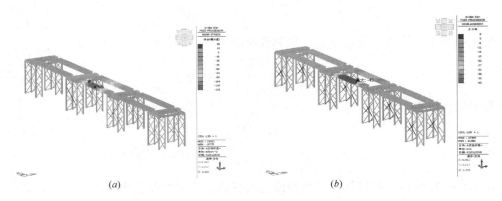

图 12　吊车臂杆垂直于履带状态
（a）应力图；（b）位移图

由图 11 和图 12 可知，当臂杆平行于履带时，栈桥路基箱的最大应力为 100MPa，最大位移是 34mm；当臂杆垂直于履带时，栈桥路基箱的最大应力为 133MPa，最大位移是 43mm。两者都满足要求。相比较而言，臂杆垂直于履带更为不利，在这种状态下，路基箱受均布压力作用但两侧不一致，因此，支撑受偏心力而产生附加弯矩，该状态必须重视支撑的节点构造，避免发生整体失稳现象。

5　A 形柱支撑设计

本工程主站房屋盖结构为垂链线形式，主桁架采用不等高设计，其中高端支承在 A 形柱上。A 形柱高度超过 30m，由两根夹角为 45°的斜柱构成，斜柱的分段情况如图 13 所示。由于 A 形柱高大、分段多，施工过程中必须依靠临时支撑来保证其稳定性。

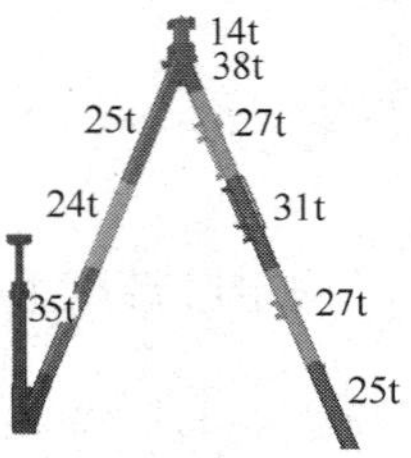

图 13　A 形柱分段

5.1 柱脚支撑

A 形柱斜柱脚及支撑如图 14（a）所示，其施工流程为：设置柱脚和支撑预埋件→浇筑承台一→安装支撑→吊装第一节钢柱→浇筑承台二→切割承台顶支撑→施工钢柱外包混凝土。柱脚支撑截面 2.5m×2m，采用 H 型钢。支撑下段直立、上段倾斜，直立部分与承台高度一致且留置在承台中。柱脚支撑顶部设计门式胎架，如图 14（b）所示，胎架高度 500mm，立管和斜撑均为 ϕ180×8 的圆管，横向为 PL20×200×1200 钢板，第一段钢柱吊装松钩前加设中间斜撑并将中间斜撑与钢柱焊接。

5.2 柱身支撑

A 形柱柱身依靠组合式临时支撑进行固定，如图 15 所示，组合支撑主管为 ϕ402×10，腹管为 ϕ180×8。由于 A 形柱一侧连接一期 N 轴圆管柱，所以组合支撑采用单侧伸臂形式。为避免单侧弯矩过大而发生倾覆，在左右直立支撑之间设计了横向支撑。组合支撑上部短撑将柱上段竖向荷载向下传递，减小了两侧接触点产生的附加弯矩，增加了下部支撑的整体稳定性。为保证组合支撑只承受竖向荷载作用，支撑节点设计如图 16 所示，即在柱身上焊接小牛腿，通过小牛腿传递斜柱分段重量，避免支撑受水平力作用。

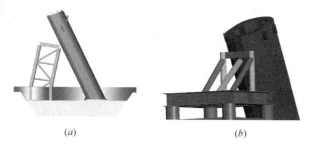

图 14　斜柱脚及临时支撑
（a）柱脚节点；（b）支撑胎架

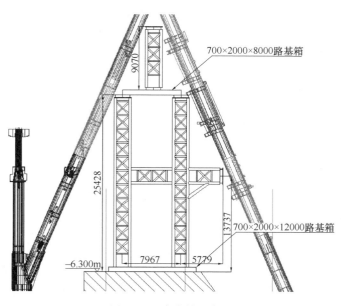

图 15　组合支撑示意图

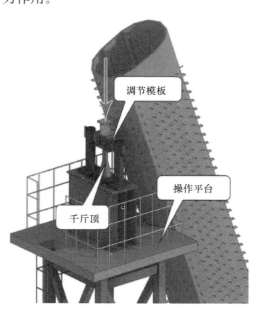

图 16　柱身支撑节点图

图 17 是最不利受力状态下组合支撑的仿真分析结果，根据图 17（a）和图 17（b）可知，组合支撑的最大应力位于伸臂部分，为 −97MPa；最大位移在顶端，为 10mm，两者都在设计允许范围之内，因此，该组合支撑设计是合理的。

6　结论

（1）北京清河站 A 区主站房造型别致、结构复杂，西侧紧邻地铁 13 号线和京新高速，为了避免交叉影响，采用了分期施工方式，按照施工流程，将整个主站房分成 17 个施工工况。通过有限元软件的仿真分析结果表明：该施工方案合理，施工过程中结构的应力和位移都能满足要求。

（2）根据模拟结果，在施工过程中，临时支撑的拆除

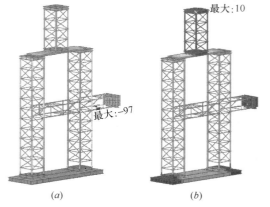

图 17　组合支撑的仿真分析结果
（a）应力图；（b）变形图

会引起结构内力和变形增加，为保证卸载安全，本工程二期完成后，拆除全部临时支撑时，在屋面主要轴线上布置了若干变形监测点，监测结果与模拟结果相似，拆撑过程安全可控。

（3）本工程因无法在建筑物周围布置大型履带吊的行走轨道，在室内设计了三条临时栈桥，本文针对吊车满载状态下，臂杆平行于履带和垂直于履带两种情况进行了计算和仿真分析，为栈桥安全承载提供理论支撑。

（4）本工程 A 形柱高大倾斜，采用分段安装的形式，为了保证各分段的稳定性，设计了不对称组合格构式临时支撑，经分析该支撑的节点设计和受力都合理，确保了 A 形柱的顺利施工。

参考文献

[1] 中华人民共和国国家标准. 钢结构设计标准 GB 50010—2017[S]. 北京：中国建筑工业出版社，2017.

[2] 李文娟，张丹丽，谢强. 大跨度空间钢结构施工拆撑过程仿真模拟分析[J]. 工业建筑，2019，49（4）：142-146 +163.

[3] 郭小农，杨商飞，罗永峰等. 大跨度屋盖钢结构拆撑过程恒力千斤顶卸载法[J]. 浙江大学学报（工学版），2014，48（10）：1809-1815.

[4] 杨圣邦，尹昌洪，周明等. 大跨距、弯弧式塔吊轨道的设计[J]. 空间结构，2015，21（3）：63-70.

145m 跨预应力管桁架施工技术

李立武　王智达

（徐州中煤百甲重钢科技股份有限公司，徐州　221006）

摘　要　本文介绍庐江电厂储煤棚，跨度 145m，预应力管桁架结构，我们将该工程管桁架分 A、B、C、D 四段地面拼装，然后先将拼装好的 A、D 段吊装至设计位置，用塔架进行临时支撑，再将 B、C 段吊装至临时塔架进行对接，B、C 段对接完毕形成 E 段后，在地面进行挂索并初步张拉，然后用两台 135t 履带吊将 E 段吊装至高空与 A、D 段进行空中对接，对接完成后安装次桁架，两榀桁架形成稳定单元后，再进行拉索的最终张拉。

关键词　预应力管桁架；分段吊装；空中对接；拉索张拉；安装施工技术

近年来，随着我国钢铁产量的不断增长，管桁架在被越来越广泛地使用，为了建设生态文明，减少环境污染，大跨度柱面管桁架在储煤棚的占比越来越大，预应力管桁架结构，因其结构造型美观、结构稳定性好、刚度大等特点，将电厂对建筑物的功能要求、感观要求以及经济效益要求完美地结合在一起。

1　工程概况

庐江电厂储煤棚主体结构为空间管桁架结构体系，两端为山墙桁架，中间 28 榀为预应力管桁架。山墙桁架为四管桁架，宽度为 3m，中间桁架为倒三角形桁架，宽度为 4m，桁架间距为 6m。工程总长度为 290m，跨度为 145m，桁架矢高为 37.5m，桁架顶部最高点为 41.982m。桁架采用上弦双支座支撑，支座采用球铰支座，支座底部标高为 +1.5m。预应力钢拉索采用热聚乙烯（双 PE 护层）高强钢拉索 RESC5-151，接头及锚具采用热浸锌处理，拉索的水平间距为 85.211m，拉索中间对称设置 5 根撑杆。见图 1。

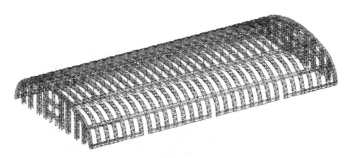

图 1　桁架轴测图

2　安装方案

根据本工程的跨度及施工环境，我们将该工程管桁架分 A、B、C、D 四段地面拼装，然后先将拼装好的 A、D 段吊装至设计位置，用塔架进行临时支撑，再将 B、C 段吊装至临时塔架进行对接，B、C

段对接完毕形成 E 段后，在地面进行挂索并初步张拉，然后用两台 135t 履带吊将 E 段吊装至高空与 A、D 段进行空中对接，对接完成后将次桁架进行安装，两榀桁架形成稳定单元后，再进行拉索的最终张拉。

图 2　A、D 段吊装实况

第一步：各用一台 135t 履带吊分别将 A、D 段吊装至设计位置，一端放于支座位置，另一端放在塔架顶部，通过设置在 A、D 端部的反光片，用全站仪控制 A、D 段端部的标高及两端部之间的弦长，以便于 E 段与 A、D 段空中对接。见图 2。

第二步：各用一台 135t 履带吊先后将 B、C 段吊装至组对塔架，将 B、C 段组对成 E 段。见图 3、图 4。

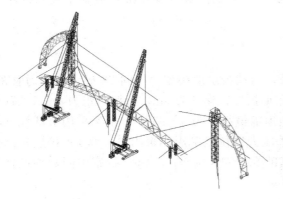

图 3　B、C 段吊装示意　　　　　　　　　　　图 4　B、C 段吊装实况

第三步：地面放索、挂索，并将索进行初步张拉，张拉控制值以保证与 A、D 段对接处弦长相等为适，弦长通过设置在 B、C 段端部的反光片，用全站仪控制。见图 5～图 7。

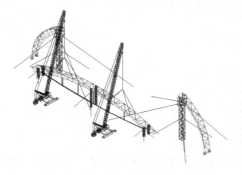

图 5　拉索安装示意　　　　　　　　　　　图 6　拉索安装实况一

图7 拉索安装实况二、三

第四步：用两台135t履带吊将E段吊起，水平运输至A、D段位置进行空中对接，对接处设置挂篮作为操作平台，用千斤顶及7字钢板进行错口的微调，所有口对齐后将伸缩衬板就位，然后开始进行对接口的焊接作业，待第二榀桁架安装完成，次桁架连接完成后进行首榀桁架拉索的最终张拉。见图8、图9。

图8 E段吊装示意

图9 E段吊装实况二

3 安装过程监测方案

3.1 吊车起重量的监测

吊点选择时采用3D3S进行仿真验算，得出吊点反力，吊车起吊和行走过程采用专人指挥，指挥人员随时向吊车司机询问起重量，保证吊装过程不超载。

3.2 吊装钢丝绳的监测

根据3D3S仿真验算结果，计算出吊点处钢丝绳的长度及钢丝绳的拉力，然后配置钢丝绳，司索工在钢丝绳绑扎时严格按照方案要求的钢丝绳的型号及长度配置钢丝绳，并在每次使用之前检查钢丝绳的磨损情况，保证钢丝绳的正确使用。

3.3 吊装过程桁架位置的监测

标高监测：本工程主桁架采用三块对接的吊装方案，A、D段吊装前，基础标高用水准仪复测满足规范要求，吊装至设计位置后，通过支撑架顶部设置的千斤顶，用全站仪的测坐标功能进行测量，调整A、C段上弦杆悬挑端顶部标高。

轴线监测：A、D段分布在皮带的东侧和西侧，A、D段吊装前先在A测基础轴线交点位置设置全站仪，然后照准D测基础轴线交点，锁定全站仪水平旋转轴，让全站仪目镜上下旋转，并在皮带机东侧平台处找出一点，做上记号，然后全站仪挪至该点处并对中该点，再照准D段基础轴线交点，并锁定全站仪水平旋转轴，通过目镜竖向的旋转，保证 A、D 段弦杆在同一轴线上。

弦长控制：现场控制主要是在对接之前，利用全站仪的对边测量功能复测 A、D 段悬挑端上下弦的弦长，同样的方法复测 E 段两端的弦长，以此来保证顺利对接。

3.4 张拉过程的监测

张拉力监测：在张拉过程中，对拉索拉力的监测采用油压表控制，以保证预应力拉索张拉完成后的索力与设计单位所要求索应力吻合。

结构变形监测：在预应力拉索张拉的过程中，结合施工仿真计算结果，对管桁架变形用全站仪进行监测，以保证预应力施工安全、有效。见图 10。

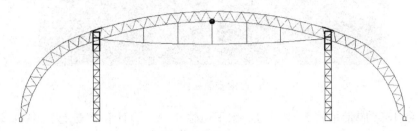

图 10 变形测点布置示意

4 结语

本工程主体结构已经安全顺利地施工完毕，通过本工程的实施过程及监测过程，我们对管桁架施工技术有了进一步的认识和提高，特别是仿真验算及全站仪在该工程中的应用，效果特别显著，理论和实际偏差很小，这给我们进行更大跨度、更高难度项目的施工增强了信心。

参考文献

[1] 中华人民共和国国家标准. 钢结构工程施工质量验收规范 GB 50205—2001[S]. 北京：中国计划出版社，2002.
[2] 中华人民共和国国家标准. 钢结构工程施工规范 GB 50755—2012[S]. 北京：中国建筑工业出版社，2012.
[3] 中华人民共和国行业标准. 建筑施工起重吊装工程安全技术规范 JGJ 276—2012[S]. 北京：中国建筑工业出版社，2012.
[4] 中华人民共和国国家标准. 建筑结构荷载规范 GB 50009—2012[S]. 北京：中国建筑工业出版社，2012.
[5] 中华人民共和国国家标准. 钢结构设计标准 GB 50017—2017[S]. 北京：中国建筑工业出版社，2017.
[6] 中华人民共和国行业标准. 空间网格结构技术规程 JGJ 7—2010[S]. 北京：中国建筑工业出版社，2010.
[7] 中华人民共和国国家标准. 钢结构焊接规范 GB 50661—2011[S]. 北京：中国建筑工业出版社，2011.

成都凤凰山体育中心体育馆屋盖网架施工关键技术

沈晓飞　　何正刚　　朱树臣　　李　东

（浙江东南网架股份有限公司，杭州　311209）

摘　要　成都凤凰山体育中心体育馆屋盖采用大跨度焊接球网架结构，本项目结构造型复杂、曲率曲线面多、施工场地狭小、工期紧、网架厚度大、重量重，对施工方案提出了极高的要求。本文深入分析并研究了不等高网架累积滑移施工方法，通过对网架拼装平台、滑移轨道、顶推点的详细设计以及施工验算的理论指导，成功解决了施工过程中的各个技术难点，这些新技术、新方法也可为其他类似体育场馆工程施工提供良好的参考价值。

关键词　焊接球网架；滑移；施工验算；施工关键技术

1　工程概况

凤凰山体育中心包括一座 6 万座专业足球场（满足国际足联标准）和一座 1.8 万座的综合体育馆（满足顶级篮球赛事标准）。凤凰山体育中心将作为 2021 年第 31 届世界大运会的主场，承担大运会除田径、游泳外的其他比赛项目。

凤凰山体育中心体育馆屋盖平面为椭圆形，中间最长约为 183m，最宽约为 153m，悬挑长度为 19～24m，网架最大厚度约 10m。根据建筑造型和比赛演出吊挂需求，结合结构受力特点，屋盖钢结构采用正放四角锥网架结构。网架支承于下部环形看台钢筋混凝土柱上。见图 1、图 2。

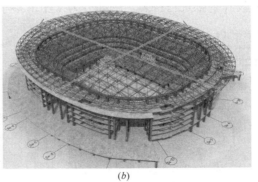

(a)　　　　　　　　　　　　　　(b)

图 1　凤凰山体育中心

（a）整体效果图；（b）屋盖钢结构示意图

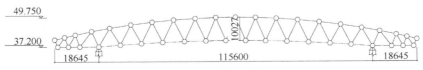

图 2　屋盖剖面图

145

2 工程特点及难点

凤凰山体育中心体育馆由于其屋盖结构及造型的特殊性，对整个结构的拼装方案、施工顺序、滑移轨道梁的布置、施工验算等均提出了较高要求，施工难度相当大。主要体现在以下几点：

2.1 现场场地狭小，工期紧

项目四周均为地下室，无法行走大型吊机，材料堆场有限，同时安装工期仅 40 天，现场施工条件限制较大。因此选择经济可靠、可赶工期的施工方案显得尤为重要。

2.2 大跨度、大体量、大厚度焊接球网架的滑移施工

滑移区域网架最大厚度约 10m，最大跨度达 115m，网架投影面积约 2.3 万 m^2，滑移区域面积大；体育馆屋盖平面为椭圆形，且两侧悬挑长度为 19～24m，滑移顶推点下弦标高不一致。因此，确定合理的滑移分区、滑移轨道及顶推点的设计是重点。

2.3 施工仿真验算

滑移过程中网架结构、滑移轨道及支撑系统的受力和变形情况复杂，导致结构或措施破坏，需要采取措施控制及必要的加强措施，保证滑移过程的安全稳定。

3 关键施工技术

3.1 安装总体思路

体育馆屋面网架结构安装高度较高，跨度较大。结构杆件众多，自重较大。若采用常规的外扩提升方案，需要搭设大量的高空脚手架，且焊接球网架厚度约 10m，不利于网架拼装，存在较大的质量、安全风险，施工的难度较大。结合本工程结构特点，经综合考虑后，采用"高空累积滑移"的施工方法，受场地限制小，大部分拼装施工可在地面完成，将大大降低安装施工难度，并于质量、安全和工期等均有利。

本项目施工采用在项目北侧地下室顶板外侧进行地面拼装，在地下室顶板上搭设高空拼装胎架进行分块吊装高空对接，累积滑移安装。见图 3。

如图 4 所示，将网架划分为四个滑移单元，在体育馆外侧进行拼装，由北向南进行累积滑移，两侧悬挑部分搭设脚手架进行拼装。中间分为 4 个滑移单元，两侧悬挑部分后装。

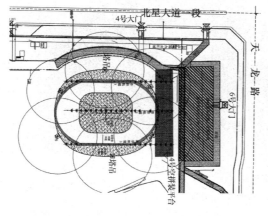

图 3 现场施工平面布置

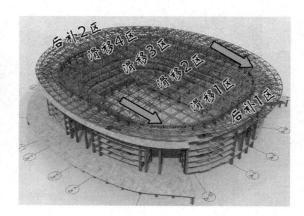

图 4 滑移施工分区

3.2 网架拼装关键技术

（1）拼装平台设计

网架拼装平台采用钢框架结构形式，平台尺寸长 160m，宽 30m，平台从地下室顶板开始搭设，搭设高度为 36.4m，长度和宽度方向均设置两排支撑以确保平台稳定性。见图 5、图 6。

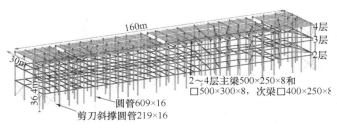

图 5　平台轴测图　　　　　　　　　　　图 6　现场实际拼装平台效果

（2）网架拼装方案

本项目网架厚度最大达 10m，为确保桁架安装质量，减少高空作业，网架采用地面按照三角桁架形式进行网架拼装、高空吊装就位的形式。拼装分块重量在 20～40t 之间，采用 650t 履带吊在距离基坑边 5m 以外吊装就位。见图 7～图 9。

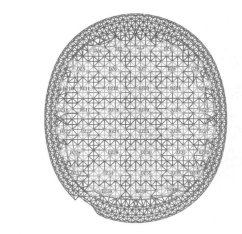

图 7　网架拼装分块示意　　　　　　　　　图 8　小拼单元示意

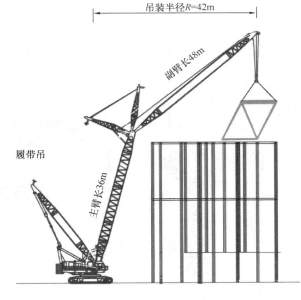

图 9　履带吊分块拼装

由于网架下弦标高不一致，需设置专用支撑架，支撑架采用型钢和圆管组合焊接组成；标高根据实际放样定。见图 10。

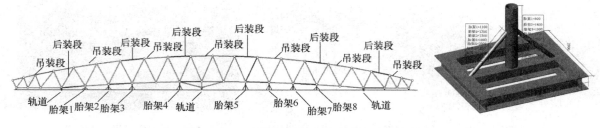

图 10 拼装分块就位处支撑架设置

3.3 滑移轨道布置关键技术

本工程滑移一共布置三条滑移轨道，三条轨道标高均相同，中间一条位于 2a-2 轴上，其余两条位于混凝土梁上。轨道支撑柱根据现场实际情况落于楼板或地下室顶板处，需采取加固措施。轨道梁长度约为 190m。见图 11。

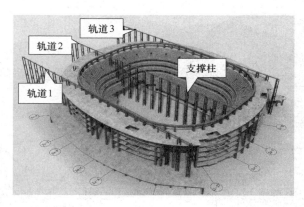

图 11 滑移轨道设置示意图

滑移轨道细部做法如表 1 所示。

滑移轨道细部做法表　　　　　　　　　　　　表 1

滑移轨道梁设计	

支撑柱采用 φ609×16，中间格构撑采用 φ89×4，组成格构柱；转换柱采用 400×400×16 焊接箱形	滑移轨道梁采用双拼 H 型钢，为了提高滑移轨道的侧向稳定，每个支点位置增加一道侧向支撑；顶部构造根据现场实际放样确定标高

续表

滑移轨道梁设计
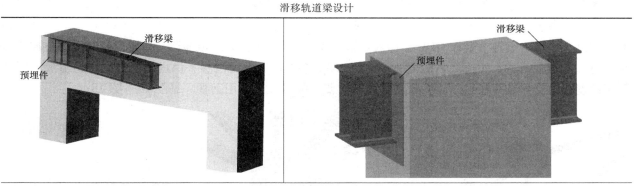
混凝土柱、梁和钢轨道的连接采用刚接连接；在土建施工时在主体结构上埋设预埋件

支撑柱布置在下部混凝土结构的梁柱位置，柱间距一般在9m。中间轨道梁下部胎架底座部分落在看台台阶上，胎架底座和台阶之间设立工字钢找平，并做好点对点反顶措施，同时为保证支撑架的稳定性，在相邻支撑架间设置水平连系桁架，以保证滑移轨道的稳定性。见图12～图15。

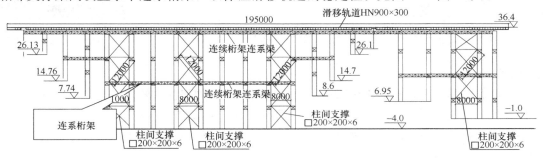

图12 中间轨道立面图

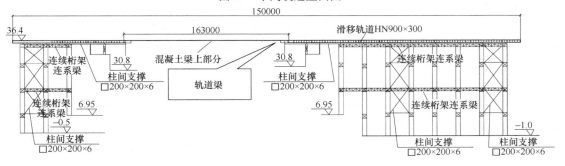

图13 西侧轨道立面（东侧类似）

图14 中间轨道设置

图15 两侧轨道设置

3.4 滑移顶推点设计关键技术

本项目滑移支撑点的设置理论间距按 9000mm 范围设计控制（验算根据实际建模验算），两侧滑移顶推点设置在支座球上或者临时球上；中间顶推点设置在临时球上。整个屋面网架滑移共设置 18 个顶推点。每个顶推点设置 1 台 YS-PJ-50 型液压顶推器，共计 18 台液压顶推器。体育馆屋盖滑移方向为自北向南，屋盖中间高，两边低，最大高差达到 2.5m 左右，为保证滑移平稳进行，中间轨道需要在网架下部设置临时支撑进行找平，以满足滑移施工需要，临时支撑采用钢管。见图 16～图 18。

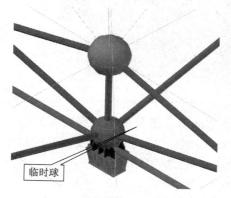
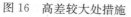

图 16 高差较大处措施

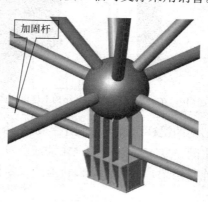

图 17 高差较小处措施

图 18 现场实际效果

3.5 施工验算分析

本工程采用高空累积滑移和局部满堂架后补的施工方法，网架杆件的内力，在滑移过程中会发生比较大的变化，局部可能超应力，不满足施工过程质量控制，危及施工安全；同时滑移所投入的临时措施，特别是滑移支撑架、滑移轨道等强度是否能够满足滑移过程中的施工需要。因此，需要对整个施工过程进行施工仿真验算以指导现场实际施工。

（1）网架滑移施工验算

将临时措施与网架滑移过程作为一个整体进行计算，以每次滑移为一个施工阶段，复核每个施工阶段，结构是否稳定，施工变形是否满足规范要求，杆件应力比是否满足要求，以确保施工过程安全。见表 2。

滑移工况说明表

表 2

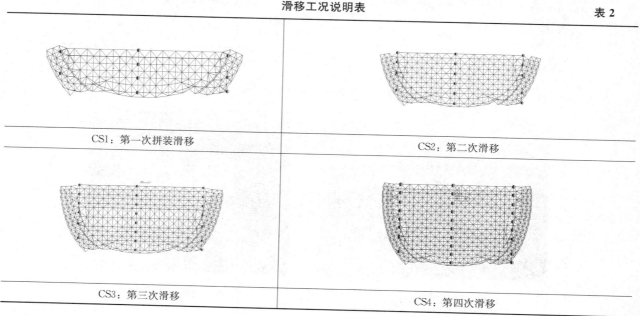

CS1：第一次拼装滑移	CS2：第二次滑移
CS3：第三次滑移	CS4：第四次滑移

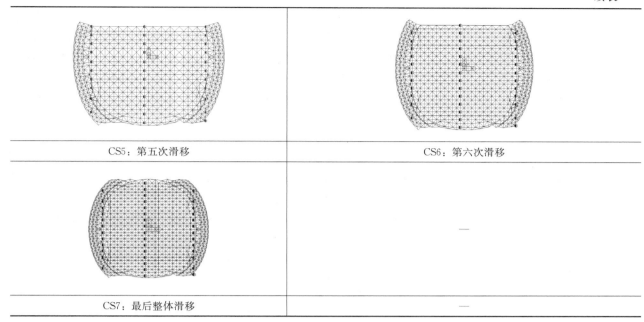

CS5：第五次滑移	CS6：第六次滑移
CS7：最后整体滑移	—

根据各工况计算结果，统计如表 3 所示。

滑移过程验算统计表　　　　　　　　　　表 3

序号	统计项	值	对应工况
1	最大应力比	0.87	CS2 滑移工况
2	最大竖向变形	54mm	CS4 滑移工况
3	最大竖向反力	1059kN	CS4 滑移工况

根据统计表可知，结构在滑移施工过程中，最大应力比为 0.87＜1.0，满足规范要求。结构跨中最大变形为 54mm，其跨度约为 62000mm，变形为跨度的 1/1148，满足规范 1/400 的要求。

（2）临时措施施工验算

为确保整个滑移过程中滑移轨道及相关加固措施的安全及稳定性，需要根据网架滑移过程中对整个支撑体系的反力值，对临时措施进行复核验算，确保相关措施满足要求。采用 Midas Gen 对结构进行计算，主要结果如下：

各工况组合下滑移轨道结构构件最大应力比为 0.76＜1，出现在滑移梁位置。支撑架主肢最大应力比为 0.34＜1，分配梁及滑移梁最大应力比为 0.76＜1，最大剪应力比为 0.41＜1；滑移轨道的最大水平变形为 48.4mm，滑移轨道高度为 40000mm，轨道顶点位移形成的结构倾斜角为 1/826＜1/120；滑移梁各工况组合下最大竖向变形为 11.3mm，滑移梁长度为 9000mm，滑移梁最大挠跨比为 1/796＜1/180。满足相关规范要求。见图 19、图 20。

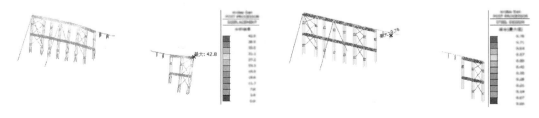

图 19　结构变形复核　　　　　　　　　　图 20　应力复核

4 结语

本工程屋盖钢结构采用"累积滑移+满堂架后补安装"的施工方案。详细介绍了钢结构累积滑移施工中的关键技术，尤其对滑移轨道及顶推的设计进行了详细说明，在实际应用中效益显著。有效地解决了现场场地狭小的限制，减少了高空作业量，现场仅用 40 天完成屋盖顶推滑移，在确保质量和安全的前提下，满足了现场赶工期的要求。本文所涉及的关键施工技术可为今后类似屋盖网架施工提供借鉴和参考。

参考文献

[1] 中国钢结构协会. 建筑钢结构施工手册[M]. 北京：中国计划出版社，2002.
[2] 周观根，姚谏. 建筑钢结构制作工艺学[M]. 北京：中国建筑工业出版社，2011.
[3] 中华人民共和国国家标准. 钢结构工程施工质量验收规范 GB 50205—2001[S]. 北京：中国计划出版社，2002.
[4] 周观根，张珈铭. 杭州奥体博览中心主体育场钢结构施工模拟分析[J]. 施工技术，2014(08).
[5] 刘小刚，戴耀军，林冰等. 南京南站屋面网架长距离高空滑移安装技术[J]. 施工技术，2011(40).

赤峰西站高架站房钢网架提升施工技术

王振坤　崔　强　巫明杰

（江苏沪宁钢机股份有限公司，宜兴　214231）

摘　要　赤峰西站高架站房屋盖采用焊接球节点正放四角锥网架，结合现场施工环境、施工工序及工期等情况，高架站房钢网架采用先楼面拼装后整体提升的施工工艺。受既有线影响，高架站房钢网架需分为两个施工阶段，第一阶段（既有线转线前）的施工内容为既有线以外区域的钢网架（L轴～V轴），第二阶段（既有线转线后）的施工内容为既有线正上方的钢网架（E轴～L轴）。

关键词　站房；钢网架；既有线；转线；提升

1　工程概况

1.1　总体概况

新建赤峰至京沈高铁喀左站铁路工程-赤峰西高铁站房总体分为站房综合楼和雨棚两部分，站房综合楼又分为西站房、高架站房、东站房三部分，钢结构的施工内容主要为西站房、高架站房、东站房三个区域的屋面网架和高架站房两侧的钢结构雨棚，平面布置如图1所示。

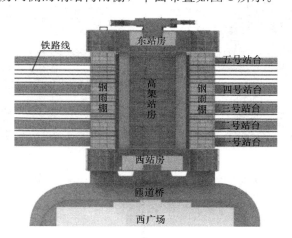

图1　站房整体平面效果图

1.2　高架站房结构概况

高架站房屋盖采用焊接球节点正放四角锥网架，网架平面尺寸为121.3m×57m（图2），总重约1330t。网架横向从屋脊处向两端呈5°斜坡，网架纵向无坡度，网架上下弦之间的垂直距离为4.9m，标准节间网格尺寸约为2.5m×3m、3m×3.5m，杆件规格$\phi60×3.5～\phi273×16$，焊接球规格为D400×10～D800×30。

高架站房钢网架共设置18处支承，支承形式为上弦多柱点支承，支承节点形式详见图3。

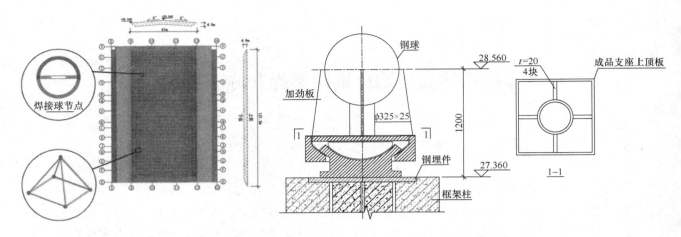

图 2　高架站房效果图　　　　　　　　　　　　图 3　钢网架支承节点示意图

2　钢网架施工阶段划分

　　高架站房施工区域被既有线横穿而过，旧线废除前需先将最东侧的新线建成，确保旧线顺利转线后再废除旧线。根据此原则，将高架站房屋盖钢网架分为两个施工阶段，第一阶段（既有线转线前）的施工内容为 L 轴~V 轴之间的钢网架，第二阶段（既有线转线后）的施工内容为 E 轴~L 轴之间的钢网架，施工总平面布置详见图 4 和图 5。

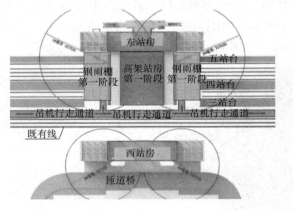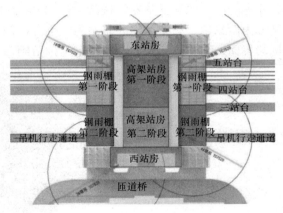

图 4　转线前施工平面布置图　　　　　　　　　　图 5　转线后施工平面布置图

3　钢网架楼面拼装

　　受既有线影响，高架站房钢网架分为两个提升作业区（图 6），所示提升一区为 L 轴~V 轴之间的钢网架（既有线转线前），拼装时按 V 轴→L 轴的方向进行；提升二区为 E 轴~L 轴之间的钢网架（既有线转线后），拼装时按 L 轴→E 轴的方向进行。

　　高架站房钢网架整体拼装时先在提升区下方对应的位置整理出拼装场地，吊车拼装采用从 V 轴→E 轴后退的方法进行，先在吊车前方旋转半径范围的拼装楼板上划线、搭设拼装胎架，然后组装、焊接、测量，最终完成这一小块屋盖的拼装（图 7）。然后吊车左右移动或后退，从划线开始拼装下一小分块，直到整个提升区屋盖全部拼装完毕。

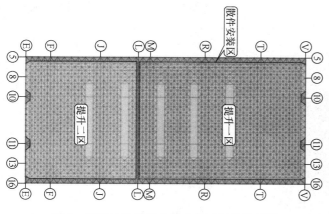

图 6　高架站房钢网架提升分区划分示意图　　　　图 7　钢网架分块拼装示意图

4　钢网架提升施工关键技术

4.1　提升设备布置

高架站房钢网架采用垂直提升，提升一区钢网架重约 620t，共布置 14 个提升点；提升二区钢网架重约 400t，共布置 10 个提升点，每个提升点布置 1 台 100t 的油缸，提升钢绞线采用公称直径 15.24mm，抗拉强度 1860MPa。通过模拟计算分析得知，提升过程中单台油缸提升力最大值为 77t，故选用 100t 油缸可满足提升要求。各提升点的编号及平面位置如图 8 所示。

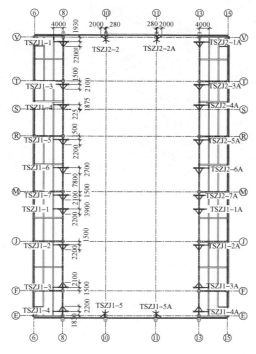

图 8　高架站房屋盖钢网架提升点平面布置图

4.2　提升支架设计

本工程所有提升支架均生根在工装预埋件上，即网架提升荷载最终通过提升支架传递给钢筋混凝土结构。根据不同的柱顶情况，将高架站房钢网架提升支架分为两种形式，第一种：高架站房南北两端，借助于高架站房框架梁，提升支架放置于框架梁上，梁的抗弯能力很强，选择比较简单的方式，单边悬挑即可（图 9），中间连系杆件不能与原支座杆件干涉；第二种：高架站房东西两侧周边柱柱顶处，由于这些柱子的截面较小，提升重量也较小，所以选择单边悬挑即可（图 10）。

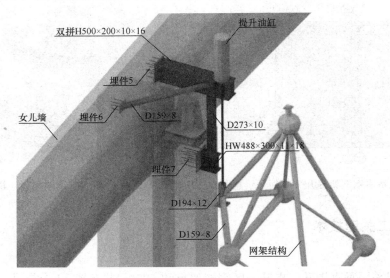

图 9　高架站房南北两端钢网架提升支架示意图

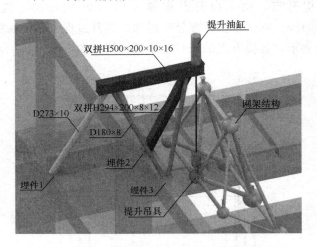

图 10　高架站房东西两侧钢网架提升支架示意图

4.3　提升下吊点设计

提升下吊点分为两种形式，第一种：高架站房南北两端吊点，对应柱顶支架油缸位置设置吊点球，作为钢绞线下锚装置，用钢绞线连接网架焊接球节点，所连焊接球节点由计算确定（图 11）；第二种：

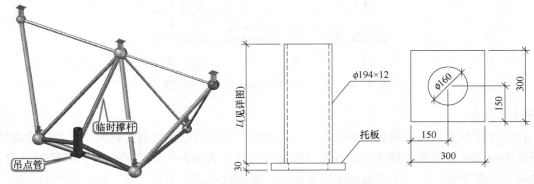

图 11　高架站房南北两端提升吊点示意图

高架站房东西两侧吊点，对应柱顶支架油缸位置设置锚固圆管，作为钢绞线下锚装置，用临时撑杆连接锚固圆管和网架其他焊接球节点（图12）。

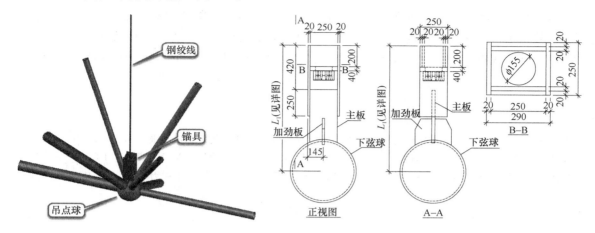

图12 高架站房东西两侧提升吊点示意图

4.4 提升施工模拟计算

钢网架提升前借助计算机仿真模拟技术，对提升过程中钢网架的变形及应力进行全面分析，如图13所示。

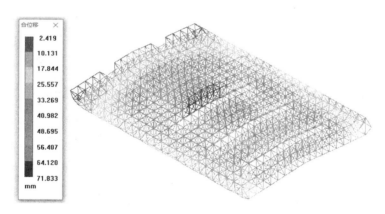

图13 高架站房钢网架提升计算模拟示意图

由计算结果得知，提升一区钢网架最大变形为72mm，提升二区钢网架最大变形为67mm，以上变形值均小于 $L/250=228$mm，故满足要求；提升一区钢网架最大应力比为0.678，提升二区钢网架最大应力比为0.654，以上应力比值均小于0.85，故满足要求。

4.5 油缸卸载

由于钢网架安装采用提升的安装方法，在施工过程中设置了较多的提升支架，在钢网架施工完成后须进行油缸的卸载与拆除，油缸卸载过程是主体结构和支架相互作用的一个复杂过程，是结构受力逐渐转移和内力重新分布的过程。提升支架由承载状态变为无荷状态，而主体结构则是由安装状态过渡到设计受力状态。

高架站房提升一区布置14个提升点，高架站房提升二区布置10个提升点，油缸卸载时通过计算机控制液压同步系统对每个提升区的油缸进行同时卸载。提升油缸按分级控制卸载量，卸载控制量应根据计算结果得出相应的卸载控制量，卸载控制应按10%、30%、50%、70%、90%、100%逐级进行卸载。在卸载过程中注意监测变形控制点的位移量，如出现较大偏差时应立即停止，待查明原因并排除后方可继续进行。

5　结束语

结合本工程结构特点及场地条件，采用楼面拼装、分区提升、高空对接的施工工法，钢结构施工与土建混凝土施工工序能够合理衔接，互不干扰。本施工方法避免使用大型吊装设备及机具，安装工艺简单，能够减少施工成本，降低施工安全风险，提高工作效率。本工法可作为今后类似工程借鉴的典型案例。

参考文献

[1]　范重，刘先明，胡天兵等．国家体育场钢结构施工过程模拟分析[J]．建筑结构学报，2007，28(2)：134-143.
[2]　郭彦林，刘学武．大型复杂钢结构施工力学问题及分析方法[J]．工业建筑，2007，37(9)：1-8.
[3]　崔晓强，郭彦林，叶可明．大跨度钢结构施工过程的结构分析方法研究[J]．工程力学，2006，23(5)：83-88.

大跨度管桁架屋面钢结构滑移施工管理经验

黄英杰　秘永健

1　大跨度管桁架屋面钢结构工程概述

中国·红岛国际会议展览中心项目位于胶州湾北侧的红岛经济区，项目总建筑面积 48.8 万 m²，分为酒店、办公楼、单层展厅、双层展厅及登录大厅五个单体。

登录大厅钢结构包括屋面管桁架及外圈箱形悬挑梁，结构东西向长 168m，南北宽 153m。屋面钢结构采用销轴支座与下部钢骨柱焊接，上部共 8 榀主桁架，每榀间距 18m。每榀主桁架重量为第 1 榀和第 8 榀 532.4t，第 2 榀到第 7 榀为 452.5t。中间大空间跨度为 94.5m，两侧悬挑长度为 26.5m，为大跨度桁架结构。见图 1。

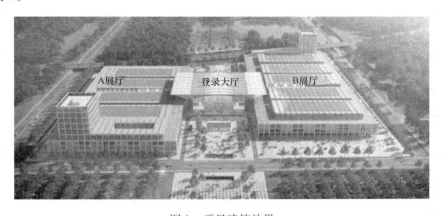

图 1　项目建筑效果

2　工程技术重难点分析

2.1　钢结构现场制作、安装和焊接质量控制要求高、难度大

（1）钢构件规格多

登录大厅结构屋面桁架钢结构构件中焊管、箱形梁规格较多，桁架杆件规格达到 24 种，高频焊管、无缝钢管、直缝埋弧焊管规格最大为 P610×40mm、最小为 P219×6mm，焊接箱形梁规格最大为 □500/300×300×12×18，最小为 □300×150×10×10。

（2）钢构件厚度范围大、节点复杂、隐蔽焊缝多本工程结构跨度大、受力复杂，主要采用的钢材为热轧钢板 Q345、铸钢节点材料为 G20Mn5QT，构件壁厚范围 8～60mm，因此给加工制作及现场安装带来三大控制难点：1）异种钢焊接；2）空间异型结构焊接；3）多重相贯线钢管焊接。

桁架节点复杂，桁架腹杆与弦杆、腹杆与腹杆均为相贯焊接，存在多处隐蔽焊缝，拼装时必须注意杆件相贯关系及焊接顺序。

2.2 累积滑移的质量控制精度高、难度大，安全管控要求高

本工程根据项目所在场地条件及结构形式，使用预应力拉锁新技术，在支座滑靴部位设置张拉器，通过拉锁张拉力来抵抗支座部位水平推力，从而使得桁架在滑移过程中支座部位只受垂直荷载和顶推力；支座部位使用专用滑靴，在两条工字钢轨道上进行大跨复杂空间钢结构的智能累积滑移，因此累积滑移精度和安全控制是本工程的重难点。

3 关键工序施工质量和安全控制管理经验

3.1 钢结构施工前期管理控制

图纸和施工方案对钢结构施工质量至关重要，因此本项目钢结构施工前需做好对图纸和专项施工方案的控制和管理。

（1）图纸管理

对业主下发的施工图纸，详细了解设计总说明中有关施工内容、特殊技术参数的各项要求。建立图纸收发目录一览表，对各个时期收到的施工蓝图进行汇总整理。

监理单位向建设单位提出施工图中缺失的内容，并请设计单位进行补足；深化设计前，及时提醒施工单位梳理准确的深化设计依据，以此来确保深化设计图纸质量。

要求施工单位上报材料采购计划，并编制材料复试一览表，明确材料复试内容及抽样原则。监理根据材料采购计划，审核并确定具体材料复试内容及批次。

（2）专项施工方案的管理

根据《危险性较大的分部分项工程安全管理规定》（住房城乡建设部令第 37 号）第十～十三条规定：

对于超过一定规模的危大工程，施工单位应当组织召开专家论证会对专项施工方案进行论证。实行施工总承包的，由施工总承包单位组织召开专家论证会。专家论证前专项施工方案应当通过施工单位审核和总监理工程师审查。专家论证会后，应当形成论证报告，对专项施工方案提出通过、修改后通过或者不通过的一致意见。专家对论证报告负责并签字确认。专项施工方案经论证需修改后通过的，施工单位应当根据论证报告修改完善后，需重新报监理审查。专项施工方案经论证不通过的，施工单位修改后应当按照本规定的要求重新组织专家论证。

我项目监理部为对施工方案更好地进行审查和管控，运用监理审查意见表书面要求施工单位进行施工方案补充和完善。见图 2。

施工组织设计/（专项）施工方案监理审查意见表

工程名称：中国·红岛国际会议展览中心项目　　编号：

方案名称：宝冶钢构 登录大厅钢结构施工方案	
区　域：登录大厅	报审日期：2017.11.01
审查意见： 1、补充总包单位编制、审核、批准签字封面页，签字并盖章； 2、补充总包单位施工方案审批流程，并盖章； 3、补充专家论证意见回执表； 4、图 3.3 现场项目管理组织机构图中现场管理人员与宝冶钢构进场资质报审的管理人员不符，要求按合同要求配置现场管理人员。 5、补充胎架底座与地面锚固时化学锚栓的具体设置位置及节点做法。 6、方案中滑移大梁与混凝土劲性柱交界位置，贴混凝土劲性柱设置的支撑钢柱加固不足，补充加固措施； 7、补充高空拼装胎架水平通道设置及计算书； 8、补充关键安全技术措施：如生命体系设置，施工人员到作业区域的安全保证措施，雨季施工安全保证措施等； 9、补充安全管理组织体系相关内容。 请贵部 3 天内修改完善后重新报审。 监理单位（章）： 专业监理工程师（签章）： 年　月　日	

图 2　施工方案监理审核意见表

3.2 现场构件制作和安装的质量控制

（1）现场构件的制作质量控制

按照工程结构特点，项目监理部除了对现场 H 形和箱形等自制构件进行构件下料尺寸精度检查、构件组装尺寸精度检查、构件焊接质量检查、构件整体尺寸精度检查等关键工序进行控制外，还根据工程构件特点对圆管相贯线切割精度进行了重点控制。

本工程登录大厅主桁架杆件皆为圆钢管，且大量连接节点为相贯节点，因此采用何种切割设备、切割工艺来确保钢管的相贯线切割精度是确保工程质量的重点。本工程监理控制重点：要求施工单位必须使用具有高自动化程度和切割精度的相贯线五维数控等离子切割机，自动实现多重相贯线的切割和坡口的开设，并调配技术精湛的数控管理人员，保证管件从下料切割到组装焊接层层把关，使整个加工过程可控；保证切割后相贯线切割精度和坡口的切割质量。

（2）现场钢结构安装的质量控制

为保证现场钢结构安装质量，我项目监理部根据施工方案梳理出登录大厅屋面钢结构施工工序流程图，编制了各工序内容特性表，并在表中设置了分包、总包和监理责任人签字栏，通过这些方法对施工安装过程进行精确有效的控制，保证钢结构安装顺利施工。

登录大厅钢结构安装具体施工流程如下：高空胎架及滑移轨道设立→地面拼装胎架的布置→单元段拼装、焊接→高空分段吊装、组装→单榀整体拼装完成，检验、焊接→支撑架卸载，跨中索具张拉，爬行器设置→第一榀桁架滑移→第二榀桁架高空分段吊装、组装、整体完成后检验、焊接，支撑架卸载，跨中索具张拉→第一榀与第二榀进行补档→两榀累计滑移→依次类推8榀桁架累计滑移到位→支座的就位固定焊接，拉索卸载拆除→悬挑钢梁安装、胎架拆除。其中单元段拼装、焊接和高空分段吊装、组装工序内容特性表如表1所示。

工序内容特性表　　　　　　　　　　　　　　表1

工序	内　容	环节	表　式	监理抽检比例	责任人		
					分包单位	总包单位	监理单位
单元段拼装、焊接	测量控制构件的定位	一般	分包-测量定位自检记录				
	单元段拼装及外形几何尺寸检测	注意	总包分包-鲁 GG-045-（钢管组装）	10%，首榀100%			
			监理-表＊：钢桁制作架外形尺寸监理实测检查记录				
	图纸要求的焊接及焊缝检测	重点	总包分包-鲁 GG-048-焊缝外观检查表	10%，UT进行平行检测			
			监理-表＊：对接焊缝、完全熔透组合焊缝及外观质量监理实测检查记录；表＊、表＊：二、三级焊缝外观质量检查记录				
高空分段吊装、组装	高空分段吊装，单榀组装完成	注意	总包分包-各分段桁架管口接口错边自检记录				
	测量控制空间定位	一般	分包-测量定位自检记录				
	首段及首榀桁架的固定安全性	重点	总包分包-在桁架固定滑靴前后 5.5m 位置设置临时支撑滑靴；滑移大梁延伸部位使用 H 型钢与胎架固定	按专项施工方案检查			

（3）管桁架相贯节点隐蔽焊缝焊接质量的管理控制

本工程登录大厅屋面桁架造型复杂、屋面结构跨度大和焊接质量要求高，尤其是桁架节点复杂，桁架腹杆与弦杆、腹杆与腹杆均为相贯焊接，存在多处隐蔽焊缝，因此对相贯节点隐蔽焊缝质量控制关系到工程质量的成败。

针对此问题监理项目部成立 QC 小组，通过对以往类似钢结构实体工程的调查，共总结出 33 条影响屋面大跨度悬挑管桁架质量的因素。根据调查表可以看出，相贯节点隐蔽焊缝质量是整个工程的钢结构质量控制关键，是影响屋面大跨度悬挑管桁架质量的主要因素。见表2。

屋面大跨度悬挑管桁架焊缝质量控制调查表　　　　　表 2

序号	检查项目	频数	累积数	累积频率（%）	调查参与人员	备注
1	相贯节点隐蔽焊缝质量	16	16	48.5	全体	A 类因素
2	焊缝质量缺陷	10	26	78.8	全体	B 类因素
3	构件外形尺寸偏差	5	31	93.9	全体	C 类因素
4	其他	2	33	100	全体	C 类因素

为了探索屋面大跨度悬挑管桁架相贯节点隐蔽焊缝质量控制的经验，确保桁架焊接质量符合验收规范要求，保证一次验收合格率 100%，确保钢结构金奖，本项目监理部制定了以下实施措施：

1）对施工单位进行交底，使其明确隐蔽焊缝验收程序及其重要性；要求施工单位现场安排具体施工员和质量员，总包单位安排责任人具体负责过程控制和隐蔽焊缝报验工作，并成立报验微信群，报验信息及时在微信群互通。

2）对每榀桁架上、下弦杆节点编制编号。见图 3。

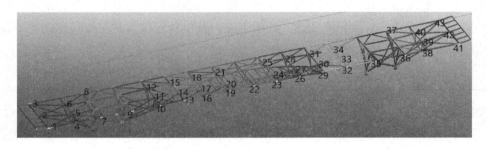

图 3　上弦所有隐蔽节点编号图

3）协助施工单位编制隐蔽焊缝验收记录表格，并列出每个隐蔽节点的相贯次数，每次隐蔽焊缝验收后在记录表中填写；施工过程中及时报验隐蔽焊缝并留存相应影像资料。见图 4。

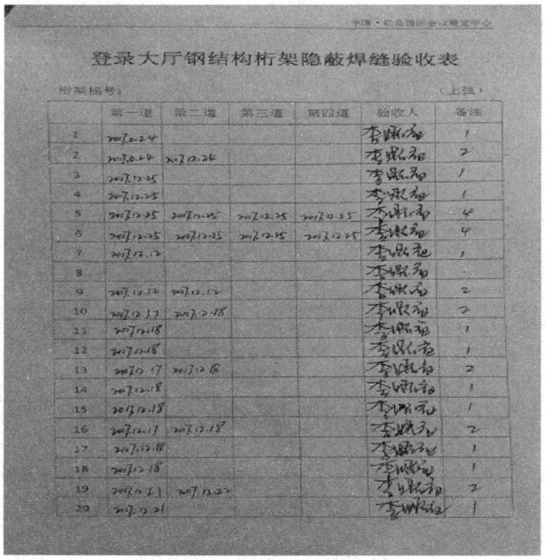

图 4　隐蔽焊缝验收表

本项目通过以上措施取得了不少管桁架相贯节点隐蔽焊缝质量控制经验，取得了良好效果，确保了桁架焊接质量一次通过验收。

3.3 钢屋架现场累积滑移的质量、安全管理控制

本工程登录大厅屋面管桁架钢结构支座位于+27.15m标高四层框架劲性柱顶板上，主桁架结构为东西走向，南北方向共8榀。鉴于跨内和跨外直接吊装不能满足楼板承载力和吊装场地的要求，故采取分段吊装、累积滑移的思路进行安装。本工程使用预应力拉锁的新技术，在支座滑靴部位设置张拉器，通过拉锁张拉力来抵抗支座部位水平推力，从而使得桁架在滑移过程中支座部位只受垂直荷载和顶推力；通过两条滑道，支座部位使用专用滑靴，在工字钢轨道上进行大跨复杂空间钢结构的累积滑移施工，因此对于钢屋架安装精度和滑移施工的安全性要求很高，本项目监理部主要对以下两方面进行了管理控制，从而保证本项目钢屋架顺利安装完成。

（1）滑移胎架的管理

胎架搭设的稳定性直接影响滑移施工的结构安全，本项目滑移胎架不仅作为支撑钢桁架进行高空安装及管桁架高空滑移轨道，且滑移时除压力外，还受到侧向水平推力，因此胎架搭设前监理部要求施工单位编写了专门的钢结构胎架搭设施工方案，并对所有施工胎架进行现场检查，对胎架的材料进行抽样送检，确保现场使用胎架材料的可靠性；胎架搭设完成后对胎架垂直度和固定方式进行检查，并对胎架底部固定的化学螺栓进行拉拔试验，请安全方面专家对胎架搭设的安全性进行现场评估检查，对发现的问题要求施工单位及时进行整改。要求施工单位严格按方案对轨道支撑胎架之间用H型钢进行连接，搭设剪刀撑，保证胎架的整体性，并要求其与邻近的可靠的混凝土柱、墙通过抱箍或其他方式进行有效连接，以确保胎架的稳定可靠。见图5。

图5　钢结构胎架

（2）钢结构累积滑移施工控制及安全的管理控制

1）滑移前的准备工作

大型钢结构滑移安装施工是一项先进的钢结构与大型设备安装技术，它集机械、液压、计算机控制、传感器监测等技术于一体，解决了传统吊装工艺和大型起重机械在起重高度、起重重量、结构连接、作业场地等方面无法克服的难题，因此施工工序复杂，施工前必须做好各项准备工作，包括以下内容：

① 滑移施工专项施工方案程序性、符合性、针对性是否符合要求；

② 滑移前是否对施工人员进行方案交底；

③ 滑移前是否对主体结构进行了全面检查；

④ 滑移施工前是否制定了监测方案；

⑤ 滑移胎架、支撑体系是否全面检查合格；

⑥ 滑移前是否对安全工作布置到位，安全警戒是否设置，指挥系统是否落实到位。

本项目施工前要求施工单位编制《滑移前确认事项单》，共计七大项32小项，滑移前对每一项进行核实，相关责任人签字确认。通过这些准备工作，确保了红岛会展项目钢结构工程钢桁架能够顺利进行

滑移施工。见图 6。

2）滑移施工过程控制

钢结构滑移安装施工过程中最关键环节是对滑移同步性的控制。本项目滑移采用液压顶推机器人进行滑移顶推作业，采用计算机同步控制，滑移开始时先缓慢启动，再逐步增加到设定的滑移速度，当结构单元滑移到安装位置时，停止牵引设备工作，并保证同步性，滑移单元在制动过程中，各支点保持同步且无附加内力，保证结构的稳定性。

同时滑移工程中还要做好施工监测，本项目滑移施工中对预应力悬索张拉、滑移过程主桁架结构、支撑体系等几个方面通过人工监测和计算机监测进行了全面检测，确保了红岛会展项目钢结构工程钢桁架顺利滑移到位。见图 7。

图 6　滑移前确认事项单　　　　　　　　　　图 7　钢结构滑移

4　结语

本文针对大跨度管桁架屋面钢结构施工特点，对工程技术重难点进行分析，对大跨度管桁架屋面钢结构现场制作、安装、焊接、累计滑移的质量安全控制要点进行详细阐述，对工程施工管理先进经验进行分析探讨。通过采用以上管理措施，本工程顺利施工完成并最终获得了钢结构金奖，充分验证了施工管理经验的可行性和可操作性，可类似工程提供参考。

参考文献

[1]　危险性较大的分部分项工程安全管理规定(住房城乡建设部令第 37 号). 2018.

[2]　中华人民共和国国家标准. 钢结构工程施工质量验收规范 GB 50205—2001[S]. 北京：中国计划出版社，2002.

钢混结构组合体系柱间异形钢套管高空转换施工技术

陈海峰　顾　兵　孙学军　石　军　张　义

（中建三局第一建设工程有限责任公司，武汉　430040）

摘　要　随着国家经济的发展及国际影响力的日益提高，各地体育场馆、展馆、高铁站等大空间、大跨度结构日益增多。钢混结构组合体系以其受力稳定、造型美观、适用于大跨度的特点而越来越多地出现在各式建筑中。因此钢混结构组合体系高空转换施工的问题也越来越多地反映在工程实际中。如何既能保证钢混组合柱施工的安全与精度又能最大限度地节约工期与成本，越来越值得建筑行业去总结深究。本文以芜湖宣城机场为例，介绍钢混结构组合体系柱间异形钢套管高空转换施工技术在混凝土柱间钢套管安装的应用。

关键词　钢混结构；异形；内置；间断式；双重限位；悬空连接

1　工程概况

芜湖宣城机场屋盖结构为大跨度钢结构，屋盖以下为混凝土框架结构，混凝土柱高低不一，标高范围为 14.300～23.386m，整体屋面呈现波浪式弧形造型。屋面主钢梁最大跨度 27m，截面最大为□500×（1600～2300）×28，最长 34m，钢梁其中一端需与混凝土柱侧向连接，为了混凝土结构与钢结构能够有效连接，在直径 1.2m 混凝土柱间设置了等截面异形钢套管，总计数量 24 件。见图 1。

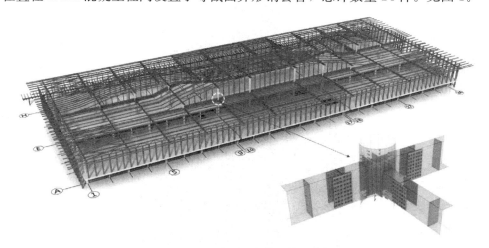

图 1　钢屋盖及钢套管整体示意图

2　钢混结构组合体系柱间异形钢套管高空转换施工简介

本项目混凝土柱为圆形独立柱，钢套管标高均在 13.7m 以上，单个钢套管均在 6t 以上，如何保证钢套管在施工过程中的稳定性及安装精度是本工程桁架安装质量控制的关键。

（1）方案选择及受力分析阶段：本工程混凝土柱间异形钢套管采用内置间断式双重限位悬空连接施

工工艺进行安装。钢套管底部设置三角支座，并在下端混凝土柱体设置双重限位连接装置作为临时支撑。通过 Midas Gen 受力软件分析，最终确定三角支座、环形转换限位板及限位杆连接时的荷载，设计钢套管底部三角支座设置数量、限位板的板厚及限位杆的直径并核算三角支座、环形转换限位板及限位杆连接时的内力、刚度及稳定性。

（2）深化设计阶段：通过 Tekla Structures 软件建模，将内置间断式双重限位悬空连接装置体现在深化模型中。

（3）加工制作阶段：根据钢套管深化模型，钢套管下部内置间断式三角支座及双重限位连接装置在加工制作完成发至现场。

（4）现场施工阶段：现场钢套管安装顺序按照先在下部混凝土柱体预埋双重限位连接装置，再利用三角支座导向钢套管安装，可灵活调节钢套管空间定位，安装就位便捷。

3　钢混结构组合体系柱间异形钢套管高空转换施工

3.1　节点方案选择

混凝土柱间钢套管的安装是施工过程中的重要环节。钢套管的安装是一个结构体系转换的过程，钢套管的安装精度关系到整个屋面钢结构施工的成败。本工程钢套管处于项目施工的关键线路上，能否合理安排钢套管施工将直接影响其紧后工作（屋面钢结构及金属屋面）的进行，进而对整个项目的工期产生极大影响。

根据钢套管安装位置，在钢套管底部均匀布置六个三角支座，三角支座由竖向板、竖向连接三角板及矩形底板组成，竖向板为钢套管底部需设置支座的 6 处向下延伸 200mm 的同直径弧形板；通过 Midas Gen 等结构计算软件进行模拟工况分析，制作与支座相应配套的直径 1.01m 环形转换限位板、6 根直径 ϕ24mm、长 800mm 限位杆及 6 套 M24 双螺母，并将支座、环形转换限位板、限位杆及螺母预制模拟组装。在确保了施工安全的前提下，模拟施工的可行性。见图 2。

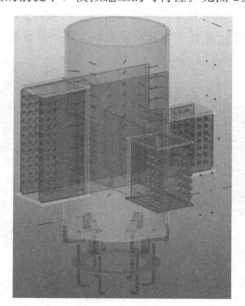

图2　钢套管内置间断式双重限位悬空连接装置

3.2　节点模拟计算

钢套管将自身荷载受力转变为由悬空连接装置组合受力，安装前必须用 Midas Gen 受力软件对钢套管临时固定及校正过程中出现的各种工况的应力、变形进行计算，检验安装方案的安全性和可靠性。本工程采用 Midas Gen 受力软件对钢套管节点进行模拟计算，模拟情况简介如下：

（1）节点应力计算

如图 3 所示，应力比为 0.2＜1，不会发生屈服，满足要求。

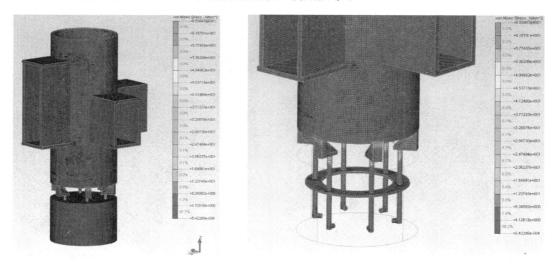

图 3　支座悬空连接节点应力模拟

（2）节点位移计算

圆管柱脚节点区域最大变形如图 4 所示，顶部最大 0.426mm，柱脚部 0.07mm，各个部位的位移值均较小，节点处于合理的较小弹性变形范围内，满足要求。

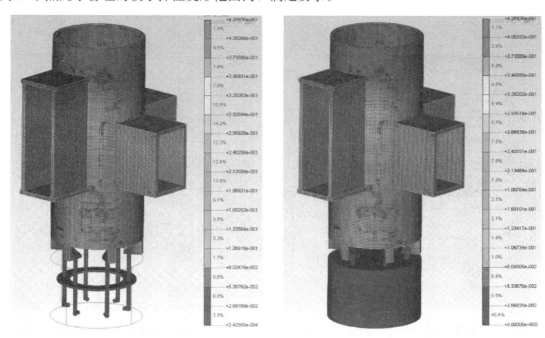

图 4　支座悬空连接节点位移模拟

经 Midas Gen 受力软件模拟分析，三角支座及限位杆组合式双重限位受力体系符合要求，故本方案是安全可靠的。

3.3　钢混结构组合体系柱间异形钢套管高空转换施工工艺

本工程采用内置间断式双重限位悬空连接施工工艺，利用下端混凝土柱体作为临时支撑的异形套管安装施工方法，实现了钢套管的高效、安全安装。

（1）钢套管安装施工流程

第1步：将环形转换限位板圆心与轴线中心对齐安装并与钢筋焊接固定，将限位杆穿入环形转换限位板定位孔中，调节限位杆上端部高出环形转换板一定高度，调节完成焊接固定。见图5、图6。

图5　环形限位板安装　　　　　　　　　　　图6　限位杆安装

第2步：在限位杆上支座底板标高处拧入底板下部螺母及垫片，将支座底板限位孔与限位杆高空对齐，缓慢下落至垫片位置处，拧入支座底板上部螺母和垫片，拧紧三角支座底板上下螺母进行临时固定。见图7、图8。

图7　底板下部螺母及垫片拧入　　　　　　　图8　钢套管安装就位

第3步：对钢套管标高及垂直度进行监测，确定钢套管的偏差值，移动支座底板上下螺母，调节钢套管空间定位。见图9、图10。

第4步：将钢套管与下部混凝土柱连接处用木模板进行封闭，浇筑钢套管内部及上部混凝土，完成新型钢混组合柱施工。见图11、图12。

（2）钢套管安装控制要点

1）钢套管制作质量控制

图 9　钢套管定位监测　　　　　　　图 10　移动螺母调节定位

图 11　柱模施工　　　　　　　　　图 12　完成钢混组合柱

优化钢套管内部加劲板设计，通过先行组装内部井字劲板，预设槽口整体插入，使钢套管整体受力传递均匀；钢套管制作焊缝均为一级焊缝，需 100% 进行无损检测。

2）限位体系预埋精度

严格控制环形转换限位板、限位杆的预埋精度，具体检查项目有限位孔精度、限位板轴线精度、限位垂直度精度等。

3）钢套管空间定位控制

钢套管垂直度允许误差为 $H/1000$ 且不得超过 10mm，标高允许误差为 ±2mm。

4　钢套管安装精度实测数据与理论数据对比

因本工程屋面钢结构施工紧随钢套管施工进行，故钢套管安装过程中不同钢套管的安装偏差会影响到屋面钢结构安装精度。因此本工程待单个钢套管施工完成后，需通过全站仪对各钢套管数据进行实测实量并与受力软件模拟受力分析后得出的理论数据进行对比。对比如下：

钢套管垂直度：理论数据为 3mm，实测数据最大偏差为 1mm。

钢套管标高：理论数据为 ±2mm，实测数据最大偏差为整幅 0.5mm。

5 结语

通过本工程钢套管安装精度实测数据与理论数据对比显示：各钢套管的安装精度满足要求。故本安装方法是安全可靠的。且此方法在节约工期和成本方面有如下优势：

（1）相比搭设支撑安装方式，钢套管标高及垂直度校正调节灵活、方便，同时能对混凝土柱安装偏差进行纠偏，不受混凝土柱安装轴线及垂直度偏差的影响，保证了柱间钢梁的安装精度；

（2）相比搭设支撑安装方式，大幅度节省了支撑搭设时间，提前了金属屋面等紧后工作的施工时间，进而保证了室内精装修及机电安装的施工，有效节约了施工工期；

（3）相比搭设支撑安装方式，累计投入的人员及设备较少，有力地保障了安全生产、文明施工，降低了作业人员与设备的施工风险，安全性明显提高；

（4）相比搭设支撑安装方式，免去了支撑胎架的制作与应用，节约了人员、材料和辅材，一定程度上达到了节能、环保的目的；通过本工程的施工及试验数据与理论数据的对比，验证了"分区连续累计卸载"的可靠性和安全性，也充分地体现了其在节约工期和成本方面的独特优势。

参考文献

[1] 林鸿达.钢套管-圆筒体混凝土垫块组合式芯模定位 GBF 空心楼盖施工技术[J].建筑安全，2016(5)：3-5.

[2] 孙宗军.钢套管混凝土结构的工程应用探讨[J].建筑施工，2017(1)：45-47.

[3] 吴遥庆.钢管混凝土结构组合技术[K].科技创业家，2013(16)：14-17.

BIM 技术在钢结构工程中的应用

王 贺 邵 玥

（中国建筑第二工程局有限公司，上海 200135）

摘 要 本文结合某主题乐园项目的工程实例，详细叙述了 BIM 技术在钢结构工程深化设计、加工制作阶段、施工安装阶段中的应用。BIM（建筑信息模型）技术对结构复杂的钢结构项目进行可视化模拟，优化复杂节点及构件，碰撞校核，扫除项目施工障碍，提高了钢结构项目信息传递准确性，解决了建筑钢结构详图设计难点，显著提高工作效率，节约工程施工成本，体现出 BIM 技术在钢结构项目中应用的强大优势。

关键词 钢结构；BIM 技术；项目管理

BIM 全称为 Building Information Modeling，即建筑信息模型，BIM 的出现是工程建设行业出现的第二次产业革命。该技术包含了：建筑设计、工程量统计、物业管理、结构设计、成本计算、管线设备设计等各方面与建筑工程有关的信息数据，是优化建设结构、推动建筑行业快速发展的重要手段。钢结构作为建筑行业中最重要的建筑结构形式之一，将 BIM 技术应用到钢结构工程中，对于强化钢结构在工程建筑过程中的优势、最大化地发挥钢结构的作用，具有重要的意义。

1 工程概况

某大型主题乐园项目位于北京市通州区（城市副中心）的文化旅游区内，规划面积 1200ha。项目总建设用地面积约 100ha。本项目为其中一个标段，包含 7 个主题景区中的 2 个片区。单体结构类型多为钢框架钢结构，单体造型钢结构复杂多变。钢结构重量 9000 余吨，墙面压型板约 8000m²，屋面压型板约 7500m²。钢构件多采用 H 型钢、矩管等截面，材质多为 Q345B，现场连接形式多选用高强度螺栓连接，部分为现场焊接形式。见图 1～图 3。

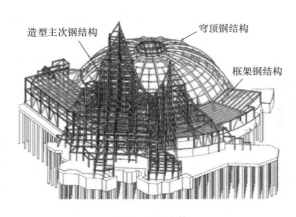

图 1 201 单体

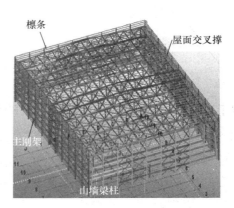

图 2 205 单体

图 3　701 单体

2　BIM 技术在深化设计阶段的应用

2.1　钢结构深化设计

钢结构深化设计也叫钢结构二次设计，在钢结构施工图设计之后进行，深化设计人员根据施工图提供的构件布置、构件截面与内力、主要节点构造及各种有关数据和技术要求为依据。严格遵守钢结构相关设计规范和图纸的规定，对构件的构造予以完善。根据工厂制造条件、现场施工条件，并考虑运输要求、吊装能力和安装因素等，确定合理的构件单元。最后再运用专业的钢结构制图深化设计制图软件，将构件的整体形式、构件中各零件的尺寸和要求以及零件间的连接方法等，详细地表现到图纸上，以便制造和安装人员通过查看图纸，能够清楚地了解构造要求和设计意图，完成构件在工厂的加工制作和现场的组拼安装。

2.2　利用 BIM 技术在钢结构深化阶段的应用

以设计院的施工图、计算书及其他相关资料为依据，依托 TAKLA 及 REVIT 模型，建立三维实体

图 4　钢结构深化阶段

模型，对钢结构构件空间立体布置进行可视化模拟，通过提前碰撞校核，可对方案进行优化，有效解决施工图中的设计缺陷，提升施工效率，减少后期修改变更，避免人力、物力浪费，提升产品制造和企业管理的信息化管理水平。见图 4。

2.3　复杂节点优化

优化前：空间杆件交叉多，分布不规则，加工与安装难度大。

优化后：通过对主梁、次梁、立面撑、平面撑的合理布置，满足加工和施工的需求。

优化前：柱脚钢筋密集，且与柱脚钢结构斜撑碰撞。

优化后：修改斜撑节点，调整钢筋定位，在柱脚板预留钢筋孔。见图 5。

3　BIM 技术在钢结构的加工制作阶段的应用

利用 BIM 技术对构件在制作、运输和安装过程中所需的构造措施节点的受力进行验算，确保节点满足设计要求，保证构件在制作、运输和安装过程中的安全。利用 BIM 技术将原设计的施工图纸转化为工厂标准的加工图纸，对杆件和节点进行归类编号，形成流水加工，大大提高加工进度。利用 BIM 技术，对栓接接缝处连接板进行优化、归类、统一，减少品种、规格。利用 BIM 技术出具的深化设计图纸具备可实施性，满足工厂制作及现场施工要求，同时可作为工程结算依据。利用 BIM 技术，深化设计图纸可以为物资采购提供准确的材料清单，并对竣工验收提供详细的技术资料。

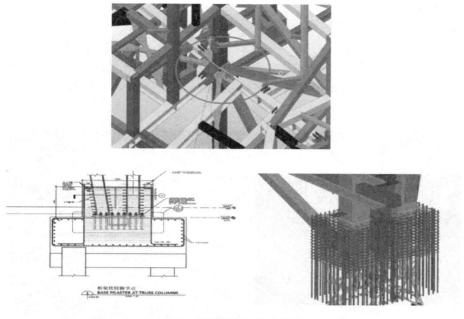

图 5　钢结构复杂节点优化

4　BIM 技术在钢结构的施工安装阶段的应用

4.1　方案模拟

　　假山造型钢结构构件众多，与其他专业需要协调配合的工作量大，且构件小而杂，杆件数量约为 15000 件，重量约 250t，工作量大，施工难度大。为了施工人员理解图纸，加深方案的顺利实施，利用 BIM 技术进行施工方案预模拟，通过三维立体模型将每一道工序都仿真模拟出来，为实际施工操作留下依据。见图 6。

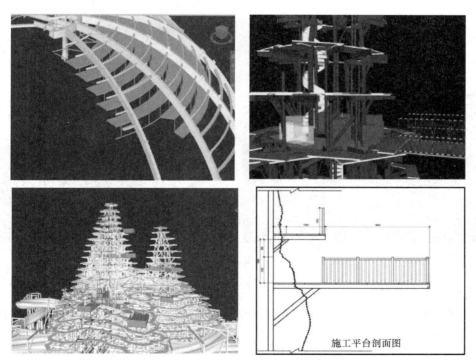

图 6　假山施工平台模拟

4.2 实现可视化交底

利用 BIM 最直观的三维可视化特点，在深化设计过程中对由于设计疏忽而造成的不合理之处、可以进行碰撞检查，进而优化工程设计，减少在建筑施工阶段可能存在的错误损失和返工的可能性；钢结构在进行现场交底时，需充分利用 BIM 技术，利用其可视化、数字化特点，展示结构的重点、难点以及各个细节，使施工技术人员更快地了解构造特点，提高现场施工效率，达到指导现场施工的目的。见图7。

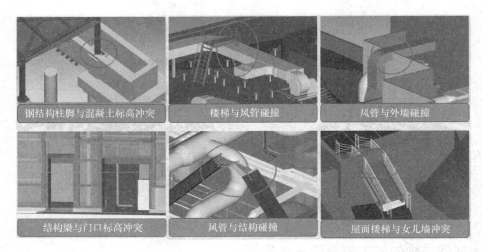

图 7　可视化及模型碰撞检查

4.3 为现场拼装提供便利

利用 Tekla 进行构件预拼装，确定最优方案，减少高空作业量，节省安装工期。以常规假山单体为例，结构拼装方案为先拼装主结构，再安装次结构，杆件吊装次数多，高空作业难度大。本工程在加工前，将钢结构在模型中分割成若干个单元。通过地面组装每个单元，然后将单元吊至高空组装，大大减少了高空作业量，不仅提升了安装精度，还节约了至少三分之一的安装工期。见图8。

图 8　模型预拼装

4.4 为现场吊装提供重要数据

利用 Tekla 及 BIM 技术对假山构件安装精度控制，避免返工、拆改，减少成本。假山每根悬挑杆件端部允许偏差 15mm，对主结构与次结构的安装要求极高。通过在 Tekla 中标记焊疤位置，然后通过全站仪来控制杆件空间位置关系，确保达到网片安装需求。见图9。

图 9　精度控制

4.5　进度模拟和实时漫游

通过应用 Synchro 软件，将 BIM 模型与进度计划软件 P6 挂接，可生成进度模拟视频，让模型动起来，理解更直观。见图 10。

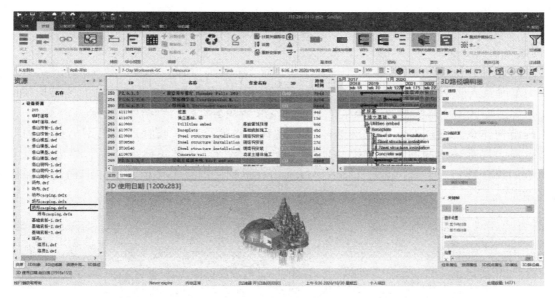

图 10　精度控制

5　结语

利用 BIM 技术，并借助移动互联网技术实现施工现场可视化、虚拟化的协同管理，在钢结构加工制作阶段、施工阶段结合施工工艺及现场管理需求对设计阶段施工图模型进行信息添加、更新和完善，全面提升项目全过程精细化管理水平，为项目创造巨大价值。

南通国际会展中心（会议中心）钢结构 BIM 技术应用

穆小香[1] 曹立忠[1] 杨泽宇[2]

(1. 南通四建集团有限公司，南通 226300；2. 南通市中央创新科创产业发展有限公司，南通 226300)

摘 要 本文介绍了南通国际会展中心（会议中心）钢结构 BIM 技术应用，着重于介绍钢结构 BIM 模型建立思路、总体流程、模型搭建、碰撞检查，利用 BIM 模型解决土建与钢结构交叉问题、钢结构构件的编号和深化图纸出图问题，并结合会展建筑工程实例，对钢结构 BIM 技术进行详细的分析。

关键词 钢结构 BIM 模型；碰撞校核；编号出图

1 项目概况

1.1 结构概况

南通国际会展中心（会议中心）位于南通市崇川区紫琅湖东北岸，建筑面积 81817m²。会议中心地下 1 层，为车库及人防功能；地上 1～3 层不等，为会议及展示功能。地上建筑功能区结构屋面最大高度 23m，顶部造型区屋面最大标高 30m 左右，采用交叉管桁架结构，钢结构总用量 14000t。

本工程结构体系为钢框架＋消能支撑体系，地上大跨度空间区域屋顶采用钢桁架结构形式。为控制扭转效应，局部采用屈曲约束支撑。地下部分为框架结构体系；地上楼面、屋面结构采用钢筋桁架楼承板的组合楼板，±0.000m 及以下楼板采用现浇钢筋混凝土楼板。整体结构嵌固层位于地下室顶板（图 1）。

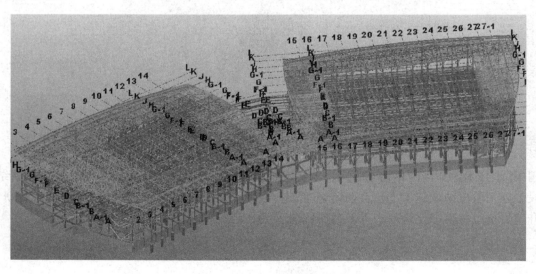

图 1 整体结构三维示意图

1.2 钢结构典型节点及细部构造

本工程钢结构的构件主要包括箱形钢柱、圆管钢柱、H 型钢梁、箱形钢桁架、圆管钢桁架以及箱形屋面檩条。箱形钢柱和圆管钢柱下插混凝土的劲性结构涉及钢筋穿孔节点，局部封边钢柱的柱顶和柱脚设置有抗震支座，圆管桁架设有焊接球节点，圆管撑杆与钢柱采用销轴连接节点。见图 2。

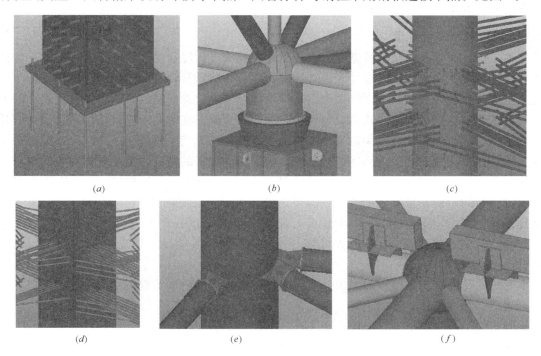

图 2 节点典型构造 BIM 细节图
（a）钢骨柱脚锚栓节点；（b）钢柱顶抗震支座及半球节点；（c）圆钢管劲性柱穿筋节点；
（d）箱形劲性柱穿筋节点；（e）圆管撑杆与钢柱销轴连接节点；（f）圆管桁架上弦焊接球节点及檩托节点

1.3 钢结构 BIM 建模依据

钢结构 BIM 建模依据为设计院提供的设计图纸、现场施工进度计划、钢结构加工制作及安装方案和国家现行的规范及标准。

2 钢结构 BIM 模型搭建

2.1 钢结构 BIM 模型建立思路

结合本工程结构形式多样、工程量大、工期紧的特点，并按照现场施工进度要求采用分批建模分批确认的原则。建模批次按照时间先后顺序划分：预埋件锚栓→地下劲性钢骨柱→地上一节钢柱→地上首层钢梁→地上二节钢柱→二、三层钢梁→地上三节钢柱→箱形和 H 形屋面钢桁架→屋面圆管钢桁架→钢楼梯及屋面檩条等附属次结构。

2.2 钢结构 BIM 模型建模总体流程：

（1）根据设计图纸对土建及劲性结构、钢柱、钢梁及屋面钢桁架进行搭建模型，同时提出 BIM 建模过程中发现的图纸问题及时上报；

（2）按照图纸问题回复对模型进行调整，并将初版模型上报总包 BIM 负责人进行初步碰撞校核；

（3）进行细部节点建模，钢构件细部碰撞检查，模型内部审核；

（4）在相应施工区域开工前两周，将完成的 BIM 模型提交总包 BIM 负责人；

（5）按照总包碰撞检查结果进行模型调整，再次上报总包确认；

（6）各专业碰撞检查无误后进行钢构件编号出图；

（7）将设计图纸报设计院审核签字确认；

（8）深化设计模型提交工厂进行材料采购及加工制作工作；

（9）施工过程中如有设计变更需及时对模型进行调整并及时上报。

3 钢结构 BIM 模型搭建和校核

3.1 钢结构 BIM 建模资源配置

为确保本工程的深化设计质量及进度，投入由具有资深设计经验的高级工程师领衔的，包括多名从事多年深化设计工作的专业钢结构设计人员共计 20 余人，并可根据工程需要及时进行增援。

拟投入主要深化设计人员具有多年大型钢结构设计经验，曾参与完成我国多个有代表性的大型钢结构的深化设计工作，与众多国内外知名设计机构有深厚的交流，这对本工程钢结构深化设计的开展有着非常重要的帮助。同时在深化过程中由焊接工程师和专业加工工艺工程师组成顾问组，集中对深化过程中的焊接工艺问题和拼装安装工艺问题进行解决。确保构件加工的精度，满足现场安装的要求。

钢结构深化设计软件在国内应用最为广泛的是 Tekla Structures，由于本工程结构形式多样，定位复杂，需要进行空间定位，且有较复杂节点需要建模，所以还需要用到 AutoCAD。为了保证屋面管桁架、屋面檩条等空间结构定位准确、外形流畅，需要用到 Rhinoceros 进行空间位置校核。分析软件主要使用 Midas Gen 进行施工安装工况模拟计算。

3.2 结构杆件分类建模

结合本工程的特点及类似工程的经验，从深化设计建模角度将本工程钢结构分成两类：

（1）框架类：劲性结构、楼面钢梁、钢楼梯；

（2）空间桁架类：屋面桁架、屋面檩条。

框架类建模比较常规，按照结构设计图纸的定位要求进行建模即可。空间桁架类建模较为复杂，需要按照建筑模型和建筑图提供的空间坐标进行放样，屋面管桁架和屋面檩条的造型及定位均需要进行空间放样确定。

3.3 细部节点建模中的碰撞校核

（1）部分幕墙撑杆节点与桁架杆件相贯节点现场焊缝碰撞，经设计同意调整了杆件位置。

（2）部分幕墙连接件位置与钢梁螺栓节点碰撞，经设计同意调整了部分幕墙连接点位置。

（3）部分屋面檩条位置与桁架焊接球节点碰撞，经设计同意局部调整了檩条位置。

3.4 利用 BIM 技术进行钢骨与钢筋碰撞校核

本工程有地下的劲性结构，混凝土内部钢筋与钢骨相对关系复杂，如处理不当将对后续施工工期和质量造成影响。本工程利用 BIM 技术进行钢骨与钢筋碰撞检查，及时发现碰撞问题，提前采取合理的措施进行解决。并将每一根钢骨柱与钢筋节点都进行三维建模，精确到与每根钢骨柱碰撞的每一根主受力钢筋，提前将钢骨和异形钢筋进行预制化加工，钢筋绑扎前按照 BIM 模型进行交底，这样保证质量的同时大大地提高了施工效率。

4 编号出图

当节点全部创建完毕，将对整体工程模型钢构件进行编号。Tekla 软件可以自动根据预先给定的构件编号规则，按照构件的不同截面类型对各构件及节点进行整体编号命名及组合（相同构件及板件所命名称相同）。从而大大减少构件人工编号时间，减少人工编号错误。在编号的过程中同样可以使用人工编辑，根据不同的特点进行编辑，可满足各种分类的要求。

4.1 构件编号原则

按照不同的钢构件类型分类手动指定构件前缀，便于构件查找和追踪。根据不同构件编号和编码可以查询构件及其包含的零件板信息。构件编号原则见表1。

构件编号原则 表1

序号	编号前缀	构件类型	备注
1	＊MJ＊	埋件	
2	＊MS＊	锚栓	
3	＊GZ＊	钢柱	
4	＊GL＊	钢梁	
5	＊GKL＊	钢框梁	
6	＊LT＊	钢楼梯	
7	＊HJ＊	钢桁架	
8	＊CG＊	撑杆	
9	＊LN＊	屋面檩条	

4.2 零件编号原则

按照不同的板材或型材分类手动指定零件的前缀，便于钢构件中包含的零件板的查找和追踪。零件的编号原则见表2。

钢结构施工零件编号 表2

序号	零件名称	零件编号前缀	备注
1	主零件	M＊	
2	次零件	P＊	
3	钢柱连接板	PE＊	
4	现场焊接有孔板	PX＊	
5	现场焊接无孔板	PW＊	
6	工厂焊接有孔板	PS＊	
7	工厂焊接无孔板	PC＊	
8	隔板	PG＊	

4.3 深化设计图纸

（1）深化设计图纸流程

1）依据三维模型及构件编号，自动生成构件图和零件图纸；

2）由深化设计工程师进行深化设计图纸调图工作；

3）图纸内部审核；

4）图纸报总包和设计院审核；

5）设计院签字确认深化图纸；

6）图纸下发工厂及钢结构安装单位。

（2）构件深化图纸的生成与更新

Tekla软件能自动根据所创建的三维实体模型对各构件进行放样，由于图纸是由三维模型直接生成，其构件放样图纸的准确性极高，在深化图纸中软件还能根据给定的设置自动导出构件的零件尺寸规格材料表，以方便构件统计及工厂加工。

自动生成深化图纸具有很强的统一性及可编辑性，软件导出的图纸始终与三维模型紧密保持一致，当模型中构件有所变动时，图纸将自动在构件所修改的位置进行变更，以确保图纸的准确性。当导出图纸中的构件参数不满足工厂加工时，深化人员可以方便地在图纸中增加工厂加工所需的参数。同时，若遇到设计变更的时候，可根据变更的内容对整体模型进行修正，此时对图纸进行更新，能自动修改为新的内容，在更大程度上保证了图纸的准确性，确保能够满足加工的要求。

5 总结

本工程钢结构在深化设计中充分体现了 BIM 技术及其应用，利用 Tekla 软件在一个虚拟的空间中搭建了一个完整的钢结构模型，模型中不仅包括零件和构件的几何尺寸也包括了材料规格、截面尺寸、节点类型、材质、用户批注语等在内的所有信息，基于此模型可以高效地进行出图、统计材料、构件加工、安装定位、工程量统计等工作。模型中可以用不同的颜色表示各个零部件，可以从不同方位不同角度查看任意一个细部节点构造，检查人员可以很直观地校核模型中各杆件空间的逻辑关系有无错位、碰撞等错误，并能够及时进行反馈和纠正，显著提高了工作效率。

参考文献

[1] 中华人民共和国国家标准．建筑信息模型施工应用标准 GB/T 51235—2017[S]．北京：中国建筑工业出版社，2017.

[2] 中华人民共和国国家标准．钢结构设计标准 GB 50017—2017[S]．北京：中国建筑工业出版社，2017.

大跨度网架安装技术

邢清斌　常丽霞　王建国　常命良　王利康

（河北冶金建设集团有限公司，邯郸　056033）

摘　要　随着科学技术的发展，建筑技术的进步，大跨度结构已经成为现代建筑的重要组成部分。解决大跨度建筑的最有效手段，就是采用空间结构。随着技术水平的不断提高，大跨度网架更多地被行业所青睐。有时现场影响因素复杂，需要对网架的施工方案不断优化，本文介绍料场大跨度网架的安装方法。

关键词　网架结构；大跨度；分区段结合散装安装

1　工程概况

本工程封闭大棚主体为单跨三心圆筒壳网架结构，正方四角锥网格、螺栓球节点，网架跨度为119m，总宽125.8m，总长度为668.9m，建筑面积79611m²，整个网架主体设3个伸缩缝，划分为4个区段，单段长度分别为161.5m，167m×2，169m；网壳厚度为3.5m，高40.5m；网架采用下弦支承，支承形式为对边点支承，支承基础为独立柱基础，柱距8m，柱顶标高为＋1.5m。

屋面围护结构采用冷弯薄壁C型钢镀锌檩条，主檩条规格C160×60×20×2.5，次檩条规格C140×50×20×2.5，施工现场紧固件连接组对安装。屋面板和墙面板采用0.8mm厚单层压型彩色涂层钢板，板型YX35-190-950；采光板采用2mm厚FRP板，屋面采光率为20％；屋面落地部分排水形式为自由排水，与东侧混匀料场大棚相连部位和筒仓相连部位为组织排水，独立设置天沟和雨水管；屋顶设置检修通道及钢梯走台；山墙的围护结构采用冷弯薄壁型钢镀锌墙梁，墙面板均为FRP采光板，大棚山墙预留检修门洞，检修门采用电动双开平移门。

2　施工特点

本工程筒壳网架跨为119m，属于大跨度网架，料场场地内有取料机轨道，场地内地面运输和拼装场地受到限制。筒壳网架的高度为40.5m，单位含钢量大，传统安装方法（满堂脚手架散装法）对场地占用条件要求较高，不适用于本工程施工。本工程拟采用分区域分块安装起步、结合悬挑散装的方法进行安装，起步吊装需使用多台大型吊装机具，吊车系统复杂，整体吊装和散装过程需考虑网架竖向变形对结构和安装的影响。网架总长共668.9m，主体结构由3道伸缩缝划分为4个区段，结构分段较多，高空悬挑散装不能连续进行，需多次进行起步网架吊装和起步场地的占用，受场地因素的制约较大，必须精心策划施工方案，加强与生产单位的沟通与协调，确保施工和生产两不误。

3　施工总体思路

本工程钢构件均外委加工制作，现场进行组装、安装，彩瓦均在施工现场进行压制，严重受到施工现场场地条件的限制。为克服现有场地条件，优化施工场地占用，减少二次倒运，确保主体安装工程有序、连续进行，拟将主体网架划分为若干个施工分区，檩条、彩瓦、天沟及其支架的加工分区同网架加工分批，其安装根据网架施工顺序同步进行安装，施工段如图1所示。

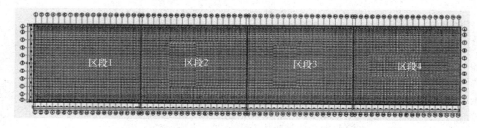

图1　施工分区划分平面图

4　网架的组装与吊装

　　一次料场网架共分4个区段，每个区段设置一个起步网架，分别为9～13轴、30～34轴、51～55轴、72～76轴，起步网架分布见图2。

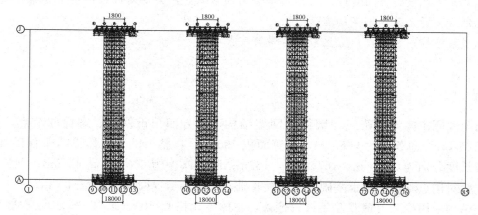

图2　网架起步网架平面布置图

4.1　起步网架吊装（以一区 A～J 轴/9～13 轴为例）

　　一区 A～J 轴/9～13 轴分成5段在地面完成拼装后，每段网架使用4台吊车抬吊起升，进行空中对接，对接完成并将全部支座焊牢后，所有吊车方可以脱钩。见图3、图4。

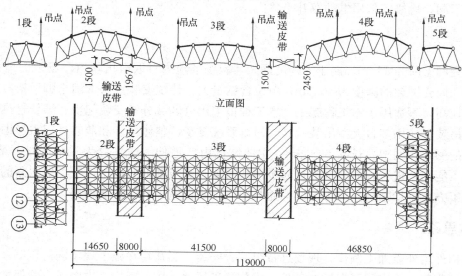

图3　起步网架分段示意图

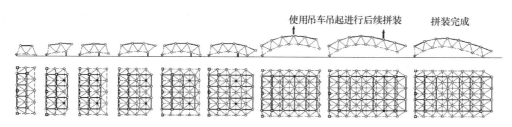

图 4　起步网架地面拼装示意图

所有中拼单元吊点的位置必须严格按照设计方案要求进行选择，吊绳应挂在球上，不得系挂在杆或套筒上，吊装作业前，必须检查确认吊点位置和绑扎方式无误，方可正式起吊。见图 5、图 6。

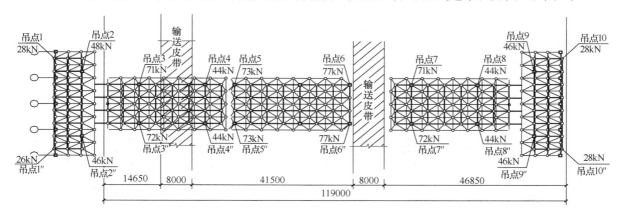

图 5　起步网架吊点分布图

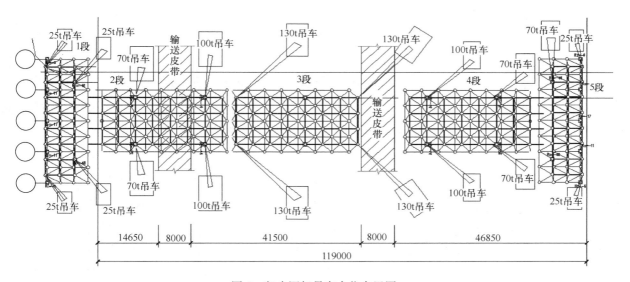

图 6　起步网架吊车占位布置图

因受施工现场场地及输送皮带的影响，1 段网架在 A 轴基础西侧拼装，2、3、4、5 段网架在基础内侧进行拼装，3 段为中间段，因受场地限制（网架展开长度比水平投影长度长），在地面只拼装 6 个上弦球的长度，待两侧网架 1、2 段和 4、5 段吊装就位后，3 段再扩展至 14 个上弦球的长度，达到安装长度。起步网架的地面拼装位置和吊车站位均要严格按照方案图进行现场放线布置，防止发生碰撞。

吊装程序：进行 1 段和 5 段的吊装，四台 25t 吊车同步垂直提升 1 段至支承基础顶面，将网架支座就位至基础顶面，而后由两台吊车同步提升吊点 2、2″至设计高度，利用四台吊车，配合千斤顶、撬棍进行支座调整就位，对准埋板上的纵横安装线后，对支座进行临时约束固定，5段安装方法同1段的安装。然后1段保持吊点位置不动，用2台70t和2台100t吊车将2段吊起，与1段进行空中对接，见图7。

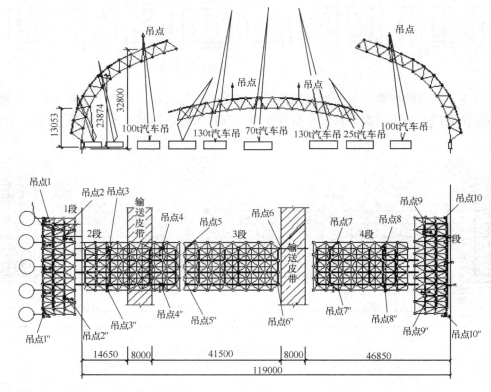

图7　1、2段/4、5段空中对接

1段网架安装就位后，网架支座与预埋板用-20mm钢板作为前后活动的限位板，见图8。

1段和2段进行空中对接。2台25t吊车提吊2、2″吊点，用2台70t和2台100t吊车提升2段，2台70t吊车起吊吊点3、3″，2台100t吊车起吊吊点4、4″，由安装人员在高空进行各段弦杆与螺栓球连接，确保紧固到位，不留缝隙；经检验合格，进行下段的安装，见图9。

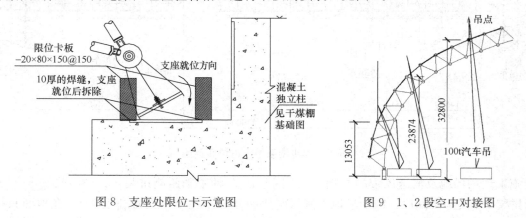

图8　支座处限位卡示意图　　　　图9　1、2段空中对接图

1段2段对接完成、4段5段对接完成后，下部场地腾空，进行3段的扩展，4台130t吊车起吊吊点5、5″、6、6″，提升3段超过皮带高度后，同时转动吊车起重臂达到3段的起吊位置。2台25t吊车东西两侧对称吊运杆件，安装人员进行弦杆与螺栓球连接，扩展至14个上弦球的长度，达到安装长度，见图10。

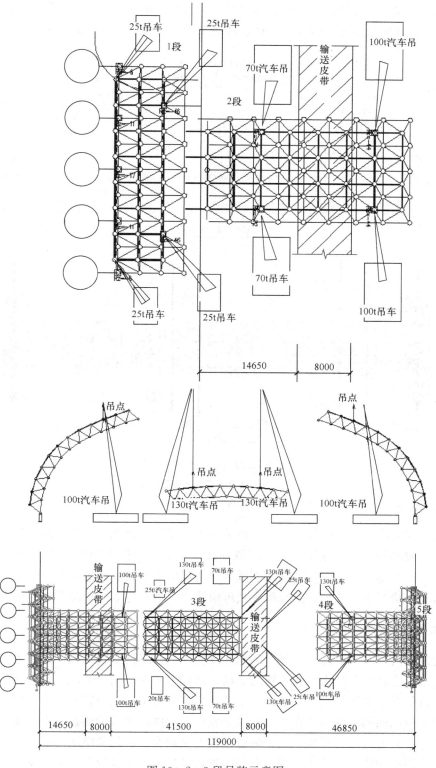

图10　2、3段吊装示意图

3 段扩展完成达到安装长度后，进行 3 段垂直提升和空中对接，70t 汽车吊配合调整网架和吊运工器具，确保对接顺利进行。3 段起升至设计高度，由安装人员在高空进行各段弦杆与螺栓球连接，共 22 个螺杆连接节点，确保紧固到位，不留缝隙；连接完成如图 11 所示，经检验合格，撤离高空作业人员，进行支座最终调整并焊接，其焊缝尺寸符合设计要求（≥20mm），焊接质量满足三级焊缝要求。经最终检验符合要求后，各吊车同步缓慢卸载，观察网架无异常变形，方可摘除吊钩，起步网架吊装完成。

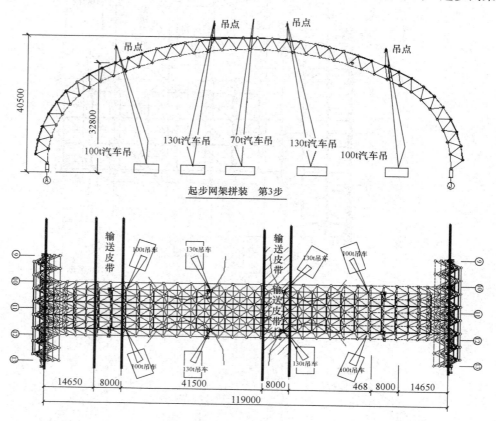

图 11　3 段空中就位对接合拢

注：图中中间 70t 汽车吊主要用于调整网架中部下挠。

4.2　网架高空散装

起步网架安装完成后，其他网架采用高空散装法进行安装，将地面组对好的小拼单元，使用起重机械提升与已安装完成的网架进行连接，沿跨度弦向逐个安装，纵向同时向南北推进，向北安装至山墙（1 轴），向南安装至 21 轴即可，1～21 轴屋面散装网架拟由 4 个安装班组由起步网架向南北同时进行安装，北墙网架由 1 个班组进行安装，安装顺序及班组施工区域划分如图 12、图 13 所示。

5　网架结构大跨度特点

解决大跨度建筑的最有效手段，就是采用空间结构。空间结构是指结构的形体为三维状态，在荷载作用下，具有三维受力特征并呈现空间工作的结构。相对于平面结构，空间结构的特点是受力合理、刚度大、重量轻、造价低，结构形式新颖丰富、生动，可以实现结构美而富有艺术表现。

采用大跨度大空间的网架结构，在当前建筑业发展过程中已经成为衡量一个国家整体建筑行业发展水平的重要标志之一。通过该种结构，设计师可以获得更加宽广的想象空间与设计思路，从而设计出千变万化、丰富多彩的结构体型，使之展现出更加强烈浓厚的人文景观以及象征性寓意。

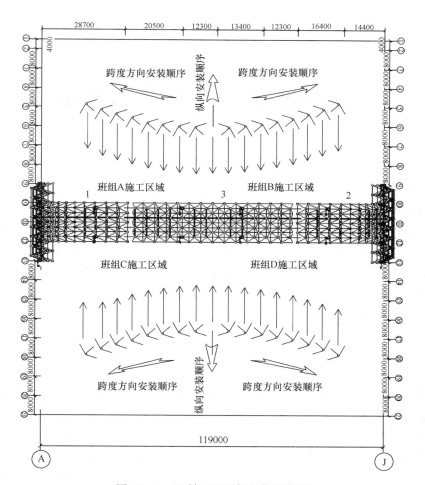

图12　1～21轴屋面网架安装示意图

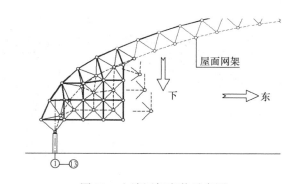

图13　山墙网架安装示意图

6　结束语

大跨度网架空间刚度大，结构自重小，抗震性能好、造价经济，深受建设单位的青睐。但由于场地条件复杂，加大了现场安装的难度，这就需要与现场条件结合不断深化图纸，优化施工方案。此方案经过图纸深化，将大面积网架化大为小，分区起步吊装。最大限度地减少场地道路的占用，缩短了施工工期，可为类似网架工程提供借鉴经验。

关于折板型钢管桁架屋盖施工技术的探讨

顾东锋　张华君　曹立忠

（南通四建集团有限公司，南通　226300）

摘　要　本文结合南通国际会展中心（展览中心）钢结构工程实际，针对本工程屋面折板型钢管桁架的特点与现场施工的难点，采用借助原设计框架结构，搭设高空拼装平台，桁架高空拼装，累积滑移的施工方案，在结构施工过程中取得了良好的效果，确保了施工工期的节点进度。

关键词　折板；累积滑移；桁架

1　工程概况

南通国际会展中心（展览中心）由东西展厅、序厅和登录厅组成，建筑面积 41800m²，一层地下室，主体结构为钢结构框架，展厅屋顶为大跨度折板型钢管桁架屋盖，登录厅屋顶为圆形网架结构，序顶屋顶为双坡屋面。

展厅屋顶的钢管桁架屋盖与一般折板形状不一样，采用了倒 V 形结构，桁架上弦用支撑拉结，下弦仅由斜腹杆连接，屋面为圆弧形金属屋面。桁架东西跨度 72m，南北长 168m，桁架总吨位约 3000t。见图 1。

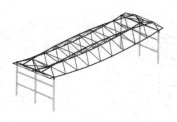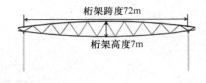

图 1　三维模型

2　施工总体思路

采取室外搭设大型支撑平台，桁架钢管空中散装，桁架各区段累积滑移的方案，解决了此工程施工难题。见图 2。

图 2　施工现场

3　施工的特点及难点

（1）施工工期非常紧，现场可用于钢结构施工的场地非常有限

展厅内的地面要进行土体加固，打桩机的施工占据了展厅内部的所有空间，现场工期又很紧，土体加固与钢结构安装必须同时进行，因此展厅的折板型屋盖不能

采用正常的吊装方式安装，只能采用高空累积滑移的方案进行。

（2）利用原设计的结构框架搭设高空拼装平台

高空拼装平台的搭设只能位于展厅外部，但序厅区域的钢框架可以作为高空拼装平台的一部分，这样能减少现场用地，节约材料。

（3）BIM技术在工程中的应用

利用BIM建立钢结构三维模型，对原设计图进行深化设计，处理好各个节点部位的问题，便于工厂下料、制作和现场安装。能通过BIM模型能提取各控制点的相对坐标，可以指导现场放线。

（4）桁架高空散装，合拢接口多，整体拼装精度不易控制

在高空散装平台与钢框架上设置测控点，建立测量控制网，在构件上的测量点处粘贴反射片，利用全站仪进行观测，确保构件拼装时的位置准确。在卸载后利用全站仪进行复测，确保桁架的尺寸达到原设计图的要求。桁架滑移时也通过全站仪对桁架定位进行观测。

（5）现场弦腹杆对接处焊接作业量大

由于桁架为高空散装，圆管在工厂进行相贯线数控切割后发至现场，现场按编号依次吊装，现场焊接作业量很大。为确保焊接质量，现场所有焊工必须持证上岗，岗前进行焊接考试。现场与苏州一家检测单位签订焊接检测合同，委托该单位对现场焊缝进行超声波无损探伤检测，并出具有效合法的检测报告，作为施工过程中的自检。配备3名UT探伤自检人员驻守现场，除了焊缝检测工作外，还对焊工进行技术指导。配合南通地区质量监督站指定的第三方检测机构对现场一级焊缝进行检测，对不合格的焊缝及时进行返修，确保一、二级焊缝全部合格。

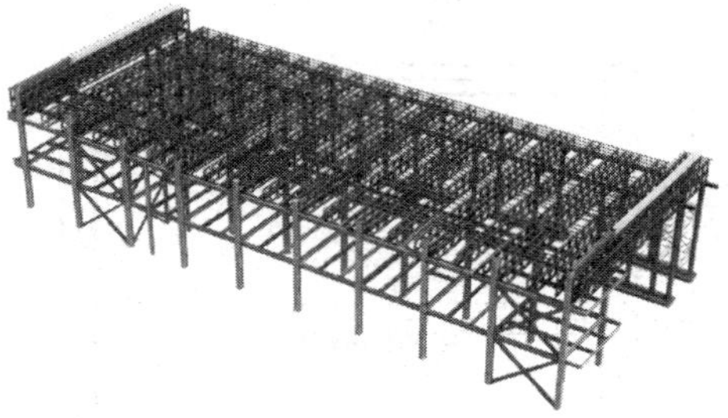

（6）施工阶段的力学分析

1）高空散装平台受力验算见图3～图5。

经验算，高空散装平台及原结构中的C、D轴部分的钢框架满足受力要求。

2）累积滑移校核：

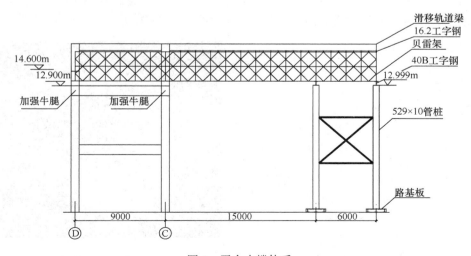

图3 高空散装平台效果图

本工程共设置28个滑移支座，两侧各14个，分7块进行累积滑移。采用SAP2000对结构进行模拟分析，网架单元均采用梁单元进行模拟，在滑移支座处进行竖向约束，辅助弹簧约束满足计算要求，弹簧刚度取0.001kN/mm，荷载为结构自重，分项系数取1.4，见图6。

通过对累积滑移7种工况进行包络计算，杆件应力比在0.5以下；杆件的最大变形为102mm，不超过规范要求的$L/400$（180mm），满足滑移要求。

图4 平台支撑体系

189

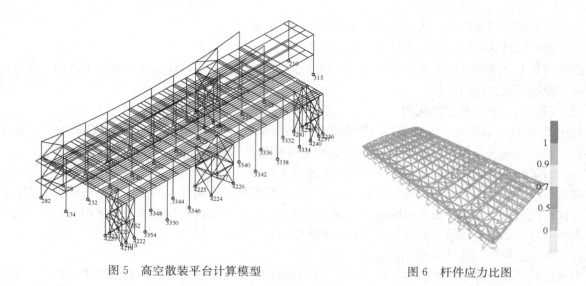

图 5　高空散装平台计算模型　　　　　图 6　杆件应力比图

滑移单元在高空散装平台上拼装完成形成稳定整体后，撤除临时拼装胎架再开始滑移。

3）滑道承载分析：

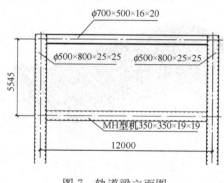

图 7　轨道梁立面图

根据对屋盖结构累积滑移模拟计算，整个滑移过程中，单点最大荷载为 623kN（第一次滑移），9m 距相连最大荷载为 610kN/360kN（最前端的相邻荷载），滑道最大跨度为 12m，见图 7。

计算从跨中阶段开始，每滑移 1m 一个工况，分为初始阶段、前进 1m 工况阶段、前进 2m 工况阶段、前进 3m 工况阶段、前进 4m 工况阶段、前进 5m 工况阶段。通过计算分析，滑道设置最大应力 0.862，最大变形值在 1mm，满足滑移承载要求。

4）桁架下部钢框架的滑移工况验算：

考虑侧向受力 0.15 的情况，屋盖整体结构在自重下的竖向位移最大 55mm；滑移轨道处，垂直轨道方向的水平位移为 5mm；施工工况下的杆件最大应力比 0.488。满足规范要求，见图 8。

（7）施工动画视频的演示

BIM 很重要的作用就是进行施工工序的模拟与动画演示指导。我们利用 BIM 技术模拟桁架滑移，制作动画视频演示，在方案介绍与交底时进行播放，效果很好，见图 9。

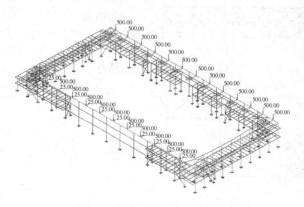

图 8　下部框架滑移工况验算

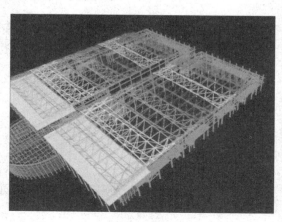

图 9　桁架演示视频

4 滑移施工过程

（1）屋盖分为 8 个区，滑移 7 次，如图 10 所示。

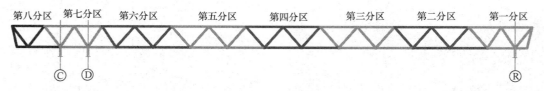

图 10 屋盖滑移分区图

（2）滑道布置说明：

为配合两片钢屋盖结构滑移施工安装，共需设置四条滑道，分别沿 1 轴、10 轴、12 轴、21 轴通长布置，每条滑道长约 168m，滑道主要由承载梁和钢轨组成。在 D 轴外侧设置宽约 30m 的拼装区域，见图 11。

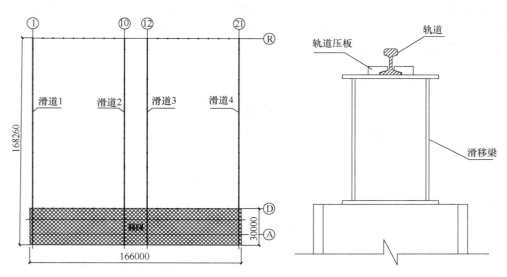

图 11 滑道布置平面示意图

（3）滑移顶推点设置说明见图 12。

（4）现场图片见图 13～图 15。

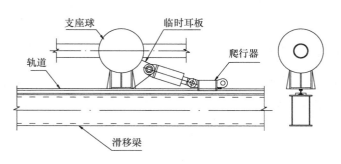

图 12 滑移顶推点装配图

图 13 桁架滑移

图 14　桁架拼装

图 15　液压顶推器

5　工程小结

　　该项目的钢桁架屋盖现场实际施工工期为 30d，利用钢管桁架原位高空拼接，钢管桁架分区段累积滑移的方案进行施工。该施工技术使得现场安装效率提高 20%，措施费节约 10%，可为类似结构施工技术的发展与进步起到借鉴与推动作用。

参考文献

[1]　中华人民共和国行业标准．高层民用建筑钢结构技术规程 JGJ 99—2015[S]．北京：中国建筑工业出版社，2015.
[2]　多、高层民用建筑钢结构节点构件详图 16G519[S]．北京：中国计划出版社，2016.
[3]　中华人民共和国国家标准．钢结构设计标准 GB 50017—2017[S]．北京：中国计划出版社，2017.

一种花瓣状空间网格结构的施工方法

李立武　孙超群　赵伟健　白延文　谭星晨

（徐州中煤百甲重钢科技股份有限公司，徐州　221006）

摘　要　泗县体育馆网架为花瓣状空间网格结构，施工采用在内环结构和12条主力臂下搭设满堂支撑架，以支撑架作为施工平台，先形成内环和主力臂起步单元，然后安装支座，再用环向均布的3个塔吊散装12瓣花瓣，最后安装12条钢索。钢索张拉过程采用有限元进行结构分析，确定张拉力，并通过全站仪对关键点位在卸载前后及张拉前后进行位移监控，保证了结构安全、顺利地完成。

关键词　花瓣状；网格结构；施工

1　前言

空间网格结构以其空间受力、质轻、造价低、抗震性能好等优点，被广泛应用于体育馆、飞机库、展厅等。随着计算理论的日益完善以及计算机技术的飞速发展，使得对任何极其复杂的三维结构的分析成为可能。泗县体育馆屋面网架，通过对结构的合理分解，采用传统脚手架支撑方式，并对支撑点优化设计，满足了施工及卸载需要。采用有限元对结构进行钢索张拉过程分析，确定了钢索张拉方式及监控关键点。施工完成的屋面主体结构一次验收合格，并以其优美的造型，成为泗县一道亮丽的风景。

2　工程简介

泗县体育馆位于泗县开发区府东路以西、府西路以东，南至开发区中大道、北至桃园路，其建筑面积21700m²，观众座席4000余座，能满足比赛、健身、集会和大型文艺演出需要，可满足群众的日常体育、文化活动要求。体育馆外形见图1。

图1　鸟瞰图

3 结构概况

泗县体育馆网壳屋面，结构形式为双层曲面网壳、螺栓球及焊接球组合节点。结构为花瓣状，由12瓣花瓣组成，支座采用减震单向位移型抗拔球铰支座，支座与支座之间采用直径 $\phi90$ 混合稀土合金镀层钢绞线（索）拉结，支座底标高为15.07m，支座距网架顶部高度为12.1m，支座围成的圆的直径为84m，网壳结构最大直径为96.82m，结构轴测图见图2。

4 结构屋面组成

结构屋面组成为：镀锌矩形管主檩条＋0.5mm厚镀锌压型钢板（穿孔）＋防尘无纺布＋100mm厚玻璃吸声棉＋C型镀锌次檩条＋防潮隔汽膜＋100mm厚双层错缝玻璃丝棉（双面铝箔）＋防水透气膜＋0.9mm厚直立锁边铝镁锰合金扇形板。见图3。

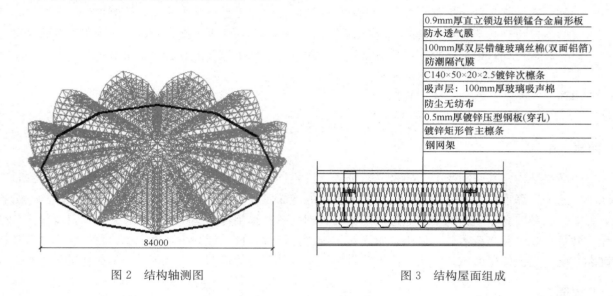

图2 结构轴测图　　　　　　　　　　　图3 结构屋面组成

5 总体方案

由于屋面下部结构的限制，大型吊装机械无法进入内部吊装，结合结构的特征及本公司类似体育馆屋面的施工经验，对该结构采用在体育馆内部搭设满堂支撑脚手架作为施工平台，再在外部安装3台QTZ63（5610）型塔吊作为运输工具，进行结构的施工作业。见图4。

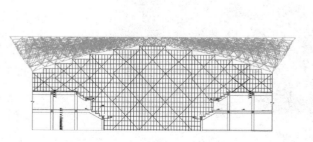

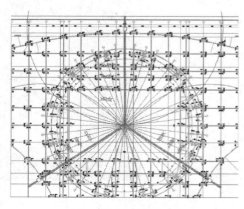

图4 脚手架搭设剖面示意　　　　　　　图5 塔吊布置方案示意

6 结构分解

根据该网壳结构的特征，经过对结构认真研究分析，我们将网壳做如下拆分，即内环结构、12 支主力臂、支座、花瓣结构、拉索结构。见图 6～图 10。

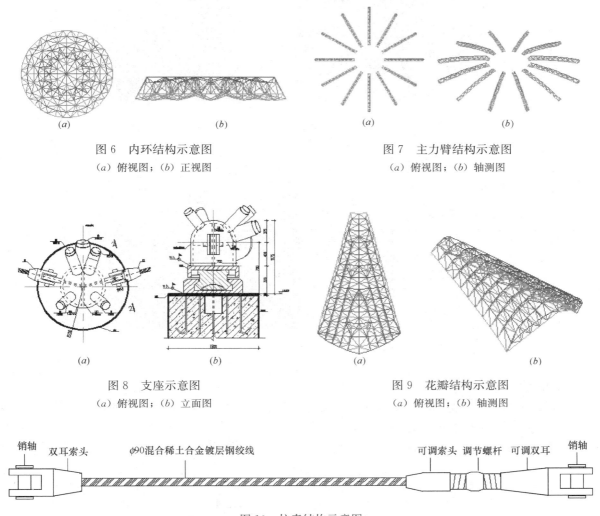

图 6　内环结构示意图
(a) 俯视图；(b) 正视图

图 7　主力臂结构示意图
(a) 俯视图；(b) 轴测图

图 8　支座示意图
(a) 俯视图；(b) 立面图

图 9　花瓣结构示意图
(a) 俯视图；(b) 轴测图

图 10　拉索结构示意图

7 结构施工

7.1 脚手架搭设

脚手架共由三部分组成，即中间 30m（长）×30m（宽）×25m（高）部分，和 12 支主力臂下 30m（长）×6m（宽）×(13～23m)（高）部分，还有两臂之间的刚性连接部分。支撑结构搭设尺寸均采用 1.0m（立杆间距）×1.0m（立杆间距）×1.5m（步距），刚性连接部分搭设尺寸为 1.5m（立杆间距）×1.5m（立杆间距）×1.5m（步距）。见图 11、图 12。

7.2 内环结构安装

内环位置定位的好坏直接影响整个网壳的定位，因此我们起步时格外重视。根据施工图中节点坐标位置，用全站仪在柱头位置设置测站点和后视点，然后在支撑梁上放样出内环位置，再将定位环点焊于支撑梁上。安装的时候为了避免下弦球位置的变动，采用全站仪进行坐标复核，直至整个内环安装完毕。见图 13、图 14。

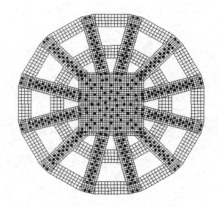

图 11　脚手架搭设平面及支撑点布置示意　　　图 12　脚手架搭设实况

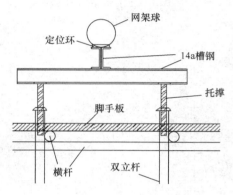

图 13　支撑点示意　　　　　　　　　　图 14　内环安装实况

7.3　12 支主力臂安装

内环结构安装完毕进行主力臂安装，主力臂安装的位置准确与否也将影响花瓣状结构合拢工作，因此对主力臂定位也充分重视。主力臂安装方向采用从内环往支座进行，先用全站仪定位主力臂的下弦球、杆，然后再安装腹杆、上弦球杆，安装的过程中用全站仪不断复测调整主力臂位置。见图 15、图 16。

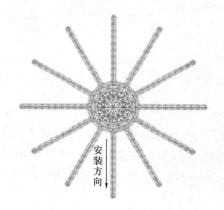

图 15　力臂安装示意　　　　　　　　　图 16　力臂安装实况

7.4　支座安装

支座安装在主力臂安装至其位置时进行，安装支座前先将铸钢件与成品支座按照设计图纸焊接完毕，然后再用吊装设备将其吊装至柱顶就位，与杆件连接位置调整好之后，将杆件与铸钢件焊接连接，并将支座与预埋件点焊固定，待整个网壳结构安装完毕再与预埋件按照设计图纸焊接固定。见图 17。

7.5 花瓣结构安装

花瓣状结构可以看成为变径的筒形结构，安装时参照筒体结构的散装方法，以主力臂为支承结构，从内环开始沿环向从一个主力臂往另一个主力臂散装小拼单元，至整个花瓣安装完毕。为了控制因单个花瓣安装时的环向力，对 12 瓣花瓣分为三个施工区段，每个施工区段分 4 瓣花瓣结构，每区段同时安装，每瓣花瓣结构先安装一到两个网格，然后安装另一花瓣，如此反复循环将结构安装完毕。见图 18、图 19。

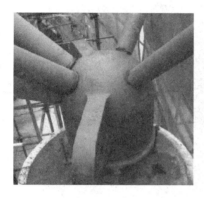

图 17　支座安装图

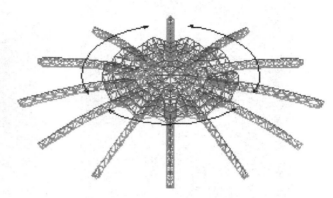

图 18　花瓣安装示意

7.6 拉索安装

拉索安装前先对调节螺杆、可调索头、可调双耳涂适量黄油润滑。拉索吊装到位后先进行预紧，然后结构卸载，最后再将拉索一次张拉到设计拉力。拉索张拉力及关键点位移根据结构有限元计算分析确定如表 1 所示。K3 位置见图 20。

工况下支座及 K3 点理论位移表　　　　　　　　　　　　　　表 1

工况	拉索预张拉力（kN）	支座理论位移（向内为正，mm）	网壳 K3 点位移（向下为正，mm）
主体结构安装完成拉索预紧	100	0	0
结构卸载	480	−20	74
主动施加预应力	1100	50	−138

图 19　花瓣安装实况

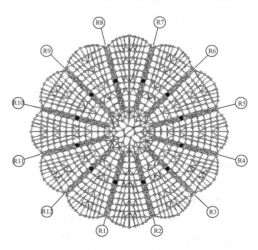

图 20　主力臂下弦球 K3 位置图

（1）拉索预紧

张拉工具和设备包括：液压千斤顶、油压表、油泵、油管、张拉螺杆、反力架等。拉索预紧时，通过油压表的读数来控制千斤顶的位移，然后转动调节螺杆收紧拉索，直到油压表的读数到达预定拉力。见图21。

图21 索体张拉图

（2）结构卸载

卸载由内而外，采用先环向后径向的方法进行，卸载时每个支撑点安排一至两名安装人员，支撑点比较多的外环不需要每个支撑点同时安排卸载人员，而是对称布置、间隔卸载。卸载时同时拧动可调托撑至刚好支撑不参与受力为止，然后再挪至另外一组支撑点以同样的方法拧动可调托撑。见图22。

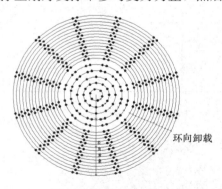

环向卸载

图22 卸载方向示意图

（3）拉索张拉

张拉原则为12根拉索同时张拉，一次张拉到位。考虑到同步性，拉索张拉时采用逐级施加拉力，分十级张拉程序：10%→20%→30%→40%→50%→60%→70%→80%→90%→100%索力。拉索张拉控制采用双控原则：控制索力和支座水平位移。

（4）索力和变形监控

索力的监控通过油压表的读数来监控，变形监控为支座水平位移以及12支力臂跨中下弦球K3的竖向位移。支座设计允许沿径向向内、向外均可发生50mm的位移，安装时支座处于±50的居中位置，计算取该位置为位移原点，通过记录卸载和张拉完成时两个位移数值来监控。K3点位移，通过记录卸载前、卸载后和张拉完成后的位移来监控。见图23。

8 屋面安装

8.1 檩条安装

檩条安装的难度在于支托的找平，花瓣状结构为双曲面，支托沿环向分布，采用普通的设计方式满足不了施工的需要。经过我们对结构特征的认真分析，同样将花瓣状结构按照筒壳的设计方法进行支托找平设计，即将花瓣状结构的屋脊线看作筒壳的屋脊线，然后将屋脊线沿花瓣状结构的弧度移动逐个支托进行找平设计，最后进行檩条安装。见图24。

支座位移表 (单位: mm)

序号	卸载前	卸载后	100%张拉完
R1轴	0	23	−45
R2轴	0	25	−46
R3轴	0	17	−45
R4轴	0	19	−45
R5轴	0	26	−50
R6轴	0	23	−47
R7轴	0	21	−40
R8轴	0	25	−47
R9轴	0	26	−43
R10轴	0	19	−50
R11轴	0	21	−45
R12轴	0	21	−41
备注: 向圆心方向为负, 背离圆心为正			

K3点位移表 (单位: mm)

序号	卸载前观测值	卸载后观测值	向下位移	张拉后观测值	向上位移
R1轴	21175	21140	35	21265	90
R2轴	21183	21140	43	21280	97
R3轴	21191	21150	41	21290	99
R4轴	21202	21151	51	21291	89
R5轴	21210	21160	50	21299	89
R6轴	21173	21133	40	21265	92
R7轴	21186	21130	56	21273	87
R8轴	21180	21146	34	21260	80
R9轴	21192	21141	51	21273	81
R10轴	21201	21142	59	21299	98
R11轴	21210	21150	60	21295	85
R12轴	21183	21132	53	21276	93

图 23　结构实况

图 24　檩条安装实况图

199

8.2 屋面施工

（1）保温层的铺设

保温层为 100mm 厚双层错缝玻璃丝棉，铺设的关键点在于搭接部位。借鉴以往工程屋面的施工经验，保温棉宽度方向搭接宽度为 500mm，长度方向搭接宽度为 200mm，搭接时将搭接部位的两块保温棉各去除 50mm 厚度，以保证保温棉铺设厚度 100mm 不变。

（2）屋面板施工

本工程屋面板为 430 型直立锁边铝镁锰合金板，为了避免面板宽度方向搭接，保证防水要求，我们对每块面板精确放样，采用压板机械一次压制成型，减少了漏雨的隐患。板材长度方向搭接前，先在搭接部位铺设双面防水胶带，搭接好之后，采用专用锁边机械进行锁边处理，保证不漏锁和锁边质量。见图 25～图 27。

图 25 压板图

图 26 锁边图

图 27 屋面实况

9 结语

本工程从总体方案选择到工程顺利竣工，我们突破了许多施工难点同时也营造了本工程的创新点：例如，网架的起步单元选择、网架的安装顺序及定位方法，脚手架支撑点的构造形式，钢绞线的张拉顺序，网架的卸载方式，关键点位的监测方法，屋面板的施工方法等。在施工过程难度大，并且没有类似项目的施工经验可供参考的情况下，经过我们工程项目部和公司技术人员的不懈努力，在 6 个月内完成了施工任务，同时保证了工程质量、安全和进度。

参考文献

[1]　中华人民共和国国家标准. 钢结构工程施工质量验收规范 GB 50205—2001[S]. 北京：中国计划出版社，2002.
[2]　中华人民共和国国家标准. 钢结构工程施工规范 GB 50755—2012[S]. 北京：中国建筑工业出版社，2012.
[3]　中华人民共和国行业标准. 建筑施工扣件式钢管脚手架安全技术规范 JGJ 130—2011[S]. 北京：中国建筑工业出版社，2011.
[4]　中华人民共和国国家标准. 建筑地基基础设计规范 GB 50007—2011[S]. 北京：中国建筑工业出版社，2011.
[5]　中华人民共和国国家标准. 建筑结构荷载规范 GB 50009—2012[S]. 北京：中国建筑工业出版社，2012.
[6]　中华人民共和国国家标准. 钢结构设计规范 GB 50017—2003[S]. 北京：中国计划出版社，2003.
[7]　预应力钢结构技术规程 CECS 212：2006[S]. 北京：中国计划出版社，2006.
[8]　建筑工程预应力施工规程 CECS 180：2005[S]. 北京：中国计划出版社，2005.
[9]　中华人民共和国行业标准. 空间网格结构技术规程 JGJ 7—2010[S]. 北京：中国建筑工业出版社，2010.

大跨度摩擦摆抗震支座安装工艺研究

唐　振　孙青亮　荆艳明　吴俊鹏　任浩旭

（中国建筑第八工程局有限公司，北京　102600）

摘　要　摩擦摆抗震支座具有稳定的动力特性、良好的自动复位能力、较高的竖向承载能力、较大的水平位移能力、良好的耐久性，性能稳定、可靠。发展至今，该类支座优异的工作性能已得到大量试验和实际强震验证，在国内外建筑、桥梁等工程中均得到了成功应用。本文主要结合工程实例，对建筑工程中大跨度摩擦摆抗震支座的安装工艺进行总结与分析，为后续类似工程提供一定的借鉴意义。

关键词　摩擦摆抗震支座；安装工艺；总结分析

1　研究背景

京东集团总部二期 2 号楼项目 C 座办公楼为框架－双核心筒结构体系，地上十三层，屋顶结构高 64.3m，钢结构主要由两个核心筒之间的 F2～F5 层框架柱、梁及 F6-采光顶钢结构组成。其中 F6-采光顶钢结构由 F8～F10 层 C6-C7 轴跨三层立体通廊、F10～F11 层 C4-C5 轴跨二层立体通廊、屋顶大跨度框架结构、采光顶大跨度框架结构、F6～F11 层边梁组成，结构最大跨度 32m，总用钢量 2718t，钢结构分部示意如图 1 所示。摩擦摆抗震支座分布于 F8～F11 钢连廊、F6～F11 钢边梁、屋顶、采光顶钢框架，共计 88 套，将连廊、边梁、屋顶、采光顶钢框架与劲性结构底板进行刚接。本工程滑动支座参数大、要求多、受力复杂，摩擦摆抗震支座的施工质量将直接影响结构的承载性能。对其施工工艺展开研究利于工程实体质量的提升，摩擦摆抗震支座连接示意如图 2、图 3 所示。

图 1　C 座钢结构分部示意

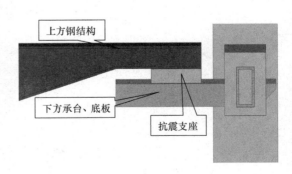

图 2　摩擦摆抗震支座连接示意

2　摩擦摆抗震支座的构造和原理

摩擦摆抗震支座是将传统的平面滑移抗震装置的摩擦滑移面由平面改为球面，从而可依靠自身重力自动回复，该支座主要由上下支座板和一个铰接滑块组成，其具体构造如图4所示。

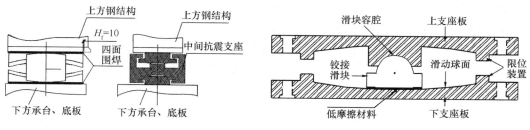

图3　摩擦摆抗震支座连接示意　　　　图4　摩擦摆抗震支座截面图

摩擦摆抗震支座嵌在滑块容腔中的铰接滑块与滑动面具有相同的曲率半径，可与滑动面完全贴合并使上支座板在支座滑动时始终保持水平，其运动示意如图5所示。图5中，F、W和M所示分别为支座受到的竖向压力、水平剪力和弯矩。滑动面上涂有低摩擦材料，可在滑动过程中耗散能量。当滑动界面受到地震作用且超过静摩擦力时，地面水平运动会促使滑块在其圆弧面内滑动，从而迫使上部结构轻微抬高，发生单摆运动。然后，支座会在自身受到的竖向荷载作用下自动回复。

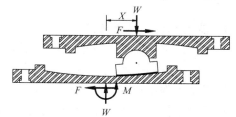

图5　摩擦摆抗震支座运动示意图

摩擦摆抗震支座的水平力为滑动面摩擦力和上部结构沿滑道上升产生的恢复力的合力，而提供的恢复力使支座能依靠其承受的重力自动往中心位置回复，使地震响应得到控制，并且该支座的刚度中心有自动与抗震结构的质心重合的趋势，因而能在最大程度上消除结构的扭转运动。摩擦摆抗震支座的周期、竖向承载力、阻尼比、侧向位移和抗拉力等指标可以进行单独控制，该特性十分便于设计人员对抗震系统进行优化设计。

3　技术要求

（1）摩擦摆抗震支座的支墩（柱、钢梁），其顶面水平度误差不宜大于5‰；在摩擦摆抗震支座安装后，摩擦摆抗震支座顶面的水平度误差不宜大于5‰；

（2）摩擦摆抗震支座中心的平面位置与设计位置的偏差不应大于5.0mm；

（3）摩擦摆抗震支座中心的标高与设计标高的偏差不应大于5.0mm；

（4）同一支墩（柱、钢梁）上多个摩擦摆抗震支座之间的顶面高差不宜大于5.0mm；

（5）预埋板与下支墩（柱、钢梁）主筋的距离为保护层厚度，若保护层厚度过大，应在与监理方和设计方沟通后做出相应补救措施；

（6）同一支墩（柱、钢梁）上多个摩擦摆抗震支座之间的顶面高差不宜大于5.0mm；

（7）下支墩（柱、钢梁）混凝土浇筑必须密实，为保证施工质量，现场施工方可根据施工难度和现场条件采取二次灌浆或二次浇筑，但注意二次灌浆必须在混凝土初凝前完成以保证混凝土浇筑质量；二次浇筑的混凝土宜采用高流动性且收缩小的混凝土、微膨胀或无收缩高强砂浆，其强度宜比原设计强度提高一级；混凝土浇筑振捣孔位置必须处理平整，不允许有高低不平整；

（8）安装摩擦摆抗震支座时，下支墩（柱、钢梁）混凝土强度不应小于混凝土设计强度的75%；

（9）安装摩擦摆抗震支座前，应先清理下支墩及预埋板（柱、钢梁）上表面，支座就位后，为消除温度应力对上部钢结构的影响，支座安装后先不与预埋板进行完全焊接，待所有结构安装完成后再进行最终焊接；

（10）摩擦摆抗震支座以上的上部结构施工时，应对摩擦摆抗震支座采取临时性保护措施防止砂浆等杂物污染影响焊接质量；

（11）与上部焊接施工完毕后，应及时清除建筑垃圾和支座周围的杂物；支座表面外露部分钢构件的漆面如遇损伤，应及时补涂防锈漆，以满足钢构件的防锈要求；

（12）在摩擦摆抗震支座焊接安装阶段，均应对下支墩（柱、钢梁）的顶面标高、摩擦摆抗震支座顶面的水平度、摩擦摆抗震支座的平面中心位置和标高进行观测并记录成表；

（13）在工程施工阶段，应对上部结构、支座部件与周围固定物的脱开距离进行检查记录；

（14）钢结构整体安装完成，卸载前将上、下及侧面临时连接拆除。

4 施工流程

摩擦摆抗震支座施工流程如图 6 所示。

5 施工工艺

5.1 支座承台、底板施工

摩擦摆抗震支座下支墩（柱、钢梁）与承台、底板分开施工，下支墩（柱、钢梁）竖向钢筋在承台底板混凝土浇筑前定位准确，混凝土振捣平整。承台、底板混凝土强度达到 1.2N/mm^2 时，可进行测量定位。为确保摩擦摆抗震支座的平面中心位置准确，采用全站仪测设每个摩擦摆抗震支座中心点的投影，标定在混凝土面上。

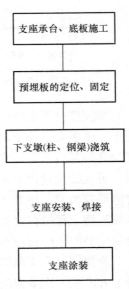

图 6 摩擦摆抗震支座
施工流程图

5.2 预埋板的定位、固定

将预埋板放入下支墩钢筋中，按图纸要求调整定位件标高、平面位置、水平度。此过程测量是整个摩擦摆抗震支座安装的关键，需各工种密切配合，测量并调整定位板的标高、平面中心位置及平整度。根据偏差大小适时进行调整，为方便控制定位板的标高和平面中心位置，可采取预先在预埋板四个角部位对应的下支墩（柱、钢梁）主筋上点焊短钢筋的方式，短钢筋顶标高为支墩（柱、钢梁）设计标高，短钢筋直径宜不小于 10mm，与预埋板接触一端断面应当保证平整。预埋板定位示意如图 7、图 8 所示。

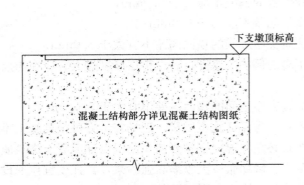

图 7 预埋板定位示意

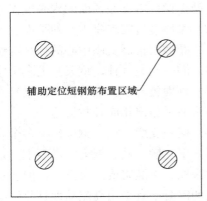

图 8 辅助定位短钢筋布置示意

为保证预埋板的水平度、标高和平面位置的准确性，预埋板定位准确后可根据实际情况将预埋板与支墩钢筋点焊相连，以确保锚筋和预埋板在接下来的施工过程中不产生偏移。预埋板安装完成后应用全站仪或水准仪逐一测量定位板顶面标高、平面中心位置及水平度并记录成表。

5.3 下支墩（柱、钢梁）浇筑

采用泵送浇筑混凝土时，应尽量减少泵管对定位件的影响，应避免混凝土泵管对定位件产生大的冲击。在振捣过程中，振动棒不能碰撞定位板、锚筋，并且禁止工人踩踏定位板，以防止轴线、标高及平整度产生偏差，影响安装质量。如混凝土浇筑过程中发现预埋板定位发生偏移，应立即停止浇筑混凝土，在对预埋板进行重新定位后方可继续浇筑混凝土。

现场施工方可根据施工难度和现场条件采取二次灌浆或二次浇筑，但注意二次灌浆必须在混凝土初凝前完成以保证混凝土浇筑质量。二次浇筑的混凝土宜采用高流动性且收缩小的混凝土、微膨胀或无收缩高强砂浆，其强度宜比原设计强度提高一级。混凝土浇筑振捣孔位置必须处理平整，不允许有高低不平整。浇筑完毕后，注意混凝土的养护。

5.4 支座安装、焊接

混凝土养护至下支墩（柱、钢梁）混凝土强度达到设计强度的 75% 以上时方可进行摩擦摆抗震支座安装。安装摩擦摆抗震支座前，应先清理干净下支墩（柱、钢梁）上预埋板表面，同时要对支墩顶面的水平度、中心位置、标高进行复测，确保满足规范要求方可进行摩擦摆抗震支座安装。清理完毕后，再根据现场条件采用汽车吊或塔吊将该位置所需摩擦摆抗震支座（核对图纸，吊装前仔细确认每一支墩上的摩擦摆抗震支座尺寸、类别）吊到该支墩上，吊装支座时注意应轻举轻放。待摩擦摆抗震支座位对正后，采取焊接，焊接时应当分段退步焊、对称焊接，避免过热对支座内部材料产生一定破坏，为消除温度应力对上部钢结构的影响，也可支座安装后先不与预埋板进行完全焊接，待所有结构安装完成后再进行最终焊接。摩擦摆抗震支座焊接安装完成后应用全站仪或水准仪逐一复测摩擦摆抗震支座顶面标高、平面中心位置及水平度并记录成表。

吊装搬运过程中，应注意现场人员的人身安全，不得用坚硬的东西挤压碰撞摩擦摆抗震支座，以避免损伤，影响摩擦摆抗震支座使用寿命。

5.5 支座涂装

由于摩擦摆抗震支座安装过程和吊装、运输、拆除过程中不可避免会对摩擦摆抗震支座油漆造成损坏，施工完毕后，应对摩擦摆抗震支座油漆进行修补。

6 质量控制要求

6.1 原材料质量控制

原材料采购和进场质量控制必须严格按 ISO 9001 质量体系程序和设计要求，依据受控的质量手册、程序文件、作业指导书进行原材料采购和质量控制，确保各种原辅材料满足工程设计要求及加工制作的进度要求。

（1）支座附件是否齐全。如产品合格证，清单等。

（2）检查外观：支座是否清洁，防腐保护层是否脱落，有无破损，钢件是否锈蚀。

（3）核定铭牌，确认牌上内容与设计要求是否一致。

6.2 现场安装质量控制

（1）所有的测量器具和测量仪器，按照 ISO 9002 标准体系的要求，经过国家技术监督局授权的计量检定单位进行检定、校准，并在有效使用期限以内使用，在施工中所使用的仪器必须保证精度的要求。

（2）测量作业人员持证上岗，测量技术人员具备中级职称以上的资质证书，所有的测量人员具备场馆的施工测量经验。

（3）各控制点应分布均匀，并定期进行复测，以确保控制点的精度。

（4）施工中放样有必要的检核，执行测量任务单三级审核制度，严格履行资料、数据的复核、校对程序，保证测量数据的准确性。

（5）规范工序间的测量中间交接，测量标志、资料的交接，施工单位在收到上道工序的测量成果后，应在项目部测量管理人员的见证下检查成果，检查符合精度要求后方可签收。

6.3 焊接质量控制

（1）焊工必须持有效证件上岗，施焊前进行相应培训。

（2）焊接前必须编制合理的焊接工艺和焊接顺序；严格按焊接工艺进行焊接。

（3）焊接时实施多人对称反向焊接，最大限度地减少焊接变形。

（4）严格按设计要求进行焊缝尺寸控制，不任意加大或减小焊缝的高度和宽度。

（5）焊接前将焊接区边缘 30～50mm 内的铁锈、毛刺、污垢等清除干净，以减少产生焊接气孔等缺陷的因素。

（6）焊后应清理焊缝表面的熔渣及两侧飞溅物，检查焊缝外观质量，检查合格后，再进行下道工序。

（7）外观质量检查标准应符合《钢结构工程施工质量验收规范》GB 50205 的相关规定。

6.4 质量验收程序与方法

（1）验收程序：支座施工完毕自检合格后，报请甲方和监理验收，验收合格后方可进入下道工序施工。

（2）验收方法：对照施工图纸和施工方案检查。采用经纬仪、水准仪、水平尺、钢尺等检验支座安装质量。

7 结束语

本工程通过对大跨度摩擦摆抗震支座安装工艺展开研究，工程质量受到各方一致好评，同时积累了施工经验，对后续类似工程具有一定的指导意义。

参考文献

[1] 欧阳柳，王少华，李冰，江周. 摩擦摆支座滑动位移量选取研究[J]. 机械设计与制造，2018(05).

[2] 姚旦. 分段滑移式摩擦摆隔震支座力学性能研究[D]. 西南交通大学，2018.

[3] 龚健，邓雪松，周云. 摩擦摆隔震支座理论分析与数值模拟研究[J]. 防灾减灾工程学报，2011(01).

浅谈钢筋桁架楼承板施工要点及控制

霍小帅　刘轶龙　魏宏杰　任明帅　史继全

（中国建筑第八工程局有限公司，上海　200135）

摘　要　随着钢结构建筑的不断发展，钢筋桁架楼承板施工作为一个重要环节纳入楼板浇筑施工体系中，因此，对于钢筋桁架楼承板的施工提出了更高的要求。本文以北京丰台区中国铁物大厦项目为例，重点论述钢筋桁架楼承板施工要点及控制措施，以期达到保质、保安全、节约工期和成本的目的。

关键词　钢结构；钢筋桁架楼承板；施工要点；控制措施

1　工程概况

本工程钢结构主要分布于 A 座、B 座两栋塔楼，D 座裙房及其与 AB 座塔楼连接屋盖部分（图 1）。塔楼为核心筒＋外框架结构体系，核心筒采用劲性钢柱，外框架采用钢管混凝土柱＋H 型钢梁＋钢筋桁架楼承板；裙房采用劲性钢结构柱、梁。A 座地上 45 层，结构高度为 203.95m；B 座地上 32 层，结构高度为 149.95m；C 座地上 4 层，结构高度为 20.3m；D 座地上 4 层，结构高度为 23.0m。地下室 5 层，地下埋深为－21.20m。该项目总用钢量 2.3 万 t。见图 1。

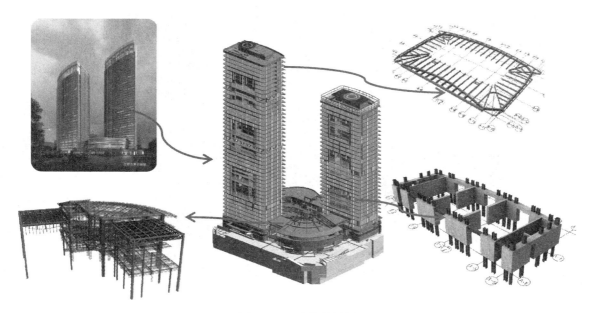

图 1　工程总体效果图

本工程外框部分楼板采用钢筋桁架楼承板作为底模板，上部浇筑混凝土，其结构形式见图 2。

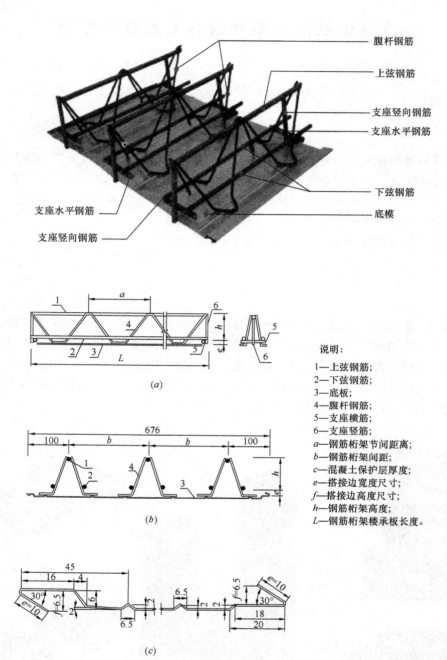

说明：

1—上弦钢筋；
2—下弦钢筋；
3—底板；
4—腹杆钢筋；
5—支座横筋；
6—支座竖筋；
a—钢筋桁架节间距离；
b—钢筋桁架间距；
c—混凝土保护层厚度；
e—搭接边宽度尺寸；
f—搭接边高度尺寸；
h—钢筋桁架高度；
L—钢筋桁架楼承板长度。

图 2 钢筋桁架楼承板示意图

（a）立面图；（b）剖面图；（c）底板构筑图

2 钢筋桁架楼承板施工要点及控制

2.1 钢筋桁架楼承板施工工艺流程

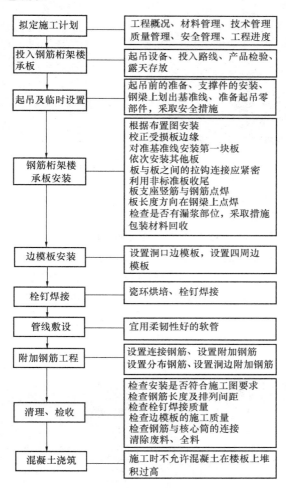

```
拟定施工计划 ──→ 工程概况、材料管理、技术管理
                质量管理、安全管理、工程进度

投入钢筋桁架楼 ──→ 起吊设备、投入路线、产品检验、
承板              露天存放

起吊及临时设置 ──→ 起吊前的准备、支撑件的安装、
                钢梁上划出基准线、准备起吊零
                部件，采取安全措施

钢筋桁架楼 ──→ 根据布置图安装
承板安装       校正受损板边缘
              对准基准线安装第一块板
              依次安装其他板
              板与板之间的拉钩连接应紧密
              利用非标准板收尾
              板支座竖筋与钢筋点焊
              板长度方向在钢梁上点焊
              检查是否有漏浆部位，采取措施
              包装材料回收

边模板安装 ──→ 设置洞口边模板，设置四周边
              模板

栓钉焊接 ──→ 瓷环烘培、栓钉焊接

管线敷设 ──→ 宜用柔韧性好的软管

附加钢筋工程 ──→ 设置连接钢筋、设置附加钢筋
              设置分布钢筋、设置洞边附加钢筋

清理、检收 ──→ 检查安装是否符合施工图要求
              检查钢筋长度及排列间距
              检查栓钉焊接质量
              检查边模板的施工质量
              检查钢筋与核心筒的连接
              清除废料、全料

混凝土浇筑 ──→ 施工时不允许混凝土在楼板上堆
              积过高
```

2.2 钢筋桁架楼承板施工要点及控制

（1）要点1：楼承板保存及吊装

楼承板的现场存放及吊装方式影响到楼承板吊装进度及板边缘变形情况，进而影响到后续的楼承板铺设质量及铺设进度。

控制措施：楼承板各捆板悬挂标识牌，注明分区、数量及尺寸；楼承板现场水平叠放，成捆堆垛，捆与捆之间垫枕木，叠放高度不宜超过三捆。楼承板吊装时，使用可重复利用的专用工具进行吊装，禁止使用吊带捆绑吊装。各捆板吊运到各相应安装区域，每捆板在钢梁上堆放时，要保证最下面一块板的端部桁架搭设在钢梁上。见图3。

（2）要点2：楼承板悬挑支撑及核心筒侧支撑设置

支撑体系的定位及标高影响到后续边模板的施工质量，进而影响到土建专业钢筋是否浇筑后漏筋、幕墙是否与结构发生碰撞等。核心筒侧支撑的合理设置，能够有效处理楼承板与核心筒间缝隙，避免漏浆。

控制措施：设计无特殊标注时，当平行桁架方向小于175mm时可不设置支撑；当垂直桁架方向小于7倍的桁架高度，可不设置支撑；当垂直桁架方向不小于7倍的桁架高度，必须设置支撑。悬挑角钢安装时，必须按照图纸设计尺寸进行拉线，并于安装完成后使用水准仪进行标高复核。核心筒侧角钢使

图 3　楼承板使用专用工具吊装

用等离子切割机按照跨度进行切割，紧贴墙体表面安装，并与钢构件进行焊接固定。

（3）要点 3：楼承板的施工与连接

楼承板作为钢筋骨架及底模板，其施工质量严重影响混凝土浇筑后是否漏浆。

控制措施：钢筋桁架楼承板铺设前，应按图纸所示的起始位置安装第一块板，并依次安装其他板，采用非标准板收尾。需要注意的是：靠近核心筒侧的两块楼承板铺设未固定前，核心筒预留筋需进行穿筋；楼承板于斜梁或边缘处进行切割时，必须使用等离子切割机进行切割，保证切割面整齐、减少不必要的热影响区域。楼承板与钢梁搭接长度不小于 50mm，应以直梁边为起始边铺设，保证铺设后波峰、波谷整齐对应。铺设就位后及时对底座竖筋进行焊接固定，对于斜梁、边缘处底座钢筋割除部位补焊竖筋及横筋。见图 4。

图 4　楼承板铺设效果图

（4）要点 4：楼承板边模板施工

边模板的施工质量直接影响到后续幕墙施工时是否造成与结构碰撞问题。

控制措施：首先查看该楼层边模板的种类，严格按照设计图纸要求各部位使用相应规格尺寸的边模板。边模板与桁架钢筋相互平行时，间隔 300mm 进行有效拉结；相互垂直时，边模板与桁架钢筋上部钢筋焊接固定。边模板直接搭在钢梁上时，边模板采用间断焊接固定，间隔 300mm 焊接 25mm 角焊缝；边模板直接与楼承板悬挑部位进行连接时，采用双排铆钉固定，间隔 200mm。对于圆弧段部分边模板要求平缓过渡，尺寸偏差不大于 30mm；对于直边及斜边边模板悬挑宽度严格按照设计尺寸。相邻边模板采用搭接连接。

（5）要点 5：栓钉施焊

栓钉作为现浇楼板的抗剪连接件，其施工质量影响楼板的整体受力性能及混凝土浇筑质量。

控制措施：按楼承板的厚度不同使用相应规格尺寸栓钉，尤其注意桁架层、避难层、加强层等楼层。瓷环施焊前必须进行烘焙。栓钉焊接前应弹墨线或者带线作业，保证平整、顺直，避免焊偏、焊穿楼承板。栓钉焊接完成后进行 30°弯曲试验检查，其焊缝及热影响区域不应有可见裂纹。检查合格后及时将瓷环等废料进行清理。重点强调：根据不同的钢梁翼缘宽度，栓钉焊接的排数不同〔当翼缘宽度不大于 200mm 时，栓钉为 1 排，居中焊接；当翼缘宽度大于 200mm、不大于 350mm 时，栓钉为 2 排，与梁中偏移（$B-150$）/2 焊接；当翼缘宽度大于 350mm 时，栓钉为 3 排，梁中及梁中向两侧偏移（$B-150$）/2 各 1 排焊接；栓钉间距为桁架间距〕；对于斜梁，栓钉应垂直于翼缘焊接。见图 5。

图 5　栓钉焊接

3　结语

钢筋桁架楼承板作为第三代压型板已广泛应用于钢结构建筑以及高层、超高层建筑的组合现浇楼板中，是其重要组成部分。楼承板施工质量的好坏直接影响到后续穿筋进度、混凝土浇筑质量及后期幕墙施工是否发生与结构发生碰撞等事宜，本工程对材料摆放吊装、支撑设置、楼承板施工、边模板施工及栓钉焊接等方面的施工要点及预防措施进行了总结与归纳，为以后类似工程施工提供经验与借鉴。

穹顶式倒挂钢桁架屋面结构分片安装施工技术

刘重斌　郑　晨　邓　旭

（中建二局安装工程有限公司，成都　610209）

摘　要　随着钢结构建筑的不断发展，屋面的钢结构形式也呈多样化发展，伴随着建筑形式的变化要求，钢桁架屋面在建筑屋面中的应用也日益增加。钢桁架屋面与普通建筑屋面相比较，具有空间跨度大、结构自重轻、节省钢材、便于设计出各种需要的外形等优点。但是其因此也具有结构形式和施工条件复杂、施工要求高、安装难度大等特点。在都江堰万达秀场项目中，钢桁架为双层布置，最大高度 37.1m，桁架跨度达 50m。最大截面为 H600×400×25×35。秀场上部穹顶采用双向钢桁架屋盖，下部表演厅采用圆弧壳状桁架结构，整个上部穹顶采用双向钢桁架屋盖通过屋架上吊柱对下部表演厅圆弧壳状桁架提供承载。针对上述吊挂结构特点，我司在综合考虑了各种因素后，就钢桁架地面分片拼装到高空吊装施工，形成了一套系统、完整的"穹顶式倒挂钢桁架屋面结构分片安装施工工法"施工工法，在应用时不但缩短了施工工期，还取得了明显的经济效益。

关键词　穹顶；钢桁架；分片安装；施工技术

1　工程概况及特点

1.1　工程概况

本工程位于四川省成都市都江堰玉堂镇万达城 E-4、E-5 地块，总建筑面积约 16510m²，秀场项目钢结构主要含有：附楼排练厅钢结构，主、附楼间钢连廊，主楼穹顶屋面桁架，主楼表演厅装饰桁架以及主舞台钢格栅，钢结构用钢量约 1100t。其中建筑最高点采用大跨度钢桁架结构，建筑最高点 37.1m，地下共 1 层，主楼地上 5 层、附楼地上 3 层，秀场穹顶采用双向钢桁架屋盖，横向 7 榀、纵向 4 榀，桁架高 5.61m，最大跨度 50m，最大截面为 H600×400×25×35，材质 Q345B，下部通过吊柱与表演厅装饰桁架连接，表演厅采用圆弧形壳状桁架结构，围绕舞台水池布置，桁架高 3m，跨度最大 50m，截面均采用方管，桁架间亦采用方管连接组成整体。见图 1、图 2。

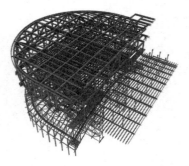

图 1　钢结构整体模型示意图

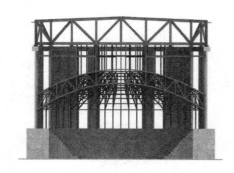

图 2　桁架立面展示图

1.2 特点

（1）采用了桁架拼装胎架进行拼装，便于钢桁架拼装地面拼装，保证桁架拼装精度及脱胎便捷，减少支撑用量和高空作业量，同时胎架可根据现场实际情况进行周转使用，大大减少了拼装措施量的投入。

（2）根据其现场情况及结构形式对分块的合理性及吊点选择，是保证桁架顺利安装的前提。合理地选择吊机及工况分析，一方面可使吊装安全可靠，另一方面能够节约吊装机械成本。

（3）根据其自上而下特殊的受力结构，对每层各单元结构受力进行分析，找出最小结构单元并对各单元独立安装进行受力分析，选择合理的安装顺序。

2 穹顶式倒挂钢桁架安装工艺流程

2.1 工艺原理

（1）根据对每层各单元结构受力进行分析，找出最小结构单元并对各单元独立安装进行受力分析，确定最小吊装单元。

（2）使用全站仪，将待拼装的桁架轴线放样至地面上。在操作架设置点精确测定操作架位置，按照轴线位置放置拼装操作架，支架地面需夯实并浇筑垫层。

（3）利用桁架分块单元的重量、就位标高、分块面积大小、吊装作业通道布置、作业半径等施工影响因素进行吊机选择和工况分析，保证合理高效进行桁架吊装施工。

（4）桁架高空就位后，由吊点位置的捯链进行竖向调整，利用在桁架上方安装的几组捯链进行桁架横向调整，保证桁架安装精度。

（5）桁架在安装前设置桁架挠度监测点，做好挠度监测记录，保证单榀桁架的安装质量。

（6）单榀吊装至安装位置，无法同时间与之间桁架进行连接，为防止桁架倾倒，除中间用钢丝绳进行拉结固定外，桁架两端进行临时加固；在桁架支座预埋板安装时，同时安装临时支撑预埋板，待桁架吊装时，焊接临时支撑与预埋板钢；临时支撑上端部与桁架直腹杆进行焊接加固，待桁架矫正焊接、相邻桁架连接后，对临时支撑杆件进行拆除。

（7）两榀桁架安装完成，必须连接其中间部分次桁架。屋面及中间层屋架连接完成后，连接吊柱。

2.2 施工工艺流程图

施工工艺流程见图3。

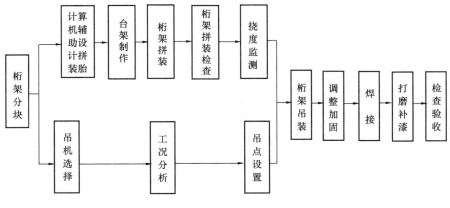

图3　工艺流程图

2.3 桁架分块

根据设计深化图纸，利用软件建立屋面桁架模型，根据对每层各单元结构受力进行分析，找出最小结构单元并对各单元独立安装进行受力分析，确定最小吊装单元。

2.4　计算机辅助设计拼装胎架

使用全站仪，将待拼装的桁架轴线放样至地面上。在操作架设置点精确测定操作架位置，按照轴线位置放置拼装操作架。

2.5　拼装胎架制作

支架截面 HM244×175×7×11、HM148×100×6×9，胎架搭设后不得有明显的晃动状，并经验收合格后方可使用。

2.6　桁架拼装

桁架依据如下拼装流程进行拼装，拼装流程见表1。

拼装说明 表1

使用全站仪，将待拼装的桁架轴线放样至地面上。在操作架设置点精确测定操作架位置，按照轴线位置放置拼装操作架，支架地面需夯实并浇筑垫层，支架截面 HM244×175×7×11、HM148×100×6×9。采用 130t 汽车吊进行拼装

| 第一步：胎架搭设，胎架搭设后不得有明显的晃动状，并经验收合格后方可使用 | 第二步：以拼装场地的基准线找正两弦杆的水平位置尺寸，并经验收合格后方可使用 |

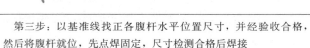

| 第三步：以基准线找正各腹杆水平位置尺寸，并经验收合格，然后将腹杆就位，先点焊固定，尺寸检测合格后焊接 | 第四步：将腹杆放置在胎架上，并与水平弦杆及竖向腹杆连接，检查连接尺寸和间隙 |

2.7　分块桁架拼装

（1）分块桁架拼装胎具搭设完成后，检查测量准确后，开始桁架杆件拼装。

（2）分块桁架拼装时，先将上下弦杆按照胎架布置位置摆放到位并做点焊固定。复核两弦杆水平位置，经验收合格后方可使用。

（3）上下弦杆固定后，以基准线找正各腹杆水平位置尺寸，并经验收合格，然后将腹杆就位，先点焊固定，尺寸检测合格后焊接。

（4）桁架拼装完毕后，严格按照桁架焊接工要求进行焊接。

（5）桁架分块拼装时，按照"上弦-腹杆-下弦"、"中间-两端（跨度方向）"的拼装顺序进行拼装。

（6）桁架拼装时，跨中垂直度允许偏差：$h/250$，且不应大于 15mm；侧向弯曲矢高允许偏差：$L/1000$，且不应大于 30mm。

2.8　桁架焊接

（1）桁架施工前，根据桁架焊接位置及坡口形式等相关要求，进行了焊接工艺评定，并在实施焊接前编制有关焊接工艺文件，指导现场焊接。

（2）桁架焊接前，均对持证人员进行了岗前培训和考试，筛选了一批技能、焊接素质较高的焊工进行了本工程桁架的焊接。

（3）桁架焊接主要采用了二氧化碳气体保护焊，同时为保证焊接质量及焊后外观一次成型，减少焊缝外观打磨清理，采用了与桁架材质配套的药芯焊丝（E501T-1）。

（4）桁架焊接顺序为"下弦焊接-腹杆焊接-上弦焊接"的顺序焊接，同时分块单元焊接从中间至两边顺序焊接，下弦焊接速度较快于上弦焊接速度。

2.9　桁架吊装监测点布置

桁架吊装前，根据桁架分块，提前做好分块桁架挠度监测，在相应位置粘贴测量反光片。桁架挠度监测控制点布置原则：跨度24m及以下钢桁架结构在弦中央一点设置挠度观测点，跨度24m以上在分块桁架跨度范围内的中央点，纵向将桁架4等分后，在4等分点上设置挠度观测点，桁架跨度范围内共设置3个挠度观测点。同时，为观测悬挑桁架挠度，需在每块桁架正前方设置两个观测点。桁架监测点均应设置在下弦焊接球位置，并在桁架吊装前，张贴测量反光片，由测量人员布置并做好记录。

2.10　桁架吊装施工机械选择

桁架吊装机械的选择，结合了单元块重量、就位标高、分块面积大小、吊装作业通道布置作业半径等施工影响进行了分析选择，根据现场情况，对吊机进行选择，并对工况进行分析，确定高效合理吊装方案。

2.11　桁架吊装吊点及绳索选择

首先，采用Tekla深化软件对其分块桁架的重心进行了查找，并结合CAD制图软件对绳索挂设位置及长度进行定位和测量。吊点设置遵循分块桁架支撑点布置原则分布设置，通过Midas受力软件分析分块桁架应力应变是否均满足设计要求。

2.12　桁架吊装

桁架吊装过程中，起吊后通过试吊环节，观察绳索情况以及桁架变形情况，确保无误后，开始正式起吊，起吊时吊车驾驶员必须熟练掌握吊装程序，起升和下降时，吊车应基本保持匀速。

吊装过程中吊机必须与起重工相互配合，吊车司机应时刻注意指挥人员的哨音和手势，严格遵守指挥人员传递的信号命令，同时应注意桁架在空中保持平稳。吊装过程中，吊装作业人员服从现场指挥人员的统一指挥，吊装过程中设置两名指挥人员。见图4。

2.13　桁架就位加固

（1）桁架高空就位后为调整桁架与支座的距离，应根据实际情况在桁架上方安装捯链。

（2）如果桁架不能一次准确就位，应找好其就位准确位置的支座，将桁架点焊固定，通过捯链将吊钩升起或者下降至控制标高（注意此时的调整起吊或下降应是少量、逐步地进行，不能连续）。同时，注意观察已就位点固一侧桁架的情况，防止开焊。

图4　桁架吊装

（3）桁架就位满足要求后，焊接固定，完成后松钩。

3　桁架安装过程中的质量控制与管理

（1）在接到设计图纸后，通过计算机建模软件，对桁架进行分块、确定拼装坐标、选择最优化吊点设置位置，经设计确认后才可展开后续施工。

（2）桁架材料运至现场后，按照指定堆场进行存放，管件堆放时下部垫支枕木并对构件进行标识；构件进场后，质检人员对相关资料及构件自检合格后，上报监理人员对进场构件进行抽查检验。

（3）拼装前，对拼装胎架设置完成开始进行拼装前，对胎架的总长度、宽度、高度等进行全方位测量校正，确定好节点和弦杆位置后，再进行拼装。

（4）拼装过程中需对所有腹杆和弦杆位置进行测量定位，保证拼装精度。

（5）每一榀分块桁架拼装完成后需用全站仪进行一次全方位的检测、校正，确保桁架与设计状态相符。

（6）分块桁架安装就位后，通过全站仪等对位置支座中心位置进行测量、校正，确保桁架安装精度符合要求。

4 结语

采用穹顶式倒挂钢桁架屋面结构分片安装施工技术在都江堰万达秀场屋面钢桁架施工过程中较传统施工工艺而言，加快了施工进度，节约了成本，有效提高了现场施工质量，创造了良好的经济效益和社会效益。

参考文献

[1] 翟旭斌 . 穹顶式钢桁架在仓顶工程施工中的应用研究[J]. 山西建筑，2017(28).
[2] 杨长甫 . 体育馆屋面钢结构分析与施工研究[J]. 中国高新技术企业，2011(24).
[3] 杨军 . 世贸中心天幕网架的施工[J]. 工程质量，2011(07).

超大吨位多提升点大刚度离散型结构累积提升施工技术

李智华　　梁延斌　　刘续峰

（中建二局安装工程有限公司，北京　100071）

摘　要　当前我国建筑行业正处于高速发展的阶段，越来越多造型各异的城市市民活动中心拔地而起。为了满足此类场馆的建设需求，研究出超大吨位多提升点大刚度离散型钢结构累积提升技术，解决了类似钢框架-支撑体系结构累积提升安装的难题。

关键词　超重；大刚度；离散型；累积提升

1　工程概况

江北新区市民中心工程位于江苏省南京市江北新区中央商务区，定山大街与滨江大道交汇处。总建筑面积 7.5 万 m²，建筑层数地下 1 层（局部 2 层），地上 6 层，主楼高度 35.82m，裙楼 15.9m。整体造型借鉴南京瞻园，取意古典宝盒，通过上下错位的两个直径 100m 的圆形塔楼，创造出上园遮蔽下的市民广场。上园高楼结构总体采用钢框架-支撑结构体系，总用钢量约 14000t。通过顶部三层整体提升、下部两层倒挂施工的安装工艺与四个格构柱组合支撑塔架连成整体。钢框架平面投影为外圆内方，提升总重量约 5300t，提升总高度约 37m。因场地限制，提升第一阶段将基坑内 3/4 离散型结构提升约 6m 高，与基坑外 1/4 结构进行空中对接。提升第二阶段，两处结构拼装完成后，整体提升至设计标高。钢结构整体概况如图 1 所示，顶部三层钢结构俯瞰如图 2 所示。

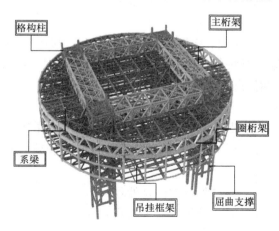

图 1　钢结构整体概况

图 2　顶部三层钢结构提升俯瞰

2　方案选择及思路

2.1　方案选择

本工程钢结构体量大，弧形箱梁及钢柱单个自重大，杆件众多且工期要求急。若采用高空散装法不

217

仅焊接工作量大、机械利用率低下而且会加大高空交叉作业工作量，增加项目的安全及质量风险。若采用常规钢结构整体提升，则四层至屋面层钢结构提升重量约为10000t，桁架拼装高度为22.4m。提升规模太大，对各类设备及支撑体系要求极为苛刻，施工风险较高，不宜采用。

根据以往类似工程的经验，以及行业专家的研讨方案。最终确定将顶部三层（六层、七层、屋面层）进行提升，下部两层（四层、五层）进行倒挂安装的施工方法，本文将重点介绍项目施工中采用的多提升点大刚度离散型结构累积提升施工技术。

2.2 方案整体思路

本工程钢结构整体提升思路为：基坑内桁架拼装后进行第一次提升，提升至与基坑外桁架标高一致时进行对接，再进行第二次整体提升。

上圆结构进行原位投影后，有大约3/4结构位于基坑内，剩余1/4结构位于基坑外，需要分别进行拼装后进行累积提升。主桁架及外圈桁架整体刚度大，但两者中间的连系桁架刚度较小，若提升点布置不合理将会导致整体结构变形无法控制。为保证主桁架、外圈桁架及中间离散桁架同步进行提升，根据对提升点受力状态进行模拟推演，计算出提升点布置最优位置。在四个支撑塔架各布置4个提升吊点作为主桁架提升点，支撑塔架两侧原结构悬挑长度13m的支撑桁架单独进行安装，作为外圈桁架的提升吊点，既节省提升所用措施材料也可以保证整体结构提升时的稳定性。

3 施工难点

3.1 筏板加固行车

问题描述：为进行钢柱安装及提升单元拼装，需要让两台280t履带吊到地下室筏板上进行作业；地下室筏板厚度500mm，项目紧临长江边，下部土质承载力弱，容易造成筏板损坏，发生安全事故，无法满足280t履带吊筏板上直接行走。

解决措施：筏板上部放置9m长度路基箱，作为履带吊行走路线，将荷载通过路基箱分散传递至筏板及承台，实现对筏板的保护。

3.2 地面拼装

问题描述：整体提升3/4结构单元在地下室筏板完成拼装，其中1/4结构单元需在基坑外围完成拼装，具有整体拼装作业量大，厚板焊接多，单次构件吊装重量大等难点因素。

解决措施：地面拼装设置拼装胎架，并对圈桁架等重大构件采取必要的加固措施。采用280t履带吊进入拼装场地进行吊装作业，解决大型构件吊装问题；基坑外围1/4拼装单元在提升过程中，设置嵌补段，与其他提升单元一起完成提升，保证就位精度同时方便两个拼装单元对接。

3.3 整体提升

问题描述：顶部三层结构整体提升作为钢结构安装最重要环节，整体提升单元重量大，达到5300t，提升点多，提升单元提升点位置整体性差，加固复杂。格构柱单独作为提升点，稳定性控制难度高。

解决措施：与专业提升单位形成技术合作，共同完成提升过程技术问题处理，对整个施工提升过程进行详细的模拟分析及推演，为提升提供完整的理论指导；对上下吊点位置进行必要的加固处理，确保提升满足承载力要求。

3.4 两次提升就位后的悬停锁定

问题描述：两次提升就位后均需大量时间进行桁架对接及加固，如何进行悬停锁定将对结构安全产生重要影响。

解决措施：通过对提升过程中各受力点的受力状态进行分析，在第一次提升后通过制作标准节支撑进行悬停加固，第二次提升后通过设计的自锁死装置进行限位锁定。

4　工艺原理及操作要点

4.1　结构分区及资源配置

根据结构特点及施工需求，将钢结构平面分为 9 个施工区域，结构分区布置图如图 3 所示，格构柱分别位于 A、B、C、D 四个区。3 台 280t 履带吊分别设置在 K 区 2 台、基坑外 1 台，每台履带吊负责三个区域的大型构件吊装及转运。其余各类 25t～200t 汽吊依据施工条件变化进行调整。见图 3、图 4。

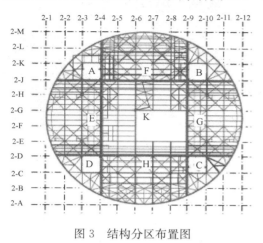

图 3　结构分区布置图

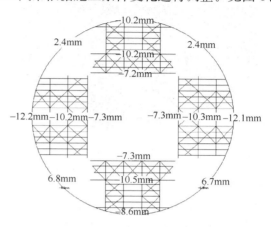

图 4　SAP2000 模拟竖向位移

4.2　结构预起拱

提升过程结构存在局部下挠，需根据模拟分析结果在拼装阶段进行预起拱，使用 SAP2000 对结构关键控制点竖向变形进行分析获得以上数据，同时根据 Midas 校核数据：选择结构起拱值圈桁架象限点位置起拱 20mm，中间桁架中点位置起拱值 15mm。SAP2000 模拟竖向位移见图 4。

4.3　桁架拼装顺序及方法

桁架拼装顺序根据吊车吊装范围及结构分区图确定，先拼装 E/G 区，再拼装 H/C/D 区，最后拼装 A/F/B 区；K 区在提升完成后进行嵌补。桁架拼装采用先桁架后系梁的顺序进行，上层钢梁就位后及时在侧向做加固支撑，避免桁架倾覆，侧向加固支撑选用 H200×200×8×12 型钢做原材料，拼装加固措施如图 5 所示。其中，H 区南侧系梁下方需增设临时加固支撑如图 6 所示。

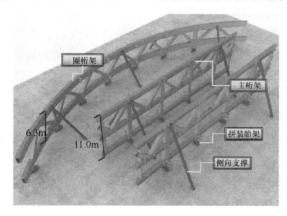

图 5　拼装加固措施

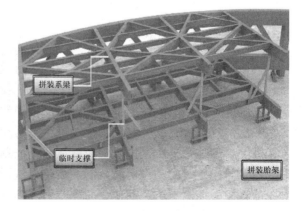

图 6　拼装临时支撑

4.4　提升架结构设置

提升架设置在柱顶及悬挑桁架上方，提升吊点下方设置斜撑柱补强，所有焊缝为全熔透焊缝，措施材料由钢结构加工厂严格按照工艺进行制作，现场进行安装，保障提升支架安装制作质量。主桁架提升支架使用截面为 600m×20mm 材质为 Q355B 的箱形梁，如图 7 所示。圈桁架提升支架使用截面为 600m×20mm、600m×30mm，材质为 Q355B 的箱形梁，如图 8 所示。

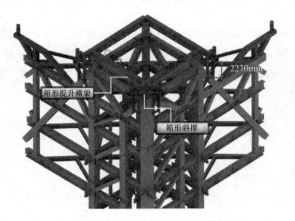

图 7　主桁架提升支架

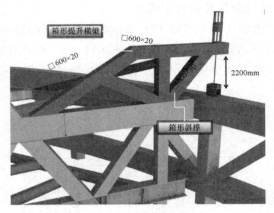

图 8　圈桁架提升支架

4.5　提升设备安装

共设置 24 个提升点，其中圈桁架设置 8 个提升点，主桁架设置 16 个提升点。提升点布置图如图 9 所示。液压提升器为穿芯式结构，中间穿钢绞线，两端有主动锚具，利用楔形锚片的逆向运动自锁性，

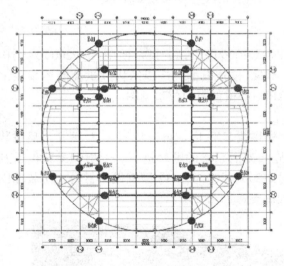

图 9　提升点布置图

卡紧钢绞线向上提升，本工程选取 8 台 TJJ-5000 提升器（圈桁架）、16 台 TJJ-3500 提升器（主桁架）；本案中最大裕度系数 2.23，最小裕度系数 1.65。液压泵源系统数量依照提升器数量和参考各吊点反力值选取，提升钢桁架结构时，每个提升塔架的柱顶位置配置 1 台 TJV-60 的液压泵源系统，共计配置 4 台 TJV-60 液压泵源系统，每台泵站驱动 6 台液压提升器。钢绞线选择 17.8mm 高强度钢绞线，单根承载力 350kN，圈桁架位置单个提升点钢绞线选择 24 根，内部主桁架提升点位置钢绞线选择 18 根，安全系数 2.83~4.02。见图 9。

4.6　液压同步提升技术

"液压同步提升技术"采用液压提升器作为提升机具，柔性钢绞线作为承重索具，液压提升器为穿芯式结构，以钢绞线作为提升索具，有着安全、可靠、承重件自身重量轻、运输安装方便、中间不必镶接等一系列独特优点。液压提升器两端的楔形锚具具有单向自锁作用。当锚具工作（紧）时，会自动锁紧钢绞线；锚具不工作（松）时，放开钢绞线，钢绞线可上下活动。液压同步控制系统由动力控制系统、功率驱动系统、计算机控制系统等组成。主要完成以下两个控制功能：

集群提升器作业时的动作协调控制，无论是液压提升器的主油缸还是上下锚具油缸，在提升工作中都必须在计算机的控制下协调动作，为同步提升创造条件。

通过调节变频器控制提升器的运行速度，保持被提升构件的各点同步运行，以保持其空中姿态完成同步提升。

操作人员可在中央控制室通过液压同步计算机控制系统人机界面进行液压提升过程及相关数据的观察和（或）控制指令的发布。

4.7 结构试提升

通过试提升过程中对钢结构、提升设施、提升设备系统的观察和监测，确认符合模拟工况计算和设计条件，保证提升过程的安全。以主体结构理论载荷为依据，各提升吊点处的提升设备进行分级加载，依次为20％、40％、60％、80％。确认各部分无异常的情况下，可继续载入到90％、100％，直至钢结构全部离地。

分级加载完毕，结构提升离开拼装胎架约100mm后暂停，悬停12h做全面检查，停留期间组织专业人员对提升支架、钢结构、提升吊具、连接部件及各提升设备进行专项检查。

4.8 正式提升

静载12h完毕后，各专业组对检查结果进行汇总，并经起吊指挥部审核确认无误后进行正式提升，液压提升过程中必须确保上吊点（提升器）和下吊点（地锚）之间连接的钢绞线始终垂直，亦即要求提升支架上吊点和桁架上弦杆的下吊点在初始定位时确保精确。根据提升器内锚具缸与钢绞线的夹紧方式以及试验数据，一般将上、下吊点的偏移角度控制在1.5°以内。同时提升点高差严格控制在10mm以内，确保结构提升点受力符合设计要求。钢结构同步提升至设计位置附近后，暂停，各吊点微调使结构精确提升到达设计位置，提升设备暂停、锁定，保持结构的空中姿态稳定不变，最后安装后补杆件集中对口焊接。

4.9 悬停加固措施

第一次悬停使用塔吊标准节作为主要支撑加固单元，塔吊标准节选择规格为QTZ6515塔吊的标准节（承载力170t），下部布置高度400mm箱形截面十字底座，上部布置十字横梁；每组标准节作为一个支撑单元，在提升单元在对接悬停阶段，安装两组标准节之间箱形钢梁，作为悬停加固措施，悬停加固示意图如图10所示，悬停加固位置平面图如图11所示。

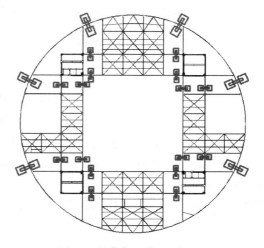

图10 悬停加固结构示意图　　　　　　图11 悬停加固位置平面图

4.10 提升就位锁死装置

在提升就位后，为保证结构在加固连接过程中的安全可靠性，在提升位置设置自锁死装置，将提升就位钢结构进行限位锁定，增加安全保障，自锁装置使用50mm厚钢板制作而成，并且使用两块厚50mm、长500mm的钢条作为销轴进行穿插固定，提升就位锁死装置如图12所示，提升就位锁死装置受力分析如图13所示。

4.11 提升单元嵌补

为增加提升安全，缩短提升支架悬挑，减少结构拼接接头数量，提升单元主桁架嵌补采用小段嵌补方式，具体为提升就位后，使用桁架嵌补单元（800mm），连接牛腿（800mm）及主桁架；嵌补段安装顺序由上向下进行，先弦杆后腹杆，主桁架嵌补段如图14所示，圈桁架嵌补段如图15所示。

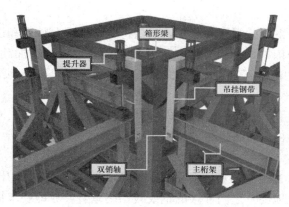

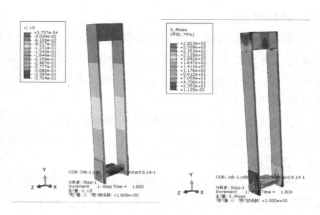

图 12　提升就位锁死装置　　　　图 13　提升就位锁死装置受力分析

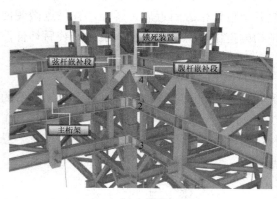

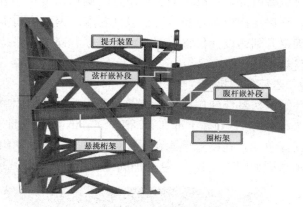

图 14　主桁架嵌补段　　　　　　图 15　圈桁架嵌补段

4.12　桁架卸载

为降低卸载风险，减小操作难度，同时结合现场实际情况，卸载采用分区域卸载，具体为：D→C→A→B 的卸载顺序；其中各区域均有 6 个提升点，单个区域内先进行外环吊点的卸载，后进行内部主桁架吊点的卸载，外环两个提升点同时卸载，主桁架提升点同时卸载；卸载过程严密观察结构变化，做好应力变形监测；每个区卸载完成后进行变形、应力数据收集，收集完成后继续下一个区的卸载。每次卸载均采用分级卸载；卸载共分 5 级；每次卸载量为总荷载值的 20%；每级卸载结束后，进行各方面数据观察和监测，无异常，继续卸载，如出现异响、应力突变、变形过大的情况，及时停止卸载，并寻找分析异常原因。

5　结束语

近几年，我国基础建设发展最快的两个方向为铁路和大型场馆、会议中心等，场馆一般都为钢结构，具有装配化程度越来越高、施工工期短、抗震性能好、节能绿色环保的优势。本文针对钢结构累积提升施工，从方案分析、桁架拼装、桁架加固悬停装置、离散型桁架整体提升等方面做了一个全面的介绍，很多技术也需在后续的工程中继续完善，相信在未来大跨度场馆的施工中会有一套更加完整、成熟的施工技术。

参考文献

［1］　中华人民共和国国家标准．钢结构工程施工规范 GB 50755—2012［S］.
［2］　中华人民共和国国家标准．钢结构工程施工质量验收规范 GB 50205—2001［S］.

[3] 中华人民共和国国家标准．钢结构焊接规范 GB 50661—2011[S].

[4] 中华人民共和国国家标准．钢结构设计标准 GB 50017—2017[S].

[5] 耿俊峰．大吨位大跨度悬挑钢结构整体提升施工技术[J]．结构施工，2015.

[6] 李新文，闫亚团，汪艳兵，李博程．大跨度钢网架"累积外扩、整体提升"施工技术[J]．建筑施工，2017.

大跨度拱形钢网架施工技术

张明亮　曾庆国　王其良

(1. 湖南建工集团有限公司，长沙　410004；2. 湖南省建筑施工技术研究所，长沙　410004)

摘　要　以某焦化厂煤场大跨度拱形网架安装工程为例，阐述了网架安装过程中设备选型、吊点布置、吊装方法、钢构件组拼装等工艺要求，采用"起步网架＋高空散装"的方法组织具体实施，并对网架的吊装过程进行了有限元验算分析，结果均满足钢结构设计与施工现行规范要求，保证了网架安装的安全性，确保了工期要求，科学合理地指导了现场施工作业，取得了良好的社会经济综合效益，为今后类似工程提供了一定的经验和参考。

关键词　钢网架；大跨度；拱形；吊装；施工技术

随着社会经济高速发展以及相关技术提升，网架、网架结构因其具有空间受力小、自重轻、刚度大、抗震性能好、安装简单、施工速度较快等优点，被广泛应用于机场、站房、露天料场、体育馆、大跨度厂房等建筑。由于钢结构工厂预制采用定型化、设计生产，钢构件的质量能得到充分保证，因此合理选择网架、网架安装的施工方法，对加快工程进度、降低工程造价具有重要的意义。目前，网架安装的施工方法有很多，常用的有整体顶升安装法、整体提升安装法、高空散装法和高空滑移法等方法。本文以湖南某焦化厂煤场大跨度拱形网架加盖工程为例，就工程中网架吊装进行介绍和分析，为今后该类结构体系的施工提供一定的建议和指导。

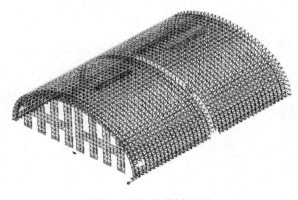

图 1　网架结构轴测图

1　工程概况

湖南某焦化厂煤场采用落地拱形空间网架结构，结构总长度为 256m，跨度有 96m、65m 两种，覆盖面积超过 4 万 m^2，如图 1 所示。该网架为多点支承的螺栓球节点（局部焊接球节点）正放四角锥三心圆柱面网架，网架上弦层中心最高标高 44.3m 和 35.6m，支座间距 8m，支座球中心标高为 4m，结构轴测图见图 1。

2　网架设计及相关参数

网架由主体结构、围护结构和辅助部分组成。主体结构为：钢网架。围护结构由檩条和单层压型钢板组成。辅助部分由封闭煤场照明系统（含主电缆接至最近的配电箱）、封闭煤场防雷与接地系统。同时封闭煤场设有供检修维护人员到达封闭煤场顶检修更换棚顶照明灯的有效设施。

该网架杆件选用材质 Q235B 高频焊接或无缝钢管，材质符合《碳素结构钢》GB/T 700 中镇静钢（B 级）的规定；螺栓球选用 45 号钢，封板锥头选用 Q235B 钢，材质符合《碳素结构钢》GB/T 700 中镇静钢（B 级）的规定；套筒当内径小于 33mm 时，采用 Q235B，当内径不小于 33mm 时，采用 45 号钢；高强度螺栓选用40Cr（调质热处理），预埋件、支座等次构件为Q235B，檩条为Q345B。网架构件表面均应进行抛丸除锈处理，除锈质量等级应达到《涂覆涂料前钢材表面处理 表面清洁度的目视评定》GB/T 8923.1～8923.4中Sa2.5级标准。防腐底漆：环氧富锌底漆涂层厚度不小于$70\mu m$，环氧云铁中间漆$70\mu m$，丙烯酸聚氨酯面漆两道$70\mu m$。

3 网架施工方案

根据本工程的结构特点及以往类似工程的安装经验，经专家多次论证最终决定焦化厂煤场网架工程采用起步网架＋高空散装的方法组织施工。

结合本工程结构特点和现场平面布置情况，为了加快屋盖施工进度，并能很好地和主体施工配合，网架安装按照伸缩缝位置分为两个施工区域进行安装，每个施工区域个设置一个起步网架区域，每个起步网架宽度为2个柱距，$4.325\times2=8.65m$。每个起步网架沿着纵向分为3个网架单元，各单元地面拼装后，利用起重设备吊装就位，空中对接。再单元间设置临时支撑架作为网架单元的支撑，兼做工人施工平台。

即从中间开始地面拼装成型、在跨中相应位置搭设临时支撑架，由多台吊车由中间至两端进行"吊车辅助、高空散拼"施工；同时分为两个阶段，第一阶段为起步阶段，第二阶段为高空散拼阶段。地面拼装后进行多机配合吊装，利用已吊装好的网架作为起步进行高空散拼。

4 网架拼装施工区块划分

为方便网架安装过程中对构件材料进场顺序及堆放场地等安排，确保安装工期，加快施工进度，便于加工、现场寻找材料，沿网架长度方向划分为五个施工分区，如图2所示。

5 起重机械选型

选用25t（QY25）汽车吊4台，负责钢构件卸货、倒运，地面拼装，以及30.0m标高以下小锥体单元和檩条吊装。50t（STC50）汽车吊4台，负责30.0m标高以上小锥体单元和檩条吊装。80t汽车吊4台，负责网架分块吊装。

6 施工验算

6.1 起重设备验算

（1）网架起步跨吊装荷载为32t（被吊钢结构最重为21t），使用4台QY80K汽车起重机进行吊装。起重高度为35m，起重半径12m，单台起重机起重能力为10.4t，总起重能力为33.28t，满足施工要求。

（2）吊装钢丝绳及索具计算：

1）钢丝绳计算

本验算仅对构件吊索进行验算，不包括吊机本身的吊索。

最大起步网架重量约32t，约320kN，采用8点绑扎起吊，钢丝绳之间的夹角为α取$60°$，则每根钢丝绳所受拉力为：

$$\sum S_0 = P \times K/b = 500 \times 8/(8 \times \cos30° \times 0.82) = 599.8kN$$

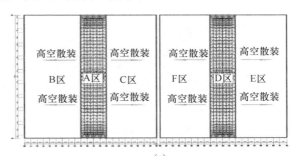

(a)

(b)

图2 网架吊装施工分区

(a) 分区示意图；(b) 杆件分放区

式中　$\sum S_0$——每根钢丝绳所受拉力（kN）；

P——桁架段总重量 320（kN）；

K——钢丝绳使用安全系数，取 K 为 8，安全系数 K 取值根据《建筑施工起重吊装安全技术规程》JGJ 276—2012 确定；

b——考虑钢丝绳之间荷载不均匀系数 0.82。

根据《钢丝绳通用技术条件》GB/T 20118—2017 中钢丝绳的力学性能表选择 6×37 系列 FC 纤维芯钢丝绳，钢丝绳公称抗拉强度为 1770MPa，直径＝34mm 的钢丝绳最小破断拉力＝604kN＞599.8kN，满足吊装要求。

2）卡环计算

钢柱吊装时选用 D 型卸扣，型号为 D-5/8，额定荷载为 3.25t＞1.8t，满足要求。

6.2　网架吊装验算

在组装过程中下弦节点球处设置三道拉锁，在 65m 跨的下弦节点球处设置两道拉锁，用来防止起步架组装过程中因张力而产生的误差，如图 3、图 4 所示。受力计算如下：

（1）地面拼装第一道拉索设置计算：

计算依据控制 1、2 点间距与零状态下长度相等，经计算拉索预张力为 54kN，施加预张力后计算结果如图 3 所示。

可知，杆件强度、节点位移满足施工安全性要求。

（2）地面拼装第二道拉索设置计算：

计算依据控制 1、2 及 1、3 点间距与零状态下长度相等，经计算拉索预张力为 19kN、310kN，施加预张力后计算结果如图 4 所示。

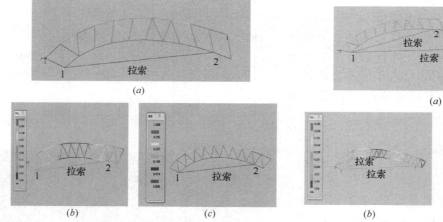
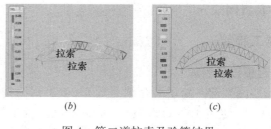

图 3　第一道拉索及验算结果　　　　　图 4　第二道拉索及验算结果

（a）第一道拉索；（b）施加预张力后节点 Z 向位移；　（a）第二道拉索；（b）施加预张力后节点 Z 向位移；

（c）单元强度验算结果　　　　　　　　　（c）单元强度验算结果

可知，杆件强度、节点位移满足施工安全性要求。

6.3　临时支撑验算

（1）地基承载力验算

施工现场土壤为粉质黏土，其承载力为 250kP/m²，支撑荷载为 420kN/4＝105kN，地基承载力为 3m×3m×250kP＝2250kN≥105kN，所以，地基承载力满足支撑要求。

（2）临时支撑钢管验算

安装临时支撑采用 $\phi600\times10$ 钢管。起步架分段吊装时单片重量为 32t，在网架悬挑一侧并排布置两根临时支撑钢柱，钢柱高度为 35m，单根钢柱承受荷载 105kN，支撑钢管按受压稳定性进行验算，结果满足支撑稳定性要求。

7 网架吊装施工流程

7.1 网架吊装总体施工流程

施工准备→放线定位→起步网架地面拼装→吊装起步网架→继续拼装起步网架→复核尺寸→起步网架吊装就位→地面拼装小单元→高空吊装小单元→检测、验收。

7.2 网架吊装过程

网架起步跨安装分为两个阶段，第一阶段为起步阶段，第二阶段为高空散拼阶段。

第一阶段：将网架 A 区、D 区各分为 3 个施工段作为起步跨进行地面拼装。

第一步：起步跨分三段在地面完成拼装；

第二步：利用 4 台 QAY50T 汽车起重机将第一段边跨网架吊装至设计位置；

第三步：利用 2 台汽车起重机将跨中第三段网架吊装至设计高度；

第四步：利用 2 台汽车起重机将跨中第二段边跨网架吊装至设计高度并在两侧网架对接处进行空中对接并安装支座固定。

第二阶段：由多台吊车由中间至两端进行"吊车辅助、高空散拼"施工。

7.3 总体吊装方法

根据伸缩缝的位置将整个网架分为 3 个施工区，每个区设置一处起步网架安装区域。将网架分为三段，每段在地面拼装成整体，利用吊机一次安装就位，安装示意图见图 5。

（1）起步网架的吊装

1）起步网架的定位

工程网架面积大，高度大，结构自重较大，且杆件

图 5　安装立面示意图

众多。因此按照以下几点设置和吊装起步网架：避开最不利位置、便于吊装操作、对场地影响小、整体稳定性强、避开临界荷载进行吊装。

2）起步网架的地面拼装

① 对照发货清单及安装图对进入现场的部件进行清点，然后根据网架安装的先后顺序组织上料，在工作平台上配料，然后拼三脚架，推三脚架进行网架拼装。见图 6。

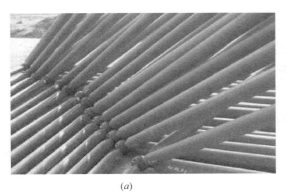

（a）　　　　　　　　　　　　　　　　（b）

图 6　三脚架及现场拼装

（a）三脚架；（b）三脚架拼装

②网架起步安装，由队长统一指挥，队员找准支座，装好相应的球和杆件，起步单元网成后，及时组织自测自检，螺栓连接部位要拧紧到位，严格进行网架位置的调整，要求网架支座偏移严格控制在允许误差内。见图7。

③起步网架拼装位置：起步网架宽度8.6m，沿着跨度方向分成3个施工段，每段之间采用临时支撑进行固定和支撑。3段起步网架均在原位拼装，位置见图8。

图7 网架拼装检测

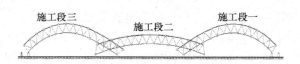

图8 起步网架步对接位置示意图

（2）起步网架的吊装

起步网架吊装的起重设备、吊点布置及流程如图9、图10所示。

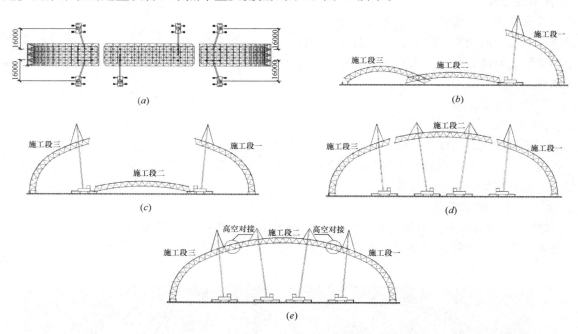

图9 起步网架吊装示意图

(a) 起重设备及吊点布置；(b) 第一段吊装；(c) 第三段吊装；(d) 第二段吊装；(e) 对接处构件吊装

1）起步跨第一段吊装。重量21t，最大安装高度35m。一段位于支座并用钢筋固定。采用2台50t汽车吊进行安装，工作半径12m。

2）起步跨第三段网架吊装，重量21t，最大安装高度35m。一段位于支座并用钢筋固定。采用2台50t汽车吊进行安装，工作半径16m。

3）起步跨第二段网架吊装，采用2台50t汽车吊进行安装，工作半径16m。

4）补充网架对接处的杆件，将整个起步网架连接成整体。

7.4 临时支撑设置

网架高空散拼过程中为保证网架节点坐标准确，防止网架下挠，自起步网架安装完成开始，在网架跨度中央随安装方向布置临时支撑钢柱，安装临时支撑采用 $\phi600\times10$ 钢管。柱脚基础夯实并做好防积水措施，底板采用 $800mm\times800mm\times20mm$ 钢板，如图 11 所示。

图 10 起步网架吊装现场图

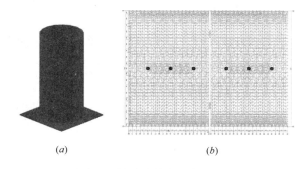

(a)　　　　　　　(b)

图 11 临时支撑柱及布置图
(a) 临时支撑；(b) 布置示意图

8 结语

结合工程的结构特点及以现场安装环境，采用"起步网架＋高空散装"法对某焦化厂煤场加盖工程网架进行吊装施工。详细阐述了施工过程中吊装设备选择、吊点布置、吊装方法、钢构件拼装，并对吊装过程进行了计算和验算分析。结果均满足规范和设计要求，能确保网架吊装施工的安全性，保证了吊装进度和安装精度，取得了良好的社会经济效益，可为今后的相关工程提供了一定的经验和参考。

参考文献

[1] 张明亮. 顶升施工技术在张家界荷花机场航站楼钢网架工程中的应用[C]. 装配式钢结构建筑技术研究及应用. 中国建筑金属结构协会，2017：169-176.

[2] 赵娜，赵宇新，刘丽红，任晓，梁红玉，张一帆. 站房大跨度双曲屋面网架施工综合技术[J]. 施工技术，2018，47(S4)：1588-1591.

[3] 曾渝硖，邱军锋. 现场空间受限的大跨度螺栓球网架结构的安装[J]. 建筑施工，2016，38(08)：1058-1060.

[4] 吴辉，邵勤. 大跨度干煤棚网架施工及质量控制[J]. 江苏电机工程，2007(05)：56-58.

[5] 蒋国明，王大伟，张贵廷. 深圳大运中心主体育馆钢结构屋盖吊装施工技术[J]. 建筑机械化，2011(S2)：5-8.

[6] 苏金飞. 陡河电厂扩建工程干煤棚网架施工[J]. 内蒙古科技与经济，2010(16)：77.

[7] 姜志勇. 一种大跨度料棚网架的施工方法实践和应用[J]. 中国建筑金属结构，2019(05)：66-69.

[8] 韩士道. 浅谈网架结构安装的几种施工工艺[J]. 建设监理，2016(09)：78-80.

大跨度空间钢结构转换支撑体系及监测技术研究与应用

沈万玉[1]　陈安英[2]　田朋飞[1]

（1. 安徽富煌钢构股份有限公司，合肥　238076；2. 合肥工业大学，合肥　230009）

摘　要　本文以淮南大剧院屋盖钢结构施工为背景，着重介绍了大跨度空间异形钢结构支撑体系高空转换的施工方法。利用原设计结构自身承载性能，设计了具有创新意义的悬空转换支撑体系及监测技术，实现了上部大跨度空间异形钢结构高空原位拼装及高空体系转换，极大地节约了施工成本，顺利地完成了复杂条件下大跨度空间异形钢结构施工。

关键词　大跨度；空间异形钢结构；转换支撑；监测技术

随着国民经济的发展，建筑新材料不断出现，建筑技术日新月异，人们对建筑尤其是大型公共建筑的要求越来越高。由于工程项目的唯一性，不同的工程面临不一样的复杂环境，导致施工难度越来越大。因此每个大跨度空间钢结构的施工方法都有其自身特点和不同的适用范围，施工方法选择的合理性将直接影响工程质量、施工进度、施工成本等技术经济指标。而传统的结构设计方法只关心结构最终成型状态，在设计过程中对最终成型状态一次加载，这与施工过程中各种因素不断变化的实际情况不符，因此对于大跨空间结构，不仅要关心最终成型状态，而且要关注施工全过程。空间结构向着超大跨度、超大空间的方向发展，根据不同结构形式的特点，结合施工条件，确定正确的施工方法、合理的施工顺序和科学的分析方法，是解决复杂施工条件下空间结构施工的关键性问题。

1　工程概况

淮南大剧院以五角星为设计原形（图1），总建筑面积达2.3万 m²，可容纳1280人。该工程位于淮南市山南新区淮河大道东侧，南纬一路北侧，工程建成后，将成为山南新区地标性建筑，也将成为体现该市城市建设进程、展现文化内涵的重要窗口，对推进地方精神文明建设具有里程碑式的意义。淮南大剧院钢结构有两部分内容：一部分为金属顶钢结构屋盖（图2）；一部分为平台混凝土结构。金属顶钢

图1　淮南大剧院建筑实景图

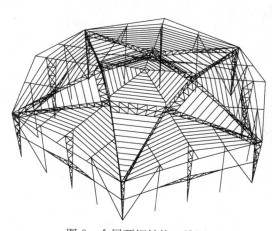

图2　金属顶钢结构三维图

结构主要采用桁架及次梁结构，其中，桁架截面高约 2m，弦杆主要截面为 H300×300×10/16、H310×300×10/16，腹杆主要截面为 H150×150×6/8、H100×100×6/6；钢梁及钢柱截面主要为 H400×400×16/20、H600×600×6/8。檩条截面主要为 □300×200×12×12、□250×200×6×6。

2 施工方案概述

金属顶钢结构位于平台混凝土结构上，剧院外侧为消防通道，楼面荷载无法满足吊装施工车辆行走及工作荷载需求；桁架下有地下室及剧院看台等影响因素，现场拼装场地小且吊机无法进入桁架下进行吊装；若采用塔吊分段安装，由于塔吊起重量及节点刚度无法满足提升受力要求，因此塔吊起吊及结构跨外吊装难度均较大。

单榀桁架长度约为 82m，因此采取工厂分段加工，现场高空对接的方案进行安装。采用搭设临时支撑架在高空原位拼装的方法进行施工，但因桁架拼接点距离地面高度较高，且桁架自身高度高，因此容易造成构件失稳。为解决此问题，采用在剧院屋顶钢结构桁架上设置转换梁，利用转换梁过渡支撑方案，金属屋面桁架采用对称同步吊装，尽早形成局部稳定的安装单元原则进行高空原位拼装。

3 转换支撑体系施工技术

3.1 桁架安装顺序及吊装分析

金属顶桁架梁成五角星形状，共五榀梁，跨度相同，重量相同，采取高空原位单元安装法安装，即在工厂进行散件制作，运输到现场地面拼装为单个单元后，再吊装到高空对接安装。根据工程特点采用有限元分析软件，对设想的几种不同的安装顺序进行工况分析，选取最利于桁架变形控制的安装顺序，每榀梁分成三段吊装，两端重量 7.7t，中间一段 4.2t，吊装时先吊两端、再吊中间，吊装时吊装最大半径 62m；考虑到吊钩及吊索重量，按照 9t 配置履带吊。经过分析，选用 300t 履带吊，采用 72m 主臂 +36m 副臂，按照 SWSL 工况（图 3、图 4），在 66m 半径，主臂 65°仰角情况下，最大可吊 28.8t，满足构件吊重要求。

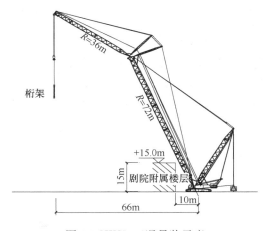

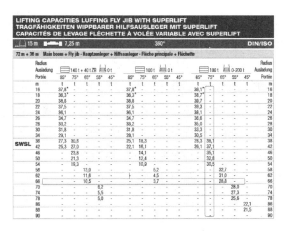

图 3 SWSL 工况吊装示意　　　　　图 4 SWSL 工况起重性能

3.2 转换支撑设置

由于桁架采取分段吊装的施工方案，需要在桁架分段处设置临时支撑架，以便桁架高空就位和焊接。临时支撑架最大高度达 30m，所有组件均采用圆管构件，临时支撑架落位于看台混凝土楼板上，但因楼板自身无法承受荷载，需要通过在混凝土楼板下部加设支撑架，将荷载传递到基础底板，如采用此种方案，因支撑架高度较高，如需保证支撑架的稳定，支撑架需设置缆风绳，这样一来，不但不方便操作，而且安全性不强。经综合考虑，结合现场实际情况，通过验算，采用支撑架布置在标高为 21.400m

的屋顶桁架层上实现高空转换即临时胎架转换，从而避免从看台底座搭设高约 30m 的支撑架，提高施工安全性并有效降低相关费用。

将胎架间隔设置在钢梁上，胎架与钢梁之间设置胎架支撑 H 型钢梁，即转换梁。转换梁采用两道 H 型钢梁组成，转换梁垂直放置于钢梁上，胎架上方设至 H 型钢梁，H 型钢梁用于支撑千斤顶，千斤顶顶住施工桁架，从而完成整体胎架布局，胎架转换支撑 H 钢梁选用 H500×280×8×14，转换支撑布置如图 5 所示。

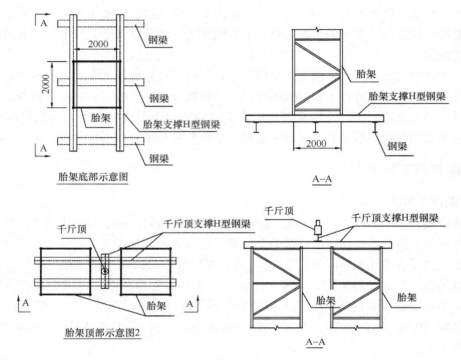

图 5　转换支撑布置图

3.3　胎架材料

采用框撑式临时支架，本支撑设计为标准节的形式，标准节尺寸为 2m（长）×2m（宽）×1.5m（高），采用 Q235 钢管焊接而成，标准节主肢为 $\phi89×4$ 钢管，同时本标准节可以拆卸为一片片式方框，运输极为方便，标准节之间采用法兰连接，故本标准节有运输方便、拆装方便、承载力大等优点。胎架立面布置、标准节支撑如图 6 所示。

3.4　胎架支撑受力验算及胎架卸载验算

（1）胎架过渡梁验算

胎架过渡梁选用 H500×280×8×14，在施工荷载作用下：

1）简支梁截面强度验算

简支梁最大正弯矩（kN·m）：345.205（组合：2，控制位置：2.200m）

强度计算最大应力（N/mm²）：154.155＜f＝215.00

简支梁抗弯强度验算满足。

简支梁最大作用剪力（kN）：158.266　（组合：2，控制位置：0.000m）

简支梁抗剪计算应力（N/mm²）：43.611＜f_v＝125.00

简支梁抗剪承载能力满足。

2）简支梁整体稳定验算

平面外长细比 λ_y：100.877

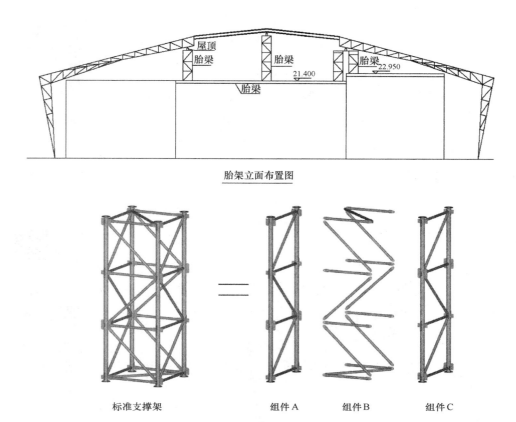

图 6　胎架立面布置、标准节支撑图

梁整体稳定系数 ϕ_b：0.806

简支梁最大正弯矩(kN·m)：345.205(组合：2，控制位置：2.200m)

简支梁整体稳定计算最大应力(N/mm²)：200.859＜f＝215.00

简支梁整体稳定验算满足。

挠度验算满足要求，并制作预起拱。

（2）卸载模拟计算

为避免屋面桁架梁承重过大，胎架在次构件安装前卸载，为了保证桁架结构在安装过程中的稳定，保证结构由施工状态缓慢过渡到设计状态，结构在拆除胎架后，保证桁架与设计初始位置相吻合，同时桁架落位过程是使屋盖桁架缓慢协同空间受力的过程，此间，桁架结构发生较大的内力重分布，并逐渐过渡到设计状态，因此，桁架落位工作至关重要，必须针对不同结构和支承情况，确定合理的落位顺序和正确的落位措施，以确保桁架安全落位。

考虑到胎架最大承重在 HJ-1 桁架梁上，故以 HJ-1 作为验算分析对象，HJ-1 在施工荷载作用下，杆件最大应力比约0.58，竖向最大位移约48.7mm，满足设计要求。屋面主体结构按同步卸载计算，卸载后最大位移为50.9mm，约为1/1650，满足设计要求。为确保设计标高，根据卸载最大位移量，在构件制作及安装前提前考虑起拱，以抵消卸载位移量。如图 7 所示。

3.5　卸载测量监控

卸载监测以变形监测为主，包括对主体结构的监测及对临时支撑的监测。本工程现场监测采用与合肥工业大学共同研发的淮南大剧院在线结构健康监测系统（图8、图9）进行现场实时监测，主要采用物联网技术进行全面的参数采集、信息可靠传输、数据智能化处理。

根据工程监测需求做如下监测方案：

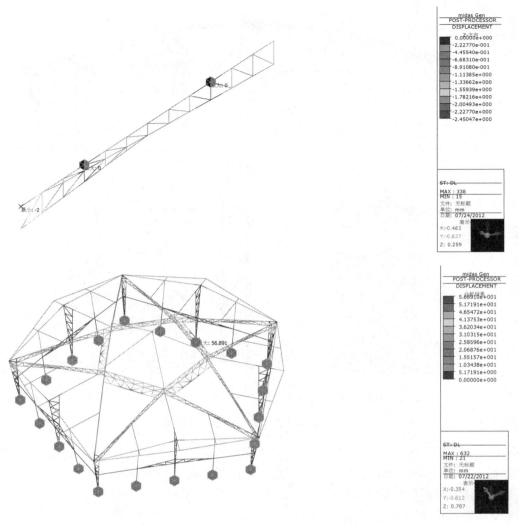

图 7　有限元分析

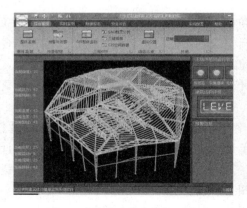

图 8　建筑状态信息服务平台

图 9　整体监测

（1）应变类：通过测算钢结构不同部分的应变情况进行整体跨度受力分析，监测 7 处应力信号，监测位置分布于最大跨度 80m 主梁集中受力处。

（2）环境类：考察环境因素对于钢结构稳定性的影响，监测两处温度、风速、风向信号，监测位置位于钢结构外部选取的迎风面和被风面各一处。

（3）位移类：分为纵向和横向位移两种，综合考察钢架整体结构的变形。

（4）振动类：监测钢架下部屋顶处的坍塌险情，监测 5 处加速度信号。

通过现场设置的测量控制点，采用物联网技术传输至数据集成系统处理，对现场进行动态实时监测，同时采用刻度对比的方法观测每个胎架的卸载量，做到了卸载安全可靠。

4 结束语

本文以淮南大剧院金属屋面桁架钢结构施工为背景，利用原设计结构自身承载性能，设计了具有创新意义的悬空支撑体系及物联网监测系统，实现了上部大跨度空间异形钢结构高空原位拼装及高空体系转换，既节约了成本，提高了效益，又消除了安全问题，起到了良好的效果，为研究复杂条件下大跨度空间异形钢结构施工技术提供基础。

随着全国各地文化事业不断发展及各种类型文化场馆的不断兴建，剧院结构样式也会层出不穷，本文希望能为今后类似工程提供参考。

参考文献

[1] 王小宁. 钢结构建筑工业化与新技术应用[C]. 北京：中国建筑工业出版社，2016.

[2] 周观根等. 大连国际会展中心钢结构工程施工关键技术[J]. 建筑钢结构进展，2012(5)：53-58.

[3] 中华人民共和国国家标准. 钢结构工程施工质量验收规范 GB 50205—2001[S]. 北京：中国建筑工业出版社，2001.

[4] 扈朝阳，宋红智. 天津大剧院钢结构屋盖施工技术[J]. 施工技术，2013(20)：7-10.

[5] 何焯. 设备起重吊装工程便携手册[M]. 北京：机械工业出版社，2005.

[6] 韩凌，闫海飞. 新建铁路哈大客运专线大连北站站房钢结构工程安装和施工技[J]. 建筑钢结构进展，2012(4)：56-64.

[7] 中华人民共和国行业标准. 空间网格结构技术规程 JGJ 7—2010[S]. 北京：中国建筑工业出版社，2010.

[8] 周在杞等. 金属(钢)结构质量控制与检测技术[M]. 北京：中国水利水电出版社，2008.

[9] 中华人民共和国国家标准. 钢结构工程施工规范 GB 50755—2012[S]. 北京：中国建筑工业出版社，2012.

[10] 孙夏峰，丁明华. 宜兴文化中心大剧院主舞台栅顶钢结构施工技术[J]. 施工技术，2013(21)：4-6.

"叠层拼装、分层整体提升"施工技术的研发及应用

周进兵　孙学军　周文浩　刘世松　柯忠亮　王　典

(中建三局第一建设工程有限责任公司，武汉　430040)

摘　要　河南省科技馆中庭连廊为网架结构，屋脊为桁架结构，钢结构与土建结构施工同步进行，钢结构施工采用"叠层拼装，分层整体提升"的施工方法。脚手架支撑对地下室顶板进行加固，并通过受力验算，确保下部土建支撑结构稳定；根据结构特点，设置钢结构支撑胎架，从下至上依次完成各层结构地面拼装；结构焊接完成并整体验算后，通过穿芯式液压提升器将拼装结构从上至下依次提升至结构标高，完成钢结构施工。通过该施工方法减少多专业同步施工影响，极大地提高了施工效率，确保工程的顺利履约。

关键词　整体提升；叠层拼装；网架；钢结构；大跨度；施工

1　前言

液压同步控制施工技术在我国始于 20 世纪 90 年代初，最初由同济大学引入并推动进行开拓性发展。最早应用于上海东方明珠广播电视塔钢天线桅杆整体提升（1994 年），北京西客站主站房钢门楼整体提升（1996 年）及上海大剧院钢屋架整体提升（1997 年）等重大建设工程中。30 多年以来，液压同步控制施工技术经历了从液压同步顶升到液压同步提升，再到液压同步滑移；由间歇式液压同步提升到连续式液压同步升降，再由间歇式液压同步滑移到连续式液压同步滑移；液压同步控制施工技术在我国得到了长足的发展。

河南省科技馆项目为重点民生工程，在工期、质量、安全、投资、项目管理等各方面均受社会各界人士广泛关注，质量目标为中国建设工程鲁班奖，安全目标为全国标准化示范工地。项目连续五年写入河南省政府工作报告，要求加快工程建设。在限概、限期条件下实现高品质建造，项目钢结构施工通过采用"叠层拼装，分层整体提升"的施工方法，极大地提高了施工效率，有效缩短工期，同时降低措施材料投入，从而降低造价。

2　工程概况

河南省科技馆主场馆建筑形态奇特，宛如螺旋桨引擎和飞鸟展翼，寓意"郑州腾飞、河南崛起"。项目定位为国际视野，彰显中国气质，又富有河南特色，符合大众审美观念的智能化、智慧型、现代化科技馆。项目建设将使河南省成为中原地区最主要的科普教育基地和重要的精神文明建设基地，对促进中部崛起具有重要意义。本项目为目前全国在建的最大的科技馆项目，是河南省头号重点民生工程，是展现河南文化实力、传播河南历史文化的窗口，钢结构用量约 1.5 万 t。

中庭钢结构主要由二、三层连廊＋屋脊桁架＋球幕影院组成，二、三层连廊为网架结构，结构高为 3m，上弦杆为箱形，下弦杆、腹杆为圆管，位于结构 2F、3F，结构标高分别为 13.9m 及 23.9m，结构内分布 8 根圆管柱，主要材质为 Q345B，楼板采用钢筋桁架楼承板；屋脊桁架为空间桁架结构，桁架上下弦高 3m，结构顶面标高 42m，桁架最大跨度为 100m，截面形式为矩形管、圆管，主要材质为

Q345B；屋面采光顶为单层网壳结构，顶面标高43.65m，弦长27.15m，典型截面H200×200×8×12，铝合金材质等级为6061-T6。

中庭钢结构东侧、南侧、北侧为框架结构，以下简称东塔、南塔及北塔，东塔为钢框架结构，南塔及北塔为混凝土框架结构。中庭连廊与钢管柱焊接连接，连廊周边与南塔、北塔及东塔结构埋件焊接；屋脊桁架与南塔、北塔及东塔结构顶部埋件通过球铰支座连接。见图1。

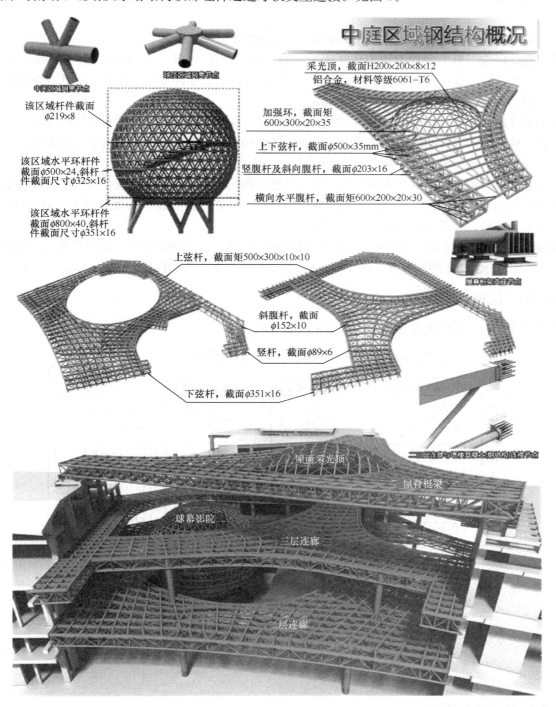

图1 钢结构概况

3 施工方法分析选择

在本工程中，"叠层拼装，分层整体提升"较常规的散件吊装施工方法有以下优点：

（1）减少措施材料投入

采用散件吊装，过程中需大量超高胎架支撑，采用地面拼装减少胎架高度，有效地降低了胎架投入。

（2）减小高空作业量及高度，降低安全风险，增加施工效率

采用散件拼装，施工过程中均为高空作业，结构标高分别为 13.9m、23.9m 及 42.6m，安全风险极大，高空作业施工难度大，效率低，采用地面拼装，可以有效地降低施工高度，同时增加施工效率。

（3）钢结构提前插入施工，从而保证工期

采用散件吊装，需主体结构对应标高施工完成后插入施工，钢结构施工插入时间将大大延后，采用地面拼装，待地下室顶板结构施工完成，随即插入钢结构施工，极大地提前了钢结构完成时间。

（4）减少对塔吊资源需求

采用散件吊装依赖现场塔吊资源，钢结构与土建结构同步施工，现场塔吊必然无法同时满足吊装需求，同时受现场条件及结构特点约束，无法新增吊装机械，必将极大地制约现场施工；通过地面拼装，采用汽车吊上楼板，有效地解决吊装机械问题。

通过对比分析，考虑项目工期紧，以保证项目履约为前提；考虑钢结构与土建同步施工，现场塔吊无法满足吊装需求；考虑土建结构施工进度不受控；最终选择采用"叠层拼装、分层整体提升"施工方法。

4 施工工艺流程

叠层拼装，分层整体提升施工工艺流程如图 2 所示。

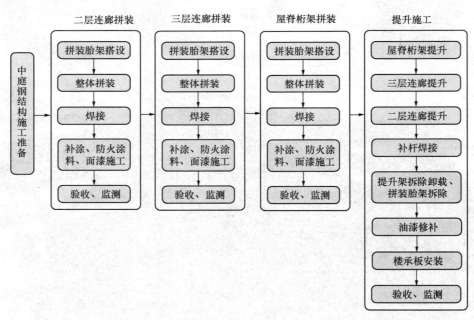

图 2　施工流程

5 现场施工及控制要点

5.1 施工准备

进行地下室顶板上部钢结构拼装前置条件较多，关键影响因素包括以下几个方面：

（1）地下室顶板经通过受力验算，地下室顶板承载力满足或进行加强后满足结构拼装受力要求，同时满足汽车吊在地下室顶板吊装作业承载力要求，本工程采用地下室脚手架加密支撑措施，最终通过受力验算；

（2）拼装支撑措施经过受力验算，满足结构拼装受力要求，下部支撑措施同时满足上部拼装结构受力，需整体考虑；

（3）拼装结构自身满足受力要求，并结合提升施工验算，采取局部补强、置换措施，确保结构满足拼装及提升受力要求；

（4）钢结构构件分段制作满足运输条件及现场吊装要求，本工程采用 3 台 50t 汽车吊在地下室顶板、1 台 50t 汽车吊在地下室进行吊装作业，根据现场吊车站位情况，核查钢结构分段情况；

（5）本工程需在地下室球幕区域搭设钢平台，用于汽车吊站位吊装，需同时设计验算钢平台承载力及稳定性；

（6）其他常规验收。

5.2 现场拼装

（1）二层拼装措施

拼装支撑措施随土建结构施工同步安装，脚手架支撑验算完成，待地下室顶板混凝土达到 75％设计强度且不少于 7d，进行拼装地梁安装。二层连廊地面拼装均采用 HW450×200×9×14 型钢作为支撑胎架，H 型钢胎架顶部设置 2 块 20mm 刀板，刀板用于调节下弦标高，刀板下方设置 4 块 12mm 加劲板，支撑地梁沿地下室顶板混凝土梁布置，埋件

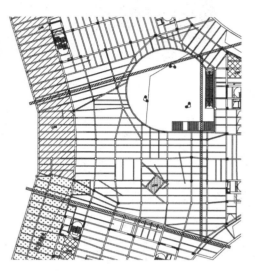

图 3　地梁胎架布置

板高于混凝土板面 10mm，使得 H 型钢地梁胎架脱离板面，保证荷载通过混凝土梁传导。见图 3～图 6。

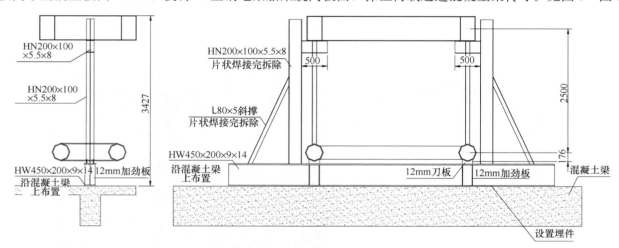

图 4　地梁详细构造

（2）三层拼装措施

三层连廊部分区域投影部分位于地下室顶板上部，此区域设置门钢支撑胎架，门钢支撑立柱设置于地下室顶板混凝土梁上，立柱下设置埋件。见图 7、图 8。

三层连廊投影区域位于二层连廊上部，采用 HW450×200×9×14 型钢支撑，H 型钢支撑设置于二层连廊上弦杆上部。见图 9、图 10。

图 5　二层连廊支撑胎架

图 6　二层连廊支撑地梁

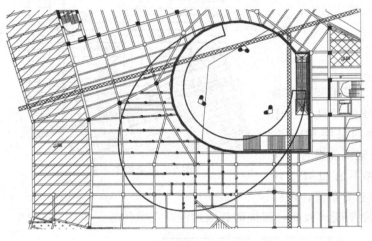

图 7　三层连廊支撑门架布置

图 8　三层连廊支撑门架

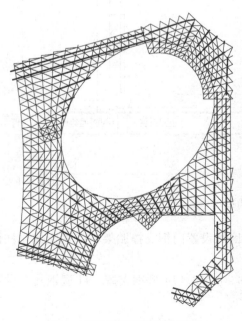

图 9　三层连廊支撑地梁布置

图 10　现场三层连廊支撑地梁

（3）屋脊拼装措施

根据结构投影关系，屋脊支撑均采用角钢格构支撑胎架，屋脊胎架分别落位于地下室、地下室顶板、二层连廊及三层连廊。其中，地下室为筏形基础，支撑胎架与底部埋板焊接；地下室顶板混凝土梁满足承载力要求，将支撑胎架设置于混凝土上，通过混凝土梁将荷载传递至混凝土柱上；在二层连廊及三层连廊上部支撑胎架底部设置 H 型钢地梁，地梁上部分布屋脊支撑胎架。见图 11、图 12。

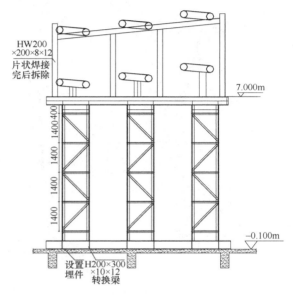

图 11　屋脊支撑胎架构造

图 12　现场屋脊支撑胎架

5.3　拼装及控制要点

为保证拼装结构提升就位后位置准确，同时减小大跨度结构受力后下挠造成标高偏差，需对拼装结构定位严格控制；地面拼装仍然存在高空作业，为保证拼装安全，设置有效的安全保证措施也是结构拼装的控制关键。

（1）拼装定位控制

拼装施工开始前，将一级控制网坐标引测至结构地下室顶板，并在地下室顶板上将杆件详细定位进行放样，并进行弹线，用于拼装过程中对构件定位进行控制，同时构件拼装就位完成后再次对构件进行复测，区域焊接完成后，对区域构件定位进行复测，整层拼装完成后，对整层构件进行复测，并记录最终坐标。通过多点多次进行定位坐标校核与控制，确保构件位置偏差满足要求。见图 13、图 14。

图 13　地下室顶板弹线

图 14　简易工装增加效率

（2）构件焊接控制

为减小焊接应力造成焊接后结构位置偏差，中庭及屋脊按照总体施工部署分区分块进行焊接，各分区区域内从中心向两边进行焊接，分区焊接完成后依次与相邻分区桁架进行焊接。

（3）结构挠度消除

钢结构本身存在塑形变形，本工程跨度大，结构受力后，必然产生较大的变形，根据提升验算中结构受力变形，在拼装过程中进行预起拱拼装，确保提升受力后结构变形满足要求。

（4）拼装过程安全管理

由于网架结构上下弦中心高差 2.5m，地面叠层拼装，仍然存在大量高空作业，需严格按高处作业要求，设置防护措施，严防人员坠落等事故发生。连廊拼装阶段，临边区域设置安全立杆拉设双道安全绳，形成封闭区域，避免无关人员进入，连廊上弦拉设安全网，设置爬梯、垂直通道及水平走道，同时在结构上弦铺设钢跳板，用于人员通行及施工作业。见图 15。

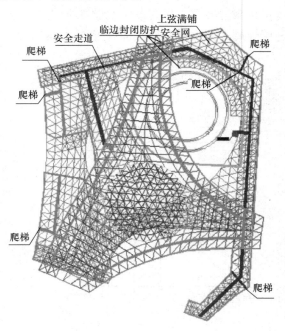

图 15　安全防护设置

5.4　整体提升控制

本工程采用先提升屋脊，在提升三层连廊，最后提升二层连廊的施工顺序；其中，屋脊提升高度 30m，最大就位标高 42.6m，提升重量 1500t，结构跨度 100mm；三层连廊提升高度 18m，就位标高 23.9m，提升重量 1200t；二层连廊提升高度 11m，就位标高 13.9m，提升重量 1500t。

提升施工采用柔性钢绞线承重、提升油缸集群、计算机控制系统、液压同步提升、机电液一体化的施工原理，实现同步升降、负载均衡、结构姿态校正、应力控制、操作锁闭、过程显示、故障报警。液压提升器工作原理如图 16～图 21 所示。

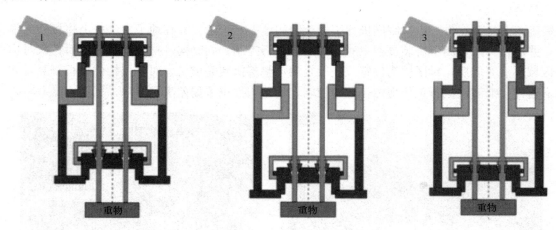

图 16　下锚松上锚紧，夹紧钢绞线　　图 17　同步提升重物　　图 18　下锚紧，夹紧钢绞线

提升施工中，各吊点加载提升力，需严格按方案进行，同时结构上升过程中的同步性也是控制重点。

（1）提升前准备与检查

提升前需对提升结构、提升系统、受力结构及周边环境会同相关单位进行共同检查，严格验收程序，确保提升过程安全稳定。

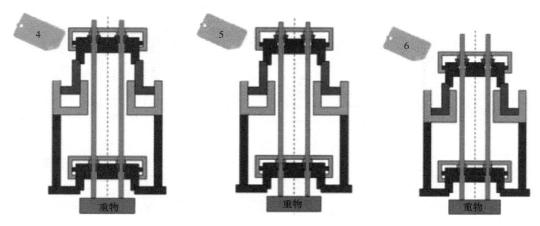

图 19　主油缸微缩，上锚片脱开　　图 20　上锚具上升，上锚全松　　图 21　主油缸非同步缩回原位

检查内容主要包括：

1）提升系统及设备连接是否正常，空载试运行是否无异常情况；

2）被提升结构与支撑胎架是否完全脱离；

3）被提升结构焊接是否完成，并通过探伤检查；

4）被提升结构加强置换是否落实到位；

5）提升通道是否顺畅，过程中无阻挡物；

6）提升受力结构是否达到承载力要求；

7）提升架是否安装正确，符合受力要求。

（2）试提升

对钢结构单元进行分级加载（试提升），各吊点处的液压提升系统伸缸压力应缓慢分级增加，依次为 20％、40％、60％、80％；在确认各部分无异常的情况下，可继续加载到 90％、95％、100％，直至钢结构全部脱离拼装胎架。在分级加载过程中，每一步分级加载完毕，均应暂停并检查如上吊点、下吊点结构、连廊结构等加载前后的变形情况，以及主楼结构的稳定性等情况。一切正常情况下，继续下一步分级加载。当分级加载至结构即将离开拼装胎架时，可能存在各点不同时离地，此时应降低提升速度，并密切观察各点离地情况，必要时做"单点动"提升。确保钢结构离地平稳，各点同步。

结构离开拼装胎架约 100mm 后，利用液压提升系统设备锁定，空中停留 4h 以上作全面检查（包括吊点结构，承重体系和提升设备等），并将检查结果以书面形式报告现场总指挥部。各项检查正常无误，再进行正式提升。用测量仪器检测各吊点的离地距离，计算出各吊点相对高差。通过液压提升系统设备调整各吊点高度，使结构达到水平姿态。

（3）提升过程同步控制

提升器有位移传感器、应力传感器、油压传感器，通过提升器位移传感器监测各吊点在每一个行程内的同步情况；提升器压力传感器反馈提升反力异常情况，若出现异常，说明提升不同步；提升速率一般为 3～5m/h，每提升 5～10m，必须停止提升，用全站仪进行结构位移观测，位移观测点需设置于每处提升吊点、结构挠度最大位置，且需保证每处观测点均在提升结构外通视。提升过程最大不同步允许值为 50mm。

（4）提升后就位控制

结构同步提升至设计位置附近后，暂停，各吊点微调使结构精确提升到达设计位置，提升设备暂停、锁定，保持结构的空中姿态稳定不变，最后集中对口焊接。

本工程存在两种对接就位形式：一种是屋脊提升段与预装段直接对位焊接；另一种是连廊提升就位后，嵌补段后补焊接。分别对于不同就位形式设置合适的对接节点。见图22、图23。

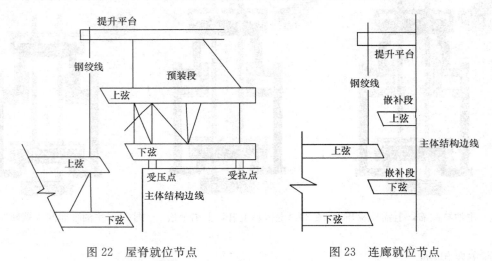

图22　屋脊就位节点　　　　图23　连廊就位节点

节点设置主要考虑以下几个方面：

1）提升段分段点尽可能靠近塔楼，减小提升平台悬挑长度，从而减小承力结构受力；

2）采用斜口方便结构提升及对接就位；

3）考虑提升过程中位置关系，避免提升中造成阻挡，连廊嵌补段待提升完成后补焊接。

考虑拼装过程中仍存在误差，为保证结构就位，对于屋脊预装段安装前，与拼装完成的被提升结构三维坐标进行核对比较，适当进行调整，从而再次核查结构是否能够准确就位。对于连廊嵌补段在加工制作过程中适当加长50mm，用于对接过程中修补调整。

5.5　提升器卸载控制

相同于提升工况，卸载时也为同步分级卸载。按计算的提升载荷为基准，所有提升吊点同时卸载10%；在此过程中会出现载荷转移现象，即卸载速度较快的点将载荷转移到卸载速度较慢的点上，以至个别点超载。因此，需调整泵站频率，放慢下降速度，密切监控计算机控制系统中的压力和位移值。万一某些吊点载荷超过卸载前载荷的10%，或者吊点位移不同步达到3mm，则立即停止其他点卸载，而单独卸载这些异常点。如此往复，在确认各部分无异常的情况下，可继续卸载至100%，即提升器钢绞线不再受力，结构载荷完全转移至结构自身，结构受力形式转化为设计工况。卸载完成，对结构进行多频次位移变形观测。

6　结束语

"叠层拼装，分层整体提升"作为提升施工方法的一种创新应用，有效地解决了受限区域多层大跨度钢结构结构安装的技术难题，本文通过对河南省科技馆项目钢结构施工过程中的控制措施进行总结和探讨，在类似工程中可提供参考。

参考文献

[1]　卞永明．大型构件液压同步提升技术[M]．上海：上海科学技术出版社，2015．

[2]　吴探．整体提升施工控制技术在绍兴世贸中心的应用[J]．施工技术，2008，37(2)：57-59．

小单元拼装法在高空大跨度钢桁架中的应用

殷小峻

（云南建投钢结构股份有限公司，昆明　650000）

摘　要　近年来随着钢结构的快速发展，钢结构的设计日益新颖，构造越来越复杂，大跨度空间结构得到了广泛的应用，但是高空大跨度钢桁架的施工仍然是一大难题，选择合适的吊装工艺对大跨度钢桁架的顺利吊装起到至关重要的作用。本文结合实际工程案例，详细介绍了小单元拼装法的施工流程及注意事项、小单元的划分及临时支架搭设方法，对同类工程具有借鉴意义。

关键词　大跨度；钢桁架；临时支架；位移计算

1　工程概况

云南省昆明市车行天下（二期）钢结构工程 A 座 3、4 层，19～13/E～H 轴之间有一大跨度钢桁架，桁架整体为双层扇形结构，层高 5.4m，上下层之间通过箱形柱与 H 型支撑连接。弧长方向分为 7 跨，外弧长 59m，内弧长 41m。桁架宽 30m，宽度方向分为 3 跨，第一跨下部为地面，距地面高度 29.4m；二、三跨下部为楼板，距楼板高度 11.3m，桁架面积 1508m²。

桁架上下弦及斜撑均为 H 型钢截面，上下弦最大截面为 H800×250×18×25，最小截面为 H600×200×14×14。腹杆为箱形截面，共计 15 根，最大截面为 □600×600×18 节点采用高强度螺栓及焊接连接，桁架总重约 216t，材质均为 Q345B。见图 1、图 2。

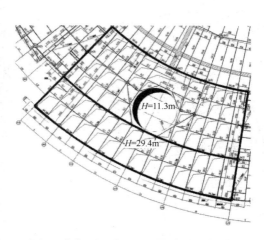

图 1　桁架平面布置图（粗实线内部分）

图 2　桁架立体图

2　施工重难点及应对措施

难点 1：桁架跨度大，高度高，外弧跨度达到 59m，宽 30m，距地面 29.4m。整个桁架重达 216t，施工难度大。

应对措施：针对桁架跨度大、高度高、重量大的特点，现场采用搭设临时支架高空小单元拼装的方式进行施工。通过合理将整个桁架划分为若干小单元，先在地面将构件组成各个小单元，再将各个小单元高空拼接，降低了桁架的施工难度，且节约了吊装时间。

难点2：构件数量多，焊接量大，焊接质量要求严格，对接焊缝均为一级焊缝。

应对措施：按设计要求选择与母材匹配的焊丝、焊剂，并在焊接作业前进行焊接工艺评定，确定焊接工艺参数；对焊接作业人员进行考核，考核合格者方可进场作业；确定合理的焊接顺序，减小桁架整体的焊接变形；防风措施设置到位；焊接完成后先由我方人员自检，合格后再由第三方复检。

难点3：桁架形状不规则，安装精度要求高。

应对措施：采用三维整体建模，对桁架进行挠度计算，预设起拱度，精确控制构件尺寸；桁架加工阶段，严格进行构件出厂检测；现场采用全站仪，对桁架中各腹杆平面坐标以及高程进行精确定位并跟踪测量。

难点4：临时支架距地面高度大，安装及拆卸难度大。

应对措施：采用通用规格支架，根据荷载情况进行安全验算，加设侧向支撑，保证强度及稳定性符合要求。在筏板顶埋设预埋件作为支架基础，支架高度根据桁架预拱度进行确定。待桁架安装完成后采用千斤顶与割除型钢短柱方式交替卸载，卸载完成后拆除支架。

3 桁架小单元划分

根据桁架结构形式及施工条件，本工程桁架主要分为两个吊装单元，单元一为1/21～23/E～F轴区域，单元二为19～1/20/E～F轴区域，如图3所示。在单元端部设置临时支架，其余桁架部分因结构不规则采用搭设临时支架高空散拼方式与小单元连接。

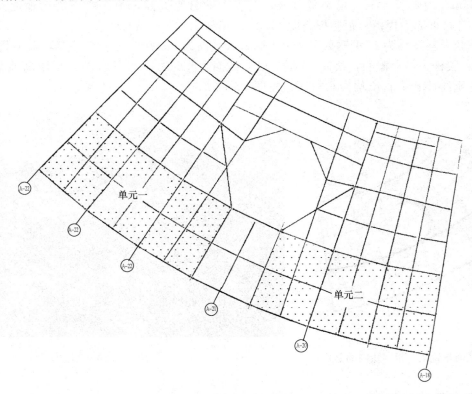

图3 吊装单元划分平面图

4 桁架挠度值及预拱度计算

因桁架横向跨度达59m，纵向跨度达30m，在桁架自重及其他荷载作用下必会产生下挠，故安装时应将桁架适当起拱，以防止下挠变形。

4.1 模型选择

利用有限元软件对桁架进行分析计算，桁架 H 轴、19 轴及 23/F 轴以上部分与楼层钢柱刚接，为固定端。计算模型见图 4。

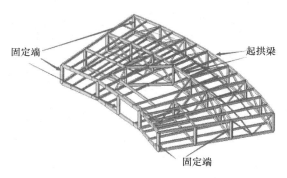

图 4　桁架计算模型

4.2 位移计算

桁架模型整体位移见图 5。

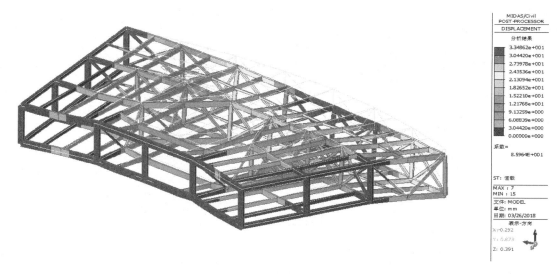

图 5　桁架模型整体位移图

由图 5 可见，其桁架竖向最大位移为 34mm，变形较小，挠度较小。因桁架上下弦分段较多，故采用折线型起拱方式，即单跨弦杆不起拱，通过腹杆标高调整的方式起拱。根据施工经验，在挠度计算基础上确定各腹杆处标高起拱如图 6 所示。

5 小单元地面组装

桁架杆件运输到现场后，需先在地面进行组装，地面组装在 H400×200×8×13 型钢以及 PL20×1000×1000、PL30×1000×1000 矩形钢板组成的马凳上进行，马凳放置于桁架腹杆正下方，根据桁架各腹杆处预拱度值，采用不同规格或者数量的钢板以产生高度差从而起拱。见图 7、图 8。

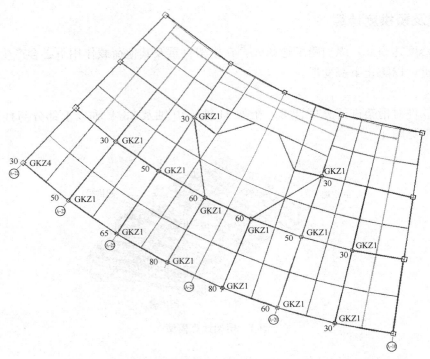

图 6　桁架腹杆预拱度图（单位：mm）

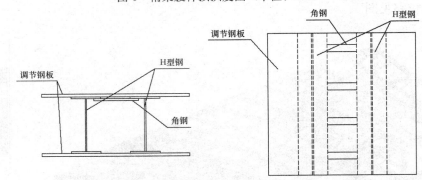

图 7　马凳示意图

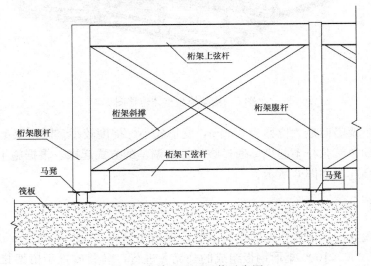

图 8　小单元地面组装示意图

6 临时支架安装

6.1 临时支架结构形式

临时支架结构形式为钢管立柱矩阵，钢管立柱矩阵由 4 根 D219×14 钢管组成 1.5m×1.5m 矩阵，钢管分为 3m 节、2m 节和 1m 节，按照每个临时支架具体净空情况确定节数，每节之间采用法兰连接。支架横杆 $\phi140×7$mm，拉杆 $\phi60×6$mm，上面采用 HN400×200×8×13 的 H 型钢做成标高调节平台。11.3m 高支架底部铺设路基板，29.4m 高支架采用预埋件与筏板相连，支架所用材料均为 Q235。

临时支架结构如图 9～图 12 所示。

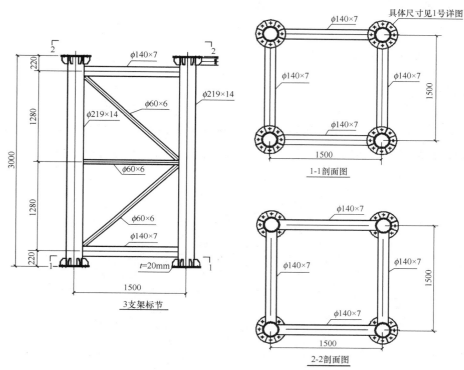

图 9 3m 支架标节结构图

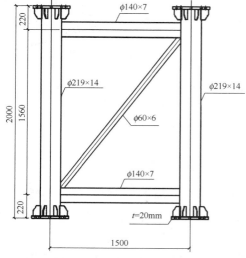

图 10 2m 支架标节结构图

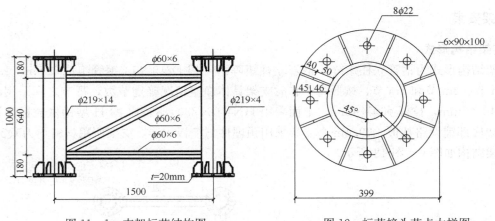

图 11 1m 支架标节结构图   图 12 标节接头节点大样图

6.2 临时支架平面布置

根据小单元的划分方式以及结构形式，桁架下部一共设置 7 个临时支架，其中 1 号、2 号、3 号支架高 29.4m，4 号、5 号、6 号、7 号支架高 11.3m。各个支架均通过 H 型钢与楼层钢梁焊接固定以增加稳定性，支架顶部标高根据桁架预拱度进行调整。临时支架平面布置如图 13 所示。

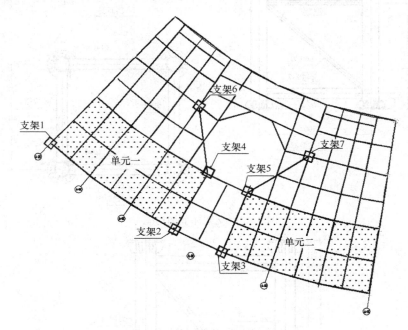

图 13 临时支架平面布置图

7 小单元吊装

7.1 吊耳及吊点选择

单元一总重 62.8t，单元二总重 56.7t。单元一和单元二长均约 25m，宽 11.4m，利用三维建模软件计算得知小单元的重心坐标，吊点选择围绕重心对称分布。两个单元均布设四个吊点，通过两台吊车双机抬吊的方式进行安装。

吊耳采用 PL20×200×200 板，材质为 Q345B，吊耳焊接于腹杆牛腿上翼缘，平行于牛腿腹板，两侧设置 16mm 厚加劲板。如图 14～图 16 所示。

图 14　吊耳构造图

图 15　单元一吊点布置图

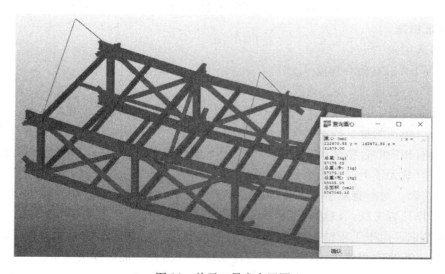

图 16　单元二吊点布置图

7.2　钢绳及卸扣选择

由上节可知，单元最大重量为 62.8t，采用双机抬吊，共四个吊点，两台吊车分别采用 2 根 10m 长钢绳吊装，钢绳与上弦杆平面夹角约 60°，吊装示意图如图 17 所示。

每个分支单股钢丝绳所需拉力 P 计算：

$$P= G/(n×\sin\alpha)＝628/(4×0.866)＝181.3\text{kN}$$

每个分支单股钢丝绳所需破断拉力 T 计算：

$$T＝(P×K_1×K_2×K)/\Psi$$

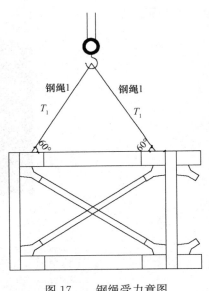

图 17　钢绳受力意图

式中　T——钢丝绳破断拉力（查表）；

$\quad\quad\ P$——钢丝绳实际需要承受的吊装载荷。

$\quad\quad\ K_1$——动载系数，取 $K_1=1.2$。

$\quad\quad\ K_2$——不均衡系数，单吊点取 $K_2=1$，双吊点以上取 $K_2=1.2$。

$\quad\quad\ \Psi$——钢丝捻制不均折减系数，对 $6×37$ 绳，$\Psi=0.82$。

$\quad\quad\ K$——安全系数，对于无弯曲吊索取值 7。

$$T＝181.3×1.2×1.2×7/0.82＝2228.7\text{N}$$

根据《重要用途钢丝绳》GB 8918—2006，钢绳选择 10m 长，$\phi60.5\text{mm}$，$6×37$ 钢丝绳，公称抗拉强度为 2320MPa，钢绳芯为麻芯，此规格的钢绳破断拉力总和为 2320kN＞2228.7kN，满足要求。

钢绳的最大拉力为 18.1t，因为市场上卸扣安全系数仅为 4，为安全计，故选取《一般起重用 D 形和弓形锻造卸扣》GB/T 25854 中 4—BW40 型卸扣，该卸扣极限工作荷载为 40t。

8　小单元吊装注意事项

8.1　拼装质量保证措施

（1）地面拼装时，先利用全站仪对每一个马凳位置进行精确放线，在地面做好标记。马凳安装后，根据桁架起拱要求，用水准仪准确控制马凳顶面标高，保证桁架整体起拱符合计算要求。

（2）高空安装时，先利用全站仪及水准仪对支架安装位置及顶部标高进行精确控制并标记小单元定位线，然后在桁架小单元上拉设缆风绳，以方便吊装时对小单元位置进行调整。

8.2　焊接质量保证措施

（1）焊接材料选用：

焊丝选用：TWE-711（药心焊丝 $\phi1.2$）。

保护气体为 CO_2，纯度 99.98%（露点≤－40℃）。

（2）焊接及相关设备：

所有焊接设备（包括测量、控制装置）应处于正常状态，仪表均应经过鉴定，并在有效期内。

（3）焊工应具有相应的合格证书，包括 ZC、AWS 所颁发的资格证书，并在有效期内。焊工应具备全位置焊接水平，严禁无证上岗或低级别焊高级别。

1）焊工技术培训：对所有从事本工程焊接的焊工进行技术培训考核，主要根据焊接节点形式、焊接方法以及焊接操作位置考核，以达到工程所需的焊接技能水平。

2）高空技术培训：由于工程结构高度很高，在高空环境下，对焊工的素质提出了更高的要求。所以还必须针对性地进行高空焊接培训，从而适应现场环境的需要，提高焊接质量。

（4）在工程正式施焊前，根据不同的焊接方法、焊接材料、焊接位置要求以及坡口类型等，按照《钢结构焊接规范》GB 50661—2011 进行工艺评定试验，确定合适的焊接参数，作为焊接工艺规程的依据。制定出具体的焊接工艺规程后，将要求焊工严格执行，不得随意改变工艺参数。

9　结论

　　本工程钢桁架部分高度和跨度大，造型复杂，施工难度相对较大。通过运用小单元高空拼装技术，既保证了施工安全又降低了工程造价，并且缩短了工期。实践证明，小单元拼装法在高空大跨度钢桁架中的应用是成功的，值得在同类型工程中推广应用。

参考文献

[1]　郭彦林，崔晓强．大跨度复杂钢结构施工过程中的若干技术问题及探讨[J]．工业建筑，2004，(12)．
[2]　胡玉林．大跨度钢桁架结构安装方案研究[D]．内蒙古科技大学，2013．

浅谈钢结构建筑制作、安装质量控制措施

白洁俊　唐逢春

（广西建工集团第五建筑工程有限责任公司，柳州　545001）

摘　要　钢结构由于结构性能好、空间跨度大、可循环利用、施工周期短等优点，在建筑业得到了广泛的应用，尤其在高层建筑、大型工厂、大跨度空间结构、交通能源工程、住宅建筑中更能发挥钢结构的自身优势。由公司承建的贺州市"桂东广场"项目一期是一栋高度约80m的钢结构商业写字楼，主要由箱形钢柱与框架钢梁通过焊接及高强度螺栓连接而成，钢结构制作、安装质量能有效控制是项目顺利施工的重要保障。钢结构的制作、安装存在的质量问题应引起足够的重视，否则将给工程质量留下隐患，现结合贺州市"桂东广场"项目一期钢结构质量控制的管理经验，提出相应的预防措施。

关键词　钢结构；制作；安装；质量

1　制作前的准备

（1）组织公司深化设计室、生产制造部、质量技术部、工程管理部等相关部门召开生产前制作质量策划会，对项目合同、设计蓝图、规范图集进行全面的核对、理解和消化，针对项目存在的重点、难点工序制订切实可行的制作、安装方案与质量控制方案。

（2）根据钢结构制作方案与质量控制方案，编制钢结构制作工序的工艺文件，用于指导生产，控制施工质量。同时对车间管理人员、工序质检员、工长、班组成员进行有针对性的技术交底。

2　钢结构深化设计

根据设计蓝图，使用 Tekla Structures 软件对钢结构进行三维建模，对模型进行科学合理拆分及节点深化，达到既能节约原材料、满足生产进度要求又能有效控制制作质量的要求。在虚拟的环境下发现施工过程中可能存在的风险，并针对风险对模型和计划进行调整、修改，用来指导实际的施工，从而保证钢结构制作的顺利进行及施工质量。

3　制作关键点的质量控制

3.1　原材料进场的质量控制

（1）钢材除出厂质量证明书外，按合同和《钢结构工程施工质量验收规范》GB 50205 进行抽样复验。

（2）焊接材料除进厂时必须有生产厂家的出厂质量证明外，按《钢结构焊接规范》GB 50661 进行复验。

（3）涂装材料根据图纸要求选定为环氧富锌底漆与环氧云铁中间漆。涂装材料进厂后，按出厂的质量保证书验收，并做好复验检查记录备查。

3.2 构件外形尺寸的质量控制

（1）放样与号料。构件放样采用计算机放样技术，放样时将工艺需要的焊接收缩量，切割、端铣加工余量等补偿余量加入整体尺寸中。

（2）下料及零件加工。使用数控直条切割机、数控切割机、高速转角带锯床、锁扣铣床、数控端面铣床加工，数控平面钻床、数控三维钻床等设备加工，保证制作尺寸精度。

（3）组立装配。采用 H 型钢自动组立机、数控箱形（柱）U 形、隔板组立机进行组装，保证组装形位偏差满足规范要求。

（4）二次拼装。采用画线法进行装配，画线时清楚标明中心线、基准线及检验线，标明装配标记、标明零件的位置、角度及方向等，装配工自检合格后安排质检员进行 100%全检，复检合格后方能进入焊接工序。

（5）焊接。按相应的焊接工艺文件施焊，合理安排焊接顺序，减少构件变形量，例如长焊缝采用从中间向两端分开焊法；箱形柱采用三次翻转对称施焊法等。

（6）矫正。根据钢构件弯曲、扭曲变形情况，对变形产生原因进行分析并安排经验丰富工人应用火焰矫正等方法对构件外形尺寸进行矫正。

3.3 焊缝的质量控制

（1）焊接前质量控制：母材和焊材的确认与必要的复检；焊接位置的坡口加工质量；合适的焊接装夹具；焊接设备和仪器的检测与保养；焊接工艺卡和焊接工艺评定；焊工操作水平的考核。

（2）焊接过程中的质量控制：焊材的选用是否正确；焊条、焊剂是否正确烘干；焊接参数是否符合工艺要求；焊接设备的运行是否正常；焊接热处理是否符合要求。

（3）焊接后的质量控制：焊接区域的清渣与打磨；焊缝外形尺寸检查；焊缝缺陷的目视检查；焊接接头的质量检测（UT 检测、磁粉探伤等）。

（4）焊缝感观应达到：外形均匀、成型较好，焊道与焊道、焊道与母材过渡平滑，焊渣及飞溅清除干净。

（5）焊缝外表质量：焊缝表面不得有裂纹、焊瘤等缺陷。一级、二级焊缝不得有表面气孔、夹渣、弧坑裂纹、电弧擦伤等缺陷，且一级焊缝不得有咬边、未焊满、根部收缩等缺陷。

3.4 防腐涂装的质量控制

（1）油漆前必须进行抛丸处理，应根据构件表面的锈蚀程度调整抛丸机的构件传送速度，构件表面的锈蚀、氧化皮基本清理干净。除锈后构件表面应达到 Sa2.5 级。

（2）作业人员在进行油漆作业前，应对构件的工地现场焊接及摩擦面的非油漆面用石笔划出来，这些区域的位置及尺寸应符合要求，如需进行喷漆作业，这些位置还要进行遮挡处理。作业人员应按油漆说明书对油漆进行调配，保证油漆的配比及稠稀程度符合作业要求。油漆时作业人员应在构件上均匀地进行油漆涂刷，注意调整涂刷油漆的速度，不出现涂刷过快或过慢造成油漆厚度不均匀或出现流挂等现象；认真观察滚筒上的油漆用量，如发现油漆很少应停止刷漆，重新粘上油漆后继续进行作业，以免造成空刷使油漆表面出现漏底或油漆厚度不够等质量问题。

（3）钢构件油漆作业后，质检人员及作业人员要认真检查油漆外观质量，发现油漆表面存在漏底、流挂等缺陷时，要立即进行修补处理，保证油漆表面质量符合要求。并在构件上显著位置喷涂构件的编号及标识，喷漆字体平齐、清晰，书写字体应均匀、工整，浓淡一致。

4 钢结构安装

本工程关键质量控制主要体现在箱形钢柱高空对接焊接质量垂直度、框架钢梁与钢柱栓焊连接及钢筋桁架楼层板的安装，为保证安装精度及施工整体质量，采取相关控制措施如下：

4.1 安装前准备工作

（1）复验安装定位所用的轴线控制点和测量标高使用的水准点。

（2）放出标高控制线和安装轴网辅助线。

（3）复验预埋件、其轴线、标高、水平线、水平度、预埋螺栓位置及露出长度等，超出允许偏差时，做好技术处理。

（4）钢尺应与钢结构制造、土建用的钢尺校对，经纬仪等测量器具取得计量法定单位检定证明。

4.2 基础、支承面和预埋件

（1）基础工程分批进行交接时，每次交接验收不应少于一个安装单元的柱基基础，并符合下列规定：

1）基础混凝土强度达到设计要求；

2）基础周围回填夯实完毕；

3）基础轴线标志和标高基点准确、齐全（图1）。

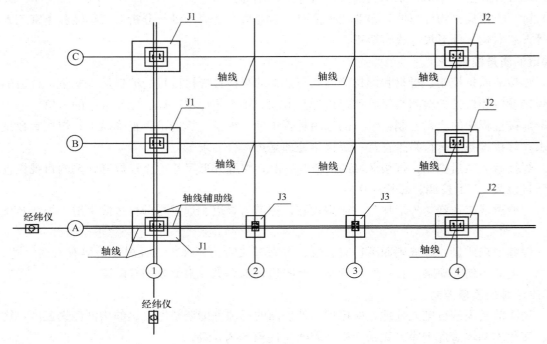

图1 安装轴网图

（2）基础顶面直接作为柱的支承面和基础顶面预埋钢板或支座作为柱的支承面时，其支承面、地脚螺栓（锚栓）的允许偏差符合表1的规定。

安装轴网图 表1

项 目		允许偏差（mm）
支承面	标高	±3.0
	水平度	$L/1000$
地脚螺栓（锚栓）	螺栓中心偏移	5.0
	螺栓露出长度	0～30.0
	螺纹长度	0～30.0
预留孔中心偏移		10.0

4.3 安装关键质量控制

（1）使用 Tekla Structures 软件应用 BIM 技术对钢结构进行建模深化，对模型进行合理拆分，提高装配率，更直观、明了地发现钢结构安装可能存在的质量问题（图2、图3）。

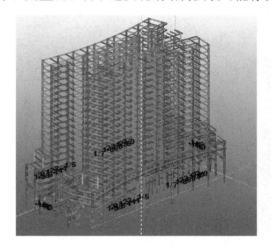

图2　商业写字楼 Tekla Structures 模型　　　　　图3　商业写字楼航拍图

（2）钢结构虚拟拼装技术：采用 Tekla Structures 三维设计软件，将钢结构分段构件控制点的实测三维坐标，在计算机中形成分段构件的轮廓模型，与深化设计的模型拟合比对，检查分析加工拼装精度，得到所需修改的信息。同时还可以验证钢构件拼装工序的可行性和合理性并检验已加工构件的质量，及时优化构件拼装工序中的不合理因素，经过必要的校正、修改与模拟拼装，直至满足精度要求（图4）。

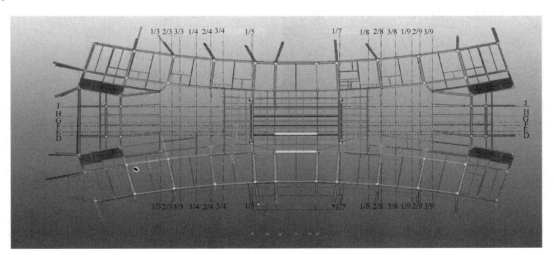

图4　钢结构虚拟拼装技术

（3）借助广联达 BIM 5D 平台搭建实时共享的质量监控体系，质检员对工程施工过程中所发现的质量问题统一上传到平台，并标注在 BIM 模型中，对质量问题全过程跟踪，督促相关单位及时消除隐患。

（4）使用定位板来提高钢柱预埋件的安装精度，根据钢柱截面尺寸，制作出相应规格的定位板，使用定位板中预留的螺栓孔固定地脚螺栓的位置，根据定位板的中心线调整预埋件的位置，当定位板中心线与基坑中心线重合时，可焊接固定预埋件（图5）。

（5）使用定位板来控制钢柱垂直度，用全站仪在钢柱的定位板上测量出控制点，然后再用激光垂准

图 5　使用定位板来提高钢柱预埋件的安装精度

仪把控制点投射到上一节钢柱的定位板上，一人观测上方定位板的定位点并指挥矫正，另一人听从指挥，调节千斤顶，当垂直仪十字中心点与定位板上的定位点重合，上段钢柱达到垂直要求，保证构件现场的安装精度，使得高强度螺栓一次穿孔率达到100％（图6、图7）。

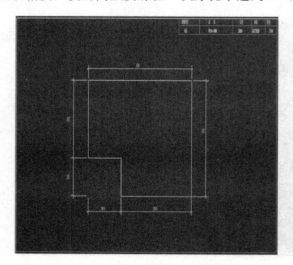

图 6　控制钢柱垂直度定位板　　　　　　　图 7　用激光垂准仪投射控制点

（6）吊装、焊接作业时采用工具化工装操作平台，钢柱吊装和焊接作业时使用工具化工装操作平台固定于钢柱顶端，利用钢柱牛腿支撑。工人吊装和焊接时站在操作平台内操作，同时操作平台四周设置挡风屏障，极大提高了现场焊接施工质量及高空安装的安全性（图8）。

（7）使用工装测量平台提高测量精准度，测量作业采用工装测量平台，先使用 BIM 技术进行建模模拟。测量时仪器架在测量平台上，人站在测量平台上操作仪器，提高了测量的精度和测量操作的安全性（图9）。

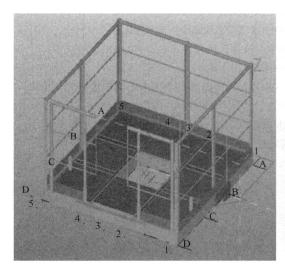

图 8　使用操作平台提高了吊装和焊接作业的安全性

图 9　使用测量平台提高了测量的精度和测量操作的安全性

5　结束语

　　高层钢结构写字楼建筑由于其钢构件数量多，单根质量大，在钢结构的预埋、拼装和安装定位精度误差容易出现偏差，且随着安装高度不断升高，在有限的操作面上，钢柱、钢梁吊装就位越困难导致高空质量控制难度越大。因此我们首先必须对图纸进行科学合理深化设计，对影响制作、安装关键质量因素进行分析并提出有效控制措施，制订切实可行的制作、安装方案，确保钢结构制作质量合格，从而为现场顺利安装提供条件，通过先进的施工技术及创新的工作方法来解决实际施工过程中遇到的问题，严格按图纸及施工方案进行施工，进行针对性的质量技术交底和质量培训，提高质量管理水平和质量意识，为钢结构建筑的可持续发展打下坚实基础。

参考文献

[1]　中华人民共和国国家标准. 钢结构焊接规范 GB 50661—2011[S].

[2]　中华人民共和国国家标准. 钢结构工程施工规范 GB 50755—2012[S].

［3］ 中华人民共和国国家标准. 钢结构工程施工质量验收规范 GB 50205—2001［S］.

［4］ 中华人民共和国国家标准. 涂装前钢材表面锈蚀等级和除锈等级 GB 8923—2011［S］.

［5］ 中华人民共和国国家标准. 焊缝无损检测 超声检测 技术、检测等级和评定 GB/T 11345—2013［S］.

［6］ 中华人民共和国国家标准. 建筑工程施工质量验收统一标准 GB 50300—2013［S］.

［7］ 中华人民共和国国家标准. 埋弧焊用热强钢实心焊丝、药芯焊丝和焊丝-焊剂组合分类要求 GB/T 12470—2018［S］.

［8］ 中华人民共和国国家标准. 建筑结构用钢板 GB/T 19879—2015［S］.

［9］ 中华人民共和国行业标准. 钢结构高强度螺栓连接技术规程 JGJ 82—2011［S］.

［10］ 中华人民共和国行业标准. 高层民用建筑钢结构技术规程 JGJ 99—2015［S］.

叠合板在装配式钢结构住宅中的研究与应用

李　花　王从章　沈万玉　姚　翔

摘　要　基于装配式钢结构住宅的预制混凝土水平构件刚度大，整体性好，适用于钢结构项目。针对叠合板与主体结构连接、水电安装、模板支护、混凝土浇筑等施工工艺重难点环节方面进行了深入研究，总结形成了设计、生产、安装等环节关键技术措施。

关键词　叠合板；装配式钢结构建筑；拆分设计；深化设计

1　引言

装配式建筑作为绿色环保的建筑方式现被国家大力推行，绿色环保主要体现在一方面施工噪声可大大避免，另一方面施工现场的粉尘污染也可大大减少。当前，根据国家相关政策对于建筑企业装配式建筑民用建筑装配率不得低于 50% 的要求，叠合板作为装配式建筑的主体结构之一，可以显著提高项目装配率，因此，采用叠合板可以显著提高项目装配率。

2　工程概况

阜阳市颍泉区棚户区改造抱龙安置区产业化工程项目位于安徽省阜阳市循环经济园区内，住宅建筑面积 26.5 万 m^2，整体结构采用钢框架支撑结构体系，该项目采用 EPC 总承包模式。采用复合夹心保温外挂墙板、ALC 轻质条板内墙、预制 PC 楼梯、叠合板，全过程应用 BIM 技术，项目整体装配率达 72%。根据《装配式建筑评价标准》GB/T 51129—2017 中表 4.0.1，叠合板作为水平构件占总体水平构件比例满足 70%~80%，该项目所有单体叠合板作为水平构件得分为 20 分，对提高项目装配率，发挥着重要作用。文章针对叠合板在该项目遇到的难点和针对性的关键技术措施进行了总结。

3　工程项目应用难点

3.1　叠合板与钢梁连接薄弱

与传统混凝土建筑不同，装配式钢结构建筑叠合板与梁柱连接较为薄弱，主要表现为预制构件和主体结构材料不一致，线膨胀系数不同，板与梁连接部位更容易出现裂纹且板与柱连接缺口导致钢筋无法伸入钢柱结构中，对结构不利。

3.2　深化设计复杂

该项目是以钢结构为主体结构的建筑，其可实现大空间大跨度的空间布局，这就意味着需要大面积的叠合板，预制叠合板的大小直接影响成本，构件过大直接影响脱模起吊、构件运输及安装，因此在深化设计进行拆分时需综合考虑各种制约条件。由于本项目采用的复合外挂墙板，边缘钢柱一致采用内凸，加上维护结构稳定的斜支撑，为满足以上条件，叠合板需提前预留缺口，规格很难统一。与此同时，钢梁上的栓钉可以增加叠合板与钢结构主体加固，叠合板在吊装施工时易产生与钢梁上的栓钉及叠合板之间的碰撞情况。针对以上两种情况，正是深化设计需要消化的问题。

3.3 混凝土原材料要求高

装配式建筑预制构件生产的原材料选用会直接影响预制构件整体的刚度及表面观感，当叠合板表面产生缺陷时，随着缺陷的不断扩大，会不同程度地影响构件的整体性能和耐久性，久而久之，进一步影响整个建筑的结构稳定性，所以，对于预制构件缺陷的防治源头就是预制构件原材料的比选，这也是叠合板生产的难点之一。

3.4 构件制作及场地堆放难度大

基于叠合板的特性，需要在叠合板内预埋多种预埋件、管线，以及预留洞口，本身叠合板板体较薄，管线在叠合板内的预埋高度有限，错综复杂的管线排布在一定程度上增加了预埋难度，也在一定程度上增加了施工难度。

所有进场材料的相关质量保证文件均需齐全，包括产品合格证、原材料质保书及原材料（产品）检测报告等相关文件。叉车进场后需缓慢将叠合板卸在摆放平整的垫木上，每一堆叠合板之间需保持适当的距离。所有叠合板现场安装前均需进行材料报验，报验合格后方可进行安装。然而在生产期间，由于该项目体量较大，工期紧张，预制构件生产场地有限，预制构件的堆放要在不影响运行与安装进度的情况下进行。

3.5 现场安装安全、进度要求高

满堂脚手架是传统建筑常见的施工方式，装配式钢结构建筑项目也需要使用很多脚手架。由于脚手架本身的质量问题和施工管理水平，使得施工操作过程难以按照要求实施，容易产生安全事故，同时，脚手架的使用会一定程度上约束施工人员的施工空间，降低施工效率。所以，减少或者取代传统脚手架施工模式也是项目的难点之一。

4 关键技术措施

4.1 预埋角钢连接件技术

针对叠合板和钢梁连接问题，为更牢靠地增加两者之间的连接，在预制叠合板时，在板内预埋了角钢连接件。叠合板就位后，焊工需对叠合板侧面的角钢连接件与钢梁进行焊接固定，施工前焊工应复查组装质量和焊接区域的清理情况，如不符合技术要求，应修整合格后方可施焊。焊前钢梁区域清扫干净，撇去浮尘。气温低于0℃时，原则上应停止焊接工作。大风天气，应在焊接区周围设置挡风屏障，以保证不影响焊接施工的顺利进行。所有焊工必须持证上岗。焊工施工时，所采用的焊条、焊丝、焊剂等焊接材料与角钢连接件的匹配应符合现行国家标准和设计要求，对于平行的焊缝尽可能地沿同一方向同时进行焊接，如图1所示。

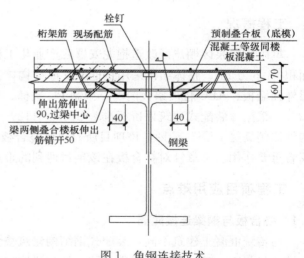

图1 角钢连接技术

4.2 基于 BIM 技术的深化设计

在该项目中，运用 BIM 软件形成标准化规格的拆分图，针对结构施工图、水电施工图及暖通施工图设计优化每一块叠合板中的钢筋布置，协调预埋件和预留洞口之间的位置关系。完成深化详图后，基于建筑结构施工图建立构件模型，模拟施工现场安装，利用碰撞检测技术检查叠合板的出筋与钢梁上的栓钉及叠合板与叠合板之间的碰撞问题。如果产生碰撞情况，应及时调整叠合板的尺寸或布筋。BIM 技术可以使施工环节有效、精准地避开碰撞，在确保安装准确性的同时，可以提高工作效率。

4.3 叠合板配合比专项设计

主要为研究影响预制构件厂中蒸汽养护速率的因素，依据预养阶段时间的长短、升温阶段的升温速率以及恒温阶段的恒温时间进行传统的竖向对比；同时对于竖向各种因素以及外加剂、掺合料、物理作业和砂率等水平因素进行正交试验设计，进而揭示出水平因素对于蒸汽养护速率的影响；最后从能源角度出发，设计循环供热系统以及节能减排的方法，从而达到节约资金，节约能源的目的。

参考国内配合比优化设计方法进行配合设计时，采用水泥 41.5 级普通硅酸盐水泥，S95 级矿粉，Ⅱ级 F 类粉煤灰，粗集料为 5～25mm 连续级配碎石粒，细集料为细度模数 1.8 的河砂。具体叠合板专项配合比见表 1。

叠合板专项配合比 表 1

用量	材料					
	水泥	砂	石子	水	掺合料	减水剂
kg/m³	275	860	969	178	171	8.9

通过对叠合板进行专项配比设计，并通过二次蒸汽养护，保证叠合板在相对湿度较高的饱和蒸汽环境下达到恒温和降温作用，这样不仅保证了养护质量，还提高了流水线运行效率。

4.4 专用平衡梁起吊技术

对于钢桁架叠合板构件以不允许开裂进行控制，从叠合板脱模吊装时的受力角度出发要保证吊点附近及跨中最大弯矩处不出现裂缝，选择弯矩最小的位置设置吊点，采用钢管平面式整体起吊方式进行起吊，可以避免吊点受力不均，如图 2 所示。在生产环节中，叠合板堆放场地要根据不同型号、不同楼栋以及进场顺序划分出各个区域。为避免货车辗转多个堆放点，有效节约时间和成本，同一安装区域的构件一般堆放一起，如图 3 所示。

图 2 专用平衡梁技术　　　　　　图 3 基于托架叠合板堆放技术

4.5 免脚手架可调式支撑技术

为避免满堂脚手架这种情况的发生，抱龙安置区项目采用了自承式楼板支撑系统。吊装过程中需在待安装叠合板的钢梁下翼缘上安装自承式楼板支撑系统，可调式支撑的具体摆放位置要通过对叠合板的自重、活荷载以及支撑件的本身承载力等多个原因进行准确计算并分析后确定。确认定位放线位置后，将自承式楼板支撑系统均匀布置于叠合板长方向上的钢梁，布置间距应不大于 600mm，横支撑上垂直横支撑方向均匀放置垫木，垫木厚度也要考虑计算活荷载以及恒荷载对垫木造成的形变，确保下支撑体系对叠合板起到足够的支撑作用，避免叠合板产生裂纹，同样布置间距不应大于 600mm。如图 4 所示。

图 4　自承式楼板支撑系统技术

5　结束语

　　叠合板设计、制作、安装是装配式钢结构建筑不可或缺的重要组成部分，需要在实践过程中不断探索与总结，才能实现主体钢结构系统、外围护系统、设备管线系统、内装系统等有机协同，才能践行真正意义上的装配式建筑的发展。

参考文献

[1]　沈万玉等 . 预制混凝土叠合板制作安装全过程质量控制要点[J]. 安徽建筑，26(01)：107-108＋150.
[2]　中华人民共和国国家标准 . 装配式建筑评价标准 GB/T 51129—2017，[S]. 北京：中国建筑工业出版社，2018.
[3]　李良 . 预制混凝土构件二次振捣及蒸汽养护技术研究[D]. 2015.
[4]　王从章，许金余，罗鑫等 . 信阳地区混凝土超声回弹测强曲线研究[J]. 混凝土，2015(2)：136-138.

无损检测技术在建筑钢结构工程质量控制中的应用

胡豪修　　徐剑锋

（北京城建精工钢结构工程有限公司，北京　101117）

摘　要　本文介绍了常用无损检测技术在建筑钢结构工程质量控制中的作用、重要性以及四种常用无损检测技术的应用范围。

关键词　建筑钢结构；无损检测；渗透检测；磁粉检测；射线照相检测；超声检测

1　建筑钢结构工程现状

近20年来，由于国家的大力支持和市场的旺盛需求，我国钢结构发展迅猛，被称为建筑行业的"朝阳产业"。各类钢结构企业应运而生，但专业技术人员相对匮乏，工程质量控制水平低下，以至于在一些钢结构工程中出现了严重的技术经济不合理现象，甚至造成了许多工程质量事故，损失惨重。

2　无损检测方法的重要性

建筑钢结构的安全性和可靠性源于设计，其自身质量则源于原材料、加工制作和现场安装等因素。评价建筑钢结构的安全性和可靠性一般有三种方式：1）模拟试验；2）破坏性试验；3）无损检测。

模拟试验是按一定比例模拟建筑钢结构的规格、材质、结构形式等，模拟在其运行环境中的工作状态，测试、评价建筑钢结构的安全性和可靠性。模拟试验能对建筑钢结构的整体性能作出定量评价，但其成本高，周期长，工艺复杂。破坏性试验是采用破坏的方式对抽样试件的性能指标进行测试和观察。破坏性试验具有检测结果精确、直观、误差和争议性比较小等优点，但破坏性试验只适用于抽样，而不能对全部工件进行试验，所以不能得出全面、综合的结论。无损检测则能对原材料和工件进行100％检测，且经济成本相对较低。

焊接作为建筑钢结构主要连接方式之一，其质量的好坏对整个工程起着举足轻重的作用。国内钢结构方面的专家对2008年汶川大地震中钢结构工程的破坏形式总结如下：

（1）框架节点区的梁柱焊接连接破坏；

（2）竖向支撑的整体失稳和局部失稳；

（3）柱脚焊缝破坏及锚栓失效。

由以上原因可以看出控制焊缝质量的关键所在。

焊缝质量分为：外观缺陷、焊缝尺寸、表面缺陷、近表面缺陷和内部缺陷。其中外观缺陷、焊缝尺寸主要用量具、目视来检验，表面缺陷、近表面缺陷和内部缺陷的检验则主要通过无损检测来完成。

3　无损检测概述

无损检测（Nondestructive Testing，缩写为NDT），就是研发和应用各种技术方法，以不损害被检对象未来用途和功能的方式，为探测、定位、测量和评价缺陷，评估完整性、性能和成分，测量几何特征，而对材料和零（部）件所进行的检验、检查和测试。根据物理原理的不同，无损检测方法多种多样。建筑钢结构工程中最普遍采用的有渗透检测（PT）、磁粉检测（MT）、射线照相检测（RT）和超声检测（UT）。其中，射线照相检测和超声检测主要用于检测内部缺陷，磁粉检测主要用于检测表面和近表面缺陷，渗透检测只能用于表面开口缺陷。

4 常用无损检测方法的原理、适用范围及优缺点

4.1 渗透检测

液体渗透检测（Liquid Penetrant Testing，PT）是基于毛细管现象揭示非多孔性固体材料表面开口缺陷的无损检测方法，简称渗透检测。

将渗透液借助毛细管作用渗入工件的表面开口缺陷中，用去除剂清除掉表面多余的渗透液，将显像剂喷涂在被检表面，经毛细管作用，缺陷中的渗透液被吸附出来并在表面显示。

渗透检测的基本步骤：预处理、渗透、去除、干燥、显像和后处理。

渗透检测方法：荧光渗透检测和着色渗透检测。渗透检测适用于表面裂纹、折叠、冷隔、疏松等缺陷的检测，被广泛用于铁磁性和非铁磁性锻件、铸件、焊接件、机加工件、粉末冶金件、陶瓷、塑料和玻璃制品的检测。在建筑钢结构工程中，主要用于锻件、铸件、焊接件和奥氏体不锈钢的表面开口缺陷的检测。

渗透检测在使用和控制方面都相对简单。渗透检测所使用的设备可以是分别盛有渗透液、去除剂、显像剂的简单容器组合，也可以是复杂的计算机控制自动处理系统。

渗透检测的主要优点是：显示直观；操作简单；渗透检测的灵敏度很高，可检出开口小至 $1\mu m$ 的裂纹。渗透检测的主要局限是：它只能检出表面开口缺陷；粗糙表面和孔隙会产生附加背景，从而对检测结果的识别产生干扰；对零件和环境有污染。

4.2 磁粉检测

磁粉检测（Magnetic Particle Testing，MT）是基于缺陷处漏磁场与磁粉的相互作用而显示铁磁性材料表面和近表面缺陷的无损检测方法。

当被检材料或零件被磁化时，表面或近表面缺陷处由于磁的不连续而产生漏磁场；漏磁场的存在，亦即缺陷的存在，借助漏磁场处聚集和保持施加于工件表面的磁粉形成的显示（磁痕）而被检出；磁痕指示出缺陷的位置、尺寸、形状和程度。施加于工件表面的磁粉可以是干磁粉，也可以是置于载液（例如水载液、油基载液和乙醇载液）中的湿磁粉。

磁粉检测的基本步骤是：预处理、磁化工件、施加磁粉或磁悬液、磁痕分析与评定、退磁和后处理。

磁粉检测可发现的主要缺陷有：各种裂纹、夹杂（含发纹）、夹渣、折叠、白点、分层、气孔、未焊透、疏松、冷隔等。

磁粉检测的主要优点是：显示直观；检测灵敏度高，可检测开口小至微米级的裂纹；设备简单（主要设备为磁粉探伤机），操作简便，结果可靠，价格便宜；磁粉检测的主要局限是：只能检测铁磁性材料的表面和近表面缺陷，而不适用于非铁磁性材料。某些应用中，还要求探伤之后给被检件退磁。

4.3 射线照相检测

射线照相检测（Radiographic Testing，RT）是基于被检件对透入射线（无论是波长很短的电磁辐射还是粒子辐射）的不同吸收来检测零件内部缺陷的无损检测方法。

由于零件各部分密度差异和厚度变化，或者由于成分改变导致的吸收特性差异，零件的不同部位会吸收不同量的透入射线。这些透入射线吸收量的变化，可以通过专用底片记录透过试件未被吸收的射线而形成黑度不同的影像来鉴别。根据底片上的影像，可以判断缺陷的性质、形状、大小和分布。

射线照相检测主要适用于体积型缺陷，如气孔、疏松、夹杂等的检测，也可检测裂纹、未焊透、未熔合等。工业应用的射线检测技术有三种：X 射线检测、γ 射线检测和中子射线检测。其中，使用最广

泛的是 X 射线照相检测，主要设备是 X 射线探伤机，其核心部件是 X 射线管，常用管电压不超过 450kV，对应可检钢件的最大厚度为 70～80mm；当采用加速器作为射线源时，可获得数十兆电子伏的高能 X 射线，可检测厚度 500～600mm 的钢件。

射线照相检测的主要优点是：可检测工件内部的缺陷，结果直观，检测对象基本不受零件材料、形状、外廓尺寸的限制；主要局限是：三维结构二维成像，前后缺陷重叠；被检裂纹取向与射线束夹角不宜超过 10°，否则将很难检出。

射线的辐射生物效应可对人体造成损伤，必须采取妥善的防护措施；成本高，要有高素质的操作和评片人员。

4.4 超声检测

超声检测（Ultrasonic Testing，UT）是利用超声波（常用频率为 0.5～25MHz）在介质中传播时产生反射的性质来检测缺陷的无损检测方法。

对透过被检件的超声波或反射的回波进行显示和分析，可以确定缺陷是否存在及其位置以及严重程度。超声波反射的程度主要取决于形成界面材料的物理状态，而较少取决于材料具体的物理性能。例如：在金属/气体界面，超声波几乎产生全反射；在金属/液体和金属/固体界面，超声波产生部分反射。产生反射界面的裂纹、分层、缩孔、发纹、脱粘和其他缺陷易于被检出；夹杂和其他不均匀性由于产生部分反射和散射或产生某种其他可检效应，也能够被检出。具体检测方法主要有脉冲回波法和超声穿透法，其中以脉冲回波法应用最广。

基本的缺陷显示方式有三种：显示缺陷深度和缺陷反射信号幅度的 A 型显示（A 扫描）、显示缺陷深度及其在纵截面上分布状态的 B 型显示（B 扫描）及显示缺陷在平面视图上分布的 C 型显示（C 扫描）。

超声检测的主要优点是：适用多种材料与制件的检测；可对大厚度件（如几米厚的钢件）进行检测；能对缺陷进行定位；设备轻便，可现场检测。主要局限是：常用的纵波脉冲发射法存在盲区，表面与近表面缺陷难以检测；试件形状复杂对检测可实施性有较大影响；为耦合传感器，要求被检面光滑。要有参考标准。检测者需要较丰富的实践经验。

5 小结

综上所述，每种无损检测方法的原理和特点各不相同，且适用的检测对象也不一样。在建筑钢结构行业中应根据结构的整体性能，检测成本及被检对象的用途、受力情况、规格、材质、缺陷的性质、缺陷产生的位置等诸多因素合理选择无损检测方法。一般地，选择无损检测方法及合格等级，是设计人员依据相关规范而确定的。有的工程，业主对无损检测方法及合格等级有相应要求，这就需要供需双方相互协商了。

钢结构在加工制作及安装过程中无损检测方法的选择见表 1。

无损检测方法 表 1

被检对象		检测方法
原材料检验	板材	UT
	锻件及棒材	UT、MT（PT）
	管材	UT（RT）、MT（PT）
	螺栓	UT、MT（PT）
焊接检验	坡口部位	UT、MT（PT）
	清根部位	MT、（PT）
	对接焊缝	UT（RT）、MT（PT）
	角焊缝和 T 形焊缝	UT（RT）、MT（PT）

注：建筑钢结构无损检测中，优先选用括号外的检测方法。

参考文献

[1] 郭冰，雷淑忠. 钢结构的检测鉴定与加固改造[M]. 北京：中国建筑工业出版社，2006.

[2] 汶川地震建筑震害调查与灾后重建分析报告[M]. 北京：中国建筑工业出版社，2008.

[3] 王自明，张引. 无损检测综合知识[M]. 北京：机械工业出版社，2009.

大跨度钢结构曲面桁架施工技术

唐辉超

（广西建工集团第二建筑工程有限责任公司，南宁 530022）

摘　要　本文结合具体工程介绍了大跨度钢结构曲面桁架结构的拼装、吊装工艺等施工技术，可为同类工程提供参考。

关键词　大跨度；曲面；桁架结构；施工技术

1　工程概况

1.1　工程概况

平桂文化体育中心游泳馆位于贺州市平桂管理区，游泳馆地下一层，地上一层，建筑高度 19.13m，建筑面积 10015.44m²。结构形式采用：框架结构/屋面钢桁架膜结构，屋面弧形管桁架结构由 13 榀倒三角形主桁架组成，平面尺寸 115.20m×69.30m，最大跨度 62.40m；上弦杆采用 $\phi245\times12$，Q345B 管材，弧长 73.16m；下弦杆采用 $\phi299\times14$Q345B 管材，弧长 65.62m；腹杆采用 $\phi203\times8$ 及 $\phi168\times5$ Q345B 管材；单榀桁架宽 7.45m，截面高 4.42～5.98m，重约 32t（图 1、图 2）

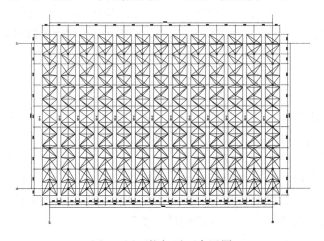

图 1　屋面桁架平面布置图

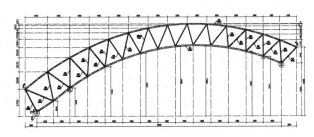

图 2　屋面桁架剖面图

1.2　施工主要特点

（1）本工程桁架结构屋面呈曲面，跨度大，平面尺寸 115.2m×69.3m。

（2）桁架上弦弧长 73.16m，单榀宽 7.45m，无法在工厂拼装再运至现场，必须采取现场拼装的施工方法。

（3）桁架杆件采用相贯节点，构造复杂，制作精度要求高。

（4）现场拼装精度要求高，拼装杆件数量多达 1300 根，拼装难度大。

（5）钢结构吊装工作量大。

2　钢结构详图设计难点及解决办法

2.1　钢结构详图施工难点

（1）本工程构件种类多，主桁架为倒放三角锥管桁架，上、下弦杆与主桁架弦杆相贯连接，因为屋盖设计为弧长73.16m的半圆形，对于钢管的弯圆，腹杆的相贯面切割控制加工精度要求高，而杆件的制作质量将直接影响到桁架的整体质量，因此如何做好施工图纸的深化设计工作及确定先进、合理的加工方法、采用何种加工机械以确保本工程杆件的制作质量是本工程实施的难点之一。

（2）本工程主桁架、次桁架的连接节点受力部位均采用相贯口接点，要求贯口接点设计合理、受力均匀，同时制作精度及焊接性能要求高，故贯口钢件的设计、制作、焊接质量及其安装是本工程实施的难点之二。

2.2　解决办法

（1）做好钢结构工程图纸深化设计、所用材料的统计与采购工作，保证材料计划的准确及使用要求；在人员组织上抽调技术水平高、整体素质高的施工人员及技术人员，把有相关施工经验的施工人员安排在不同工作面上，保证施工质量并提高劳动生产率。

（2）桁架跨度大、构件重，结构复杂，选择合理的安装方案及搭设构件现场拼装平台。

（3）吊装节点设计与加固在细化设计过程中进行，选择合理的吊装点、加固点及吊装设备。

（4）桁架焊接量大，相贯线节点焊接应用集中，应严格执行焊接工艺，对非常规用焊接形式先进行工艺评定，必须保证构件的焊接质量及安装精度，加强焊接施工管理，保证构件一次焊接合格。

3　钢结构的加工制作

3.1　加工制作难点

本工程结构复杂，桁架拼装工作量大，拼装精度要求高。由于桁架拼装精度受拼装环境、胎架适用性及温度变化等多方面的影响，特别是在高空桁架对接用耳板的精度保证。因此，如何做好桁架的拼装工作是本工程实施的难点。

3.2　解决措施

（1）分段加工

1）对于分段的桁架在加工厂内进行预拼装，确定整体尺寸后，进行编号，做出标记。

2）预拼合格后在构件上标注上下定位中心、标高基准线、交叉中心点等标记。

3）把预拼装合格的构件焊上临时撑件或定位器，以便施工现场拼接。

4）拼接时现场就近准备混凝土地坪拼接平台，平台长度尺寸要适合，水平度要保证。

5）尺寸准确、平直度符合要求后，才能进行焊接，焊接时采取对称焊，保证构件变形量不超标。

6）在吊装时根据具体情况选用合适的吊装机械、合理的吊点，保证构件不变形。

（2）现场桁架分段拼装

1）下弦杆组装前，应先予以对接（对于不同壁厚的材料，必须按规范要求予以削斜），焊接、探伤合格后，才能进行组装。对于有拱度的桁架必须在组装前将上、下弦杆矫出拱度。

2）现场进行组装，必须在平台和专用的胎架上，按图纸进行尺寸放样，放样时应根据焊接情况，在每个节点处预留焊接收缩余量，并在实样中焊上靠模。

3）桁架的腹杆，号料前必须按大样量出实际长度和接口尺寸再进行切割，以保证腹杆的正确连接。

4）应严格控制各弦杆、腹杆等的安装位置和角度以及桁架与柱、桁架与桁架相贯节点的尺寸，以及接口形状、间隙、焊接收缩和焊接变形情况。

5）矫正后，割整上、下弦杆的长度，装焊相贯节点及桁架与桁架相连的节点板，装配时应控制好节点板的角度和尺寸。

（3）桁架结构拼装

由于钢桁架构件长度较大、要求拼装精度高，为保证现场组拼的精度，在混凝土地面设置拼装胎架，进行预拼装，再分段吊装至高空对接平台上进行组拼，胎架设置应考虑到起重机位置及运输道路。胎架搭设好后，用水准仪按设计图纸进行复核，相对偏差±20mm，满足要求后进行桁架的拼装。

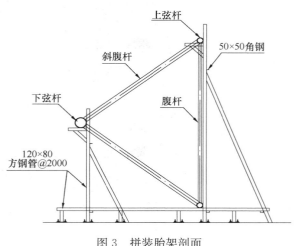

图3 拼装胎架剖面

1）胎架拼装

胎架采用120×80方钢管搭设，在弦杆主管下部设千斤顶、垫枕木，可调节高度和位置，拼装时将桁架的弦杆放在胎架的支撑点上，基本摆放水平。胎架搭设好后，用水准仪按设计图纸进行复核，相对偏差±10mm，满足要求后进行桁架的拼装（图3）。

2）主桁架焊接拼装顺序

第一步：先在拼装胎架上定位第一根上弦主杆，进行对接焊接；

第二步：定位第二根上弦主杆，进行对接焊接；

第三步：定位下弦主杆，进行对接焊接；

第四步：定位上下弦主杆间的腹杆，顺序安装、焊接弦杆间侧腹杆。

4 钢结构的施工安装

4.1 桁架节点的焊接

桁架支管装配并定位焊，对支管接头定位焊时，不得少于4点；定位焊后检验定位焊后组件的正确性。定位好后，对桁架主管进行焊接，焊接时，为保证焊接质量，尽量避免仰焊、立焊。

该桁架结构采用腹杆与弦杆直接焊接的相贯节点，弦杆截面贯通，腹杆焊接于弦杆之上，焊接时，对如图4～图6所示节点，当支管与主管的夹角小于90°时，支管端部的相贯焊缝分为A、B、C、D四个区域。其中，A、B区采用等强坡口对接熔透焊缝，D区采用角焊缝，焊缝高度为1.5倍管壁厚，焊缝在C区应平滑过渡。当支管与主管相垂直时，支管端部的相贯焊缝分为A、B两个区域，当支管壁厚

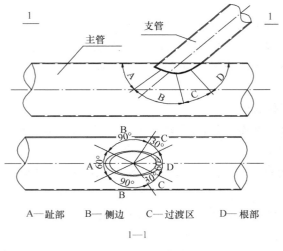

图4 Y型节点焊缝位置分区

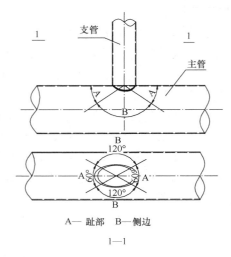

图5 T型节点焊缝位置分区

不大于 5mm 时可不开坡口，由于在趾部为熔透焊缝，在根部为角焊缝，侧边由熔透焊缝逐渐过渡到角焊缝，同时考虑焊接变形，因此必须先焊趾部，再焊根部，最后焊侧边。

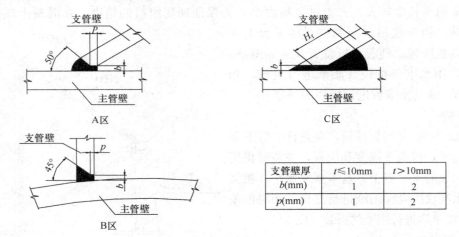

支管壁厚	$t\leqslant10$mm	$t>10$mm
b(mm)	1	2
p(mm)	1	2

图 6　Y 型节点各区焊缝形式

桁架支座节点处的焊接，其加劲肋、短钢柱与支座底板之间及加劲肋与短钢柱之间均用双面角焊缝连接，满焊，焊缝高度 $H_f=8$mm。

4.2　钢结构安装流程

（1）安装总体流程：土建移交工作面→安装临时支撑→桁架支座→安装 ZHJ→相邻 ZHJ 安装完成后将桁架间次桁架安装使 ZHJ 稳固。

（2）将 HJ1、HJ2 从 E 轴到 G 轴中间断开分成 2 段吊装，HJ1（HJ1-1、HJ1-2），HJ2（HJ2-1、HJ2-2），分段长 HJ1-1＝26.9m、HJ1-2＝42.4m，HJ2-1＝26.9m、HJ2-2＝42.4m。安装时需设立临时支撑胎架，分段均在吊装半径范围内，满足吊装要求。单榀主桁架为两段进行安装，单个吊装单元就位一端与支座连接另一端放于临时支撑上。吊装顺序：主桁架 HJ1（1 榀）→主桁架 HJ2（11 榀）→主桁架 HJ1（1 榀）→吊装单元之间次桁架，沿 A 轴方向 HJ1-2、HJ2-2，吊装时 130t 起重机停在 B 轴线范围内由 1 轴向 13 轴方向依次吊装。沿 L 轴方向 HJ1-1、HJ2-1，吊装时 130t 起重机停在 L 轴线外由 1 轴向 13 轴方向依次吊装。

（3）结构安装完成以后，拆除主桁架的临时支撑胎架，结构卸载完成。

4.3　临时支架设置

根据吊装要求，游泳馆主体钢结构吊装需要设置临时支撑塔架，以便桁架分段就位，按桁架分段的重量进行计算，确定临时支架的形式采用格构柱体系，并根据吊装时支架受力的不同，进行每只临时支架的设计，临时支架在分段吊装前必须制作结束并交检查员验收合格方可使用。

临时支架设置具体要求：

（1）临时支架的位置严格按主体结构的分段位置设立。

（2）临时支架由于受力较大，临时支架均设置在游泳馆的 E 轴与 G 轴中间的混凝土楼面上，需对混凝土楼面进行加固处理。具体做法如图 7 所示。

（3）临时支架必须保证设立后的整体稳定性，采用刚性支撑以及缆风绳将临时支架地面稳定加固。

（4）临时支架顶部的就位胎架支座的坐标定位尺寸必须保证，用全站仪进行精确定位。

4.4　结构吊装工况

考虑到本工程分段较重，定位精度要求高，特别是桁架采用了分段吊装法进行安装，为充分保证安装精度和高空安装安全，分段对接定位采用可调节专用拉泵进行定位，确保分段间的安装坡口间隙，同时对分段接口处的钢衬板采用活络组装法进行安装，保证衬板与钢管间的安装尺寸，具体措施如图8所示。

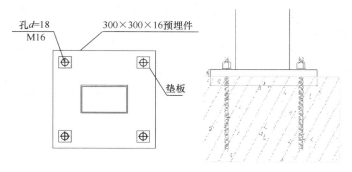

图 7 支撑胎架柱脚连接示意图

图 8 桁架空中对接示意图

4.5 管桁架吊装步骤

第一步：临时支撑及胎架的设置。

（1）结构吊装前，先复测支座和柱顶标高以及埋件相对位置并做好复测记录，然后按土建提供的轴线进行放线。

（2）采用一台16t起重机安装临时支撑，先将临时支撑定位并作临时固定确保其稳定性。直至整个临时支撑形成一个稳定的系统。

（3）根据工艺要求设置支撑顶部胎架临时支座，并对上口标高进行复测。

（4）根据需要先搭设2~7轴支撑胎架。在2、3、4轴这三榀桁架吊装完成后再将这三榀桁架卸载，将桁架临时支撑胎架拆除移至8、9、10轴进行HJ2的吊装，最后搭设11、12轴支撑胎架。

第二步：1轴HJ1-1第一分段吊装。

使用一台130t汽车吊由游泳馆L轴外将拼装好的1轴HJ1-1第一分段直接吊装到安装好的支座上，进行定位、焊接、加固。桁架吊装示意图如图9、图10所示。

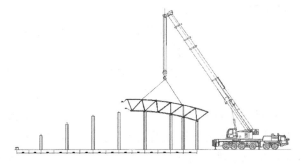

图 9 HJ1-1吊装立面示意图

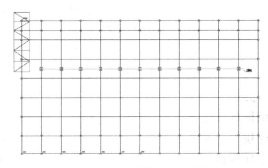

图 10 HJ1-1吊装平面示意图

第三步：桁架定位。

采用全站仪进行空间三维定位。桁架定位后下弦与支座临时焊接固定，并用缆风绳对桁架进行固定，缆风绳与地面成45°角考虑。然后用75t汽车吊配合稳固后，130t汽车吊松勾继续吊装。

第四步：2轴HJ2-1第一分段吊装。

使用一台130t汽车吊由游泳馆L轴外将拼装好的2轴HJ2-1第一分段直接吊装到支撑胎架和支座上，进行定位，桁架定位后一端与支座进行临时焊接固定另一端与支撑顶部支座进行临时焊接固定，并用缆风绳对桁架进行固定，缆风绳与地面呈45°角。同时用起重机将HJ1与HJ2之间的次桁架进行安装连接，使其成为一个稳定的单元，如图11所示。

第五步：3~7轴HJ2-1第一分段吊装。

依照以上步骤依次完成3、4、5、6、7轴HJ2-1第一分段吊装。

第六步：1轴HJ2-2第二分段吊装。

130t汽车吊行驶至对面B轴线位置将1轴HJ1-2第二分段吊装到安装好的支座上进行定位、焊接、加固，使桁架在支座上完成腹杆及弦杆对接焊接，如图12所示。

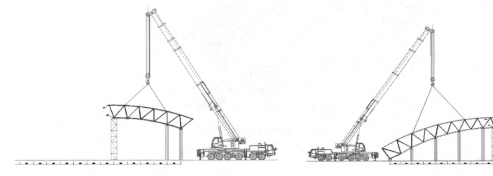

图11　HJ2-1吊装立面示意图　　　　　　图12　HJ1-2吊装立面示意图

第七步：2轴HJ2-2第二分段主次桁架安装。

130t汽车吊沿B轴方向将2轴HJ2-2第二分段吊装到安装好的支撑台架和支座上，进行定位、焊接、加固，使桁架在支撑台架上完成腹杆及弦杆对接焊接。同时用起重机将HJ1与HJ2之间的次桁架进行安装连接，主次桁架满焊完成使此两榀桁架形成一个稳定的单元。

第八步：3~7轴HJ2-2第二分段吊装。

依照以上步骤依次完成3、4、5、6、7轴HJ2-2第二分段吊装。

第九步：2~6轴支撑胎架拆除。

1~7轴桁架安装焊接完成，成为稳固单元后将2~6轴桁架临时支撑胎架拆除，移至8~12轴进行8~12轴桁架的吊装。

第十步：8、9、10、11、12轴HJ2-1，13轴HJ1-1第一分段桁架安装。

130t汽车吊由游泳馆L轴外将拼装好的8、9、10、11、12、13轴桁架第一分段直接吊装到支撑胎架和支座上，进行定位、焊接、加固，同时用起重机将桁架之间的次桁架进行安装。

第十一步：依照以上步骤完成8、9、10、11、12轴HJ2-2，13轴HJ1-2第二分段主次桁架安装。

4.6　卸载

根据计算得出的各支撑点卸载时需要降低的行程来具体实施每一步骤的卸载行程。每次卸载时要先在支撑块上用水平尺画出每次需要下降到的位置，使用千斤顶把支撑块降到预定位置后再次把垫块垫上；千斤顶撤出后准备下一步骤的卸载，直到结构卸载完成。根据本钢结构工程的特点，在结构安装过程中设置了临时支撑，钢结构安装完成后须对临时支撑进行卸除。选择逐级释放、整体卸载的方法进行临时支架的拆除工作。卸载采用的工具是螺旋式千斤顶。在卸载工程中，桁架会发生少量平移，采用千斤顶的交替作业来实现。为了控制卸载速度，规定每转动螺旋千斤顶一圈（360°）为卸载行程的控制单元，转动速度控制在约 10s 完成，待检测，重新得到卸载指令后，方可开始下个动作。

5 结语

本文主要对平桂文化体育中心游泳馆工程屋面桁架结构的施工方法进行了分析和介绍，论述了合理且简洁的施工方法及机械设备选用，使得复杂结构施工简单化。拼装胎架、空中对接支撑架、地面分段拼装、分段吊装的施工工艺，施工速度快、质量有保证，安全、经济地完成了大跨度弧形桁架结构的安装。本工程的施工方法可供同类施工借鉴参考。

参考文献

[1] 中华人民共和国国家标准，钢结构工程施工质量验收规范 GB 50205—2001[S].
[2] 中华人民共和国国家标准，钢结构焊接规范 GB 50661—2011[S].
[3] 孙琳璘. 大跨度空间钢管桁架结构的工程应用和前景展望[J]. 山西建筑，2016(6).
[4] 张豫京，李东. 东方马成大跨度空间曲面钢桁架施工技术[J]. 钢结构，2009(增刊).
[5] 鲁宇平，胡彦超等. 大跨度双层双曲面桁架钢屋盖施工[J]. 建筑施工，2018(5).

钢结构建筑大锚栓承台基础施工技术

吴全辉

（广西建工集团第二建筑工程有限责任公司，南宁　530001）

摘　要　本文结合具体工程介绍了应用定位钢管架定位安装大地脚锚栓施工新技术，使施工过程中预埋锚栓精准定位、节工省时，而且成品得到完善保护，锚栓安装效率比传统工艺大大提高。

关键词　施工环境；施工技术；浇筑与成品保护

1　工程概况

随着建设的快速发展，各类钢结构建筑越来越多，建筑物的基础预埋锚栓规格多、数量大。而且，预埋锚栓施工部位空间狭小、预埋承台钢筋密集、预埋锚栓无法固定等问题一直是较难解决的质量通病，也是影响后期钢结构安装较严重的质量问题。通常情况下，基础预埋锚栓安装是将预埋锚栓按照轴线位置放置后固定在四周钢筋笼上，预埋锚栓放置不精确和钢筋笼晃动是产生预埋锚栓偏差等的直接原因。

防城港市沙潭江生态科技产业园启动区（一期）工程，总建筑面积为 54997.18m²，主要包括 A 研发中心 14949.85m²，其中地下室建筑面积 5003.80m²；B 服务中心 4203.67m²；C 研发中心 12006.97m² 和半地下室架空层 3836.69m²。预埋地脚锚栓总数达 1800 多支，主要由直径 M60～M75 的锚栓组成，长度为 1800～2200mm。

1.1　锚栓施工环境

预埋锚栓是钢结构预埋的难点，多层钢结构预埋锚栓单个重可达 100kg（图 1），每个钢柱需安装 8 根预埋锚栓，因预埋锚栓重量较大、数量较多，位置控制较为困难，安放时必须采用定位模板及配套的定位钢管架，调整位置时必须重新定位模板坐标位置后再进行安装作业；因承台顶部杯口位置四周不平整，且有 45°坡度（图 2），承台内钢筋密集，承台内钢筋没有固定，采用传统安装模板在施工途中会出现较大偏差，将无法保证预埋螺栓的安装精度，采用定位架安装可在安装前就完全固定定位模板位置，安装途中确保定位模板不出现位移，确保螺栓的安装精度达到设计要求。

1.2　架子制作与技术精准安装与焊接固定

定位架采用 φ48.3×3.6 钢管制作，长宽尺寸大于承台边长 200mm，为方便安装前标高的定位调试工作，钢管架高度应为预埋锚栓设计标高螺纹丝口中部位置，即：定位架高度＝预埋锚栓顶部螺纹丝口中部标高－承台杯口顶部标高，利用三角撑保证定位架整体的稳定，确定安装定位钢管架的长、高、宽度后焊制钢管架，钢管下料尺寸偏差≤1mm，立柱与横杆焊接时保证

图 1　锚栓大样

276

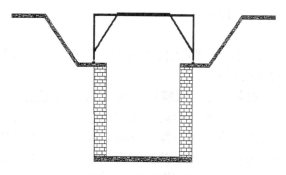

图 2 承台顶部示意

垂直度后点焊，点焊完成后复核钢管架尺寸，确认无误后焊接三角支撑杆，确定尺寸角度无误差后再将所有钢管连接部位满焊（图 3），最终由技术负责人、质检员、施工员验收合格后方可投入使用。

根据设计图纸按各种钢柱的柱底板规格尺寸制定位模具详图（图 4），绘制完成后应严格经过多人多级审核，确认无误后方可下料加工制作。

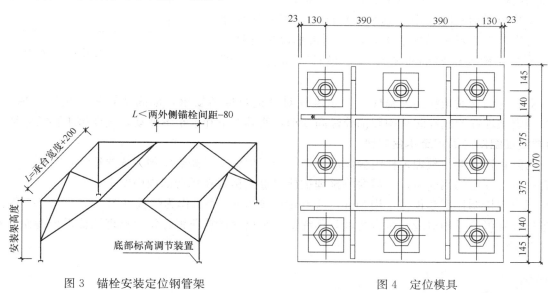

图 3 锚栓安装定位钢管架　　　　　图 4 定位模具

2 施工过程

2.1 精准施工定位

因承台空间狭小，安装完成预埋锚栓后无法再进行承台底部作业，所以需要在预埋锚栓安装前先进行承台底部沉渣的清理及底部钢筋网安装，待底部沉渣清理及底部钢筋网安装完成满足设计规范要求后方可进行定位钢管架及定位模板的精准放置工作，放置定位钢管架及定位模板操作流程如下：

（1）将安装定位钢管架放置在承台上方，钢管架放置地点要保证稳固，定位钢管架不允许出现晃动；

（2）将定位模板放置在钢管架上方，利用水准仪测量确定定位模板标高，使用底部调节装置将定位模板标高调节至设计标高位置；

（3）利用两台经纬仪，将经纬仪放置在垂直的两条控制线上，对定位模板进行微调，将定位模板坐标位置调节到设计图纸位置，定位模板坐标位置偏差≤0.5mm；

（4）上述步骤全部完成后再次利用水准仪复核定位模板标高，当定位模板的坐标位置及标高全部满足设计规范要求后，才可进入下一道工序。

2.2 工艺控制原理

（1）预埋锚栓安装前先复核控制网轴线，建立偏差尺寸汇总图，视偏差大小统一调整尺寸，控制埋件中心平均最大偏差在 1mm 内（图 5）；

（2）定位模板上的定位孔内径比设计地脚锚栓外径大 1mm，而定位模板中心又与设计图纸一致，当地脚锚栓被套于其中时，每个锚栓所能产生的最大位移偏差为 0.5mm，任意两个锚栓所能产生的最大位移偏差为 1mm，这样就可以保证同锚栓组任意锚栓间中心位移≤1mm，达到施工预控目标；

（3）锚栓安装定位钢管架及定位模板在制作组装过程中一定要保证自身的精确度，安装时利用经纬仪及水平仪对定位模板精度进行多次校准，由于专用模具锚栓孔径本身的精度控制较好，只要保证组装时的精度，就能保证模具内套入的地脚锚栓组精度≤3mm，控制在施工预控目标；

（4）安装预埋锚栓时利用 4 副水平尺同时上下复核预埋锚栓的垂直度，由于预埋锚栓上下均用 2 副水平尺进行垂直度复核，可保证预埋锚栓的垂直度满足设计规范要求，即 $L/1000$；

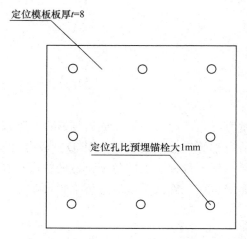

图 5　高精度定位专用模具

（5）安装完两支对角线预埋锚栓后用水准仪对其进行标高复核，标高达到施工预控目标≤3mm，即可支撑固定预埋锚栓底部防止预埋锚栓标高变动，使其上下和水平不变动，确保施工预控参数要求。

2.3 预埋锚栓组四周固定至承台内壁

（1）为防止钢管架与预埋锚栓组分离后预埋锚栓产生偏差，需要将预埋锚栓组和承台固定，因承台四周未有可进行固定的钢筋笼，故需要将预埋锚栓组直接顶置在承台四周内壁上；

（2）现场焊接制作配套顶撑，用 5mm×100mm×100mm 钢板作为垫板（图 6），焊接 $\phi25$ 圆钢作为撑杆，撑杆长度可测量相对应的承台宽度与预埋锚栓组尺寸计算所得，每组预埋锚栓最少制作并安装四支顶撑（图 7）；

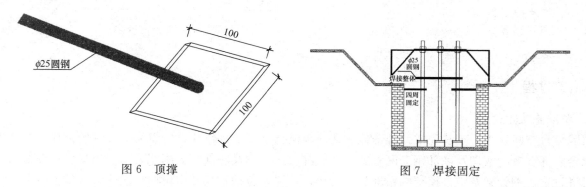

图 6　顶撑　　　　　　　　　　图 7　焊接固定

（3）焊接完成的顶撑温度过高，直接安装顶撑会烫伤损坏承台内壁防水层，顶撑焊接制作完成后需要等顶撑冷却至常温后方可投入使用；

（4）将四支顶撑焊接至预埋锚栓组上时要四面平均受力，不可在随意位置焊接顶撑；

为保证每支预埋锚栓的精准度，保证后期钢结构的安装，每支安装完成的预埋锚栓均需要进行坐标及标高的复核，直至达到设计规范要求后方可进行下一道安装工序；为防止钢管架与预埋锚栓组分离后预埋锚栓产生偏差，需要将预埋锚栓组和承台固定，因承台四周未有可进行固定的钢筋笼，故需要将预埋锚栓组直接顶置在承台四周内壁上。

2.4 钢管架及定位模板与预埋锚栓组分离

（1）所有顶撑安装完成后对预埋锚栓组进行分离前的复核测量，确定预埋锚栓组所有参数符合图纸设计规范后才可进行钢管架及定位模板与预埋锚栓组的拆除分离。

（2）钢管架及定位模板拆除步骤：

1）用氧气乙炔将定位模板和钢管架点焊位置切割开；

2）拆除定位模板，使定位模板和锚栓组、钢管架分离；

3）拆除定位钢管架。

（3）钢管架拆除注意事项：

使用氧气乙炔拆除定位模板时使用人员不可坐立在钢管架或定位模板上方，切割时注意火焰喷射方位和距离，为防止预埋锚栓顶部的丝口螺纹受到灼烧影响，火焰不可烧伤预埋锚栓，拆除钢管架及定位模板时要轻抬轻放，以免碰撞预埋锚栓导致预埋锚栓组产生偏差。

2.5 施工过程的保护

焊接完成的顶撑温度过高，直接安装顶撑会烫伤损坏承台内壁防水层，顶撑焊接制作完成后需要等顶撑冷却至常温后方可投入使用；将四支顶撑焊接至预埋锚栓组上时要四面平均受力，不可在随意位置焊接顶撑；所有顶撑安装完成后对预埋锚栓组进行分离前的复核测量，确定预埋锚栓组所有参数符合图纸设计规范后才可进行钢管架及定位模板与预埋锚栓组的拆除分离。

再次复核预埋锚栓组坐标，复核无误后即可开始绑扎承台钢筋，绑扎承台钢筋前需要对钢筋绑扎人员进行技术交底，明确告知绑扎承台钢筋时不可敲打碰撞预埋锚栓。

3 承台混凝土浇筑实施方法

3.1 浇筑前成品保护

（1）为保证预埋锚栓的螺纹部分生锈影响后期钢结构的安装，所有预埋锚栓螺纹处用黄油涂抹均匀。

（2）为保证预埋锚栓不沾染混凝土，在承台混凝土浇筑之前，用塑料套管或包装薄膜将地脚锚栓的螺纹部分罩住。

（3）混凝土浇筑完成模板拆除之后，若长期不进行下一道工序，需用彩条布将预埋锚栓遮挡，防止锈蚀。

3.2 浇筑时注意事项

（1）混凝土浇捣时，应安排专职安装人员同步、全程旁站监护。

（2）混凝土严格采用分层浇筑，泵送混凝土时，应避免冲击锚栓，使各个锚栓位置正确，无任何扰动现象。

（3）严格要求工人在浇筑混凝土过程中，振动棒必须从基础柱模板四周插入振捣，严禁只从一面振捣。振动过程中振动棒严禁与地脚锚栓接触。

（4）浇筑混凝土过程中，随时检查锚栓的位置，如果因为振捣等原因，造成位置移动，应及时调整回原位。

混凝土初凝前为防止混凝土浇筑时对地脚锚栓的位置造成影响，初凝前必须对地脚锚栓的位置再次进行复验，对位置发生变化的地脚进行校核。

4 结语

本项目应用定位钢管架定位安装大地脚锚栓施工技术，使施工过程中精准定位、节省时间、减轻工人工作强度、成品得到完善保护、安装的效率比传统工艺高出近一倍。对今后钢结构地脚锚栓安装工程起着至关重要的作用，为加快钢结构主体安装工期的帮助奠定了基础，经济效益相比传统工艺更加可观；总的来说在施工过程中起到了节省、安全、快捷、高效、精准等作用。

参考文献

[1] 孙群伦. 钢结构柱地脚螺栓整体预埋技术[J]. 建筑技术，2013(2)184-185.

[2] 李运龙，吴全辉，伍思美等. 钢筋密集承台基础预埋钢柱大规格地脚螺栓施工工法[Z]. GXGF021-2018.

超限大跨度钢连廊设计与施工技术

肖毕江　李　众　吴合磊　安瑜萱　王　明

（中国建筑第八工程局有限公司，上海　200120）

摘　要　为提高大跨度钢连廊施工质量，保证大跨度钢连廊安全施工，加快现场钢连廊施工进度，结合现场施工条件，对大跨度钢连廊采用计算机控制液压整体提升技术，本工程通过计算机控制液压提升机，将在地面上已拼装完成的多层钢连廊整体提升到设计标高位置；钢连廊结构设计时考虑超限结构、钢连廊与主体结构连接形式、温度对钢连廊施工质量的影响。本文介绍一实际工程大跨度钢连廊整体提升技术。

关键词　超限；大跨度；钢连廊；整体提升

1　工程概况

近年来，随着科学技术水平的进步和人们需求水平的提高，各式各样的高层建筑不断涌现。作为高层建筑结构类型不可或缺的一部分，钢结构也随之以更加惊艳的形式展现出来。建筑连体结构形式是近十几年发展起来的一种新型的结构形式，一方面连体可以方便不同建筑物之间的联系，另一方面连体结构具有独特的外形，可以带来强烈的视觉效果，使建筑更具特色。

工程位于北京市朝阳区金盏商务区，建筑面积 148532m²，1 号楼共 13 层分为两个独立的单体，建筑高度 60m，2 号楼共 8 层，建筑高度 40.7m，3 号楼共 10 层，建筑高度 49.1m，4 号楼共 12 层，建筑高度 57.5m。1 号结构为框架—核心筒结构，核心筒由劲性钢柱组成（图 1、图 2），每层劲性骨柱数量为 96 根，其中 1A、1B 塔楼由两道跨度 54.8m，安装高度为 57.18m 的两道钢连廊连接组成，钢连廊主要位于 12 层、13 层、机房层，主要由箱形梁和 H 型钢梁组成，材质为 Q345B，单座钢桁架重量为 500t，钢连廊主弦杆为钢接，斜腹杆与主弦杆之间为钢接，主弦杆与次弦杆之间为铰接。

图 1　工程效果图

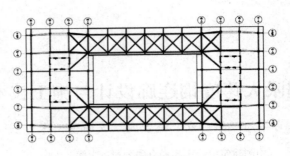

图 2　钢连廊分布图

2　超限钢连廊设计

2.1　超限情况

本工程超限情况见表 1。

超限情况　　　　　　　　　　　　　　　　　　表 1

项次		本工程参数	规范要求		备注
结构体系		框架核心筒			
结构总高度（m）		57.3（13 层）	A 级	130	满足要求
			B 级	180	
地下室埋深（m）		9.9	1/6 房屋高度		满足要求
高宽比		57.3/32.2＝1.78	7		满足要求
长宽比		51.4/32.2＝1.60	6		满足要求
平面规则性	扭转	1.15	≤1.4		满足要求
	凹凸	无	≤30％总尺寸		满足要求
	楼板不连续	无	有效宽度≥50％典型宽度 开洞≤30％楼面面积		满足要求
竖向规则性	侧向刚度	规则	≥90％相邻上一楼层		满足要求
	抗侧力构件连续	连续	连续		满足要求
存在高空连体情况，属超限结构					

2.2　超限控制措施

（1）在底部加强区及其上一楼层，设置约束边缘构件，筒体的主要墙肢，在轴压比大于 0.3 的楼层设置约束边缘构件（图 3）。

（2）剪力墙在大震剪力较大的墙肢处设置型钢，以提高剪力墙的承载力及延性。

（3）与连廊相连的框架柱及楼面梁设置型钢，加强构造，保证与连廊连接的可靠性。

2.3　两侧楼座差异沉降设计

（1）采用 CFG 复合地基，且要求沉降值控制在 20mm 以内。

（2）两侧楼座 CFG 处理范围对称扩大。

（3）适当增大基础筏板的刚度。

（4）加强连廊吊装前的沉降观测频次，根据观测情况及时评估与调整。

（5）通过计算，预先评估在 20mm 差异沉降下的连廊桁架内力，并在桁架构件设计中，将其计入内力组合。

2.4　温度应力的设计

（1）设计中把升温＋25°、降温－25°的温度应力计算计入内力组合。

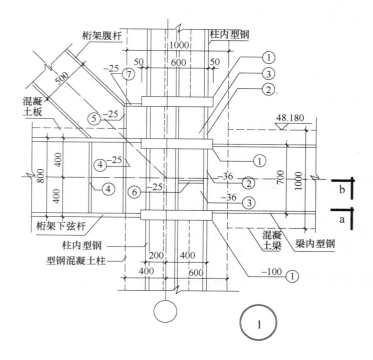

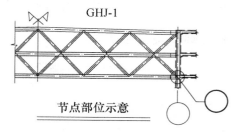

节点部位示意

节点设计说明：

1）材料要求：板件均采用Q345B，且100厚的

　板件（板件1○Z方向性能等级为Z35。

2）每个编号的板件应采用整板切割而成，不得拼焊。

3）编号相同的板件仅表示材质、厚度相同，其他尺

　寸不一定相同。

4）所有板件之间的接触面均采用全熔透焊接缝，等

　级为一级。

5）钢筋与型钢的连接均采用对接焊，要求焊接接头

　抗拉能力不小于钢筋母材。

6）节点应采用自密实混凝土浇筑。

7）本图未标注栓钉，节点部位的栓钉定位仍对应柱

　内型钢，但仅在翼缘板外侧设置栓钉即可。

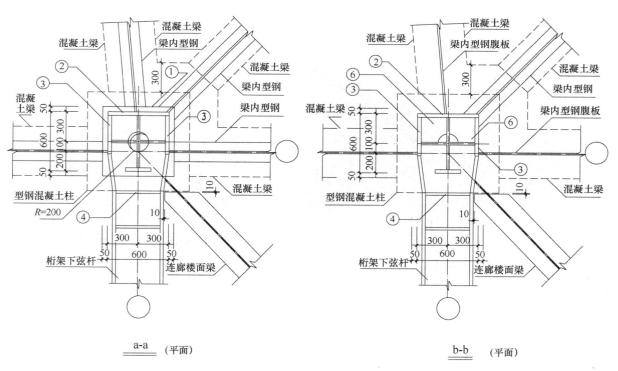

图 3　钢连廊与主体连接节点图

（2）连廊楼板采用双层双向通长配筋，且纵向钢筋与楼座可靠连接和锚固。

（3）合理控制桁架安装温度，要求桁架与两侧楼座连接时的温度控制在 10～15℃。

（4）与建筑师密切沟通，加强连廊的保温设计。

（5）要求施工尽早完成连廊的屋顶及底面的保温施工，尽早完成幕墙施工。

3 钢连廊安装重难点

（1）1号楼 AB 座之间钢连廊跨度 54.8m、宽度 13.4m、高度 9.12m、提升高度 57.18m、单侧连廊整体重量达到 500t（图 4），采用地面拼装、整体提升的方式进行安装，深化设计时，需根据运输条件及汽车吊性能进行合理的分段、分节，做好每个构件的编号，方便现场组合拼装。提升进行模拟计算，进行吊点的设计及布置，保证整体提升的安全。

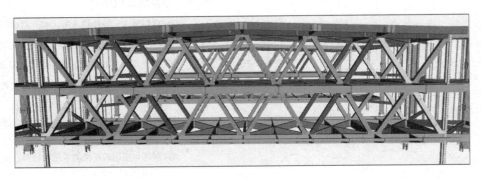

图 4　钢连廊深化图

（2）劲性钢柱截面复杂，外框梁与劲性钢柱连接为斜梁（图 5）；与钢连廊连接劲性钢柱牛腿多，箍筋密集，钢筋绑扎完成后间隙过小，为保证劲性柱的施工质量采用自密实混凝土组织施工。对于复杂的节点，构件装配及焊接顺序为钢结构构件的施工难点。为方便加工和现场施工，手工制作复杂节点模型，更直观地确认各杆件的连接方式及施工顺序。

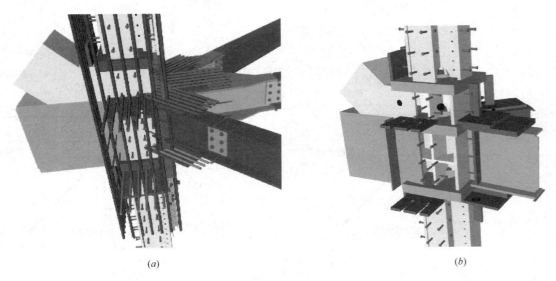

(a)　　　　　　　　　　　　　　　(b)

图 5　钢连廊连接劲性钢柱节点深化模型图

（3）与钢连廊连接的劲性钢柱最多连接 7 根梁，每根梁的定位及加工尺寸控制要求严格，定位偏差控制难度大；钢连廊采用液压整体提升，对于钢连廊整体拼装尺寸偏差、预起拱量、钢连廊吊装就位的对接错口率偏差、标高偏差控制要求高，偏差控制难度大，需全过程采用测量设备指导施工（图 6～图 8）。

图 6 劲性钢柱与劲性梁连接图

图 7 钢连廊提升就位图

图 8 钢连廊对接错扣率

4 钢连廊施工关键技术

4.1 建立 BIM 可视化模型

利用 Tekla 对钢连廊进行深化设计，细化钢连廊各节点细部连接方式，钢桁架主次梁的分段尺寸，钢桁架各加工零件板尺寸的深化设计，钢连廊与主体结构连接部位复杂节点处与钢筋连接碰撞模拟分析，液压提升系统受力部位的补强措施，复杂节点部位各牛腿定位点的坐标，指导现场各构件安装精度。

以钢连廊模型为基础，整合机电管线模型，幕墙模型，精装修模型等，对各专业模型进行碰撞检测，提前将碰撞问题图纸阶段解决，避免后期出现拆改；利用 BIM 模型进行方案设计及技术交底，可视化指导现场施工，保证现场质量和安全可控。

4.2 施工动态模拟

经计算钢连廊结构在整个提升安装过程中下挠值为 110mm，在钢连廊深化设计阶段，对钢连廊加工、运输、地面拼装、整体提升过程进行施工模拟，根据模拟数据对各施工阶段进行管控。提升过程中需要对钢桁架结构变形进行监控，需利用全站仪在每榀主桁架跨中处设置多个监控点。提升前测量初始数据作为基准值，提升过程中每提升 3m 进行一次数据测量，每测量一次与基准值对比分析。

钢连廊在提升前，根据深化模型，计算钢连廊提升过程中对主体结构受力变形分析，考虑施工过程中各种不利因数，施工前做好模拟分析，保证现场钢连廊安全施工和提升钢连廊安装精度。

4.3 空间三维坐标定位

钢连廊牛腿弦杆多，节点复杂，利用三维定向测量技术，定位钢连廊各牛腿弦杆坐标，直观地将钢连廊各杆件的尺寸和位置关系表示出来，通过空间三维坐标将钢连廊整体在模型位置中进行标记，将钢连廊提升过程中对应坐标进行提取，便于提升过程中对钢连廊进行实时控制。

4.4 液压整体提升

结合钢连廊自重，对钢连廊提升设备选型进行计算，根据理论计算值，对进场设备进行验收，保证设备可以正常运行；钢连廊地面拼装焊接完成和液压提升器安装完成后，需进行试提升工作，提升高度为 250mm，静置 24h，过程中观测各受力节点部位，液压提升系统的运行情况，提升吊点是否存在异样，钢绞线受力情况等。钢连廊提升就位前，对各提升点进行微调，钢连廊提升至设计标高后，复测钢连廊标高和弦杆之间的对接错扣率；钢连廊焊接后，需要做好焊后保温，钢连廊所有焊接点探伤合格后，按要求对钢连廊进行沉降复测，沉降稳定后，液压提升设备为同步分级卸载，在确认各部分无异常的情况下，可继续卸载至 100%，结构载荷完全转移至基础，结构受力形式转化为设计工况。

4.5 三维变形观测

本项目钢连廊跨度长，安装精度要求高，在深化设计阶段，通过有限元分析，钢连廊在地面拼装过程中，对钢连廊进行预起拱，钢连廊安装完成后，运用三维激光扫描仪对钢连廊进行扫描生成点云，将生成的点云与模型进行对比，为后续观测提供基础数据，应用三维定向测量技术进行沉降观测，自动分析数据整理系统，将定期观测的数据进行整理、分析，最终形成完整的沉降观测报告。

4.6 计算机控制

液压同步提升施工技术采用行程及位移传感监测和计算机控制，通过数据反馈和控制指令传递，可全自动实现一定的同步动作、负载均衡、姿态矫正、应力控制、操作闭锁、过程显示和故障报警等多种功能。操作人员可在中央控制室通过液压同步计算机控制系统人机界面进行液压提升过程及相关数据的观察和（或）控制指令的发布。

4.7 安全系数高

钢连廊弦杆安装主要在地面拼装完成，高空作业少，现场安全可控，焊接点便于监控，保证现场施工安全、可靠。

5 结语

超限大跨度钢连廊设计与施工技术集成了 BIM 模型、施工动态模拟、三维定向测量、计算机控制和应力监测技术，以及施工过程中钢连廊质量控制、安全管控和安装完成后变形监测技术，保证钢连廊焊接质量，对接错扣率偏差，沉降偏差均满足规范要求；同时，加快了现场施工进度，节约成本，创造了经济效益，也为后续类似工程提供了施工经验。

参考文献

[1] 周杰平. 2200t 大跨度钢连廊地面整体拼装技术[S]. 结构施工，2013，5：393.
[2] 尹春. 某会议中心钢结构安装技术研究[S]. 西安建筑科技大学，2012.
[3] 杨茂. 中心钢连廊液压同步整体提升关键技术[S]. 福建质量管理，2018.
[4] 孙晓阳. 昆山软件高空大跨度钢结构连廊施工技术[S]. 施工技术，2011.
[5] 唐际宇. 钢结构连廊吊装施工技术[S]. 建筑技术，2010.

大跨度单层门式刚架厂房钢结构施工技术

刘西仙　周广存　姜雪松　王　亮　马春亮

（中建一局集团建设发展有限公司，北京　100102）

摘　要　结合北京新机场南航基地航空食品设施项目的实际应用，详细介绍了大跨度单层门式刚架厂房结构设计与施工过程中，设计关键点柱脚螺栓安装精度控制、压型钢板屋面防水、门式刚架外幕墙施工等关键技术及解决方案，以及 BIM 技术在单层钢结构厂房施工过程中的应用。

关键词　门式刚架；钢结构；柱脚螺栓；屋面防水；外幕墙；BIM 技术

1　工程概况

门式刚架轻型房屋钢结构为一种传统的结构体系，具有受力简单、传力路径明确、构件制作快捷、便于工厂化加工、施工周期短等特点，因此，广泛应用于工业与民用建筑中。

北京新机场南航基地航空食品设施项目建筑规模 95340m²，建设内容包括航空食品配餐中心及配套用房、机供品库房、维修用房、勤务用房等多个单体建筑。建成后将成为亚洲最大的航空配餐中心。

本项目车辆维修用房和配餐中心高架库采用门式刚架结构形式。车辆维修用房主要服务对象为南航各部门地面车辆每日可同时修理各类车辆 60 余部。高架库为全自动化立体仓库，是航食全自动原料存储库，是保证航空餐食生产的大型粮仓。

车辆维修用房为单层厂房（无地下室），建筑面积 7530m²，檐口高度 12.4m。钢结构厂房为双跨 2×35.8m，长度 104m，柱距 8.0m，最大柱距 8.4m，柱子高度 11.7m。车辆维修用房屋面坡度 5%，屋面采用双层压型钢板屋＋100 厚玻璃丝棉保温层。

配餐中心高架库为单层厂房（含地下室），建筑面积 3115m²，檐口高度 19.4m。配餐中心高架库建筑特点注重生产流程工艺，提高餐食生产的机械化、自动化程度，采取重生产、轻装修的建筑理念。钢结构厂房为单跨，跨度 23m，长度 127m，柱距度 9m，最大柱距 9.5m，柱子高度 21.7m，其中地下室立柱为高 5m 的钢骨柱。配餐中心高架库屋面坡度 5%，屋面采用双层压型钢板＋100 厚玻璃丝绵保温层。

车辆维修用房及高架库厂房纵向约每隔 3 个开间设一道柱间支撑。柱间支撑为两层，截面采用双角钢。为保证刚架的侧向刚度，在刚架横梁下翼缘及柱内翼缘两侧布置隔撑（端部仅布置在内侧）。隔撑采用单角钢，另一端连在檩条或墙梁上。刚架的拼接采用扭剪型高强度螺栓，连接接触面采用抛丸除锈，梁间通过翼板坡口对接熔透焊，腹板采用高强度螺栓连接形式。柱、梁翼缘的连接焊缝全部为一级焊缝。

车辆维修用房和配餐中心高架库钢构件剖面图如图 1、图 2 所示。

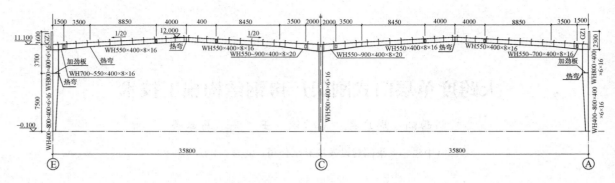

图1　车辆维修用房钢构件剖面图

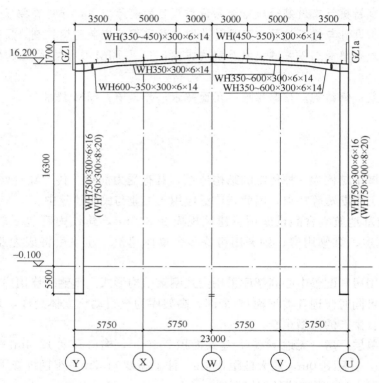

图2　配餐中心高架库钢结构剖面图

2　施工关键技术

2.1　地脚螺栓安装

钢结构柱与基础通过地脚螺栓连接，地脚螺栓安装精度直接影响整个厂房的根基精度，根据设计图纸和规范要求，地脚螺栓的最大调节量为2.0mm，对安装精度要求非常高。若预埋偏差超过允许范围，将会造成钢柱底脚板上的孔与地脚螺栓不对应，影响钢柱的安装，进而影响上部结构的安装精度及现场的施工进度。

2.2　彩钢复合板及采光板组合的屋面防水技术

本工程车辆维修屋面板为双层压型钢板屋面＋100厚玻璃丝绵保温层＋900宽采光瓦，同时，屋面设置较多出屋面风机、天沟等对屋面防水提出更高的要求。因此，压型钢板之间、压型钢板与采光瓦之间、出屋面风机、天沟等接缝处理，对保证屋面不渗漏、屋面整体防水来说尤为重要，是本工程的施工难点。

2.3 外幕墙施工垂直运输及外立面作业技术

本工程高架库主体结构为焊接 H 型门式刚架，檐高 17.2m，最大柱间距 9m，高度高、跨度较大。且高架库外幕墙板为平面尺寸为 1.5m×6m 的铝塑复合板，在进行外装修作业时，因工期特紧、各专业穿插作业多及现场道路受限等其他实际情况影响，无法采用搭设外脚手架或采用自行走剪刀式升降车等其他方式进行作业。

高架库外墙做法：高架库为门式刚架体系，外幕墙采用阿鲁克邦进口铝塑复合板，厚度 4mm。墙体封闭采用 100mm 厚保温岩棉板（外侧单面铝箔），采用岩棉钉固定在外幕墙背面。室内采用 0.6mm 厚压型钢板进行封闭和装饰（图 3）。

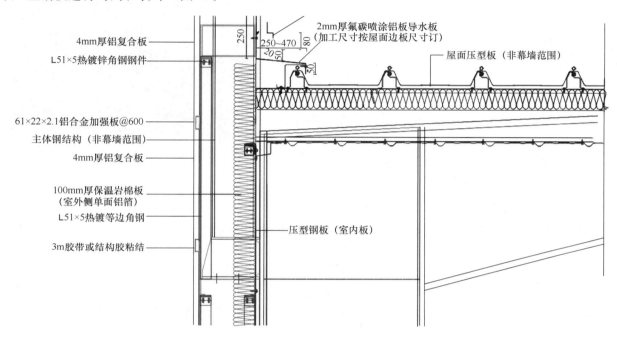

图 3　高架库外墙做法

3　关键技术的解决措施及方案

3.1　地脚螺栓安装精度保证措施

根据安装要求制作单层定位钢模板，采用 5mm 厚度 Q235 钢板，机械方法加工，孔径比螺栓直径大 1mm。将地脚螺栓穿入钢模板（图 4），预留好丝扣长度，用两个螺母上下固定，地脚螺栓下部用两个箍筋固定。使一组地脚螺栓成为一个整体，连接在承台钢筋笼上，与基础支模系统完全脱离。基础钢筋骨架施工完成后，把地脚螺栓按照图纸位置放到支好模的基础里，校正好定位模板的中心控制轴线、水平度和标高后，用电焊固定在支架上，并焊上足够数量的支撑和拉杆，然后把螺母卸下，取下钢模板，用胶带纸包好丝扣，以保护丝扣不受施工损伤。以此方法进行下一组地脚螺栓安装。本工程地脚螺栓固定模板上螺栓孔全部与钢柱端板螺栓孔同时开孔，并同步采用二维码进行标识，做到精准同步，从加工制作开始保证螺栓定位的准确性，进而保证钢柱定位准确性。

图 4　地脚螺栓固定模板简图

3.2　屋面防水保证措施

（1）屋面板采用 360°直立锁边可自由伸缩高波彩钢板，屋面板安装过程，责任工程师全程监督。

板间咬合采用橡胶锤辅助施工,严禁工人直接木方敲击。屋面板铺装完成后,采用收边机对咬合处二次处理,保证连接质量。

(2)屋面板采用氟碳涂层钢卷,材料验收合格后,结合本工程跨度及面积大的特点,采用高空压型机(图5)。使用高空压型机的优点是能根据不同的工况,随意挪动出板地点,出板高度21.5m。极大地减轻了工人作业强度,提高了安装速度,有效地避免板面掉漆、损坏。

(3)采光带设计上下两层。采用上板宽度470cm、下板宽度900cm的宽采光瓦,保证与屋面板间足够的搭接宽度。屋面板与采光板搭接采用压条、封件、扣件等进行固定,保证屋面板与采光板的接缝质量。

(4)天沟开孔与雨水管接口处用管材配套密封胶做封堵处理,且整个天沟采用1.5mm厚耐候防水涂料进行加强处理。

(5)屋脊板采用加厚1.0彩钢板做成塔式造型屋脊板,有效保证屋脊板的刚度,安装牢固且美观,确保屋面防水不渗漏。

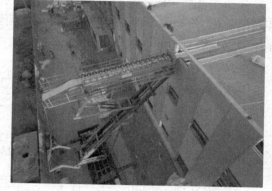

图5　高空出瓦机施工图

3.3　外幕墙施工采用特殊吊篮施工技术

高架库大跨度门式刚架外幕墙施工采用一种门式刚架结构特殊吊篮的施工及安装施工方法,其基本工作原理与标准吊篮相同,主要是利用杠杆原理,通过悬挂机构的固定,采用电动提升机对工作平台进行升降来实现的。从电动吊篮的构造来看,悬挂机构和工作平台之间能够进行上下相对运动。区别是传统吊篮通过配重,实现与工作平台的平衡,而本文是通过悬挂机构与钢结构采用抱箍进行连接固定,达到稳定工作平台的目的。

吊篮的悬挂机构与钢结构的连接方式主要有以下两种:方案1(图6)为吊篮悬挂机构固定于纵向钢梁各跨主架梁,方案2(图7)为吊篮悬挂机构固定于山墙处主刚架梁。抱箍采用的钢板及螺栓的大小根据主体结构梁构件尺寸而定。

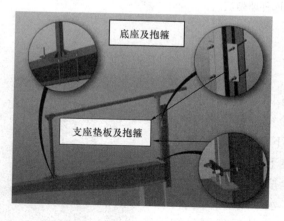

图6　悬挂机构与钢结构连接图方案1

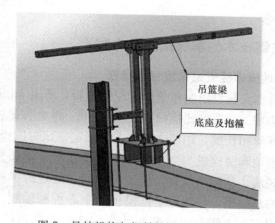

图7　悬挂机构与钢结构连接图方案2

将悬挂装置组装在前梁前端,然后将加强钢丝绳通过上支柱与后支架连接,将各部位连接螺栓拧紧,最后用索具螺旋扣将加强钢丝绳上紧,钢丝绳要加一定的预紧力,当前梁伸出1.5m时,其前端要向上起挠约30mm。方案1(图8)与方案2(图9)的区别主要在平衡吊篮吊重的方式,方案1通过后支腿与钢结构抱箍固定,方案2吊篮吊重平衡力由斜拉钢丝绳承担,斜拉钢丝绳直径大于或等于8.3mm,斜拉钢丝绳上面固定于支架后端,下面固定于钢立柱底部,并采取防滑动措施。

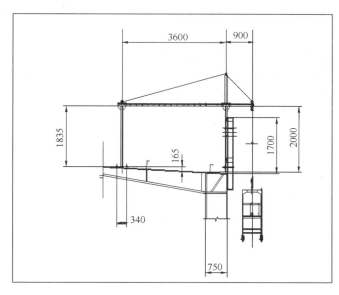

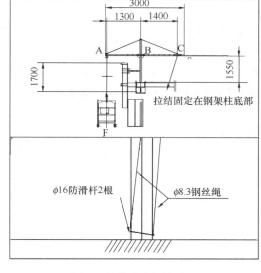

图 8　吊篮节点图方案 1　　　　　　　　　　　　　图 9　吊篮节点图方案 2

将工作钢丝绳和安全钢丝绳组装在前梁的悬挂件上，并在钢丝绳上安装好限位块。在放置支架时，要保证支架前端符合施工位置要求，同时，要保证前梁前端的距离要与下面篮体的宽度保持一致。避免吊篮安装后上下成八字型，影响吊篮安全使用。

采用以上特殊吊篮施工，解决了压型钢板屋面无法放置配重的难题，同时满足了外幕墙施工作业需求，解决了因脚手架搭设等带来的诸多影响因素，提高了工作效率，安全有保证并能够重复使用。目前该项技术已申报国家专利，并已成功受理。

4　BIM 技术在本工程中的应用

在 Tekla 模型的基础上，建立钢结构构件 BIM 模型，根据 BIM 模型与加工完成后的构件三维扫描模型对比，确定加工误差，形成一套门式刚架构件制造质量的验收方法。同时，根据钢结构深化设计模型，进行钢构件加工图数值化放样，导出预制加工图，生成构件清单。将构件的型号尺寸、钢材材质、钢材供应商、构件加工厂等信息输入 BIM 信息系统，进行工厂加工，有效提高了构件预制加工的准确性和速度。通过 BIM 虚拟预拼装技术、安装模拟技术、数字化测控技术、高精度就位技术相结合，真正实现门式刚架结构的数字化安装（图 10、图 11）。构建了可以实现优化设计、施工可视化模拟、施工仿真分析、过程控制、数据集成与共享等功能的工具系统及方法，解决了项目建造过程中的技术深化难题及生产加工难题的方案。实现了基于 BIM 技术的在本项目的高效管理。

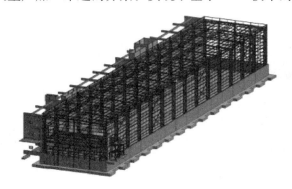

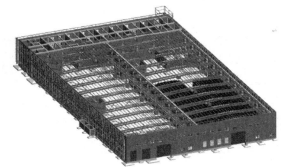

图 10　配餐中心高架库 BIM 模型　　　　　　　　　图 11　车辆维修用房 BIM 模型

5　结语

通过对北京新机场南航基地航空食品设施项目大跨度门式刚架结构地脚螺栓安装、屋面防水、外幕墙施工等关键施工技术的分析，详细阐述了以上关键技术的解决措施及方案，而且通过 BIM 技术在本工程中的应用，在确保施工安全和质量的同时，加快了工期，降低了工程施工成本，减少了人工投入。为项目创造了良好的经济及社会效益。

参考文献

[1]　王鸣. 大跨轻型门式刚架钢结构厂房施工技术实践[J]. 福建建设科技，2018.
[2]　陈军. 门式刚架关键施工技术[J]. 安徽冶金科技职业学院学报，2006.

多层重型钢结构桁架深化设计与施工技术

吴 迪 于 戈 冯延军

（中建一局集团建设发展有限公司，北京 100102）

摘 要 随着体育场馆类建筑增多，对场馆在比赛期间与赛后运营阶段使用的综合需求不断增加，产生了许多需兼顾结构稳定性和观感的复杂钢结构形式。五棵松冰上运动中心工程在钢结构深化设计、加工、安装等方面采取相应措施，确保了多层重型钢结构桁架的实体和观感质量，本文介绍该工程钢结构的深化设计与施工技术。

关键词 多层钢结构桁架；分段吊装；深化设计；施工技术

1 工程概况

五棵松冰上运动中心工程（图 1）位于北京海淀区复兴路 69 号，五棵松篮球馆的东南角，东临西翠路，南邻复兴路。作为 2022 年冬季奥运会冰球比赛的热身馆及训练馆，内含一块的标准比赛冰球场（30m×60m）和一块标准训练场（30m×60m）和一块室外冰球场，还包括一个剧场、比赛配套服务、体育文化互动体验等功能用房。工程总建筑面积为 38400m²，规划用地面积 300301.69m²，建筑檐口高度 17.25m，南北向长度约 147m，东西向长度约 98m，地下二层，地上二层。

图 1 工程整体效果图

地下室及地上 8 个井筒为钢筋混凝土结构（图 2），内部设有十字型劲性钢柱。地上结构为多层重型钢结构桁架（图 3），南北向 14 榀、东西向 12 榀，桁架与 8 个核心筒连接固定，桁架间采用钢梁连接。

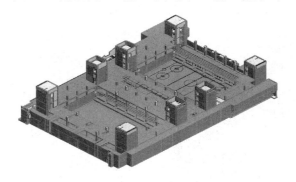

图 2 混凝土结构示意图

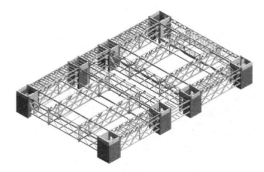

图 3 地上钢结构桁架示意图

钢结构桁架构件截面形式主要为非常规箱形截面（图 4、图 5），最大截面 1200mm×700mm。单榀桁架四层，最大高度 19.4m，最大跨度 36m，单榀桁架最长 58m，最重 440t，最厚钢板 100mm。

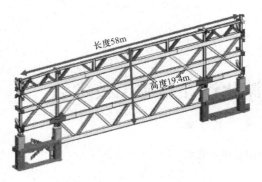

图 4   单榀钢结构桁架示意图　　　　　　图 5   桁架箱形梁示意图

2   施工方案

本工程地上结构主要为钢结构桁架，桁架支座为钢筋混凝土井筒，井筒内设置劲性钢柱。通过对地上结构形式的分析，综合考虑施工工期和成本，如采用滑移和提升的施工方法，无法满足工期的要求，同时成本较高。散拼吊装的方式无法保证工期的要求。最终确定采用整体预拼装，分单元吊装的施工方案，在深化设计阶段即开始以施工方案作为引领，进而在加工、安装方面逐步落实，贯穿整个周期。

3   深化设计

3.1   桁架节点深化与优化设计

本工程钢结构桁架中节点主要包括：桁架弦杆与腹杆连接节点、桁架与劲性结构连接节点两种，由于钢结构桁架中钢梁为非常规箱型截面，同时，桁架内部设有使用空间，节点将触手可及，观感要求很高，所以导致节点形式复杂。

深化设计过程中，首先，通过 Tekla 软件创建节点模型，然后，与建筑设计师不断对节点外观形式进行优化调整，通过计算确保节点结构的力学性能满足要求。节点的深化设计同时对材料的损耗、加工的复杂程度以及重量等方面进行了综合考虑。钢结构桁架中最具特点的节点为腹杆与弦杆交叉处形成的米字型节点（图6）。

钢结构桁架与井筒劲性钢柱连接处的节点也是本工程典型节点。桁架杆件为箱形截面，劲性钢柱为十字截面，传统的连接方法是在钢骨柱上直接焊接箱型牛腿与结构构件连接，但这种节点连接形式会切断钢筋混凝土剪力墙，在剪力墙内形成封闭的腔体，腔体内混凝土浇筑困难，很难保证节点区混凝土的连续密实。本工程在钢柱和外伸桁架杆件之间增加荷载传递部件，并将钢柱、外伸桁架杆件和荷载传递部件三者之间焊接为一体（图7），荷载传递部件与钢柱一起预埋在钢筋混凝土剪力墙内，不截断钢筋混

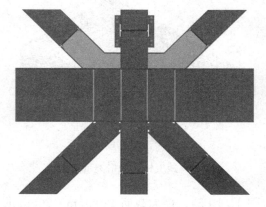

图 6   桁架米字型节点示意图　　　　　　图 7   桁架与劲性钢柱连接节点示意图

凝土剪力墙结构的内部纵向钢筋，保证钢筋连续，便于钢筋施工。解决箍筋搭接不便的问题，且不隔断混凝土，不外伸牛腿，同时避免了节点区内出现封闭腔体，保证灌浆密实，降低施工难度，提高施工质量。

3.2 桁架分段深化设计

本工程钢结构桁架采用整体预拼装、分单元吊装的安装方案，桁架分段深化设计阶段主要综合考虑运输、现场场地以及吊装能力等方面，最终形成运输分段和安装分段两种。

（1）桁架运输分段

运输分段（图8）基准原则为构件长度不宜超过17.5m，宽度不宜超过3m，单件构件重量不宜超过30t。

（2）桁架吊装分段

施工现场南侧、北侧、东侧均不具备构件堆放、拼装及设备站位的场地条件，仅有西侧可用，同时，考虑建筑内部设有两个冰球场，可以作为安装场地进行使用。根据场地大小，现场共配置4台履带吊进行钢桁架拼装和吊装（图9）。综合考虑履带吊吊重以及现场空间大小对钢桁架进行吊装分段深化设计。

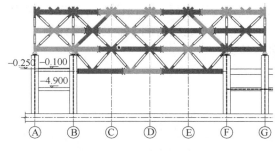

图8 单榀桁架运输分段示意图

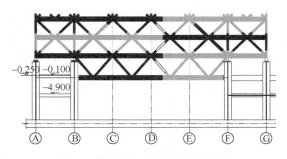

图9 单榀桁架吊装分段示意图

4 钢结构桁架加工、运输

4.1 钢板采购

本工程结构形式复杂，尤其是节点形式，为避免钢材的浪费，在加工图绘制过程中，同时考虑了钢板的规格尺寸，将钢结构零件按照钢板尺寸进行排版，确定钢板双向尺寸，降低钢板的损耗（图10）。

4.2 桁架加工

在构件加工过程中，对原材进行见证取样、组装尺寸检查、焊缝探伤检测、工厂自检、出厂前联检等全过程质量控制，保证加工质量（图11、图12）。为保证加工质量，在每榀钢桁架的杆件加工完成后，对桁架进行预拼装检验，通过检查，对发现的质量偏差进行整改。

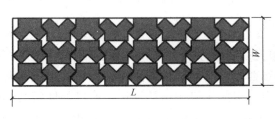

图10 钢板定尺示意图

图11 钢桁架预拼装照片

防腐底漆涂装过程中，由于钢构件尺寸较大，在加工厂设计了构件免翻身喷涂的胎架，提高喷涂工效。

图 12 加工完成的钢构件照片

4.3 钢桁架构件运输

钢结构桁架加工按照安装顺序进行，钢构件运输按照运输分段进行。为保证现场拼装、吊装的工期需求，提前根据运输分段设计以及加工进行确定运输车辆的型号和运输时间，制订运输计划。

钢构件运输至现场后，对构件尺寸、漆膜厚度等进行检查。

5 钢结构桁架安装

5.1 钢桁架拼装

本工程现场场地有限，仅有的西侧场地和基坑内两处冰场场地均作为拼装场地。拼装场地有原有硬化地面，未硬化地面采用钢板保证基础承载力和平整度。采用工字钢作为拼装胎架（图 13）。

为保证桁架拼装质量，采用虚拟预拼装技术（图 14）采集钢构件特征点，形成模型与深化设计模型进行比对，确定钢构件由于运输产生的尺寸偏差，进行快速调整，提高工效。

图 13 钢桁架现场拼装照片　　　　　　图 14 现场虚拟预拼装技术应用照片

5.2 钢桁架安装

本工程钢结构桁架采用单榀桁架整体预拼装、分单元吊装的方案（图 15）。施工现场配置了 3 台履带吊实现方案的实施，地上配置 1 台 450t 履带吊，负责西侧、北侧结构周边桁架吊装，基坑内两个冰场区域各配置 1 台 350t 履带吊负责其余钢桁架吊装。由于东侧无机械站位场地，所以整体钢结构桁架由东向西进行安装。桁架主弦杆断开位置的底部设置钢结构临时支撑。桁架吊装过程中，全程采用全站仪对桁架空间定位进行控制。

桁架焊接前对坡口清理，焊接完成后对焊缝进行探伤检验，合格后对焊缝处进行补漆处理。

钢桁架吊装完成后，对桁架的空间定位进行复核，确保桁架安装定位符合要求。

为确保整体钢结构桁架受力、变形符合规范和设计的相关要求，吊装前，从有限元计算模型中提取内力较大的点位，在构件上设置应力检测装置，在卸载前后分别对应力控制点进行检测（图16），确保桁架最终安装质量。

图15　钢桁架现场吊装照片　　　　图16　应力检测装置照片

6　结束语

随着人们对建筑环境的需求日益提高，复杂建筑的出现也决定了复杂结构形式包括复杂钢结构形式的不断出现。如今的钢结构不能仅仅按照结构进行定义，说成钢结构建筑可能更为贴切，因为不仅要注重结构的稳定性、安全性，还需重视结构本身给使用者带来的使用体验。那么，在进行复杂钢结构施工过程中，应该在施工技术、工艺、绿色施工等方面挖掘创新点，不断积累经验，才能对类似工程具备一定参考价值。

参考文献

[1]　中华人民共和国国家标准. 钢结构工程施工质量验收规范 GB 50205—2001[S].
[2]　中华人民共和国国家标准. 钢结构工程施工规范 GB 50755—2012[S].

耐候钢表面稳定锈层处理技术

刘奉良　　滑会宾

（中铁六局集团有限公司，北京　100036）

摘　要　延崇高速上跨大秦铁路及京新高速采用钢混混合连续梁结构，中跨采用免涂装耐候钢箱梁，为减少耐候钢在裸露施工中的锈液流挂、飞散等问题，减少对铁路及高速的运营影响，耐候钢在使用前采用表面锈层稳定剂进行促锈处理。本文介绍了耐候钢的锈层结构与耐蚀机制，分别分析了耐候钢在大气自然条件下及处理剂促锈条件下锈层的生成机理，重点阐述处理剂的施工流程及喷涂工艺。应用结果表明，处理剂有助于耐候钢表面快速生成致密、连续且稳定的保护性锈层，锈层均匀，外表美观。

关键词　免涂装耐候钢；锈层；处理剂

耐候钢，即耐大气腐蚀钢，是在普碳钢添加少量铜、镍、钛等耐腐蚀元素而成，是介于普碳钢和不锈钢之间的低合金钢系列。耐候钢暴露在大气中，其表面能够生成与基体结合性良好的保护性锈层，从而无需进行表面防护处理即可以在自然环境中直接使用。但是在自然环境下裸露使用时，形成稳定锈层的周期较长，同时，在形成稳定锈层之前，钢板表面会发生锈液流挂、飞散等现象，造成环境污染，同时，锈液中含有的大量铁离子会对铁路的电气设备与设施产生严重的安全隐患。特别是在含有 Cl^- 的大气中，由于 Cl^- 的作用，耐候钢表面的保护性稳定锈层生成会更加困难，所需时间将会更长。对耐候钢表面进行锈层的稳定化处理，可以缩短耐候钢早期使用阶段形成稳定化锈层的时间，解决耐候钢在自然环境下免涂装使用所出现的问题。

1　工程概况

延崇高速上跨大秦铁路及京新高速桥采用（52＋140＋49）m 的钢-混凝土混合连续梁桥，主线桥梁采用支架整体现浇，双侧主墩整幅转体施工。由于受大秦铁路、京新高速及 P1/P2 匝道位置限制，转体连续钢构在跨中位置设置 60m 耐候钢箱梁，以充分发挥钢结构自重轻、跨越能力大以及结构强度高等优点。考虑绿色环保因素及减少后期运营维护工作等要求，钢箱梁采用免涂装的 Q345qENH 高性能低合金免涂装耐候桥梁钢，全桥用量 1800t，除桥面板 U 形肋采用高强度螺栓连接外，其余均采用焊接连接。耐候钢耐蚀性依赖于表面形成的致密性稳定化锈层，然而，耐候钢在自然环境中完成锈层的稳定化需要相当长的时间，极大地影响着耐候钢的使用效果，特别是裸露使用时常常出现早期锈液流挂与飞散现象，污染周围环境且自然形成的锈层通常不均匀，影响整体美观。耐候钢表面锈层稳定化技术通过在耐候钢表面喷涂促锈剂，利用不同元素之间电位的差异性，在钢箱梁表面快速形成一层致密均匀的锈层，减少使用期间锈液流挂现象的出现，消除了对大秦铁路的铁路路基以及电气设备的影响，提高了钢梁段桥在全寿命周期内的经济性和环保性。

2 耐候钢的锈层结构与耐蚀机制

2.1 耐候钢锈层结构

稳定后的锈层分为内、外两层，耐候钢在腐蚀初期形成的锈层疏松多孔，并没有保护性，此时耐候钢的腐蚀行为与碳钢没有显著差异。

在经历一段时间（在自然大气环境中可长达几年）的腐蚀后，在耐候钢疏松的外锈层下会逐渐形成富集了合金元素的致密内锈层，内锈层稳定性好且组织细小（微毫米）致密，除了可以有效地隔离腐蚀介质与钢基体的接触，阻止水和酸根的侵入外，同时因为其具有极高的阻抗，还能极大地减缓了腐蚀阳极区和阴极区之间的电子迁移，从而降低了电化学反应的速度，抑制内部钢材的腐蚀，耐候钢的保护性主要来自内锈层。

在内锈层致密化的过程中，会生成一系列腐蚀产物（如 γ-FeOOH、δ-FeOOH、β-FeOOH、α-FeOOH、Fe_3O_4 等）的形成与转化，一般将热力学稳定相 α-FeOOH 的数量作为锈层稳定形成的"理论"衡量指标。

2.2 大气自然锈蚀耐候钢锈层生成机理

金属材料暴露在空气中，和空气中的腐蚀性介质发生化学和电化学反应而引起的腐蚀称为大气腐蚀，参与金属大气腐蚀过程的主要组分是氧和水。

氧在大气腐蚀中主要是参与电化学腐蚀过程。空气中的氧溶于金属表面存在的电解液层中作为阴极去极化剂。而金属表面的电解液层主要由空气中水汽组成，正是由于这层电解液层的存在，具备了电化学腐蚀的条件，使金属受到明显的大气腐蚀。

阳极反应：

$$Fe \rightarrow Fe^{2+} + 2e^- \tag{1}$$

阴极反应为氧的去极化剂的反应：

$$O_2 + 2H_2O + 4e^- \rightarrow 4OH^- \tag{2}$$

在碱性条件下：

$$12Fe^{2+} + 3O_2 + 6H_2O \rightarrow 4Fe(OH)_3 + 8Fe^{3+} \tag{3}$$

Fe^{3+} 作为强氧化剂会和基体发生反应，促使反应（1）的发生生成 Fe^{2+}，而 Fe^{2+} 的增加又会促进反应（3）的进行，周而复始循序进行。

上述反应需要有 H_2O 的参与，为了保证锈层的产生，空气中水含量影响反应进程，水干涸后反应将停止，因此锈层产生的周期长；由于大气雨水冲刷不均匀造成箱梁整体锈层分布不均，影响整体视觉美观；强氧化剂 Fe^{3+} 溶解到水溶液中随水溶液流淌，对铁路的铁路路基以及接触网杆等电气设备产生严重的安全隐患。

2.3 处理剂作用下耐候钢锈层生成机理

$$Ni^{2+} + 2e^- \rightarrow Ni \qquad \phi_0 = -0.25V \tag{1}$$

$$Ti^{2+} + 2e^- \rightarrow Ti \qquad \phi_0 = -1.75V \tag{2}$$

$$Co^{2+} + 2e^- \rightarrow Co \qquad \phi_0 = -0.277V \tag{3}$$

$$Fe^{2+} + 2e^- \rightarrow Fe \qquad \phi_0 = -0.441V \tag{4}$$

$$Cu^{2+} + 2e^- \rightarrow Cu \qquad \phi_0 = 0.345V \tag{5}$$

本处理剂利用不同元素之间电位的差异性，促使不同元素之间快速发生氧化-还原反应，在金属基体表面形成富含耐蚀合金元素的氧化层，避免了大量水液的喷洒以及强氧化剂 Fe^{3+} 的产生，致密锈层生成时间为 5～7d，减缓或阻碍锈液流挂现象的出现，最大限度降低耐候钢锈层对周边环境的影响，绿色环保。

3 稳定化技术的喷涂工艺

3.1 处理剂体系

耐锈钢表面处理剂由四种不同组分溶液组成，按顺序依次喷涂，在耐锈钢表面快速形成致密锈层。其化学成分为（质量百分含量,%）：C，0.11；Si，0.3；Mn，0.9；P，0.08；S，0.015；Cu，0.5；Cr，0.8；Ni，0.4。处理剂的组成及作用见表1。

锈层快速生成处理剂组成   表1

序号	处理剂组成	作 用
1	预处理剂	使钢板表面状态均匀化
2	促进剂	促进生成初期致密氧化层
3	侵蚀剂	促进腐蚀反应、加速锈层生长
4	后处理剂	对锈层进行修补处理

处理剂的处理工艺为：钢板表面清洁→预处理剂→促进剂→侵蚀剂→后处理剂。钢板表面清洁方式为机械打磨，去除表面附着物、污物及浮锈；处理剂采用压缩空气喷洒到钢板表面。

3.2 喷涂工艺

（1）钢板表面清洁处理

利用砂纸、角磨机及喷丸（砂）等方法对钢板表面进行处理，表面清洁处理效果达到 GB/T 8923.1—2011 规定的 Sa2.5 级或 St3 级，使钢板表面无锈、无油、无其他黏附物。

（2）钢板表面均匀化处理

利用喷涂的方式对经过步骤1处理后的耐候钢板进行喷涂处理，要求药剂均匀覆盖钢板表面、无流淌，使钢板表面的活性点与非活性点均一化，增加钢板表面活性点数量，促进后续腐蚀反应晶核的初期形成，提高后续反应速度，防止钢板表面腐蚀大晶核的产生，促进钢板表面生成细致而薄的腐蚀产物（图1）。

（3）钢板表面预氧化处理

利用喷涂的方式对经过步骤2处理后的耐候钢板进行喷涂处理，要求药剂均匀覆盖钢板表面、无流淌，加速钢板表面活性点区域形成的腐蚀晶核的成长发育，促使耐候钢板表面稳定锈蚀层的形成（图2）。

图1 耐候钢表面清理   图2 处理剂喷涂

（4）钢板表面氧化处理

利用喷涂的方式对经过步骤 3 处理后的耐候钢板进行喷涂处理，要求药剂均匀覆盖钢板表面、无流淌，促进耐候钢表面的稳定锈蚀层快速生长，形成均匀、细致的腐蚀产物层。

（5）钢板表面后续处理

利用喷涂的方式对经过步骤 4 处理后的耐候钢板进行喷涂处理，要求药剂均匀覆盖钢板表面、无流淌，弥补钢板表面生成的质量不完善的腐蚀产物层，继续促进原有腐蚀产物层的生长。

根据气候条件（温度、湿度、阳光、风级）以及钢板表面的反应情况，确定喷涂工序的次数以及间隔时间。

当环境温度 $0℃<T<15℃$，重复 4 次；环境温度 $15℃≤T<25℃$，重复 3 次；当环境温度 $25℃≤T<30℃$，重复 2 次；环境温度 $T≥30℃$，重复 1 次。

3.3 自然锈层与促锈剂处理效果对比

自然锈层生成周期较长，为加快试验进程，对耐候钢在大气环境中采取周期水浸法进行促锈处理：喷砂除锈后的杆件进行洒水处理，每天至少 3 次，维持干湿交替状态，处理周期为 8 周。试验结果表明耐锈钢洒水处理自然锈层表层较为松散，黄褐色锈液易随水冲刷产生锈液流淌现象，造成环境污染；洒水自然生锈锈层由于水流挂不均造成表面锈层不均匀，外观观感较差。

处理剂喷涂处理耐候钢表面在气温较低的初冬进行，处理周期为 5d，处理后的耐候钢板表面在短时间内生成了较均匀的褐色锈层，稳定锈层形成周期短、速度快，阻碍了锈层形成早期锈液流挂、飞散现象，且锈层均匀致密，还起到保护、装饰外表的作用。图 3 是处理前后的外观差别。

 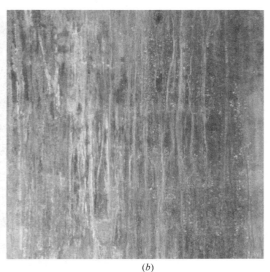

(a)   (b)

图 3　锈层情况对比
(a) 促锈剂处理；(b) 常规水处理

4　结论

本工程采用新型耐锈钢促锈剂喷涂工艺，实际应用情况表明，耐候钢锈层快速生成处理剂可使免涂耐候钢板在短时间内生成致密、与钢基体附着良好的锈层，锈层均匀美观，与自然锈蚀相比，处理剂能够显著改善耐候钢使用初期的锈液流淌问题，避免了对周围环境的污染及铁路电气设备的影响，可为类似工程提供参考经验。

参考文献

[1] 张幸，刘道新，万兰凤等．新型耐候钢和碳钢在模拟工业大气环境中的腐蚀行为与机理研究[J]．机械科学与技术，2010，29(8)：1025-1030.

[2] 刘丽宏，齐慧滨，卢燕平等．耐候钢的腐蚀及表面稳定化处理技术[J]．腐蚀与防护，2002，23(2)：515.

[3] 刘丽宏，李明，李晓刚等．耐候钢表面锈层稳定化处理用新型涂层研究[J]．金属学报，2004，40(11)：1195.

[4] 建军，郑文龙等．表面涂层改性技术在提高耐候钢抗海洋性大气腐蚀中的应用[J]．腐蚀与防护，2004，2.

[5] 郑莹莹，邹妍，王佳．海洋环境中锈层下碳钢腐蚀行为的研究进展[J]．腐蚀科学与防护技术，2011，23(1)：93-98.

[6] 侯文泰，于敬敦，梁彩凤．碳钢及低合金钢的大气腐蚀[J]．中国腐蚀与防护学报，1993，13(4)：291-301.

[7] 张全成，吴建生，郑文龙等．耐候钢表面稳定锈层形成机理的研究[J]．腐蚀科学与防护技术，2001，13：143.

[8] 杨晓芳，郑文龙．暴露2年的碳钢与耐候钢表面锈层分析[J]．腐蚀与防护，2002，23：97.

[9] 张全成，王建军，吴建生等．锈层离子选择性对耐候钢抗海洋性大气腐蚀性能的影响[J]．金属学报，2001，37：193.

浅议分区多次提升钢桁架施工技术

范　林　王宇婷

（中建二局第三建筑工程有限公司，北京　100070）

摘　要　针对丰台科技园 36 号地项目 9 号楼钢桁架施工的特点及难点，本文详细介绍了该工程钢桁架提升的设备系统、安装概况、提升流程等内容，采用分区多次提升施工技术，解决了钢桁架位置上下层重合，在狭小的空间及无法使用大型设备情况下的安装问题，保证钢桁架施工的顺利完成。

关键词　钢结构；提升；偏重心

1　引言

整体提升施工为近年来国内外逐步应用广泛的钢结构施工工艺，目前，提升设备均为相对比较成熟的设备；相比高空散拼施工方式，地面拼装、整体提升的方法避免了搭设"满堂红"脚手架的施工措施，具有工作量小、工期短、工作效率高等特点，保证了拼装质量。

2　工程概况

项目位于丰台区科技园，总建筑面积 377309.50m²，地下室建筑面积 194081.76m²，地上建筑面积

183227.74m²，其中 9 号楼地上 13 层，地下 3 层，框架-剪力墙结构，设东西塔楼，塔楼间采用钢桁架做连廊，连廊分别位于 10 层、13 层、屋面层；连廊跨度约 30m，提升高度约 60m，13 层及屋面层连廊重约 1800t，10 层连廊重约300t。钢构件材质采用 Q345B，Q390B。均为大截面矩形钢梁，主要截面有 □1200×600×50、□1200×400×40、□1200×500×50、□1250×800×50、□900×800×50 等。具体如图 1 所示。

连廊最大安装高度较高，结构杆件自重较大、杆件众多，若采用常规的分件高空散装，不但高空组装、焊接工作量巨大，而且存在较大质量、安全风险，施工的难度较大。根据以往类似工程的成功经验，利用"超大型构件液压同步提升技术"提升安装钢结构，可以大大降低安装施工难度，有效地保证了工程的质量、安全、进度。

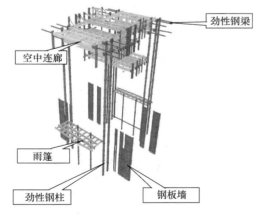

图 1　9 号楼钢结构模型图

3　提升设备系统简介

"液压同步提升技术"采用液压提升器作为提升机具，为穿芯式结构，以钢绞线作为提升索具，提升器两端的楔型锚具具有单向自锁作用。当锚具工作（紧）时，会自动锁紧钢绞线；锚具不工作（松）

时，放开钢绞线，钢绞线可上下活动。一个流程为液压提升器一个行程，行程为250mm。当液压提升器周期重复动作时，被提升重物则一步一步向前移动（图2）。

液压提升详细原理如图3所示。

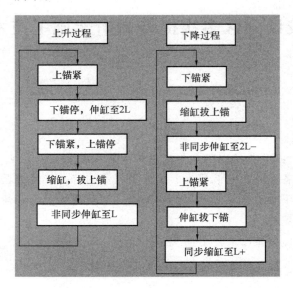

图2　液压提升过程示意图

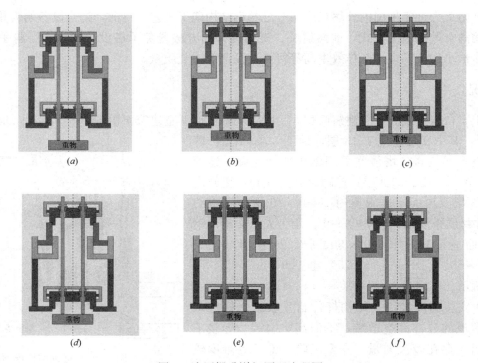

图3　液压提升详细原理流程图

(a) 第1步：上锚紧，夹紧钢绞线；(b) 第2步：提升器提升重物；(c) 第3步：下锚紧，夹紧钢绞线；

(d) 第4步：主油缸微缩，上锚片脱开；(e) 第5步：上锚缸上升，上锚全松；(f) 第6步：主油缸缩回原位

液压同步提升施工技术采用行程及位移传感监测和计算机控制，通过数据反馈和控制指令传递，可全自动实现一定的同步动作、负载均衡、姿态矫正、应力控制、操作闭锁、过程显示和故障报警等多种功能。操作人员可在中央控制室通过液压同步计算机控制系统人机界面进行液压提升过程及相关数据的观察和控制指令的发布（图4）。

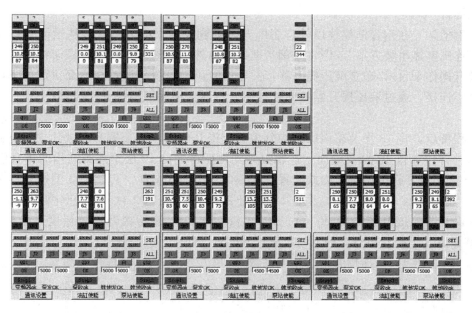

图 4　液压同步提升控制系统人机界面

4　主要施工方法

（1）地面拼装施工

根据本工程的特点，9 号楼提升段构件采用散件制作运输＋地面拼装＋胎架支撑＋整体提升的方法。构件运输进场后，在首层楼板上拼装，楼板上方搭设相应拼装胎架，楼板下方对应位置采用脚手架回顶方式加固。由北向南拼装各段连廊，每段连廊间从中间向两端进行拼装（图 5）。

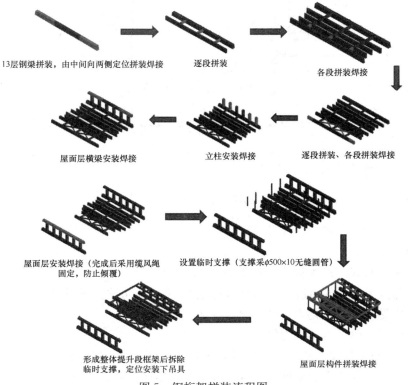

图 5　钢桁架拼装流程图

（2）桁架提升

将钢梁（钢桁架）在钢骨框架柱以外位置断开，则剩余绝大部分可直接从地面整体提升到安装位置，形成"钢连廊整体吊装方案"。即将在钢骨框架柱以外构件断开，在钢骨框架柱或者预装段上设置提升支架（提升操作平台），布置液压提升器，并通过专用钢绞线与设置在地面拼装的下吊点（待提升钢连廊结构上）连接，通过液压提升器的伸缸与缩缸，逐步将钢结构提升至设计位置，最后对口焊接、安装补杆。

根据本工程特点，将 13 层及屋面层结构分为三个提升分区，三个提升区域独立提升到位。空中后补装分区间后补杆件；待 13 层及屋面钢连廊提升到位后再进行 10 层钢连廊结构的提升作业。13 层及屋面层设置 18 个吊点，根据吊点反力共配置 TJJ-600 型提升器 4 台、TJJ-2000 型提升器 14 台，（一区 10 台 TJJ-2000 型，二区 2 台 TJJ-600 型、2 台 TJJ-2000 型，三区 2 台 TJJ-600 型、2 台 TJJ-2000 型）工程配置液压提升器总提升能力为 $60 \times 4 + 200 \times 12 = 2640t$，液压提升器总裕度系数为 $3040/1200 = 2.53$；10 层共设置 8 个提升吊点，根据吊点反力共配置 TJJ-600 型提升器 8 台，工程配置液压提升器总提升能力为 $60 \times 8 = 480t$，液压提升器总裕度系数为 $480/200 = 2.4$，具体详如图 6、图 7 所示。

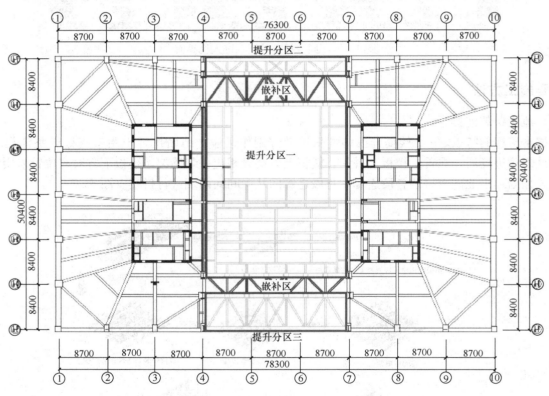

图 6　屋面层及 13 层提升分区平面图

提升流程如图 8 所示（主要介绍提升分区二）。

（3）分级卸载

相同于提升工况，卸载时也为同步分级卸载，依次为 20%，40%，60%，80%，本工程为单点逐级卸载，在确认各部分无异常的情况下，可继续卸载至 100%，即提升器钢绞线不再受力，结构载荷完全转移至基础，结构受力形式转化为设计工况。

具体卸载步骤如下（单吊点卸载为例）：

1）钢桁架结构嵌补构件安装完（仅单提升分区），进行焊缝质量检测和构件安装精度复核工作，必须所有焊缝质量检测合格和其安装精度符合规范要求后方能进行卸载。这是卸载的前提条件。

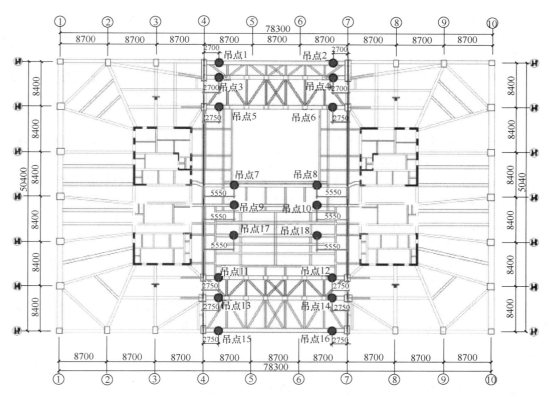

图 7　屋面层及 13 层提升吊点分布平面图

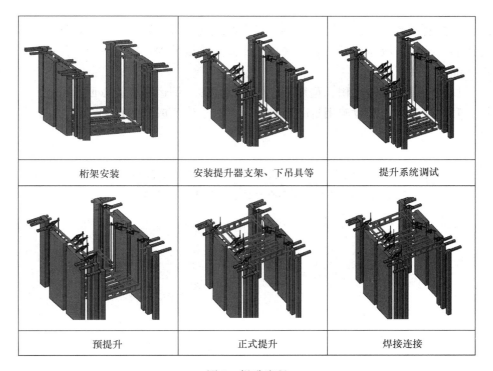

图 8　提升流程

2）记录此状态下钢梁或者桁架跨中的当前坐标（卸载过程为结构受力体系的转换过程，结构下挠值将会发生变化）。

3）钢梁结构提升到位后结构荷载完全由钢绞线承受（即使在嵌补段构件补装完成的状态下），此状态下后补构件不承载，此时做好液压提升器工作模式的转换工作，由提升模式转换为下降模式。具体步骤为：将天锚打开，上锚锁紧、主油缸微伸缸将下锚具缸打开，此时天锚及下锚全部为打开状态、而此时液压提升器为下降准备状态。

4）液压提升器分级卸载，由100％承载转换至80％，暂停；观察主承重焊缝是否有异响或者开裂的情况、主要承重构件是否存在弯曲变形的情况。主要观察部位为上下弦杆及腹杆的对接焊缝及后补腹杆的焊缝等位置。

5）上一步骤确认合格后继续卸载步骤至60％，暂停；继续观察主承重构件及焊缝的承载情况，观测是否发生异响开裂或者变形的情况。

6）前一步骤确认合格后继续卸载步骤至40％，暂停；如果没有异常继续卸载步骤至20％，直至钢绞线不受力承载，暂停（此状态钢绞线仍为竖直状态，上锚具可靠锁紧，提升器暂不拆除）。

7）进行第二次数据测量，并与前一次测量数据对比分析，是否符合规范要求。

8）同上步骤，卸载其他吊点。

9）单区提升吊点卸载完成后复核钢梁跨中下挠值是否符合规范要求/设计标准，如若均符合要求拆除液压提升器及液压泵站等提升设备。

10）提升支架及下吊具等提升临时措施的拆除，切割提升支架或者下吊具的时候注意母材构件的保护，临时措施可预留1～5mm的高度不予割除，切割面打磨光滑即可。

5 结束语

综上所述，本工程采用桁架整体提升技术，解决了以下问题：

（1）钢结构在地面拼装，提升到位后，土建专业可立即进行设备基础的施工，对土建专业施工影响较小。

（2）钢结构主要的拼装、焊接及防火涂料等工作在地面进行，施工效率高，施工质量易于保证。

（3）通过钢结构的整体液压提升吊装，将高空作业量降至最少，加之液压整体提升作业绝对时间较短，能够有效保证其安装工期。

（4）液压同步提升设备设施体积、重量小，机动能力强，倒运和安装方便。

（5）整体提升使得安装临时设施用量降至最小，有利于施工成本的控制。

参考文献

[1] 唐璐，李文欢，胡勇勇等．大跨度钢桁架整体提升技术[J]．工程技术，2018(12).
[2] 高扬健．大跨度屋面管桁架结构的安装施工技术研究[J]．四川水泥，2018(05).

由泉州楼体倒塌引发钢结构工程质量安全思考

周　瑜

（中国建筑金属结构协会建筑钢结构分会，北京　100037）

摘　要　本文以泉州酒店倒塌事故为切入点，结合住房和城乡建设部全国房屋市政工程生产安全事故年度通报情况，展开对建筑工程坍塌事故情况分析，引发对钢结构行业工程质量安全的思考，对加强钢结构工程质量监管提出了一些建议。

关键词　楼体倒塌；安全事故；工程质量；建议

2020年3月初，福建泉州欣佳酒店发生楼体坍塌，造成重大人员伤亡及财产损失，引发社会广泛关注。鉴于事故的发生，正值全国抗击疫情和复工复产的关键时期，且事发酒店被地方政府指定作为疫情防控的医学隔离观察点，所以在事故发生后，因其性质严重、影响恶劣，迅速引起舆论发酵。据相关报道，该栋楼是"钢结构"。这一事件激起了千层浪，再一次把钢结构建筑推向了风口浪尖。

对于泉州酒店楼体坍塌事件，给予客观的分析评价，更好地回应社会各界对钢结构建筑的关切，消除公众对钢结构建筑的认识误区，是钢构人理应承担的社会责任。近些年来一些地区发生多起重大钢结构工程垮塌事故，造成人员伤亡和重大经济损失。背后所引发的是对建筑工程质量安全思考。正因如此，笔者希望本文的撰写，能够对倒塌事故客观的分析，引导大家对钢结构工程质量安全问题给予重视。

1　泉州楼体倒塌回顾及原因分析

2020年3月7日晚间，福建泉州南环路泉州欣佳酒店发生倒塌，针对坍塌事件已成立专门的事故调查组。据调查组公布的资料，倒塌的酒店2013年建设、2018年违规加层改建，后又多次装修，原建筑采用压型钢板楼承板，加层采用现浇混凝土楼板，内隔墙墙体为实心砖墙，柱子截面采用窄翼缘H型钢。据初步调查结果显示，这是一起安全生产责任事故，酒店违法建设，多次违规改建，暴露出地方有关方面安全生产责任不落实，长期造成安全隐患漏洞和盲区，对于这种擅自施工，擅自改变房屋主体结构的违法违规行为，血的教训令人震惊。泉州酒店坍塌事故，再一次给我们敲响了建筑安全的警钟（图1）。

该酒店建筑原结构是4层钢结构房屋，由下到上层高为7m、6m、6m、3m，总高度22m，横向14m、7m两跨，纵向长6m×8m。业主在2018年二次改造，加了3个夹层，且在三层楼面14m跨中间梁上立了柱子。改造增加了夹层楼板及隔墙用作酒店房间，加大了建筑自重，同时增加了使用荷载，根据现场的推断是，14m跨的边柱先失稳，三四分钟后，建筑整体坍塌。

作为一个钢结构建筑倒塌事故案例，从结构的角度来分析，钢结构的破坏一般源于结构失稳，酒店楼房是瞬间自前向后往"一侧"倒掉的，是典型的结构失稳。钢结构施工有严格的工序，对钢结构建筑改造最容易造成钢结构失稳的就是在钢结构主要受力构件上面进行焊接。焊接时的高温会造成钢结构在焊接点瞬间失去强度，当多处强度失去积累到一定程度时，容易造成失稳从而整体倒塌。找到真正的原因，有助于今后对钢结构建筑改造、加固完善标准、明确程序，避免类似事故再次发生。

图 1　泉州酒店倒塌事故现场

近年来，我国一些地区多次发生倒塌的重大事故，造成巨大的生命财产损失，也给建筑施工蒙上了一层阴影，因此认真分析、梳理坍塌事故原因，建立施工安全生产长效机制，对于预防坍塌事故意义重大。

2　住房和城乡建设部通报建设工程安全事故情况分析

截至目前，笔者通过住房和城乡建设部官网可查到 2017、2018 年《房屋市政工程生产安全事故和建筑施工安全专项治理行动情况的通报》（以下简称《通报》）。2019 年度建设工程（房屋市政）安全事故汇总通报暂时没有公布。但通过住房和城乡建设部 2019 年度分散通报信息，共查询到建设工程安全事故通报共 24 则，其中包括 12 则坍塌事故，3 则起重伤害事故，3 则高空坠落事故、6 则其他事故；其中与泉州欣佳酒店事故相类似故高达 50%。2017 年和 2018 年发布的建设工程（房屋市政）安全事故通报情况统计表见表 1。

2017 年和 2018 年建设工程（房屋市政）安全事故通报情况统计表　表 1

年份		2017 年	2018 年
安全事故总起数		692 起	734 起
死亡人数		807 人	840 人
各类事故起数／占比	高处坠落事故	331 起，占总数的 47.8%	383 起，占总数的 52.2%
	物体打击事故	82 起，占总数的 11.85%	112 起，占总数的 15.2%
	起重伤害事故	72 起，占总数的 10.40%	55 起，占总数的 7.5%
	坍塌事故	81 起，占总数的 11.71%	54 起，占总数的 7.3%
	机械伤害事故	33 起，占总数的 4.77%	43 起，占总数的 5.9%
	车辆伤害、出点、火灾和爆炸及其他类型事故	93 起，占总数的 13.44%	87 起，占总数的 11.9%

由上述通报统计数据可以看出，全国建筑工程（房屋市政）安全事故起数以及死亡人数呈逐年递增趋势，2018 年，全国共发生房屋市政工程生产安全事故 734 起、死亡 840 人，与上年相比，事故起数增加 42 起、死亡人数增加 33 人，同比分别上升 6.1% 和 4.1%。随着近几年各种新技术、新工艺层出不穷，施工难度不断增大，安全生产事故时有发生。坍塌作为建筑行业五大伤害之一，足见坍塌事故的高危害性，一旦发生，伤亡极其惨重。以下是 2018 年全国房屋市政工程生产安全较大及以上事故按照类型划分情况。据 2018 年数据通报内容了解，全国共发生房屋市政工程生产安全较大及以上事故 22 起、死亡 87 人（图 2）。

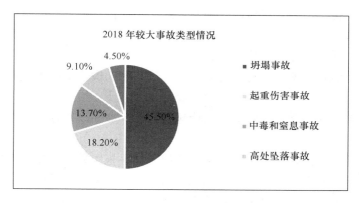

图 2　2018 年较大事故类型情况

2018 年，全国房屋市政工程生产安全较大及以上事故按照类型划分，坍塌事故 10 起，占事故总数的 45.5%；起重伤害事故 4 起，占总数的 18.2%；中毒和窒息事故 3 起，占总数的 13.7%；高处坠落事故 2 起，占总数的 9.1%；机械伤害事故、触电事故和其他事故各发生 1 起，各占总数的 4.5%。而在上述事故中，坍塌的危害性最大，死亡人数最多。

引起建筑施工坍塌事故的原因很多，但从近几年发生的安全生产事故调查来看，最根本的原因还是工程建设各方责任主体安全责任落实不到位，安全意识淡薄，不能严格执行安全技术标准规范和专项施工方案的相关要求，建议从落实各方建设主体安全责任，建立健全安全监管长效机制，完善安全技术标准规范等方面预防建筑施工坍塌事故的发生。

3　钢结构工程质量安全思考和建议

建设工程的安全直接关系着民生，建设工程的各个环节均需行政机关、建设单位、勘察设计单位、施工单位严格把关。对于建筑工程质量安全监管，住房和城乡建设部已部署了 2020 年工作要点："1. 出台落实建设单位首要质量责任的规定；2. 开展工程质量评价试点；3. 加大安全事故处罚力度；4. 加强施工图的审查技术要点突出安全审查，推动联合审查；5. 制订并实施城市建设安全专项整治三年行动方案；6. 推动 BIM 技术在工程建设全过程的集成应用"等重要工作内容，按照全国住房和城乡建设工作会议部署，要以建筑工程品质提升为主线，以建筑施工安全为底线，以技术进步为支撑，统筹做好疫情防控和工程质量安全监管工作，持续完善工程质量安全保障体系，推进工程质量安全治理体系和治理能力现代化。

钢结构建筑作为建筑业重要的组成部分，代表着新一轮建筑业科技革命和产业变革方向。随着社会发展，国家大力推广钢结构建筑，我国钢结构建筑规模逐步扩大，建设工程量也逐步增多，像航站楼、高铁车站、大型体育场馆、文化艺术中心、会展中心、高层超高层建筑等重大钢结构工程已经成了各大城市的标志性建筑，这些建筑物一旦出现质量问题，势必给广大民众的生命财产安全带来危害。正因如此，需要我们对钢结构工程质量安全问题给予高度重视。钢结构工程质量提升，涉及设计、生产、施工、验收、检验检测和加固改造多个环节，必须针对问题采取强有力措施，完善制度管理。为此提出几个方面以下建议供参考：

（1）加强设计审图环节。钢结构技术含量高、专业性强，对施工图设计专业审查环节应该加强，建立质量终身负责制。

（2）对既有钢结构建筑的改造、加固以及项目变更，必须坚持专业检测鉴定，确保建筑结构的安全，应坚持按照程序审查原设计荷载选用、结构计算、建筑构造及施工方案。对于擅自更改原设计建筑结构，进行二次装修，必须严管严控。

（3）针对钢结构工程质量薄弱环节建议组织相关专项检查。当前钢结构质量薄弱环节表现在：规模、体量不大的钢结构工程、地处二三线城市和城乡结合部项目、民营投资的项目等，建立检查结果通报制度，完善整改督促机制。

（4）要求从事钢结构建筑设计、制作加工、施工安装的企业都应有专业资质、具有执业资格人员负责把关。对既有钢结构建筑检测鉴定机构的资质重新审核，明确检测鉴定人员的资格要求。

（5）应加快钢结构建筑改造、加固的标准规范编制方面步伐，组织专家对钢结构建筑技术标准体系进行梳理，在现有基础上补充完善，增加对钢结构建筑检测、加固改造方面的标准、规范编制，做好标准体系建设。

（6）做好钢结构专业人才的培训，尤其是提高建设单位、施工单位的技术人员对标准规范的学习运用，对改建、加固的质量控制要点和关键点要熟知，编制相关实用技术手册普及钢结构知识，对一批涉及钢结构安全的国家、行业标准规范开展宣贯培训工作。

4　结语

质量安全是工程建设的底线，它关系到国民经济的持续健康协调发展，关系到和谐社会的建立。为了提高钢结构施工安全管理水平和工程质量安全保证能力，协会也将发挥好行业组织诚信评价和技术平台的作用，开展多种形式的技术交流活动，推广成熟技术、材料；协助相关部门建立在建项目的大数据健康监控系统，消除钢结构工程的质量安全隐患，提高钢结构工程质量管理水平，为促进钢结构行业可持续发展做出贡献。

参考文献

[1]　张爱林等. 我国重大钢结构工程质量安全问题及监管对策研究[C]. 2011 全国钢结构学术年会论文集，2011. 10.
[2]　房屋市政工程施工安全较大及以上事故分析(2018 年)[R]. 2020. 2.
[3]　住房和城乡建设部官网. 房屋市政工程生产安全事故和建筑施工安全专项治理行动情况的通报[OL].
[4]　住房和城乡建设部工程质量安全监管司 2020 年工作要点(建司局函质[2020]10 号)[R].

宁波站水滴造型钢桁架施工技术

王晓辉

（中国铁建房地产集团有限公司，北京 100855）

摘　要　根据本工程水滴造型钢桁架结构体系、受力特点以及现场施工条件，采用钢桁架分段搭设支架高空拼接的施工方法，大大缩短了工期，达到了安全高效、保证质量的目的，对类似钢桁架吊装施工有一定的参考价值。

关键词　大跨度；高支架；高空对接；分段吊装

1　工程概况

宁波站站房长 188m，宽 164m，屋面顶标高 38.5m；有商业夹层，分为南北立面钢结构、屋面钢桁架及南北站房附属结构 4 个部分，在站台层 E～F 轴之间有既有线通行，既有线将随工程进度分 2 次调整，见图 1。

图 1　宁波站建筑效果图

南北立面（水滴造型钢桁架）钢结构自 18.4m 标高以上为一个整体大桁架，桁架跨度 66m、悬挑 18m，桁架弦杆及腹杆均为箱形梁，其主要截面有 □1600～1500×900×30×50；□1600×900×30×60；□1200×600×20×25；□1200×1200×30×30；□1200×1000×30×30，见图 2。

2　主要施工方法

2.1　施工总体思路

根据土建施工工况南边水滴钢桁架吊装时土建未完成落客平台和高架车道的施工，构件吊装时吊车的站位不能选择于此部位，只能站位于 A～B/1-2～1-5 轴 9.85m 楼板上，吊装机械采用 100t 履带吊。总体步骤分四步：先吊装水滴外弧形梁，外弧形梁制作分段为 9 段，吊装方式采用搭设 8 个支撑架进行高空就位吊装，支撑架搭设在 -0.15m 楼板上，-0.15m 楼板支撑架位置回顶至基础筏板 -11m，其次

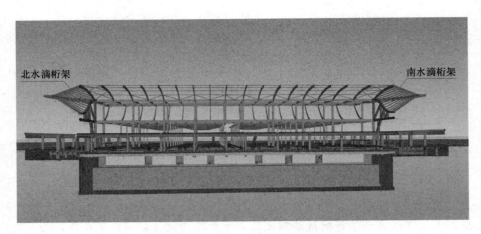

图 2　南北水滴桁架立体示意图

吊装下弧梁及支撑，然后吊装上弧形梁，方法采用搭设 4 个支架分 5 段吊装，最后吊装弧形梁之间上下斜撑等次梁（北边水滴施工方法同南边水滴）。

2.2　水滴钢桁架分段

水滴钢桁架分段可见图 3～图 5。

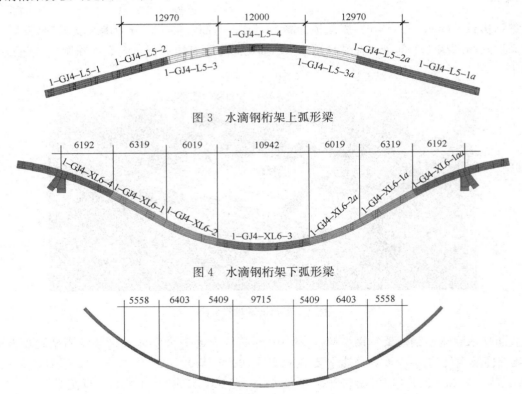

图 3　水滴钢桁架上弧形梁

图 4　水滴钢桁架下弧形梁

图 5　水滴钢桁架外弧形梁

2.3　水滴钢桁架支架设计

水滴支架搭设在−0.15m 楼板上，需搭设 8 个支架。每个支架高度是 31.33m，支架采用 QTZ80（5810）塔吊标准节，支架截面 1600mm×1600mm，立柱 250×12 方管，水平杆 50mm×6mm 方管、斜腹杆 60×6mm 方管，材质 Q345B，经计算满足要求。

根据水滴吊装的总体思路，在弧形梁的下方搭设支撑架，支撑架支承在−0.15m 混凝土楼面上，支架因为需要穿落客平台,当落客平台混凝土浇筑、预应力张拉完成后,穿楼板部分支架无法拆除,见图6。

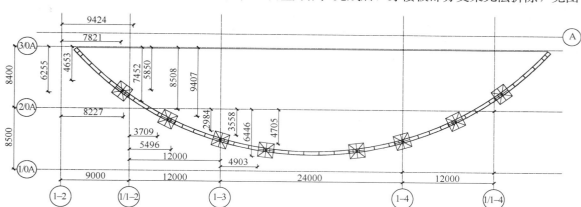

图6 水滴钢桁架支架布置图

支架埋件做法:−0.15m 楼板埋设 4 块 300×300×20 钢板埋件,楼板混凝土浇筑后,采用 2000×2000×20 钢板与埋件焊接,支架标准节定位后放在钢板上,根据标准节连接螺栓孔位置钻通钢板、混凝土楼板,再用 φ36 螺栓将标准节、钢板、混凝土楼板连接固定。见图7、图8。

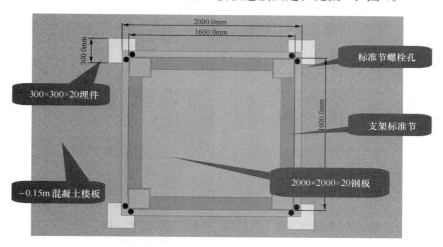

图7 水滴钢桁架支架埋件图

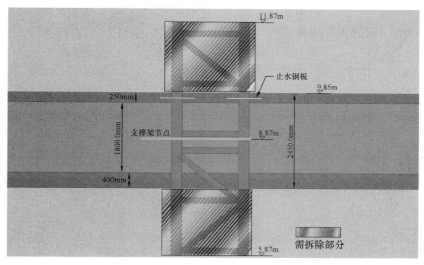

图8 水滴钢桁架支架穿落客平台楼板示意图

2.4 100t履带上楼板措施

南立面履带吊吊装时最大荷载150t，水滴桁架吊装时吊车的行走路线采用楼板回顶措施，用脚手架回顶至承轨层，履带吊行驶路线需增加路基箱，路基箱规格是4000mm×1000mm×150mm，平面布置同履带吊行驶路线图，保护楼板面不会损坏，经计算满足承载要求。见图9。

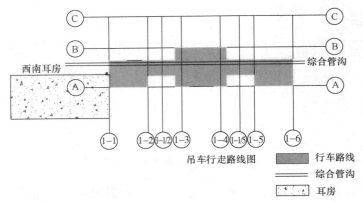

图9　100t履带吊行走路线图

3　水滴钢桁架施工流程

搭设支架采用100t履带吊分段吊装的方式。吊车站车位置为A～B/1-2～1-5轴9.85m楼板上。根据南北站房土建施工计划发现，施工水滴时落客平台未施工，承重支架只能搭设在－0.15m楼板上，外弧形梁分9段吊装，需搭设8个承重支架。施工流程见图10。

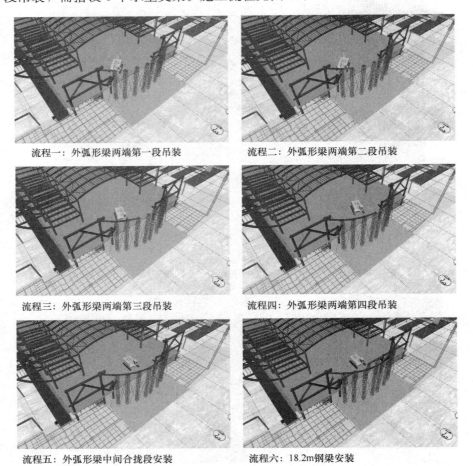

流程一：外弧形梁两端第一段吊装　　　　流程二：外弧形梁两端第二段吊装

流程三：外弧形梁两端第三段吊装　　　　流程四：外弧形梁两端第四段吊装

流程五：外弧形梁中间合拢段安装　　　　流程六：18.2m钢梁安装

图10　水滴钢桁架施工流程（一）

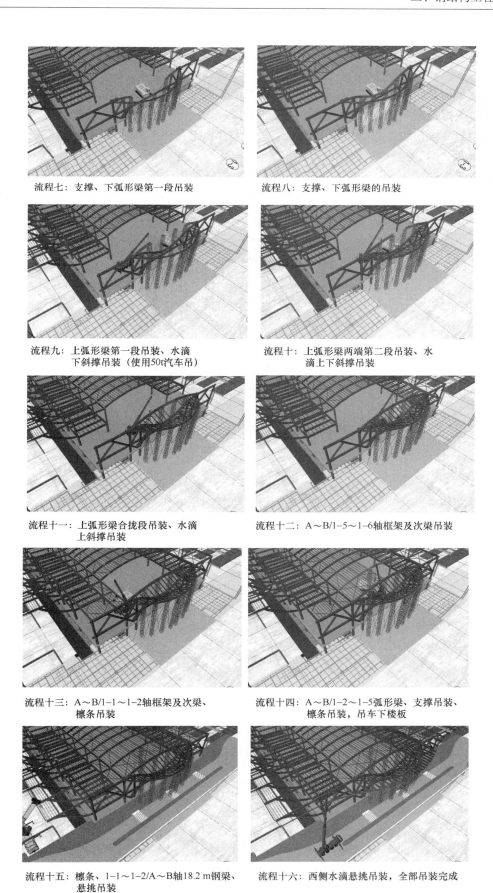

流程七：支撑、下弧形梁第一段吊装

流程八：支撑、下弧形梁的吊装

流程九：上弧形梁第一段吊装、水滴
下斜撑吊装（使用50t汽车吊）

流程十：上弧形梁两端第二段吊装、水
滴上下斜撑吊装

流程十一：上弧形梁合拢段吊装、水滴
上斜撑吊装

流程十二：A～B/1-5～1-6轴框架及次梁吊装

流程十三：A～B/1-1～1-2轴框架及次梁、
檩条吊装

流程十四：A～B/1-2～1-5弧形梁、支撑吊装、
檩条吊装，吊车下楼板

流程十五：檩条、1-1～1-2/A～B轴18.2 m钢梁、
悬挑吊装

流程十六：西侧水滴悬挑吊装，全部吊装完成

图 10　水滴钢桁架施工流程（二）

4 卸载流程

卸载实际就是荷载转移过程，在荷载转移过程中，必须遵循"变形协调、卸载均衡"的原则。不然有可能造成临时支撑超载失稳，结构局部甚至整体受损。

水滴弧形梁分 9 段吊装，每处搭设 8 个支架，待构件施工完成验收后即可进行卸载和支架拆除，卸载、拆除均由中间向两侧对称进行：

先卸载、拆除支架 ZJ1，由于预先千斤顶支垫，此时只需将千斤顶回落 2mm。4h 后观测，无变化再将支架 ZJ1 的千斤顶回落 20mm，24h 后观测，如桁架的下挠值满足设计要求，按照上述方法依次卸载 ZJ2、ZJ3，最终结构稳定后，拆除支架 ZJ1、ZJ2、ZJ3。见图 11。

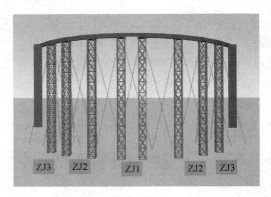

图 11   水滴桁架卸载顺序图

5 结束语

结合本工程结构体系特点、场地情况、吊装设备等，采用分段搭设支架高空对接的施工方法，达到了结构稳定、经济指标合理、施工安全可靠等要求，取得了良好的综合效益，可为类似工程的施工提供借鉴经验。

参考文献

[1] 中华人民共和国国家标准. 钢结构工程施工规范 GB 50755—2012[S].
[2] 中华人民共和国国家标准. 钢结构设计标准 GB 50017—2017[S].
[3] 宁波站钢结构施工组织设计[R].

三、金属板屋面墙面围护结构

体育中心金属屋面系统工程的构思与实施

苗泽献　华贤荣　何成石

（森特士兴集团股份有限公司，北京　100176）

摘　要　本文主要以武汉东西湖体育中心金属屋面系统工程为例阐述金属屋面系统、天窗系统、不锈钢天沟系统、檐口铝蜂窝装饰板系统的有序实施，达到设计最初的构思与意境，取得良好的视觉效果与综合效益。

关键词　体育中心；一场两馆；统筹；金属屋面；天窗；不锈钢天沟；檐口装饰系统

1　工程概况

东西湖体育中心位于武汉市临空港开发区，是 2019 年世界军人运动会配套场馆。该建筑包含"一场两馆"，分别是体育场、体育馆、游泳馆（图 1）。总建筑面积约为 85000 m²。金属屋面防水等级为一级，建筑耐火等级为一级。体育场：设计容量 30000 人，为一个中型体育场，乙级体育建筑。金属屋面面积约为 24000m²。建筑高度为 46.2m。体育馆：设计容量 8000 人，金属屋面面积约为 8100m²。建筑高度为 30.3m。游泳馆：设计容量 1000 人，金属屋面面积约为 8100m²。建筑高度为 24.7m。

东西湖体育中心由"一场两馆"构成。体育馆、游泳馆位于体育场北侧，通过二层平台将三个单体串联成一个整体。

本项目涵盖了直立锁边金属屋面系统、檐口系统、天沟系统、天窗系统、屋面装饰系统等。屋面系统施工面积约为 4.8 万 m²。

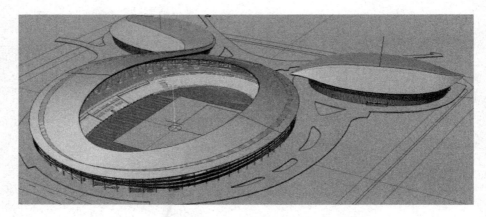

图 1　体育中心项目平面示意图

2　项目的建筑设计意境

本工程设计理念取"临空腾飞"之意，结合荆楚文化"崇尚自然、浪漫奔放、兼容并蓄、超时拓新"的文化特征，屋顶造型宛如腾空欲飞的凤凰之翼，隐喻了"凤凰展翅，凌空腾飞"的建筑形态。通过现代、简洁、整体的建筑语言，加强各场馆之间的紧密关联，以流畅、视觉冲击力强的完整形象与群体效应彰显个性（图2）。

图2　体育中心项目设计效果图

体育场整体造型为椭圆形，南北长为245m，东西宽为213m。在体育场西北角利用屋面板、天窗、装饰蜂窝铝板作为"飘带"与游泳馆相连。

游泳馆整体造型为椭圆的树叶形，建筑尺寸为131m×90m。位于体育场西北角，利用"飘带"与体育场相连。

3　金属屋面设计的基本构造

（1）体育场屋面构造层自下往上分为：①铝合金穿孔吊顶板、②吊顶龙骨、③主次檩条、④钢底板、⑤隔汽层、⑥保温层、⑦防水透气膜、⑧支撑层、⑨直立锁边金属面板、⑩装饰板龙骨系统、⑪蜂窝铝板装饰板。

（2）体育馆和游泳馆屋面构造层自下往上分为：①铝合金穿孔吊顶板、②吊顶龙骨、③无纺布、④吸声层、⑤主次檩条、⑥钢底板、⑦隔汽层、⑧保温层、⑨防水透气膜、⑩支撑层、⑪直立锁边金属面板、⑫装饰板龙骨系统、⑬蜂窝铝板装饰板。

（3）天沟系统自下往上分为：①100mm×6mm方钢管，@<3m、②820型压型钢板封板、③50mm厚玻璃纤维吸声棉、④2mm厚不锈钢天沟板。

（4）檐口系统自上往下分为：①150mm×50mm×5mm钢板、②2mm厚防水铝单板、③0.49mm防水透气膜、④25mm厚蜂窝铝板。

（5）天窗系统分为：①龙骨、②铝型材、③天窗内收边铝单板、④天窗玻璃。

体育中心屋面构造设计详图如图3所示。

4　屋面结构特点分析

体育场主结构为索承网格结构，体育馆和游泳馆主结构采用张弦梁结构；屋面结构在主结构骨架上设置主次龙骨结构作为整个屋面系统支点，然后在屋面主次龙骨结构上进行设计各构造层、龙骨构成整个屋面结构体系（图4）。

5　屋面主要系统实施要点管控

5.1　穿孔吊顶板构思与实施

由于结构形式的特殊性及吊顶板反装的设计要求，施工时钢底板在薄弱节点处采用此节点进行优化。

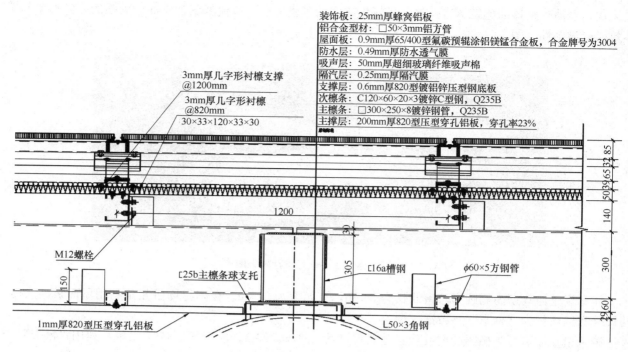

装饰板：25mm厚蜂窝铝板
铝合金型材：□50×3铝方管
屋面板：0.9mm厚65/400型氟碳预辊涂铝镁锰合金板，合金牌号为3004
防水层：0.49mm厚防水透气膜
吸声层：50mm厚超细玻璃纤维吸声棉
隔汽层：0.25mm厚隔汽膜
支撑层：0.6mm厚820型镀铝锌压型钢底板
次檩条：C120×60×20×3镀锌C型钢，Q235B
主檩条：□300×250×8镀锌钢管，Q235B
主撑层：200mm厚820型压型穿孔铝板，穿孔率23%

3mm厚几字形衬檩支撑@1200mm
3mm厚几字形衬檩@820mm
30×33×120×33×30

M12螺栓

□25b主檩条球支托

□16a槽钢
φ60×5方钢管

1mm厚820型压型穿孔铝板
L50×3角钢

图3 体育中心屋面构造设计详图

图4 体育中心项目主结构在施图

具体做法为：主檩支撑槽钢的位置，利用L50角钢围焊一周，吊顶板固定在角钢上，用与吊顶板通材质的铝平板折边件收口，保证板缝均匀美观，不出现漏缝、起鼓现象，确保了吊顶的美观及稳定性。

穿孔吊顶板在施工过程中利用吊篮进行施工，自攻钉反打在吊顶龙骨上，施工过程中每一块板进行1：1比对剪裁安装，两板之间按顺水方向搭接紧密，保证板缝均匀美观，不出现漏缝、起鼓现象。

5.2 屋面铝镁锰合金板垂直运输与安装

体育馆和游泳馆因屋面不高，可采用高空传输工艺进行面板运输，调整机台设备的倾斜角度，使金属板材从压型机台出来后，斜向上，直接输送到屋面。

屋面采用0.9mm厚65/400铝镁锰合金板作为防水层，这种直立锁边的屋面板系统肋高有65mm，在面板上完全看不到一个钉子，全包围锁边方式，在排水防水方面相当到位，造型符合铝的特性，极具灵活性，外观美观。如图5所示。

5.3 不锈钢天沟施工

体育中心体育场、体育馆、游泳馆各设有两条天沟，沿檐口边缘走向，在与天窗交汇处断开；体育场设内外两条天沟，一条位于体育场天窗上口，一条沿檐口边缘布置。均采用2mm厚不锈钢天沟板作

图 5　体育中心项目屋面安装图

为面层，采用 50mm 厚玻璃棉作为保温层。

体育场分为内外两条天沟。内天沟沿天窗上边缘布置，起始于正北天窗开始位置，止于"飘带"天窗结束位置。截面尺寸为 500mm×600mm×380mm。天沟按照 20m 间距设置了温度伸缩缝，伸缩缝采用柔性伸缩 6mm 厚 400mm 耐紫外线和臭氧的复合橡胶带一道，上设伸缩连接盖片，仅一端与天沟板焊接固定。

外天沟起始于"飘带"由内檐口内收与屋面相交位置，止于"飘带"外檐口开始位置。截面尺寸为 600mm×400mm×400mm。

体育馆、游泳馆天沟沿檐口边缘布置，靠屋面一侧结构安装在屋面主檩上，檐口一侧结构安装在钢结构外悬杆上，天沟截面尺寸采用 450mm×600mm×390mm。

体育馆、游泳馆天沟在"叶尾"位置两侧均为屋面板，天沟结构均固定在屋面主檩上，截面尺寸为 450mm×600mm×520mm。天沟靠屋面一侧高度呈渐变形式。

游泳馆天沟在连接体"飘带"与屋面相交的位置内收，沿"飘带"与游泳馆交界布置。在两馆各设四个集水井。低于天沟 500mm，每个集水井设置 6 个虹吸口及一个溢流口。

内天沟与天窗交接位置，为保证防水效果，特意增加了一道不等边 U 形铝单板，反扣在天窗铝型材边缘位置，与天窗玻璃用耐候密封胶处理缝隙。使其与天窗形成整体。使装饰板上水流可以直接流到天窗，避免了水通过铝型材导水槽流入室内。同时在此位置将结构断开，避免少量水流通过装饰板龙骨流入天沟板与天沟结构的缝隙。从而达到防水的效果。

5.4　装饰板及檐口系统施工

檐口板材采用 25mm 厚氟碳喷涂蜂窝板，屋面装饰层采用 25mm 厚氟碳喷涂铝单板，共包含了 4 条檐口。

先在直立锁边铝镁锰合金板波峰上采用定制铝合金夹具作为装饰铝板龙骨的固定件，用 50mm×50mm×3mm 氟碳喷涂处理方管作为装饰板的龙骨支撑系统。

在进行装饰板龙骨施工时，因结构造型为椭圆形，为简化蜂窝铝板加工及安装，从天窗至天沟做通长主龙骨，在天沟处与檐口龙骨连接合缝，次龙骨镶嵌其中。龙骨施工更加快捷、装饰板加工尺寸相应减少。同时也保证了建筑美观效果。

在铺设装饰板时，先将主龙骨轴线弹出，然后再制作板缝宽度模具，在安装时控制板缝宽度。

在安装装饰板时，必须按照装饰板编号一一对应安装。在进行装饰板固定时，根据控制线放置好铝板后在铝板端头一角打入第一颗自攻钉固定，然后将铝板调整好后在板另一端头斜对角打入第二颗自攻钉固定，检查固定无误后再进行补钉。每安装 3～5 块铝单板注意检查已安装铝板板缝是否平直顺滑，以便及时调整，根据设计要求，装饰板板缝开缝处理。

本工程设计要求檐口蜂窝板需要与幕墙玻璃、屋面装饰板对缝。故龙骨施工采用分榀吊装方式进行施工。

檐口每榀龙骨根据设计提供的檐口加工尺寸进行加工焊接，同样先将每榀龙骨焊接完成，然后再进行组装。在进行檐口龙骨组装时，先在计算机檐口模型中将檐口每榀龙骨的进出尺寸、相对高差以及轴线点位尺寸放出，然后根据数据在地面进行组装，组装完成后再进行整体吊装。

因檐口呈流线型，每块板材尺寸均不相同，所以在安装檐口蜂窝板时，同样需要按编号一一对应安装。在蜂窝板安装固定时安装装饰板固定方式进行操作固定便可。

装饰板吊顶分为两馆"叶尾"造型吊顶和连接体"飘带"吊顶。体育馆和游泳馆装饰板吊顶需和幕墙玻璃对缝，"飘带"吊顶需和"飘带"檐口及体育场檐口装饰板对缝。对结构施工精度要求高，故吊顶施工同样采用龙骨分榀拼装吊装的方法施工（图6）。

图 6　装饰吊顶骨架分榀拼装吊装图

6　结束语

通过本金属屋面系统工程的有序组织实施，节点构造细部做法精湛，防雨抗风性能良好，外观观感效果颇佳，达到设计最初的构思与意境，取得良好的视觉效果与综合效益，并成功举办第七届军人运动会，享誉一方。

参考文献

[1] 中华人民共和国国家标准. 压型金属板工程应用技术规范 GB 50896—2013[S]. 北京：中国计划出版社，2014.
[2] 蔡昭昀. 金属压型屋面抗风吸力性能试验研究[J]. 北京：中国建筑工业出版社，2011.

新型泡沫保温玻璃在机库项目上的应用

苗泽献　梁民辉

（森特士兴集团股份有限公司，北京　100176）

摘　要　随着社会的发展和进度以及对环境保护的需求，新型节能环保建筑材料开始陆续出现在国内建筑市场。本文以某机库项目屋面为例，系统介绍屋面泡沫保温玻璃及专用胶粘剂的性能特点、施工工艺、注意事项及应用意义，为以后此类工程施工提供借鉴。

关键词　泡沫保温玻璃；施工工艺；注意事项；应用意义

1　工程概况

某机库为Ⅰ类机库，耐火等级为一级，抗震设防烈度为 8 度，设计使用年限为 50 年。

机库主体结构为钢结构，屋盖采用平面桁架及斜放四角锥网架构成的组合结构体系。屋盖钢结构支撑体系由箱形混凝土柱、四肢钢管混凝土柱、双肢格构钢柱及柱间支撑组成。机库南、北、西三面均有土建辅房，辅房高度 17.5m。机库面向机坪的一侧（东侧）开敞，大门开口边跨度 221.5m＋183m，开敞边设置下承重、上导向电动推拉大门，大门净高 26m。

机库屋面做法为压型钢板复合保温屋面系统，其防水等级为Ⅰ级。屋面有四条天沟沿长度方向把整个屋面分为五个部分，屋脊向天沟方向结构找坡坡度 3%（图 1）。

图 1　机库效果图

2　项目屋面系统构造做法及泡沫保温玻璃施工重点、难点

2.1　屋面系统构造做法

屋面系统基本构造：（钢结构网架屋盖＋高频焊檩条）＋不锈钢天沟＋压型钢板＋泡沫保温玻璃板

（保温层）＋背衬型热塑性聚烯烃（TPO）卷材防水层（图2）。

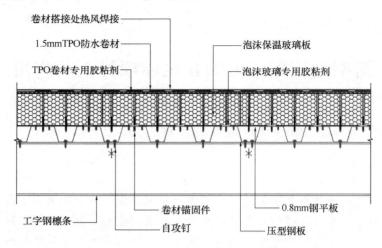

图2 屋面系统构造示意图

屋面系统基本安装方法：①屋面不锈钢天沟就位并焊接完成。②使用自攻螺钉将屋面压型钢板固定在屋面高频焊檩条上。③使用PC® FOAMGLUE ECO专用胶粘剂（以下简称E专用胶粘剂）将泡沫保温玻璃板粘结在压型钢板上。④使用Millennium PG-1TPO专用胶粘剂（以下简称PG-1胶粘剂）与泡沫保温玻璃板粘结。⑤使用加长自攻螺钉和专用垫片将TPO进行机械固定及热风焊接（图3）。

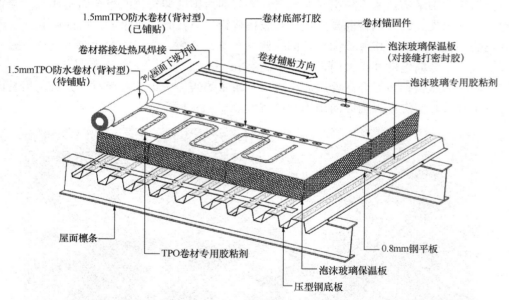

图3 屋面系统安装示意图

2.2 泡沫保温玻璃施工重点、难点

（1）屋面系统安全性要求高

本机库紧邻飞机跑道和停机坪，屋面系统一旦发生质量问题对飞机的起降和停靠会造成重大影响，其后果不可估量。由于屋面泡沫保温玻璃板仅靠专用胶粘剂与屋面压型钢板粘结固定，因此务必控制好其粘结质量以满足整个屋面系统的安全性和抗风揭要求。

（2）施工一次性合格率要求高

泡沫保温玻璃制品轻质高强但脆性较大，粘结完成后无法完整地移动和拆除。一旦施工中出现问题进行返工返修，材料将会损坏无法再次使用，只能更换新的材料。泡沫保温玻璃板和专用胶粘剂材料成本较高，重新生产加工在成本和工期上将会造成极大的浪费。这就要求泡沫保温玻璃板施工时必须保证较高的一次性合格率。

（3）可参考案例少

目前在国内，近 4 万 m² 的屋面泡沫保温玻璃体量工程案例极少，在前期策划及实施过程中会遇到许多不可预见性的问题。这就需要在屋面泡沫保温玻璃深化设计及施工时充分考虑各种不利因素以确保其安装质量。

（4）冬季施工造成不利影响

本项目地处北京市，屋面泡沫保温玻璃施工期间处于秋冬交际，且屋面施工高度约 40m，寒冷及大风天气不仅影响施工人员作业安全，也会对专用胶粘剂的粘结效果产生一定影响。

3 泡沫保温玻璃及专用胶粘剂的性能特点

3.1 泡沫保温玻璃及专用胶粘剂简介

本项目使用的泡沫保温玻璃是以特殊等级玻璃磨细的玻璃粉为主要原料，通过添加发泡剂，经过烧熔发泡和退火冷却加工处理后制得的具有均匀蜂窝状封闭气孔结构的无机保温材料，不含任何破坏臭氧层的催化剂、阻燃剂、粘合剂，也不含任何可挥发性物质。另外，为满足与屋面压型钢板及 TPO 的粘结、热工计算、材料生产运输、现场安装便捷等诸多要求，本项目使用的泡沫保温玻璃上下表面均带有玻璃纤维贴面，外形尺寸为 1350mm×600mm×150mm，密度 110kg/m³。此种泡沫保温玻璃具有保温、防水、防火、防化学物质腐蚀、尺寸稳定、节能环保、易切割等优良性能。

本项目使用的专用胶粘剂为双组分（组分 1 包括：4，4′-二异氰酸酯二苯甲烷、二苯基甲烷二异氰酸酯同分异构体和同系物、多元醇、二苯甲基二异氰酸酯、二氧化硅；组分 2 包括：多元醇、二氧化硅、二（2-羟丙基）醚）高弹性胶粘剂，无溶剂、不含氢氯氟烃或氯氟烃，粘结性能优良。

3.2 泡沫保温玻璃及专用胶粘剂的性能特点

（1）泡沫保温玻璃的性能特点

同等密度泡沫保温玻璃板，导热系数越小越好，抗压及抗折强度越高越好，这样才能使得整个屋面保温系统结实、轻便、节能。抗热震性是反映泡沫保温玻璃原材料的纯粹性、生产工艺尤其退火工艺先进性和稳定性的一个重要指标。抗热震性不好的泡沫保温玻璃内部应力残留较多并且不均匀，在进行 TPO 机械固定时很容易造成其破坏，甚至在运输途中就会产生裂纹、剥落、断裂破损现象，严重影响材料及安装质量。泡沫保温玻璃吸水量≤0.3，而且只是表面一半的孔存水。因为水蒸气都几乎不能透过，完全可以避免保温材料吸水问题的造成灾害（表 1）。

泡沫保温玻璃的性能参数　　　　　　　　　　　　　　　　表 1

序号	项目	指标
1	密度	≤110kg/m³
2	抗压强度	≥0.6MPa
3	抗折强度	0.45MPa
4	垂直于板面抗拉强度	≥0.15MPa
5	透湿系数	≤0.005ng/（Pa·m·s）
6	导热系数	≤0.045W/mK
7	抗热震性	经 10 次试验后，未见有裂纹、剥落、断裂破损现象
8	吸水量	≤0.3kg/m²
9	防火性能	A1 级

（2）专用胶粘剂的性能特点

专用胶粘剂作为一种双组分高弹性、无溶剂、不含氢氯氟烃或氯氟烃的胶粘剂，其粘结性能完全能够满足整个屋面系统抗风揭要求，同时其使用也不会对屋面压型钢板造成化学腐蚀。专用胶粘剂发泡时间及粘结强度受温度影响较大，应控制胶粘剂的施工温度及发泡时间以达到良好的粘结效果。

泡沫保温玻璃为轻质高强的保温材料，抗压强度高达110MPa，无压缩变形，耐久性好，能够为TPO防水层提供一个坚实稳定的基层，大大提高TPO防水层的使用寿命。

泡沫保温玻璃透湿系数小于等于0.005ng/（Pa·m·s），为无数个细小且独立的气泡组成，其闭孔率大于95%。相邻泡沫保温玻璃板之间的拼接缝隙又使用了密封胶进行密封，因此整个屋面泡沫保温玻璃层也可以作为一道附加的防水隔气层，极大地降低了屋面漏水隐患。

泡沫保温玻璃屋面可以显著降低翻新时产生的废料，减少清除废料工作，并降低对新保温材料及劳动力的再投入，成本效益与绿色环保并重。

泡沫保温玻璃防火性能达到A1级，不自燃、不助燃，火灾现场无火焰传播，不释放烟雾毒气，为建筑物提供了很好的防火屏障，能在最大程度上减少危害，降低损失。其性能参数见表2。

序号	项目	泡沫保温玻璃专用胶粘剂
1	与泡沫保温玻璃板粘结强度≥	80kPa
2	与金属板粘结强度≥	100kPa

泡沫保温玻璃专用胶粘剂性能参数 表2

4 泡沫保温玻璃施工工艺

鉴于本项目实际特点，考虑施工便捷及雨雪天气对泡沫保温玻璃及TPO安装质量影响，本项目泡沫保温玻璃总体安装顺序为：先屋面，后天沟，见图4。以下将按照屋面、天沟的顺序对泡沫保温玻璃的施工工艺进行介绍。

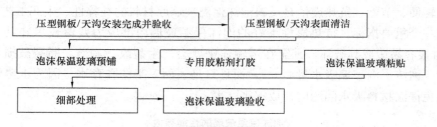

图4 泡沫保温玻璃施工工艺

4.1 屋面泡沫保温玻璃施工工艺

（1）屋面压型钢板安装完成并验收后，应对屋面板表面及波谷内残留的铁屑及杂物用扫把清理干净或使用大功率吹风机先将铁屑及杂物统一吹至屋面天沟内，然后再使用扫把统一清理干净。最后使用拖布将屋面板板面的灰尘及油污清理干净、晾干，并持续保证屋面板表面干燥、清洁，有污染时应随时处理。

（2）将泡沫保温玻璃人工搬运或使用小推车运送至指定施工区域码放整齐，运送数量可根据铺贴面积及单块泡沫保温玻璃面积进行计算得出。运送过程中避免磕碰损坏泡沫保温玻璃边部及角部位置，避免集中堆放，造成屋面板局部荷载过大。

（3）单坡屋面泡沫保温玻璃板安装时，应依据泡沫保温玻璃板布置图按照从天沟至屋脊或女儿墙的顺序依次安装。

（4）沿屋面板波峰长度方向，在波峰中心附近打专用胶粘剂，胶粘剂成条状，即采用条状布胶法。为使专用双组分胶粘剂充分混合及出胶均匀，打胶时应使用专用电动打胶机。专用胶粘剂发泡及固化时间较短，每组胶打开包装后应立即全部使用完毕，避免造成胶粘剂的浪费。专用胶粘剂的用量：两瓶胶合为一组，每组胶容量为 1.5L，每箱包装 4 组胶，每箱胶可涂布约 $50m^2$ 泡沫保温玻璃板，该用量基于条状布胶，胶条宽为 7～10mm。专用胶粘剂打出后，应仔细观察其发泡状态，待发泡数量较多且胶体颜色变浅后应及时将泡沫保温玻璃安装就位，避免因泡沫保温玻璃安装不及时导致专用胶粘剂固化失效。

（5）待专用胶粘剂开始大量发泡且胶体颜色逐渐变浅时，开始安装泡沫保温玻璃板，安装时应注意以下要点：

1）为保证相邻泡沫保温玻璃之间的密封性，在安装前，应在泡沫保温玻璃的侧面（无玻璃纤维贴面）涂密封胶处理。

2）安装时，泡沫保温玻璃板长度方向宜与屋面板波峰方向一致并应将泡沫保温玻璃板垂直按压在压型钢板波峰上表面，保证泡沫保温玻璃板与屋面压型钢板之间粘结牢靠，注意压按时不要使泡沫保温玻璃板滑移。相邻两行泡沫保温玻璃板间应错缝安装，错缝宽度一般为 1/2 板长，特殊情况最小错缝不应小于 100mm。

3）为保证密闭性及保温效果，相邻泡沫保温玻璃板安装时应拼接严密，不得产生缝隙。

泡沫保温玻璃板安装完成后 3h 内，避免人员在上面行走影响粘结效果，同时安装完成面上不得再堆放施工机具、材料、垃圾等物。泡沫保温玻璃安装完成后，若 TPO 无法及时跟进安装，应对完成的泡沫保温玻璃表面遮盖做好成品保护，以免损坏或污染表面影响 TPO 粘结质量。双坡屋面屋脊处，两侧保温板铺设完毕后，为保证密封性，应在泡沫保温玻璃之间较宽的 V 形缝中进行保温填充，可用泡沫保温玻璃切片蘸聚氨酯发泡胶把缝隙填充。

泡沫保温玻璃需切割时，应使用手锯切割，并应保持手锯与泡沫保温玻璃表面垂直以保证切口整齐，以免影响泡沫保温玻璃拼接的严密性。

4）泡沫保温玻璃板安装完成后，应对个别施工质量欠缺的部位及时进行完善并组织验收，以便进入屋面 TPO 施工工序。

4.2 天沟泡沫保温玻璃施工工艺

（1）屋面天沟安装完成并验收后，应将天沟内的垃圾、油污清理干净、晾干，并持续保证天沟表面干燥、清洁，有污染时应随时处理。

（2）将泡沫保温玻璃人工搬运或使用小推车运送至指定天沟施工区域码放整齐，运送数量可根据铺贴面积及单块泡沫保温玻璃面积进行计算得出。运送过程中避免磕碰损坏泡沫保温玻璃边部及角部位置，避免集中堆放，造成屋面板局部荷载过大。若天沟处使用的泡沫保温玻璃需要切割时，可事先切割备料，切割需保证切口平齐，切割后产生的碎屑应及时清理干净。

（3）安装天沟泡沫保温玻璃时，建议先安装天沟两侧然后再安装天沟底面。

预排板后，把泡沫保温玻璃放平并沿天沟长度方向依次排开，在向上的玻璃纤维贴面靠近上、下两侧用直线条形布胶法打 ECO 胶粘剂。

（4）待胶粘剂发泡后，将第一块泡沫保温玻璃板打胶粘剂的一面紧贴在天沟立面上并用手按压，使泡沫保温玻璃板与天沟立面之间粘结牢固。

（5）在第一块泡沫保温玻璃板的竖向侧面均匀涂抹密封胶，用同样的方法粘贴第二块泡沫保温玻璃并保证与天沟之间粘结牢固，且泡沫保温玻璃板之间拼接严密。

（6）安装一段距离之后，在泡沫保温玻璃板表面打锚固件（配带镀铝锌钢垫片的自攻螺钉）。锚固件沿板宽方向居中，沿板长方向间距约 700mm。用同样的方法，安装天沟另一侧立面的泡沫保温玻璃板。

（7）安装天沟底部泡沫保温玻璃板时，其安装方法与立面做法基本一致（图5）。

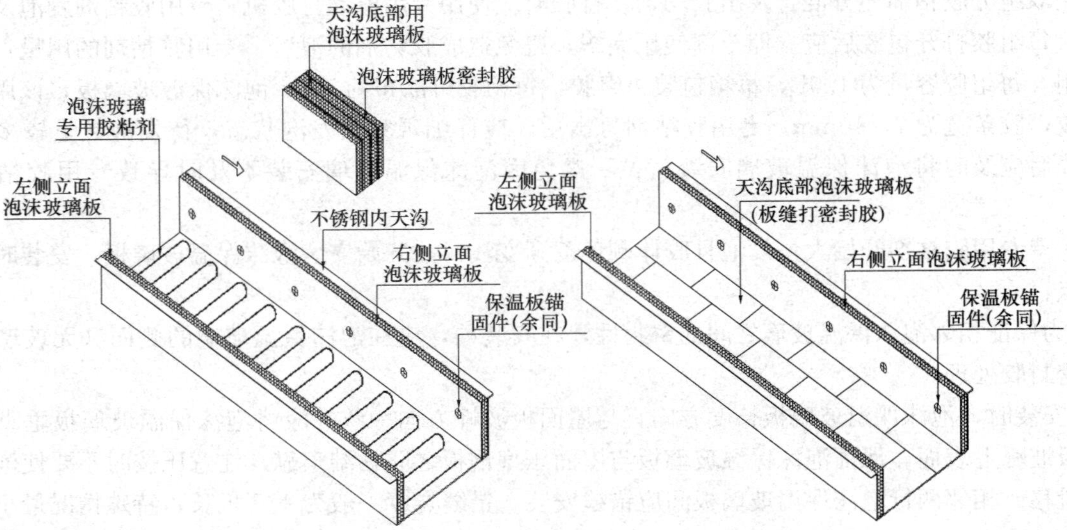

图 5　天沟底部的泡沫保温玻璃板安装图

5　结束语

　　本项目屋面系统经详细深化设计及抗风揭试验后最终确认，在整个屋面系统施工过程中施工质量控制严格，整个屋面系统的安全性及质量得到了有效保障。

　　从泡沫保温玻璃自身的性能特点及在机库项目应用中的良好表现可以看出，泡沫保温玻璃是一种新型的、较为理想的保温材料，施工时要注意泡沫保温玻璃成品保护。

高端电子工业实验室金属外墙围护系统
细部节点设计及安装技术创新

郎占顺　苗泽献

（森特士兴集团股份有限公司，北京　100176）

摘　要　论文内容主要是以京东方先进技术实验室二期北京总部项目钢结构围护系统为例详细剖析金属外墙围护系统的设计及施工安装要点、难点、美观要求等。金属墙面板围护系统、外墙板采用四面企口纯平金属夹芯板，横排插口式安装的工艺，在混凝土框架为主体结构的情况下，依然保证了整体的精度及美观。在台度、门窗洞口、防火封堵、女儿墙盖板及与避雷系统衔接等细部节点位置都采用了独特的创新处理形式，同时保证了墙体的密闭、保温、防火及耐久性。

关键词　四面企口纯平金属夹芯板；施工安装；工艺工法

1　概述

本论文主要以京东方先进技术实验室二期北京总部项目钢结构围护系统为案例编制，该工程为京东方公司围绕半导体、显示、传感、人工智能、大数据五大核心技术引领创新高强度研发投入项目，位于北京市经济技术开发区，工程类别属实验研究/无尘/无菌类型，对整体的围护金属外墙系统密闭、保温、环保及与整体环境的融合美观性提出较高要求。

工程采用了100mm厚四面企口纯平金属夹芯板＋0.8mmWS750装饰板系统。整体建筑风格选用了与周圈一致的形式：下段闪棕灰氟碳烤漆横排装饰板＋中段闪金灰氟碳烤漆四面企口纯平金属夹芯板＋上段机房闪蓝灰氟碳烤漆竖排装饰板。并选用了行业较先进的机械吊装安装工艺，在施工生产和安装中，具有灵活性、快速性、准确性等特点，也适应了多层混凝土框架主体项目中存在的多层多处灵活设置设备后入口的需求。防火封堵系统、门、窗洞口收边、山墙盖帽等位置都采用了我司独特的升级组合处理形式，有效保证了墙体的密闭、保温、防火防烟及耐久性，并创新升级了四面企口纯平金属夹芯板与玻璃幕墙窗的结合形式，成功打造出整体的纯平高端幕墙效果，解决了在以往该位置长期存在的漏水难题，同时拓宽了室内使用空间。山墙盖帽系统的整体升级创新，在保证整体密闭保温性的同时，设置了止水带，保证了建筑外立面的持久洁净性能，同时与女儿墙压顶避雷系统的有效衔接，有效解决了以往长期存在的漏水问题。

2　设计概况

该实验室建筑面积81748m²，长度117.6m，柱距8.4m，檐口高度24.200m，年限50年，防裂8度，防水1级，丙类，一级耐火（图1）。

金属外墙围护系统的构造层次分为三段依次为：

（1）下段构造做法（由内向外）：水泥压力内板＋方管龙骨＋四面企口金属夹芯板（100mm）＋横向波纹装饰板（0.8mm，ws-750），如图2所示。

图 1 整体效果图

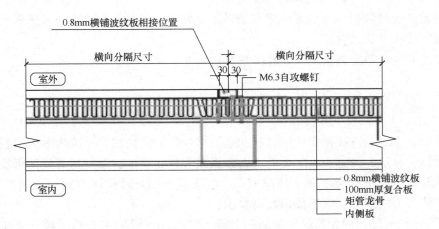

图 2 金属外墙系统下段构造横向剖面图

（2）中段构造做法（由内向外）：水泥压力内板＋方管龙骨＋四面企口金属夹芯板（100mm），如图 3 所示。

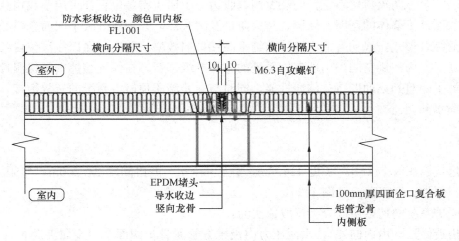

图 3 金属外墙系统中段构造横向剖面图

（3）下段构造做法（由内向外）：水泥压力内板＋方管龙骨＋四面企口金属夹芯板（100mm）＋竖向波纹装饰板（0.8mm，ws-750），如图 4 所示。

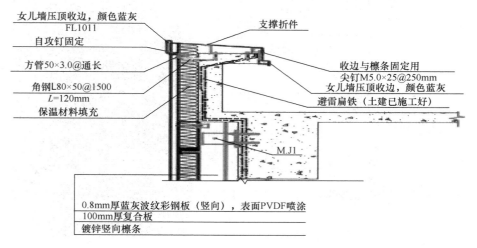

女儿墙压顶收边，颜色蓝灰
FL1011
自攻钉固定
方管50×3.0@通长
角钢L80×50@1500
L=120mm
保温材料填充

支撑折件

收边与檩条固定用
尖钉M5.0×25@250mm
女儿墙压顶收边，颜色蓝灰
避雷扁铁（土建已施工好）

M.J1

0.8mm厚蓝灰波纹彩钢板（竖向），表面PVDF喷涂
100mm厚复合板
镀锌竖向檩条

图 4　金属外墙系统上段构造横向剖面图

3　施工安装及细部节点处理技术

3.1　工艺流程

标高线及轴线弹设→埋件及龙骨安装、复测→层间防火封堵安装→四面企口金属夹芯板安装→装饰板安装→门、窗洞口等收边安装。

3.2　四面企口金属外墙板系统安装技术

（1）标高线及轴线弹设：从土建或钢构单位已有标高点用水准仪引测台度标高基准点，每个柱距处标测一点，用墨线将各标记点连接成基准线，水平标高必须以同一个基准点进行引测，以减少四周台度标高基准线的测量误差及确保台度收边整体的交圈。在主体结构弹设出墙面外立面分格线及转角基准线，并用经纬仪进行调校、复测。具体施工如：在 A-1 轴、柱中打点，然后结合水平仪和100m钢盘尺沿着轴线距离8400mm依次放出各轴线点，竖向则通过经纬仪或者全站仪定位校核，并用墨线放出各轴线。

（2）埋件及龙骨安装、复测：埋件采用我司独特一体式做法，即后植埋件板同檩托板工厂预制为一体构件，为避免后植过程中与混凝土主体钢筋位置碰撞，采用横向长圆孔处理，在工程实际应用中发挥出其独特的优势，位置定位准确度高，焊接及防腐质量可控，提高整体工业化预制水平。龙骨采用矩形方管，竖向布置，焊接固定方式。重点控制对接口质量、外立面平整度。墙面龙骨平整度复测，采用在最顶端、最低端分别拉设纵向钢丝线（可用小法兰进行绷紧）；顶底钢丝之间拉设可滑动竖向钢丝线；逐个测量并记录每道龙骨与竖向钢丝线的尺寸，测量偏差大的部位要求对垂直度进行调整。

（3）层间防火封堵安装：为更为有效地保证楼板与外墙之间缝隙的密闭及耐火时间，每道楼层板位置设置 2 道 100mm 防火岩棉＋双道镀锌钢板式防火封堵（防火规范设置 1 道），搭接缝隙处采用专用防火胶处理，进一步加强了建筑的防火及密闭性能。考虑主体结构与外墙板之间间隙尺寸偏差，防火封堵的镀锌钢板采用两个构件组合调整式，大大地提高了施工效率（图 5）。

（4）四面企口金属夹芯板安装：外墙金属板采用我司 100mm 厚四面企口纯平金属夹芯板，采用横排板插接工艺，长度同轴距尺寸，板宽取 1m 模数，转角采用目前市场先进的一体转角板。起板位置采用我司专用的几字形起板支架系统找平及固定，对接缝位置内侧导水槽外侧使用 20mm 配套 EPDM 胶条密封，并在横缝与竖向胶条接口位置采用了耐候密封胶密封。为避免生产、运输及安装过程中对板面的磨损及污染，面板在复合加工前就采用加厚保护膜保护，直至该区域安装完成。

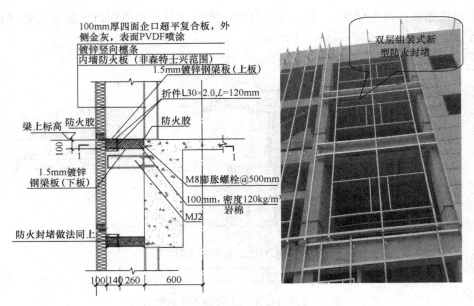

图 5　防火封堵安装技术大样图

（5）装饰板安装：考虑该实验室建筑位于京东方核心区域，为保持整体建筑风格相容，在下段纯平金属夹芯板外侧设横向小波纹装饰板，上段屋顶间位置设置竖向小波纹装饰板。在下段、上段的装饰板同中段的金属纯平板的过渡位置，我司采用了错台交错的独特过度方式，保证了密封、保温、美观的各项要求（图 6）。

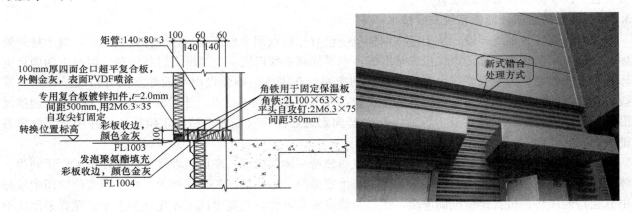

图 6　装饰板安装技术大样图

（6）门、窗等收边安装技术

1）上段、下段装饰板台度收边安装，收边安装前，测量好标高定位线，端处裁剪 90°折边，用弹设好的标高基准墨线控制台度收边标高，收边对接位置底端用拉铆钉拉结紧密，搭接长度 5～6cm 为宜。

2）上段、下段装饰板门、窗收边安装：

① 收边安装前应先复测洞口位置及长度、宽度、对角线等尺寸，满足要求后开始。

② 收边安装前两端应在地面剪好 45°角，滴水檐处用 6mm 钻头@500mm 钻好滴水孔。

③ 搭接处应先安装好导水板（长度≥250mm），打两道暗胶。

④ 窗侧收边安装前应先粘贴通长 PE 堵头保证与收边边侧平齐。

⑤ 上段、下段装饰板阴角、阳角收边安装，均采用同装饰板材质收边材料组合配套 PE 堵头封堵形

式，重点把控安装过程中平直度的控制（图 7）。

图 7　收边安装技术实例

3.3　金属外墙围护系统细部技术创新

（1）四面企口纯平金属夹芯板与幕墙窗接口位置细部处理

1）窗洞口周圈设置新型收口件示意图如图 8 所示。

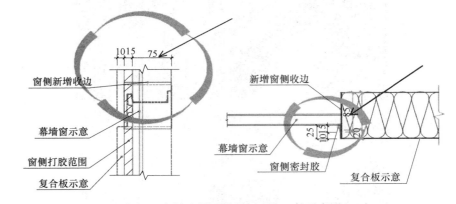

图 8　窗洞口周围设置新型收口件示意图

2）窗洞口周圈设置新型收口件实例如图 9 所示。

（2）四面企口纯平金属夹芯板女儿墙盖帽与屋顶避雷系统衔接位置细部处理

1）新型侧开口式女儿墙盖帽收口件示意图如图 10 所示。

2）新型侧开口式女儿墙盖帽收口件实例如图 11 所示。

图 9　窗洞口周围设置新型收口件实例

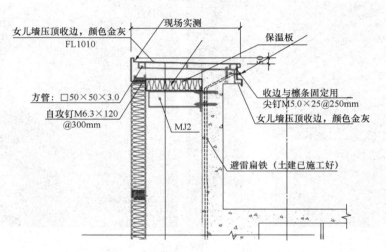

图 10　新型侧开口式女儿墙差帽收口件示意图

图 11　新型侧开口式女儿墙盖帽收口件实例

4 工程效果展示

工程效果如图 12 所示。

图 12　工程完工效果展示

5 结束语

本工程外墙采用了国内、外技术先进、成熟的四面企口纯平金属夹芯板＋金属装饰板系统，该系统的板型及相关配件精密搭配，通过施工过程中的严格定位放线，可达到金属幕墙系统的最佳效果，扭转了以往在行业中外观质量差、漏水问题严重的局面。装饰板区域全部采用了配套 PE 堵头＋彩涂钢板双道封堵形式，大大提高了厂房的密闭性及耐久性。升级改进后纯平金属夹芯板与玻璃幕墙窗的收边系统及新型侧开口式女儿墙盖帽收口件与避雷系统衔接的收边系统，又最大限度地减少开口数量，降低漏水隐患，极大地提高了建筑的防水性能。

该实验室在高端电子工业实验室金属外墙围护系统施工中的一系列的探索和创新，为今后类似工程积累了丰富的施工经验。

四、集成房屋与钢结构住宅

模块化箱式集成房屋在传染病应急医院应用介绍

孙溪东　陈宝光　张平平　李　冬

（中建集成房屋有限公司，北京　100097）

摘　要　2020 年初新型冠状病毒疫情在全国范围内突然暴发，疫情发展迅猛，各地医疗资源紧张。为了集中优势资源对患者进行集中、专门的治疗和管理，隔离传染源，防止医护人员在治疗过程中被感染，有效地解决现有医院床位不足的情况，本着"未雨绸缪，平战结合"的思想，全国各地纷纷参照 2003 年"北京小汤山医院"模式，启动应急医院工程建设。作为此次抗疫战争的关键医疗资源，模块化箱式集成房屋一时成为万众瞩目焦点（全民在线"云监工"，观看"两神山"医院建设直播），这种高度工业化制造的建筑产品，通过快速、高效的装配化施工，产生了积极的社会效益，为前期的抗疫战争赢取了宝贵的时间。各地应急防疫医院的快速建造不仅充分体现了模块化箱式集成房屋作为工业化建筑产品的优势，也展露了工业化建筑背景下建筑相关产业链企业积极配合、紧密协作的产业协同发展模式。

中建集成房屋有限公司在此全民抗疫特殊时期，火速驰援各地抗疫项目建设，在北京、天津、西安、郑州、咸阳、武汉、徐州、深圳等全国多个城市参建防疫医院工程项目 21 个，共计 1536 个箱体，新建建筑面积 27648m²。

关键词　应急医院；模块化箱式集成房屋；工业化集成

1　传染病应急医院建设必要性

1.1　传染病暴发特点

近 20 年，人类世界暴发了几次大规模的烈性传染病，2003 年的 SARS，2009 年的 H1N1，2012 年的 MERS，还有穿插其间、同样有一定病死率，但知名度没那么高的 H5N1 和 H7N9 流感病毒。纵观几次大的疫情暴发，归纳传染病暴发有以下几点特征：

（1）事件突发，准备不足。没有哪一次疫情，是在人们完全准备好的状况下发生的。对新型病毒的传播特性、病毒特征都不了解，疫情暴发后，无论是精神准备还是物质准备，都明显不足，仓促应战，打乱了社会节奏。

（2）集中暴发，传染迅速。病毒往往具有高致病性、传染性、潜伏性，而现代城市人口高聚集性、高流动性往往给病毒传播带来了更广的传播途径，在短时间内，疫情往往在某一点引起，迅速在大范围内暴发。

（3）救治急迫，资源紧张。疫情暴发后，对于疫情地区的人员筛查以及救治，是决定疫情能否进入迅速可控的关键，而疫情大规模的暴发，往往会使当地医院的收治能力出现巨大的缺口，陷入医疗物资、生活物资短缺的局面。

1.2　应对措施

控制疫情，最有效的莫过于疫苗与药物，在产生针对性疫苗与药物之前，不外乎隔离传染源、阻断传播途径、保护易感人群几大措施。

（1）切断传染源，保护易感人群

针对新型冠状病毒传播特性，目前采取的管制交通、取消公众活动、居家不出行无疑是控制不明传染源的最合适的对策。

（2）集中隔离，定点收治

有效地识别、确认、隔离、控制新型冠状病毒的感染源，只要有效隔离，即使没有疫苗与药物，疫情自己也会慢慢消失，因此非常有必要建造更多的隔离、治疗空间将所有确诊、疑似病患隔离开来、集中治疗，否则传染源散布在各社区中，将加大控制疾病传播的难度。

1.3 几种新扩建应急医院措施介绍

（1）改扩建现有医院

绝大多数医院的感染门诊以及感染病房数量都十分有限，有的甚至根本就没有感染病房，面对大规模疫情暴发，往往会面临医疗资源巨缺的现状，尤其是县域的医院建设明显不足，疫情暴发后可以采取改扩建现有医院门急诊，增大现有医院的门急诊面积，改善在疫情下的门急诊的医疗环境控制措施，以加强门急诊接诊与分诊的能力。只有足够的门急诊接诊与分诊力量，才能将疑似与确证感染人群分离，轻症、重症病人分离。现有医院住院病房往往也不足以收治大量感染人群，加之医护人员的缺乏，快速建设定点收治病区显得尤为重要。

（2）酒店建筑用于临时隔离区

酒店建筑具备独立房间和生活起居必要条件，在非常时期可作为临时隔离场所之一，对需要隔离医学观察人员、疑似和轻症患者进行集中隔离。作为临时隔离用途的酒店，在运营管理等方面有别于正常酒店运营管理。

酒店多为单廊布置，传染病医院需要实现医患分流，需布置双侧走廊。酒店暖通系统为普通空调通风系统，包括过滤级别、不同区域独立通风系统设计、风量大小、压力梯度、空调设备控制要求都不能满足传染病医院通风空调设计规范要求。因此酒店建筑更适用于临时隔离，不适宜改为传染病医院。

（3）工业建筑改造方舱医院

方舱医院的中文全称叫作方舱庇护医院，本来是指那种移动的野战、救护医院。这次武汉的民众把它叫成了方舱医院，指用体育场馆、会展中心这样挑空高、容量大的建筑收治轻症患者的医院。这种能够迅速提供大容量收治，能短时间、低成本建设起来的方舱医院，在将来设计国家应急体系乃至世界应急体系的时候，都有一定的借鉴意义。

空置工业建筑改造能极大缩短方舱医院的建设工期，且具有容量大、有基本的水电设施、距离居民区较远、对周边影响小、全封闭、交通方便、便于管理等特点，能够迅速达到集中收治已排查确诊轻症患者的目标。

与灾后临时安置不同，传染病医院需保证良好的通风，工业建筑室内大空间通风效果不好，理论上并不适合用于应急传染病医院，特殊情况下可改造收治轻症患者，不适宜改作收治中、重症患者的应急医院。

（4）野战方舱医院

野战方舱医院是解放军野战机动医疗系统的一种，在各种自然灾害的应急救治中也有广泛使用。野战方舱医院由医疗功能单元、病房单元、技术保障单元三部分构成的模块化野战卫生装备。具有伤员分类后送、紧急救命手术、早期外科处置、早期专科治疗、危重急救护理、X射线诊断、临床检验、卫生器材灭菌、战救药材供应、卫勤作业指挥、远程会诊等功能。

部队的医疗方舱可以进行大中小手术和危重急救处置，更倾向于应急的外科手术、创伤的救治等方面；病房单元多采用可折叠网架帐篷，展开快捷方便，且有较好的保温隔热性能，留治不宜后送和一周内能治愈归队的伤病员。该系统既能用汽车、火车运输，也可用船舶和大中型运输飞机运输。主要用于战时对伤病员的救治，也可用于平时灾害救援和应付突发事件时对伤病员的抢救和治疗。

（5）2003 年北京小汤山医院模式

2003 年北京小汤山医院二部病房采用整体式钢筋混凝土盒子式活动房及彩钢房。为了加快小汤山医院的设计速度，当时的设计方案采用了一些标准化单元；根据标准化模块，利用工作人员通道作为中轴，快速组合。

在开工时，设计师在未知可利用的盒子房及活动板房尺寸、数量的情况下，不得已地采用了这种方法：先确定工作走道主轴及各排病房内走道中线位；再根据各施工单位能找到的可利用的盒子房及活动板房，拼装组合和改造成各排病房，由此赢得了时间。但由于临时找到的盒子房及活动板房规格不一，建造效果未能完美呈现。

（6）武汉火神山、雷神山模式

这次新型冠状病毒暴发，武汉、郑州及其他城市单独选址，集中建造了临时传染病医院，须在数天内建成 20000～80000m² 的医院建筑，模块化箱式集成房屋发挥了其快速建造的优势，满足现场快速组装的建造要求。

模块化箱式集成房屋的结构由若干个稳定且自承重的空间子结构组成，基本模块一般为 3m×6m，以基本模块为组合的标准化单元，根据建设规模及场地，通过适当方式沿竖向和水平方向进行不同模块的拼接组合，形成不同的空间组合平面，满足医疗功能的需求。模块化箱式集成房屋的框架加工、围护制作、管线安装均已在工厂完成，然后再将制作好的单元运输至现场进行拼装，因此在现场施工的周期可以压缩到非常短。

综上，模块化箱式集成房屋应具有标准化设计、工业化生产、模块化装配的特点，用于传染病应急医院建设可以更好地保障项目工期与建筑质量。

2　模块化箱式集成房屋在应急医院应用项目介绍

中建集成房屋有限公司在此全民抗疫特殊时期，积极承担央企社会责任，在做好内部疫情防控的同时，积极快速响应，科学复工复产，火速驰援各地抗疫项目建设，在北京、天津、西安、郑州、咸阳、武汉、徐州、深圳等全国多个城市参建防疫医院工程项目 21 个，共计 1536 个箱体，新建建筑面积 27648m²。

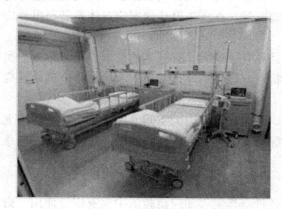

图 1　武汉火神山医院

（1）武汉火神山医院

参照 2003 年抗击非典期间北京小汤山医院模式，在武汉职工疗养院建设一座专门医院，集中收治新型冠状病毒肺炎患者。医院总建筑面积 3.39 万 m²，箱式房共计 1650 个，编设床位 1000 张，开设重症监护病区、重症病区、普通病区，设置感染控制、检验、特诊、放射诊断等辅助科室，不设门诊（图 1）。

（2）郑州岐伯山医院

郑州岐伯山医院总建筑面积 26210m²，包括 1 栋7000 余平方米的现有门诊楼改造以及 11650m² 新建病区的建设任务，包含医患床位约 800 个。其中，门诊楼及急诊楼改造包括 1 个消防监控室，2 个会议室，2 个餐厅，30 间办公室，57 间留观区住宿，共计 542 个模块。2020 年 1 月 27 日至 2 月 5 日，进行项目改造，工期 10 天（图 2）。

（3）西安市公共卫生中心项目

西安市公共卫生中心项目由西安市政府投资，中建西北区域总部牵头承建，中建相关单位共同参与

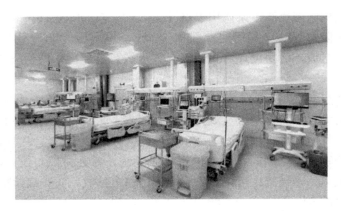

图 2　郑州岐伯山医院

建设。占地 500 亩，新建面积 5400m²，首期应急隔离病房可提供 500 张床位。项目的建成将极大提升西安市城市公共卫生应急处置能力（图 3）。

图 3　西安市公共卫生中心

（4）徐州市传染病医院应急病房建设项目

该项目位于徐州市云龙区，紧邻徐州市传染病医院。由中建基础牵头，中建集成房屋等多家单位共同参建。总用地面积 18962.78m²，其中建设用地面积 15543.78m²，绿化及道路用地面积 3419.00m²。总建筑面积 13914m²，其中一期 7775.60m²，二期 6138.40m²。院内分区实行严格隔离，设置医护人员专用出入口与病人专用出入口；按照火神山、雷神山医院设计建设标准，结合项目用地形状及高差，采取"半鱼骨状"平面形式，主要包括病房、医护、ICU、CT、供应库房、垃圾处理暂存间、救护车洗消间、制氧站、污水处理站、垃圾焚烧站等功能（图 4）。

图 4　徐州市传染病医院

（5）深圳市坪山区人民医院负压传染病房项目

深圳市坪山区人民医院负压传染病房建筑面积 126m²。该负压传染病房由病房、缓冲区、医院通道、病人通道五大功能区组成，病房设计为正压区、零压区、负压区，严格按"医患分流、洁污分流"建设。

该病房采用了传染病房病毒隔离技术和设计思路，通过精细的梯度风压和室内气流组织设计，将病患隔离区保持为建筑内最大负压点，使得气流持续从外部流入此区域，从源头上杜绝病毒向外传播的可能，在室内空气洁净度、气压梯度管理方面均高于目前国家标准。负压隔离病房采用新风系统，按清洁区、半污染区、污染区分别设置，同时，对应设置排风系统，并在排风口配备空气微尘过滤效率达到99.9％的高效过滤器和电离杀毒装置，可将污染空气灭菌后再排放，防止病菌扩散污染，有效保障了区域内未感染人员的健康（图5）。

（6）深圳市第三人民医院二期项目应急院区建设

项目由中建科工集团有限公司牵头，中建集成房屋等多家单位参与建设。采用"EPC总承包＋全过程工程咨询"的建设管理模式。应急院区用地面积约 6.8 万 m²，建设规模约 5.9 万 m²，提供 1000 床病床，生活配套区可供 100 名医护人员休息和办公。项目 1 月 29 日先行开展场地平整工作，1 月 31 日正式开工，实现 20 天时间，规划、设计、建成一座拥有千张床位的应急医院（图6）。

图 5　深圳市坪山区人民医院负压传染病房

图 6　深圳市第三人民医院二期项目

（7）深圳市其他防疫医院等多个项目

先后完成深圳市坪山区检疫站、深圳市平乐骨伤科医院发热门诊、深圳市坪山区妇幼保健院防疫医院、深圳市坪山区人民医院定点防疫医院、坪山区街道卡点项目建设等，建筑面积 2538m²。

为加强疫情源头防控，深圳将在省级入省通道、国省道入省通道、相关高速公路收费口、街道口等设立联合检疫站点。中建集成房屋积极响应深圳市坪山区政府"搭建临时防疫站点协助疫情防治"的号召，紧急动员、快速部署，连续奋战 12 小时即完成了多个临时检疫站点搭建任务（图7）。

（8）其他防疫项目

图 7　深圳市检疫站点项目

先后完成北京大兴兴和医院医护后勤库房、天津泰达开发区高速检疫站、天津市中心妇产科医院新建新冠肺炎高危孕妇鉴诊留观处、咸宁通山县公共卫生中心等多个项目建设。

在全力进行疫情医院相关项目建设工作的同时，快速研发形成了"梯度压差负压传染病房""速净通—模块化测温消毒通道""大型快速部署应急医院方案及定型产品"等一系列方案及产品。

3 项目总结

3.1 工业化集成制造优势初显，集成化建造技术仍需加强

以工业化的方式重新组织建筑业是提高劳动效率、提升建筑质量的重要方式，也是我国未来建筑业的发展方向。模块化箱式集成房屋作为建筑工业化的建筑产品，在应急传染病医院建造过程中的优点表现得非常突出。从单箱拼装、整体组装、设备集成等各方面，都体现了工业化建筑产品施工快速高效的建造效果。在应急医院建设过程中，项目周边的道路、空地都可进行模块化箱式集成房屋的单箱拼装、门窗安装、墙体开洞甚至部分管线安装等，给现场争取了很多时间。但是纵观各地应急医院建设，主体结构可以采用工业化建造方式进行建造，但设备安装工程却不能，所以导致从进场到主体结构施工完毕，只花了4～5天的时间，而后期风机风管、给水排水、强电弱电安装，却花了更长的时间。

由于模块化箱式集成房屋之前多在建筑工地临建项目中应用，无须多余机电设备集成，而此次作为医院建筑，医用设备、管线集成化程度并不高，还需进一步通过相应的标准将模块化箱式集成房屋的特点与医院建筑的特殊功能要求相结合，以实现医院建筑的最终功能、性能，并最大程度发挥模块化箱式集成房屋在快速建造应急医院过程中的优势，更好地满足医院建成后投入应急工作的需要。

3.2 EPC总包模式打通集成建筑全产业链条，集成房屋企业应探索"REMPC"模式

在EPC模式中，设计与采购、施工、试运行等业务相辅相成，形成相互配合的统一的有机体。通过协同作战，能够培养设计方案与施工工艺相协调配合的能力。

在各地应急医院建设中，中建集团发挥了在全国布点的优势，很快摸清了全国各地的库存，快速锁定资源，组织运输车辆。资源组织过程中，各地市建委、市防疫指挥部发布资源短缺信息，共同寻求物资，保障建设需求。

在设计环节中，因为设计院平时很少接触这种模块化箱式集成房屋的设计，对于相关设计参数能否满足施工需要不甚了解，采用设计院出建筑图，施工单位、集成房屋厂家深化结构设计交并由设计审核的设计流程，可以充分将设计院对医疗专业的理解与施工单位的施工经验、专业厂家的产品性能完美的融合，这样在工期极紧的条件下，不仅使得医院方的需求得到满足，另一方面又为现场施工带来便利，减少了返工工作。

在实施层面成立工程总承包项目部及各工区施工项目部。工程建设指挥部主要对工程进行整体决策及协调，总承包项目部主要针对资源组织、交通管控、设计与技术管理、质量管控、后勤保障等方面进行统筹协调，工区施工项目部主要负责现场施工组织及协调。

纵观各地应急医院建设，"EPC"模式是保证项目快速建成的关键，但是集成房屋厂家在建设中仅仅作为主体结构厂家提供产品及安装，无论是从前期项目设计还是后期机电设备、管线安装，都映射出各厂家项目牵头能力不足、EPC总包服务能力不足，相较传统施工企业，集成房屋企业应加强"科研、设计、制造、采购、施工"多个环节的组织协调，加强统一策划、统一组织、统一指挥、统一协调的项目实施能力，实现项目各环节的高度融合，全面统筹采购、制造、装配、运输，通过积极探索"REMPC"模式，提升企业实力。

4 模块化箱式集成房屋在应急救援工程中应用思考

4.1 建立技术体系与标准体系

应急工程不同于常规工程，任何变更、使用性质不明和功能调整都会影响施工进度，只有建立相应的标准、标准设计作为依据，才能实现快速高质量建造，应急工程的可靠性、功能性才能得到保障。

未来模块化箱式集成房屋的发展空间极其巨大，需要政府通过政策引导，加快编制国家标准、行业标准和地方标准，强化建筑材料标准化、部品部件标准化、工程标准之间的衔接，逐步建立完善覆盖设计、生产、施工和使用维护全过程的模块化箱式集成房屋标准规范体系。同时把部分企业所掌握的专业

标准转化为全国或者区域性的通用标准，加强配套的部品件的标准化体系建设，另外还要逐步重视室内装修的标准化研究工作。

4.2　纳入应急救援物资储备体系

2020 年 2 月 14 日下午召开的中央全面深化改革委员会第十二次会议中强调："要健全统一的应急物资保障体系，把应急物资保障作为国家应急管理体系建设的重要内容，按照集中管理、统一调拨、平时服务、灾时应急、采储结合、节约高效的原则，尽快健全相关工作机制和应急预案。"

模块化箱式集成房屋具备标准性、安全性、环保性、便捷性和经济性，在应急管理工作多个环节都可以发挥其优势作用，工业化生产、现场快速装配、多次拆装的特点非常适用于应急工程的建设，应纳入应急救援物资清单。同时统筹考虑模块化箱式集成房屋的本质特征和应用领域，形成适应自然灾害、事故灾害、公共卫生、社会安全不同突发事件的避难所、安置房、临时居住点、应急医院等不同需求的模块化箱式集成房屋建设系统，建立政府战略储备与市场需求储备相结合，集中调拨与定点生产相结合，平时服务与灾时应急相结合的多层次应急物资储备体系，建立模块化箱式集成房屋物资储备运输工作协调机制，建立相互联系、相互协调、反应敏捷的物资调配体系，做到应急物资共享。

4.3　系列化、专业化、持续化产品研发

对于模块化箱式集成房屋，目前在工地临建领域应用相对成熟，对其他应急救援领域集成化程度还不高，还需进一步通过相应的标准将模块化箱式集成房屋的特点与应急救援工程的特殊功能要求相结合，以实现应急救援工程的最终功能、性能，并最大程度发挥模块化箱式集成房屋快速建造的优势，更好地满足建成后投入应急工作的需要。针对不同应急救援领域，开展不同情境下应用技术研究，形成相应的专业化、系列化产品。模块化箱式集成房屋企业更应注重研发，只有持续的、长久的研发投入，才能提升产品性能，拓宽模块化箱式集成房屋应用领域。

参考文献

[1] 陈建，刘炳权，王跃. 浅谈模块化箱式活动房在建筑工程中的应用[J]. 基层建设 .2018(36).
[2] 谭树林，刘亚军，孙景工. 应急医学救援方舱医院装备研究进展[J]. 医疗卫生备. 2011[9].
[3] 刘士敬，朱倩. 解读病毒性传染病的六大特点[J]. 医学与哲学 .2004(5).
[4] 蒋群立. 感染科室在应急改造中的系统化思考与对策[J]. 中国医院建筑与设备.

集成箱式房屋在应急医院建设中的应用

牟连宝

（北京诚栋国际营地集成房屋股份有限公司，北京 101101）

摘 要 本文主要介绍集成打包箱式模块房屋，此类房屋在此次应急医院的建设中发挥了重要保障作用，其主结构、围护、门窗、保温、内装修、强电等均在工厂车间预制并组装完成，通过平板车运输至施工现场，仅用吊车进行"拼积木"式简单安装即可。

关键词 集成箱式房屋；集成打包箱式模块；应急医院

2020 年 1 月底至 2 月初，武汉建造了火神山新型医院和雷神山新型医院，用于收治新型冠状病毒肺炎确诊人员，随后的半个月内全国多个城市也参照 2003 年非典时期北京小汤山医院的模式快速建造了约 30 多所"小汤山医院"。包括武汉的火神山医院、雷神山医院以及全国其他"小汤山医院"无一例外地采用了集成打包箱式模块作为医院的主体结构形式（图 1）。

图 1 新建医院现场

由北京诚栋和安捷诚栋承建的位于陕西省西安市高陵区东南的西安版"小汤山医院"于 2020 年 2 月 1 日开始建设，第一期建设应急隔离区，提供 500 张床位，2020 年 2 月中旬投入使用。隔离区采用 3 层设计，包括病房模块、卫生间模块、走廊模块、楼梯模块在内共计 373 个模块，平面示意如图 2 所示。

现场建造采用 25t 起重机（单模块重量约 3t，考虑安装高度、作业半径等因素）进行模块的左右、上下连接。现场施工如图 3～图 6 所示。

为应对新型冠状病毒疫情，北京于 2020 年 2 月 5 日启动小汤山医院修缮工程，北京诚栋和安捷诚栋承建了项目主体部分，包括医技楼、标准医护单元楼、病区楼。建筑采用 3 层设计，包括病房模块、卫生间模块、走廊模块、楼梯模块在内共计 333 个模块，其中包括 180 个加高模块，加高后室内高度达到 3.98m。平面布置如图 7 所示、房间功能如图 8 所示。

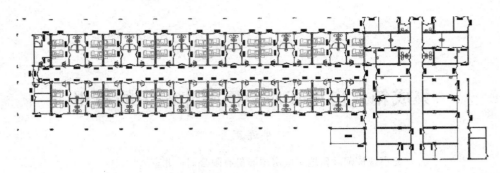

图 2　平面布置

图 3　施工现场 1

图 4　施工现场 2

图 5　施工现场 3

图 6　施工现场 4

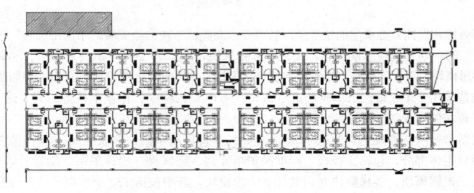

图 7　平面布置图

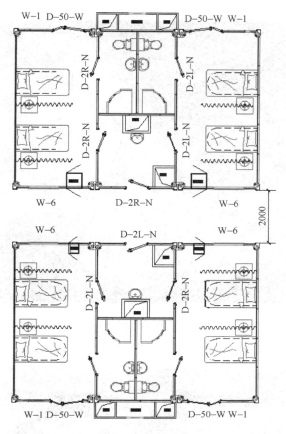

图 8　病房布置图

如图 8 所示，3 间 6055mm×2990mm 的集成打包箱式模块组成 2 间病房单元，包括病房、独立卫生间（含淋浴、洗漱）、缓冲区、走廊。

现场建造采用 25t 起重机（单模块重量约 3t，考虑安装高度、作业半径等因素）进行模块的左右、上下连接。为抢工期 2020 年 2 月 5 日白天发货，夜间现场便开始施工，如图 9～图 11 所示。

图 9　预制模块在工厂准备发货

建成后的内部病区、通道、大厅、治疗区等如图 12～图 15 所示。

集成打包箱式模块房屋在此次应急医院的建设中发挥了重要保障作用，其主结构、围护、门窗、保温、内装修、强电等均在工厂车间预制并组装完成，通过平板车运输至施工现场，仅用起重机进行"拼积木"式简单安装即可。此次应急医院按照传染病医院进行设计和建设，涉及专业医疗设施的安装由专业分包单位负责。

图 10　现场夜间施工 1

图 11　现场夜间施工 2

图 12　走廊

图 13　通道

图 14　大厅　　　　　　　　　　　　　　　图 15　治疗区

　　随着此次应急医院的建设，集成打包箱式房屋被社会广泛认识，由于其具有快捷性、可全天候作业、绿色环保、可周转等特点，在基建工程、房建工程、应急减灾、体育赛事、休闲旅游等领域将会越来越受到关注。

箱式房屋建筑相关配套专业线路解决方案

耿贵军

（廊坊中建机械有限公司，廊坊　065000）

摘　要　箱式房屋建筑属于装配式建筑的一种类型，可以在短期内快速建设完成主体结构。2019年末新冠病毒疫情肆虐，急需很多简易处理疫情的隔离救治医院，对耐久性、舒适度要求并不高，但是要求速度非常快，箱式房屋建筑正好符合这一要求。火神山医院、雷神山医院就是箱式房屋建筑社会需求的一个典型代表，再比如战时战备、临时简易办公和居住用途、旅游营地等，用模块化的箱式房屋建筑去实施最为适合，速度快，而且还可以直接使用到下一个需要的地方。

关键词　箱式房屋建筑；建筑质量；建设速度

1　引言

箱式房屋建筑短期内快速建设完成的主体结构并不包含建筑物所需的管道空间即管道井，相关配套专业线路需要工地现场解决。管道井除了基本的供水、供电、排水管线外，还要有电话、有线电视、监控、通风等，建筑物功能需求越复杂越先进，需要的管道井类型越多。所以，箱式房屋主体完成后，给水排水、电气、设备专业安装人员还需要与箱式房屋安装人员相互配合，工地现场解决管道井问题，需要工地现场开洞、封堵，影响了建筑质量和建设速度，如图1所示。

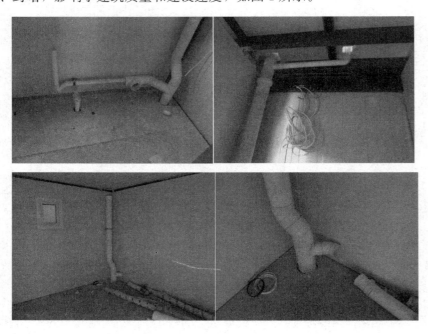

图1　工地现场管道井

2 箱式房屋建筑垂直方向管道井问题的解决方案

箱式房屋建筑垂直方向管道井问题的解决方案从两方面考虑：建筑质量和建设速度。

2.1 从建筑质量出发的解决方案

保证质量的关键是取消工地现场施工操作，采用工厂车间预制管道井，需要箱式房屋顶框、底框预留洞口作为管道井，如图2、图3所示。

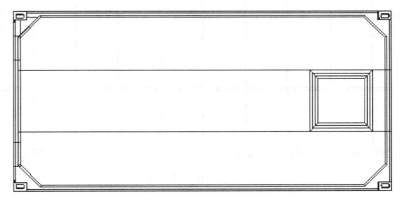

图 2 顶框预留洞口

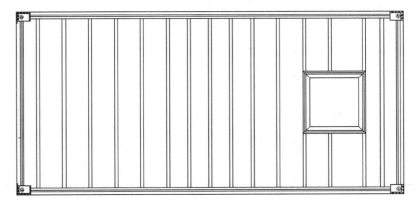

图 3 底框预留洞口

箱式房屋顶框、底框工厂预留洞口，做好洞口封边；箱式房屋建筑现场安装时，箱体底框置于顶框之上并对齐，洞口周圈做好防水措施，管道线路采用装饰板遮挡，并预留管道检修门，如图4所示。

此解决方案有效保证了箱式房屋建筑管道井处安装质量，并提高了工地现场安装速度；但是，箱体的通用性受到了限制，增加了工厂车间加工制作的时间，对现场安装工人的安装精度提出了更高的要求。

2.2 从建设速度出发的解决方案

建设速度快的关键是可以进行平行施工，即箱式房屋主体与给水排水、电气、设备专业安装同时进行；箱体全部做成标准箱体，工厂车间加工制作非常快；箱式房屋主体进场快，安装迅速，同时即刻就具备了安装给水排水、电气、设备专业的条件。这样，箱式房屋主体与给水排水、电气、设备专业安装同时进行，速度

图 4 管道线路处理

加快。给水排水、电气、设备专业需要工地现场开洞，洞口位置需要避开箱式房屋顶框檩条、底框檩条，所以迅速确定箱体檩条位置便成了安装速度加快的关键。解决此方案的办法是统一顶、底框檩条平面布置，如图5、图6所示。

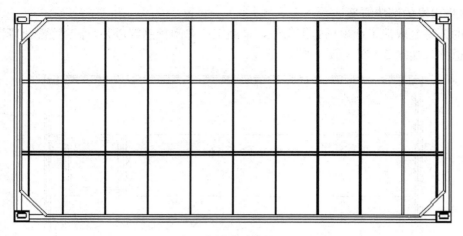

图5　顶框檩条平面图

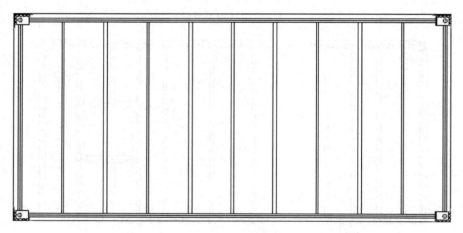

图6　底框檩条平面图

现场安装时，提供相应的顶、底框檩条位置定位图，安装人员根据定位图迅速确定檩条位置，这样便可以很快开洞了。洞口周圈做好防水措施，管道线路采用装饰板遮挡，并预留管道检修门。

2.3　从建筑质量和建设速度出发的解决方案

综合考虑建筑质量和建设速度，根据项目箱体数量、功能需求，可以考虑一部分箱体预留洞口作为管道井，另一部分箱体工地现场开洞作为管道井。此方案灵活多变，工厂加工、工地安装同时进行、综合调配，可有效提高建筑质量和建设速度；但是此方案对项目管理者的要求更高。

3　箱式房屋建筑水平方向管道井问题的解决方案

箱式房屋顶框结构吊顶板为灵活拆装式，顶框檩条工地现场卸掉吊顶板即可看到，因此水平方向管道井的线路现场安装并不影响建筑质量，从通用性、建设速度方面考虑，工地现场安装线路最为合适、便捷。简言之，把箱式房屋顶框作为一个水平方向的管道井（图7、图8）。

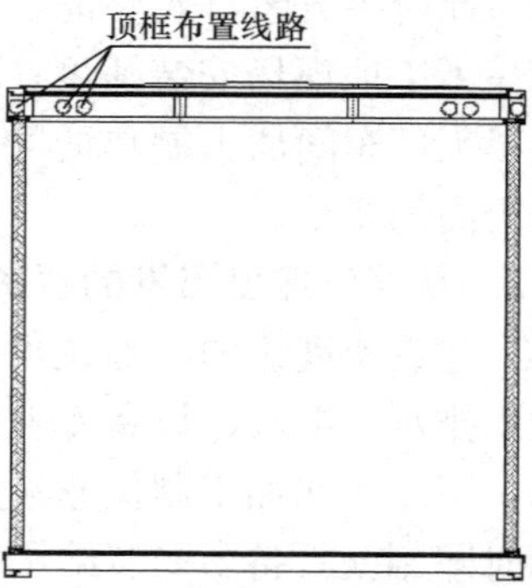

图7　箱式房屋横向剖面图

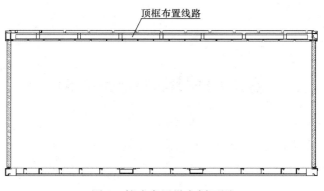

图 8　箱式房屋纵向剖面图

3.1　箱式房屋顶框结构布置重量较轻线路

重量较轻线路可直接布置于标准箱体顶框结构内，直径大的线路可布置于顶框梁内侧，直径小的线路可布置于吊顶板支撑处，如图 9 所示。

此种方案的特点，布置的线路数量有限，且线路重量要求比较轻，一般用于布局简单、功能单一的箱式房屋建筑；成本上比较经济实惠。

3.2　箱式房屋顶框结构布置重量较重线路

重量较重且复杂多样线路有多种布置方法：1）顶框梁内侧；2）吊顶板支撑处；3）加焊 U 形支撑处；4）吊顶板加强板等。每个箱式房屋厂家可根据自身产品结构特点进行优化布置，如图 10 所示。

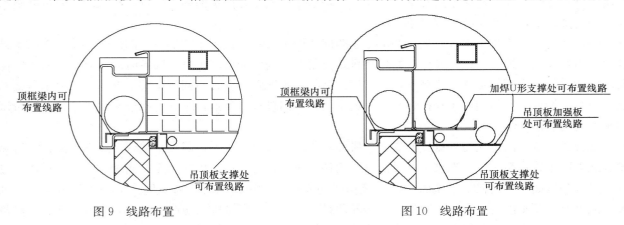

图 9　线路布置　　　　　　　　　　　图 10　线路布置

此种方案的特点，布置的线路数量较多，且线路重量要求可轻可重，一般用于布局复杂、功能多样的箱式房屋建筑；成本较高。

4　总结

本文涉及的箱式房屋产品图片均出自廊坊中建机械有限公司。

箱式房屋建筑属于装配式建筑的一种类型，箱式房屋建筑主体结构的快速装配式的成功只是箱式房屋建筑的一个优点，相关配套专业线路与箱式房屋产品的结合仍然需要研究创新。未来箱式房屋建筑需要达到主体结构、相关配套专业线路以及外装、内装全方面相结合的程度才能真正达到箱式房屋建筑的工业化。

参考文献

中华人民共和国行业标准. 施工现场模块化设施技术标准 JGJ/T 435—2018[S].

箱式房屋屋面排水结构

耿贵军　武春艳

（廊坊中建机械有限公司，廊坊　065000）

摘　要　伴随着社会和经济的发展，装配式建筑的发展必将迎来新一轮的腾飞。箱式房屋产品属于装配式建筑的一种，因其绿色环保、工厂模块化制作、施工周期短、保温隔声效果好、使用寿命合理等一系列优点势必成为装配式建筑发展的一个重要方向。由于箱式房屋结构要求为平顶设计，在使用过程中，屋面排水非常关键，现将箱式房屋屋面排水的结构进行计算分析。

关键词　箱式房屋；外排式；内排式；混合式

当前的箱式房屋屋面排水大体分为三种类型，外排式（无组织排水）、内排式（有组织排水）和混合式。外排式来源于集装箱的设计思路，屋面收集雨水，然后经过四面扩散排水。此方法制作简单，成本高，排水方便快捷，屋面不易存水，维修和维护都比较方便，但是四面扩散排水给四周墙板带来雨水冲刷的痕迹，影响了箱体的外观效果。

内排式是经屋面收集雨水，然后经由屋面四周的雨水槽和隐藏于箱式房屋内部的排水管路将雨水排到地上雨水收集系统。内排式制作工艺较外排式要复杂，制作的要求更高，随着时间的推移，由于气候及环境的原因，屋面的水槽和隐藏于箱式房屋内部的排水管路会存在不同程度的堵塞，屋面存水和漏水的隐患大大增加，但是相对于外排式来讲，成本更低，内排式更美观，不存在四面扩散排水给墙板带来雨水冲刷的痕迹。

混合式集合了内排式与外排式的优点，屋面收集的大部分雨水通过隐藏于箱式房屋内部的排水管路排到地上雨水收集系统，当雨水量超过内排结构最大排放量时，或者内排水系统出现问题时，雨水通过外排式排到地面，从而保证了屋面排水系统功能的完整性。与此同时，箱式房屋顶框梁具有足够的强度、刚度以及蓄水能力。混合式制作相对于前两种方式，排水保证能力更强，外观效果好，而且在经济型方面不高于内排式。所以混合式排水方式将来是箱式房屋屋面排水发展的一个方向。

1　单体箱式房屋屋面排水原理简介

1.1　单体箱式房屋屋面排水量计算（两种计算方法）

（1）查阅屋面落水管和屋面汇水面积计算规则相关资料得：

1）落水管及间距≤24m；

2）每根落水管的屋面最大汇水面积不大于200m²，根据计算公式：

$$F = 438D^2/H \tag{1}$$

式中　F——单根落水管允许集水面积（m²）；

　　　D——管径（cm）；

　　　H——最大降雨量（mm/h）；

① 箱式房屋屋顶尺寸为6055mm×2990mm，所以汇水面积为18.1m²。

② 落水管采用50mm的PVC塑料管，此落水管直接与顶部角件的排水管相连，顶部角件上的排水

管内径为38mm即为公式中应取得的D。

③ 分别取2006年7月31日首都机场暴雨，每小时最大降雨量105mm/h，2013年深圳市龙岗坂田区大暴雨，每小时最大降雨量为114mm/h，2005年福建省福州市连江县每小时最大降雨量110mm/h。

④ 综上所述：F（北京）$=6.024m^2$，F（深圳）$=5.548m^2$，F（福建）$=5.75m^2$ 四根雨水管允许的集水面积均大于屋顶的汇水面积18.1m^2。

故4根50mm的落水管符合要求。

（2）根据《建筑给水排水设计标准》GB 50015—2019雨水流量计算公式：

$$q_y = \frac{q_j \psi F_w}{10000} \tag{2}$$

式中 q_y——设计雨水流量（L/s）；

q_j——设计暴雨强度（L/s·hm²）；

ψ——径流系数；

F_w——汇水面积（m²）。

其中：1）深圳的设计暴雨强度为259，北京的设计暴雨强度为187，福建的设计暴雨强度为204。屋顶采用天沟积水且沟沿溢水会流入室内，暴雨强度需乘以1.5倍的系数。

2）径流系数取值0.95。

3）单管汇水面积为4.525m^2。

因此：深圳的单管设计雨水流量$q=0.167$（L/s）；

北京的单管设计雨水流量$q=0.12$（L/s）；

福建的单管设计雨水流量$q=0.13$（L/s）。

此排水管的设计雨水流量＜De50mm的PVC管的雨水流量（1L），故符合雨水流量要求。

1.2 箱式房屋顶框纵梁挠度计算

（1）荷载与组合说明

1）屋面活荷载取$q=0.5kN/m^2$（参照GB 50009—2012）；

2）屋面恒荷载g计算如下：

$$g = g_1 + g_2 + g_3 \tag{3}$$

式中 g_1——檩条恒荷载，取0.151kN/m^2；

g_2——玻璃棉恒荷载，取0.096kN/m^2；

g_3——顶瓦恒荷载，取0.042kN/m^2。

综上得$g=0.151+0.096+0.042=0.289kN/m^2$

3）荷载设计值$q_d=1.2g+1.4q=1.2×0.289+1.4×0.5=1.0468kN/m^2$

（2）计算分析

本设计视顶梁为两端固定梁，梁截面如图1所示，梁体受均布载荷：

$$q = q_d × 2.99 × (6.055/5.635) = 3.36kN/m$$

根据弯曲设计理论，弯曲挠度$w=ql^4/384EI$

其中$l=5.635m$；$E=206×10^9Pa$；$I=868.23×10^{-8}m^4$

代入数值计算得挠度$w=0.005m=5mm$

图1 梁截面

根据《钢结构设计标准》GB 50017—2017中挠度要求$=L/400=6055/400=15.13mm＞5mm$，此截面符合设计要求。

1.3 结论

从以上计算结果可知，在正常使用条件下，内排水结构满足了排水的需要，在遇到百年一遇的特大暴雨及异常堵塞时，外排水起到作用保证了正常使用，顶梁的挠度计算证明在外排水起到作用时，雨水不能进入房体内部，确保箱式房屋排水结构的可靠性。

2 箱式房屋常见建筑布局及其屋面排水特点简析

箱式房屋建筑均采用混合式排水，常见建筑布局主要有四种模式：单排外走廊建筑布局形式、单排内走廊建筑布局形式、双排内走廊建筑布局形式以及并排建筑布局形式。图 2 为单箱屋面排水示意图。

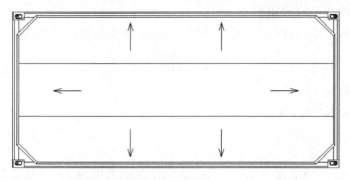

图 2   单箱屋面排水示意图

2.1   箱式房屋单排外走廊建筑布局屋面排水

单排外走廊建筑布局为开敞式走廊与单排标准箱体组合而成的建筑，如图 3、图 4 所示。

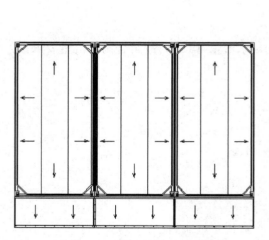

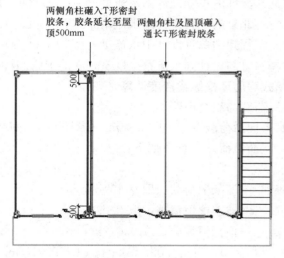

图 3   单排外走廊建筑屋面排水图　　　　图 4   单排外走廊建筑平面布局图

2.2   箱式房屋单排内走廊建筑布局屋面排水

单排内走廊建筑布局为封闭式走廊与单排标准箱体组合而成的建筑，如图 5、图 6 所示。

2.3   箱式房屋双排内走廊建筑布局屋面排水

双排内走廊建筑布局为封闭式走廊与双排标准箱体组合而成的建筑，如图 7、图 8 所示。

2.4   箱式房屋并排建筑布局屋面排水

并排建筑布局为并排标准箱体组合而成的建筑，如图 9、图 10 所示。

2.5   结论

以上为箱式房屋常见建筑布局，最容易漏水的情况为双排内走廊建筑平面布局，屋面横向最大宽度为 14m。在正常使用条件下，屋面排水以及防水技术已经非常成熟，项目实际应用中几乎不出现排水不畅或者漏水问题。图 11 所示为扩展箱防水以及走廊箱与标准箱角件防水的安装大样图，已经广泛应用于各个项目。

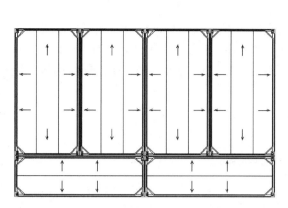

图 5　单排内走廊建筑屋面排水图

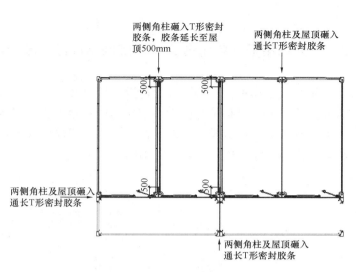

图 6　单排内走廊建筑平面布局图

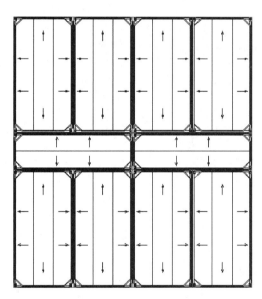

图 7　双排内走廊建筑屋面排水图

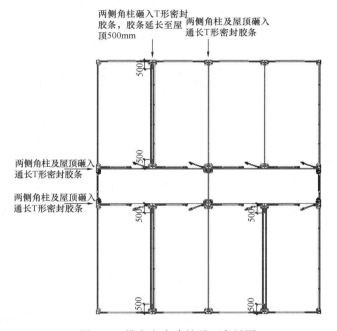

图 8　双排内走廊建筑平面布局图

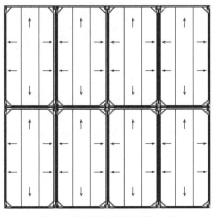

图 9　并排建筑屋面排水图

3 针对新型冠状病毒传染病医院的标准医护单元建筑屋面防水分析

新型冠状病毒传染病医院的标准医护单元建筑为三排内走廊、双排标准箱体组合而成，屋面横向最大宽度为 18m，且标准医护单元建筑与医技楼等很多建筑连接，形成 T 形或者 U 形，屋面排水最大宽度实际远超 18m，极易产生漏水情况，因此建议此种传染病医院建筑完成之后，屋面制作钢结构排水屋面，以免造成漏水问题（图 12、图 13）。

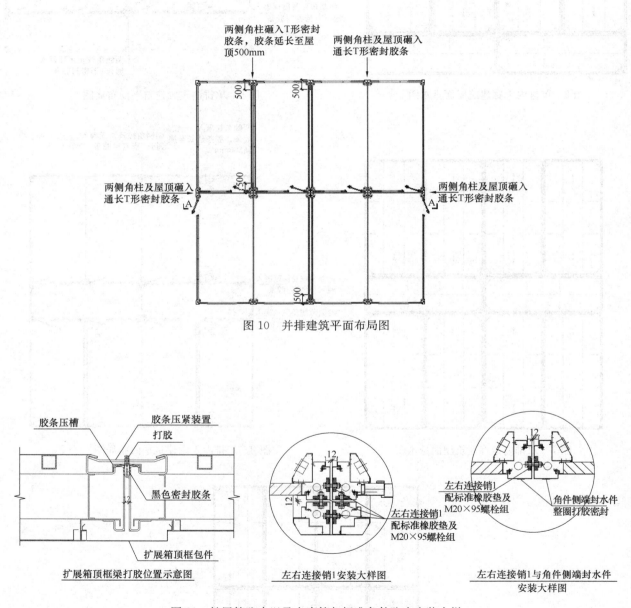

图 10　并排建筑平面布局图

图 11　扩展箱防水以及走廊箱与标准角件防水安装大样

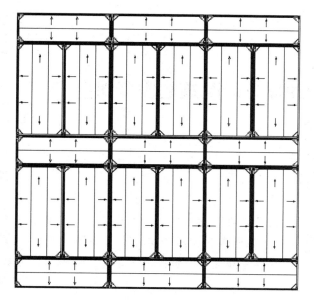

图 12　传染病医院屋面排水图

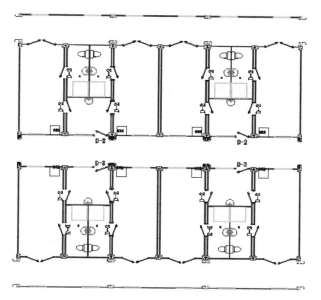

图 13　传染病医院平面布局图

参考文献

[1]　中华人民共和国国家标准. 建筑给水排水设计标准 GB 50015—2019[S].

[2]　中华人民共和国国家标准. 建筑结构荷载规范 GB 50009—2012[S].

[3]　中华人民共和国国家标准. 钢结构设计标准 GB 50017—2017[S].

疫情之下，整体浴室如何帮助应急医院筑起安全堡垒

付 雷

（苏州科逸住宅设备股份有限公司，苏州　215122）

摘　要　卫生间作为一个共用的空间，其结构设计、部品部件的材料性能、卫生清洁的程度都能够直接或间接影响到病毒的传播，这些特点都对卫生间的材料和装配水平提出了更高的要求。本文主要分享科逸整体浴室在此次防控战疫中满足应急医院的要求，安装迅速、即装即用的特点。

关键词　整体浴室；应急医院；同层排水

疫情防控迎来了阶段性的向好形式，与各地应急医院在此次防控疫情中发挥的作用密不可分。截至目前，据不完全统计，除火神山医院、雷神山医院外，武汉另建设了 23 家方舱医院，全国各地也纷纷启动应急医院建设（图 1）。

图 1　应急医院建造现场

应急医院的建设都面临着同样的挑战：时间紧、任务重、所选部品材料需要满足一定的隔离医院条件且能够在短时间内实现批量供应与安装。

科逸目前已为全国 40 余家应急医院提供累计超 5000 套整体浴室，助力各地疫区医院建设，获得业界内外诸多认可。此文将从产品特性、安装方式、综合成本等方面，向大家分享科逸整体浴室在此次防控战疫中如何帮助应急医院筑起安全堡垒。

1　产品特性

新冠肺炎的传播途径不断增加，并且不排除粪口传播、气溶胶传播的可能性，仍有不少省市存在诸多确诊病例，多数人还处于隔离阶段。卫生间作为一个共用的空间，其结构设计、部品部件的材料性能、卫生清洁的程度等都能够直接或间接影响到病毒的传播，这些特点都对卫生间的材料和装配水平提

362

出了更高的要求。

科逸整体浴室属装配式内装部品，采用绿色低碳材料，环保健康，安全性高；标准化、预制化生产，质量稳定，高效便捷；干法施工技术"搭积木"式安装，时间仅需 4h，节省大量时间与劳动力。不仅是理想的应急医院卫浴系统，更是住宅卫浴的优良选择（图 2）。

图 2　整体浴室效果

2　抑菌抗菌

科逸整体浴室采用 SMC 材料制备，SMC 是一种不饱和聚酯树脂材料，无有害气体、无放射性元素的辐射污染，具有抑菌抗菌的特性（图 3）。

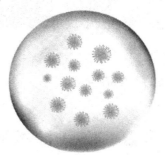

普通材料

SMC材料
有效抑制附着在材料上的细菌增长

图 3　整体浴室材料

科逸 SMC 材料由科逸自主研发并生产，严格遵循 MSDS（化学品安全技术说明书）要求，保证了产品质量，由于杜绝了建筑胶、涂料、复合板等材料的使用，在使用过程中不产生有害气体及辐射。产品也通过欧盟 REACH 测试（共 163 种高关注有害物质），不含相关重金属及致癌物质等。甲醛、苯、甲苯等有毒物质通过了国家室内产品空气质量检测，含量远低于国际要求（图 4）。

图 4　认证证书

疫情当下，具有抑菌作用的科逸整体浴室更能保证卫浴环境的安全。

3 耐污防霉

科逸整体浴室 SMC 底盘是经高温一次模压成型，分子结构紧密，表面没有微孔，不藏污纳垢，一体式弧形结构设计，在方便清洁的同时，能够起到防潮防霉的效果。产品经过耐污性测试，恢复力可达 90％以上（图 5）。

图 5　耐污防霜效果

在多人共用的环境下，科逸整体浴室更能保证空间的卫生洁净。

4 同层排水

科逸整体浴室采用同层排水技术，将风道、排污立管、通气管、给水立管等根据实际情况合理设置在管道井内，排水管道在本层内敷设，双重防水，避免了由于排水横管侵占下层空间而造成的噪声干扰、渗漏隐患等问题，且易于清理、疏通（图 6）。

在粪口传播途径仍有风险的情况下，同层排水设检修口及分支管给水，其管道优于普通管道的自洁性、排污性、密封性，更利于卫生间的通风、洁净，防止病毒细菌通过管道进入室内。

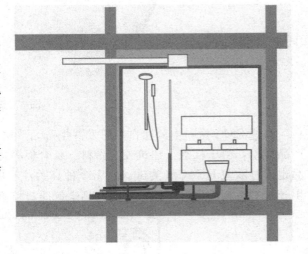

图 6　同层排水

5 排水速干

科逸整体浴室 SMC 防水盘一体模压成型，防水盘结构有 10‰～16‰的流水坡度，表面流水性良好，特殊的表面结构能够有效增大水滴表面接触角，便于水滴在表面流动，排水速度更快，残留更少（图 7）。

水流堆积在防水盘表面　　　　　5min，水流分散完毕　　　　　2h，防水盘表面恢复干爽

图 7　排水系统

6 滴水不漏

科逸防水底盘进行了科学的翻边锁水设计，不渗漏，能够改善传统卫浴跑、冒、滴、漏的弊病，保证了应急医院卫浴系统不渗漏（图 8）。

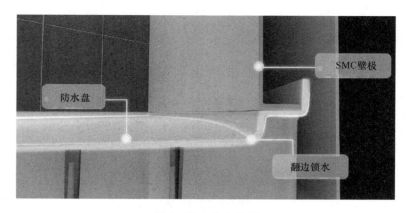

图 8　防水底盘处理

7　稳定坚固

科逸整体浴室采用工厂标准化生产，质量稳定，SMC 材料自身分子结构紧密，与表层耐磨工艺处理相结合，让整体浴室历久弥新（图 9）。稳定坚固的特性使得应急医院卫浴系统经久耐用。

科逸整体浴室防水盘
检测质量损失：17.4mg/100r

其他整体浴室防水盘
检测质量损失：144.8mg/100r

图 9　浴室防水盘

科逸整体浴室含有耐磨技术表层，测试转数可达到 3500r，普通整体浴室耐磨转数仅为 1500r。

8　防堵防臭

科逸整体浴室采用漩涡地漏，自带 50～70mm 水封，经过上万次精密试验，能够抑制下水道返味，创造了一个清新健康的空间（图 10）。

地漏引进国外技术，具有防堵功能，三重过滤网设计避免毛发堵塞，方便清洁，且排水速度高于行业要求，在疫情之下，医院卫浴系统也能拥有清新空气（图 11）。

9　保温防滑

科逸整体浴室 SMC 材料质感温润，不坚硬，防磕碰。表层经科学方法处理后能更好阻止热量散发，将温暖紧紧锁住，具有保温防滑、按摩双脚的作用（图 12）。

新冠肺炎的感染者中老人占比较大，老年病

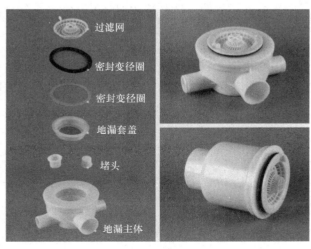

图 10　地漏组成

图 11　地漏效果

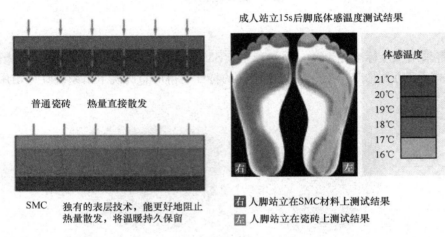

图 12　保温防滑

患使用整体浴室更加安心、放心。

10　安装方式

在病毒肆虐猖狂的背景下，全国各地应急医院建设需求迫切，此时就要求医院建设必须快、准、好，传统的建筑方式不仅会产生多余的建筑垃圾，而且时间漫长，成本高昂，而装配式的整体浴室则恰恰相反，其安装迅速、即装即用的特点，能够更好地满足应急医院的要求。

11　快速安装

科逸整体浴室仅需 2 个人，4 个小时，8 个步骤，即可完成一套整体浴室的安装（图 13）。
科逸整体浴室快速安装的优点，能够帮助应急医院早日完成建设，为抗疫争取更多的时间。

12　即装即用

科逸整体浴室采用干法施工，"搭积木"式安装，搭建过程无噪声、无粉尘，绿色低碳，即装即用，并且在安装过程中，能够与其他工种进行交叉工作，有利于推动应急医院快速完工（图 14）。

13　综合成本

传统建筑施工周期长，建筑垃圾多，建筑工人年龄老化现象严重，新生代进城务工人员愿意从事建筑业的比例仅为 3.7%，且水平参差不齐，工艺没有传承，施工效果不可控，存在诸多隐患（图 15）。

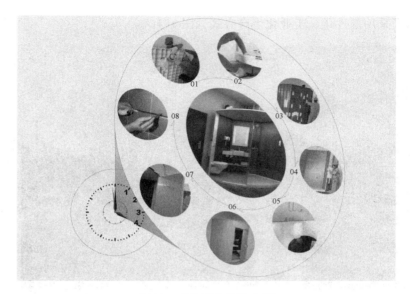

图 13　整体浴室安装步骤

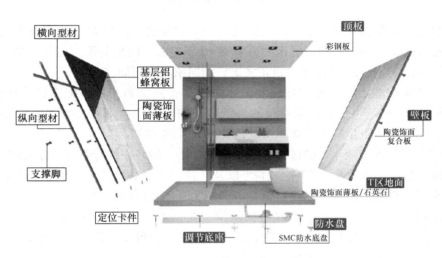

图 14　整体浴室施工

科逸整体浴室节能环保、通用性强、工业化水平高，充分体现出装配式装修方式省时省力、省钱省心，高效快捷，综合成本优的特点。

工厂预制化生产，批量生产降低采购成本，现场模块化组装，简便组装减少人工成本，商品一体化采购，减少中间市场价格差异，全程信息化管理，服务过程全程监控管理。

14　绿色住宅发展是必由之路

经由此次疫情，人们再次见证了装配式建筑的优势。其实，在西方发达国家，装配式建筑已经发展到了相对成熟、完善的阶段，法国目前的装配率已高达80%，瑞典在目前的新建住宅中，采用通用部件的占比已达80%以上，新加坡的组屋一般为15～30层的单元式高层住宅，自20世纪90年代初开始就已经尝试采用预制装配式建设，现在预制化率已达70%，

图 15　整体浴室与传统浴室比较

日本 1990 年就推出了采用部件化、工业化生产方式（图 16）。

图 16　工业化建筑效果

　　顺应国际发展趋势，为推动建筑业实现产业化、低碳化发展，2016 年《国务院办公厅关于大力发展装配式建筑的指导意见》发布，明确提出"力争用 10 年左右时间使装配式建筑占新建建筑的比例达到 30％"的具体目标，这标志着装配式建筑正式上升到国家战略层面。

　　为规范装配式建筑标准，2018 年，住房和城乡建设部正式发布了《装配式建筑评价标准》GB/T 51129，提出判断一个建筑是否是装配式建筑的最低装配率是 50％，其中主体结构和围护墙及隔墙是 30％的占比，而装配式整体卫生间和整体厨房的占比最高可达 12％。

　　科逸深耕整体浴室行业十余年，经过多年的沉淀与坚持，始终在践行着自己提出的朴素承诺：做中国住宅部品服务商，将"工程安全""节能减排"以及"推动中国住宅产业化"作为目标，把低碳环保放在企业和行业发展中重要的位置，以建筑全寿命周期为基础，围绕保障住宅性能和品质的规划设计、施工建造，维护使用、再生改建等技术为核心的新型工业化体系与应用集成技术，力求实现建设产业化、建筑的长寿化、品质的优良化和绿色低碳化，提高住宅综合价值，建设可持续居住的人居环境生产环境友好型产品，推动行业实现绿色发展！

轻型钢结构临建房屋的发展及应用

严　虹　弓晓芸

（中冶建筑研究总院有限公司，北京　100088）

摘　要　本文介绍轻型钢结构临建房屋在国内外的发展和应用，并提出国内今后发展的建议供参考。

关键词　轻型钢结构；临建房屋；发展和应用

1　概述

随着我国经济的持续发展，大规模的城市化建设在各地展开，在全国大量的城市建设及交通设施的建设中需要临时性建筑与其配套；对于长期需要野外工作、露天工作的行业；在各种紧急需要、抗震救灾时；在旅游、节日人流高峰时都需要有满足不同功能要求的临时房屋。所以各种临时性建筑应运而生，国家对临时性建筑的安全、适用和居住条件的改善也有了更严格的要求。其中轻型钢结构临建房屋应用的越来越多。

轻型钢结构临建房屋一般是指采用轻型 H 型钢，冷弯薄壁型钢，圆钢，小角钢及压型钢板，彩钢夹芯板及塑钢门窗等材料组成的 1～3 层临时性建筑。这种轻型钢结构房屋标准定型，是工业化程度最高的轻型钢结构建筑。轻型钢结构临建房屋按照结构形式不同，分为板式结构、框架支撑结构、框架结构和箱式（又称盒子）单元结构等。

1.1　轻型钢结构临建房屋常用的结构类型

（1）板式组合房屋：采用彩钢夹芯板等轻质板材作屋面墙面的轻型房屋，多用于建筑工地、街道商业、抗震救灾等单层临时建筑（图1～图3）。

图1　20世纪80年代杭州植物园休闲区用房

图2　北京诚栋多种用途的临建房屋

（2）K 型拆装式房屋：以冷弯薄壁型钢（C 型钢）组合截面作为屋架、桁架和柱的框架结构，采用彩钢夹芯板等轻质板材作屋面、墙面的轻型房屋，一般为 1～3 层，多用于建筑工地、抗震救灾等临时建筑（图4、图5）。

图3　20世纪80年代上海南站候车室门口及内景

图4　北京奥运会工地办公、住宿用房　　　　　图5　商业办公用房

（3）集装箱式（盒子结构）房屋：以C型、异形冷弯薄壁型钢、方钢管、H型钢作为梁柱框架，采用彩钢夹芯板等轻质板材作屋面墙面的集装箱式轻型房屋。可以是单层，也可以重叠为2～3层，这种房屋可用于建筑工地、抗震救灾、野外工作、露天工作等行业的临时建筑，如果保温隔热、隔声及装饰做得高档一些，也可以用于办公、医院、住宅用房（图6～图8）。

图6　北京诚栋厂区集装箱　　　　　图7　雅致12个标准集装箱式组成的办公用房

图8　北京标准集装箱式组成的三层办公用房

1.2　轻型钢结构临建房屋的特点

（1）重量轻、抗震性能好：房屋用钢量为15～30kg/m²；

（2）设计标准定型，组合灵活多样；构件制作工厂化生产，加工精度高，质量好；

（3）组装简便快速：房屋所有的构件，板材都在工厂预制好，运到现场采用螺栓、自攻螺丝、拉铆钉等连接件组装，基础简单工作量少，房屋建造速度很快；

（4）房屋可拆装，可搬迁，运输装卸简便；

（5）属环保型建筑，施工中无建筑垃圾，拆后可回收；

（6）可销售可租赁的灵活经营模式，为用户提供多种选择和服务；

（7）可以按照客户要求建成 1～3 层房屋，也可以按照客户要求进行不同档次的室内外装修。

由于以上优点轻型钢结构临建房屋在建筑工程、铁路公路建设、石油化工、矿山开采、水利建设、军事工程及抗震救灾等领域得到广泛应用，另外在临时性办公、住宿和仓储用房；在街头商店、报厅、餐饮等商业建筑；旅游度假房屋；高速公路收费站及环卫建筑等方面也得到了广泛的应用。

2 国外轻型钢结构临建房屋的研究和应用

在美国、日本、欧洲等发达国家和地区轻型钢结构临建房屋使用很广泛，经过长期的发展，形成了一批专业生产厂家。

（1）日本东海租赁株式会社是盒子单元和框架支撑体系轻型钢结构组合房屋生产、销售、租赁的专业厂家，1988 年进入中国，先后在福建、上海、北京、西安、东莞等地投资建厂成立公司，日本东海工业株式会社的装配式轻型钢结构组合房屋可以做成 1～3 层房屋，其结构形式有：框架支撑结构和盒子结构。

框架支撑结构体系：组合房屋标准定型，长度方向和宽度（跨度）方向均以 K 为模数，$1K＝1820mm$；高度方向以 P 为模数，$1P＝895mm$（墙板的宽度）。也可以按照客户的要求提供非标准规格的组合房屋。

盒子单元结构可以组成单层单栋、横向纵向联排组合房屋；两层三层横向纵向联排组合房屋，并配置各种内外楼梯。

（2）日本 NAGAWA 公司是盒子单元体系轻型钢结构组合房屋生产、销售和租赁的专业厂家，属业界第一，NAGAWA 公司的组合房屋主要有三种类型：

1）单个盒子单元：有 6 种尺寸规格不同的盒子单元，可拼成各种不同型式的单层、两层组合房屋。

2）连排盒子结构集成房屋：标准盒子单元尺寸为：长度 5.4m、5.6m、7.2m 三种；宽度 2.33m；高度 2.697m；8 种标准盒子单元可组成各种功能的单层、两层房屋。

3）按照客户要求设计加工的高档组合房屋：房屋结构仍是盒子单元，只是内外装修、厨房、卫生间等采用高档产品，可提供单层、两层的组合房屋。

日本 NAGAWA 公司临建房屋具有以下优点：抗震、抗风性能好，强度高，耐久性好，现场安装快捷，可拆除可搬迁，丰富新颖的外观造型可满足不同客户的要求，房屋广泛用于建筑工地的临时办公室、事务所、简易仓库及储物间；用于举办大型活动的各种简易店铺；用于台风地震等救灾临时住房，高档的组合房屋广泛用于旅游度假、事务所、店铺等（图 9～图 12）。

图 9　日本建设工地用房

图 10　日本箱式房屋展示场

图 11　日本街头售楼店铺

图 12　日本小型仓库

（3）法国 ALGECO 公司是轻型钢结构盒子单元体系临建房屋生产的专业厂家，是法国乃至欧洲最大的房屋销售租赁公司，充足的房屋库存和大型的运输车队保证了房屋的快速建成和使用。ALGECO 公司已和北京诚栋合资成立安捷诚栋公司，法国 ALGECO 公司的轻型钢结构集成房屋广泛用于各种临时办公、住宿、医院、教室、健身房及仓库等；用于各种紧急救灾等；也可以按照客户要求进行内外装修建成高档的房屋（图 13～图 16）。

图 13　国外箱式房屋办公楼

图 14　国外箱式房屋机场临时候机楼

图 15　法兰克福建设工地箱式房屋

图 16　柏林城市广场临时管理办公室

3　国内轻型钢结构临建房屋的应用

1988 年福州第一建筑工程公司与日本东海租赁株式会社合资成立榕东活动房股份有限公司，引进日本活动房屋的先进技术和设备，以及产品的租赁经营模式。三十多年来我国轻型钢结构临建房屋得到了迅猛的发展，生产厂家上千家，规模大质量好的专业厂家有几十家，深圳雅致、北京诚栋、多维集团、北京浩石、北京宏联众等专业厂家名列前茅，这些公司已成为我国轻型钢结构临建房屋生产规模和产量、销售和租赁比较大的专业厂家。例如北京诚栋非常重视产品系列的研究开发，并在海外工程营地建设中积累了丰富的实践经验；深圳雅致结合国内外客户的需求进行了许多新产品、新技术的研究开发。这些企业在全国各地体育场馆、机场和高铁建设、大型公共建筑工程的建设中，尤其在国庆五十周年阅兵训练用房、青藏铁路建设的临建房屋、汶川大地震救灾安置房、抗击 SARS 疫情的急救医院、抗击新冠肺炎疫情应急医院建设中做出了巨大贡献。

汶川大地震后，住房和城乡建设部根据党中央和国务院抗震救灾工作的部署和要求，组织十几个省市为灾区建设过渡安置房，选择的结构形式首先就是轻型钢结构 K 型房屋，短短 3 个月，50 多万套活动房屋拔地而起，用作宿舍、医疗、商店、学校等，在救灾中发挥了巨大作用（图17、图18）。

图17　汶川地震救灾过渡安置房屋　　　　　　图18　汶川地震救灾学校

这次抗击新冠肺炎疫情中，各地应急医院主要采用轻型钢结构箱式房屋，K 型房屋、门式刚架用的也比较多，充分展示了轻型钢结构房屋的优势。春节前夕集成房屋专业厂家接到命令，员工们放弃和亲人团聚的休假，冒着被感染的风险奔赴各地，夜以继日地赶工，为武汉火神山医院、雷神山医院，北京小汤山医院等全国各地的应急医院建设做出了重大贡献。据有关资料介绍：深圳雅致集成房屋公司提供了 2728 个单箱体（其中：火神山医院 285 个，雷神山医院 120 个）；北京浩石集成房屋公司提供 1994个单箱体（其中火神山医院 200 个），北京宏联众提供 645 个单箱体（其中火神山医院 453 个）；北京安捷诚栋提供 730 个单箱体（其中北京小汤山医院 350 个）；北京东方广厦模块化房屋公司提供 1130 个单箱体。集成房屋专业厂家的辛劳和奉献，为这次抗击新冠肺炎疫情很快取得成效打下了基础（图19～图22）。

图19　武汉火神山医院施工现场　　　　　　图20　西安"小汤山医院"施工工地

图 21　箱式房屋在运输途中　　　　　　　图 22　箱式房屋在现场安装

4　建议

（1）完善技术标准、加强标准的执行和检查力度：

按照现行国家标准《建筑结构可靠度设计统一标准》GB 50068 的规定，轻型钢结构临建房屋设计使用年限为 5 年，结构在规定的设计使用年限内应满足安全、适用、耐久等使用功能要求，为保证建筑结构具有规定的可靠度，除应进行必要的设计计算外，还应对材料性能、加工安装质量、使用和维护进行相应的管理控制。

目前已颁布的有关轻型钢结构临建房屋产品和技术标准如下：

1)《建设工程施工现场临建房屋技术规程（轻型钢结构部分）》DBJ 01-98；

2)《拆装式活动房屋》CAS 154；

3)《施工现场临时建筑物技术规范》JGJ/T 188；

4)《拆装式轻钢结构活动房》GB/T 29740；

5)《箱型轻钢结构房屋　第 1 部分：可拆装式》GB/T 37260.1；

6)《集成打包箱式房屋》T/CCMSA 20108；

7)《装配式钢结构箱式房技术标准》T/BSSIA 0002；

8)《冷弯薄壁型钢结构技术规范》GB 50018；

9)《连续热镀锌和锌合金镀层钢板及钢带》GB/T 2518；

10)《彩色涂层钢板及钢带》GB/T 12754；

11)《建筑用压型钢板》GB/T 12755；

12)《建筑用金属面绝热夹芯板》GB/T 23932；

13)《金属面夹芯板应用技术规程》JGJ/T 453；

14)《绝热用玻璃棉及其制品》GB/T 13350；

15)《建筑用岩棉绝热制品》GB/T 19686；

16)《建筑结构可靠度设计统一标准》GB 50068。

以上标准的颁布及规定，使轻型钢结构临建房屋的设计施工有据可依，促进了行业的健康发展。但是还有一些企业仍处于低价竞争、设计随意或缺失，技术工人少，加工设备落后，产品质量难以保证。所以为了满足国内使用和出口的要求，保证房屋工程质量，应加强标准的执行和检查力度。

（2）作为一个通用的建筑产品，轻型钢结构临建房屋的设计必须标准化、定型化、模数化。K 型拆装式活动房、箱式房屋单元的外形规格、尺寸；钢结构骨架选用的材料及规格，加工工艺要求；围护结构的板材、门窗；屋面和底板的构造做法等全国必须统一。这样才便于组合成各种平面、立面的建筑物，以满足各个行业不同功能的要求。

（3）组织专家和企业在总结工程实践经验的基础上，根据标准规定编制用于紧急状态、救灾急用的轻型钢结构学校、医院、办公楼、宿舍楼、食堂及仓库等房屋的通用图集，以备救急所用。结合通用图集的编制，进行轻型钢结构临建房屋体系的研究开发，研究适合各种不同用途的箱式模块，以及不同箱式模块的组合构造，解决好集装箱式房屋 2 层、3 层屋面的排水问题、隔热问题；上下楼层的给水排水管线和机电线路的设置问题；解决由于箱子尺寸误差造成拼缝过大的问题等。提高轻型钢结构集成房屋的设计标准化、构件定型化、制作工厂化、施工装配化的技术水平，保证房屋质量满足使用功能要求。

（4）规范市场、加强质量管理，保证房屋安全使用：

国内外的实践证明轻型钢结构临建房屋是一项很有发展前途的新技术、新产品，需要量很大而且逐年增加。但是，目前国内临建市场还是比较混乱，房屋质量良莠不一，安全质量事故时有发生。尤其是 K 型拆装式轻钢结构活动房，在使用中有的屋面漏水、房屋隔热保温不好、钢构件锈蚀严重；有的被风吹倒；有的发生火灾烧毁等。这些问题不仅影响了正常使用，而且造成人员伤亡和财产损失，所以保证轻型钢结构临建房屋的质量安全迫在眉睫。为了规范市场，及时修编标准，对加工企业进行制作安装技术资格、产品质量认证很有必要（图 23、图 24）。

图 23　火灾中的轻型钢结构临建房屋　　　　图 24　强风后的轻型钢结构临建房屋

参考文献

[1] 赵军勇．海外工程营地建设导论[M].北京：中国建材工业出版社，2014.
[2] 雅致集成房屋股份有限公司有关资料．

装配式钢结构住宅 PC 外挂墙板连接件的研究与应用

沈万玉[1]　陈安英[2]　田朋飞[1]　王从章[1]

(1. 安徽富煌钢构股份有限公司，合肥　238076；2. 合肥工业大学，合肥　230009)

摘　要　利用 ABAQUS 有限元软件建立夹芯复合保温 PC 外挂墙板抗弯计算模型，并与原型试验结果进行对比，同时进行构件抗弯性能参数化分析，研究内外叶墙板间连接件对 PC 外挂墙板抗弯性能的影响。研究结果表明：采用的有限元模拟方法具有一定的准确性；对连接件的种类、连接件的布置方式、间距等影响墙板抗弯性能的主要因素进行参数化分析。分析结果表明 GFRP 连接件、钢筋桁架连接件的布置间距和钢筋桁架连接件的直径对墙板抗弯性能影响较大，钢筋桁架连接件的强度等级影响相对较小。

关键词　装配式钢结构建筑；PC 外挂墙板；连接件；抗弯性能；有限元模拟

装配式钢结构建筑是指建筑的结构系统由钢部（构）件构成的装配式建筑，具体是以工厂化生产的预制钢梁、钢柱构件为主，预制混凝土 PC 外挂墙板等装配式墙板为围护结构，通过现场拼装的方式形成的钢结构建筑，它具有自重轻、抗震性能良好、低碳环保、施工便利等优点，是适应绿色建筑发展、响应节能减排战略的新型建筑体系。从国外发达国家住宅产业化的发展历程上也可以看出，住宅产业化是提高建筑品质、优化房地产开发的必由之路，也是中国未来住宅建筑发展的方向。本文的研究对象为与主体结构点式连接预制混凝土夹心保温 PC 外挂墙板内外叶墙板之间连接件选用，运用 ABAQUS 建立墙板抗弯计算模型，将模拟结果与试验结果对比分析，同时进行参数化分析，研究墙板连接件对夹心墙板抗弯性能的影响规律，为 PC 外挂墙板在工程实践中的应用提供理论依据。

1　装配式钢结构建筑 PC 外挂墙板系统

装配式钢结构建筑 PC 外挂墙板是指安装在以钢结构为主体的结构上，起围护、装饰作用的中间夹有保温层的非承重预制混凝土外墙板，具有规定的承载能力、变形能力、适应主体结构位移能力、防水性能、防火性能等功能。由于装配式外墙系统采用工厂预制、现场拼装的施工方式，采用专用连接件彼此连接，与砌体结构以及现浇结构有着十分显著区别，所以围护系统与主结构之间的连接的可靠性以及构件之间连接的紧固程度对于建筑的安全性起到了至关重要的作用，墙板所选用材料的性能以及墙板内外叶之间连接件的性能会影响整个建筑围护系统的安全。

2　墙板连接件的优点、特点

PC 外挂墙板具有优越的隔声保温性能，同时选用了构造与材料相结合的防排水综合系统。预制夹心板和主体结构的连接方式按照设计原则可以概括为以下两种情况：柔性连接与刚性连接。夹心墙板受到外荷载作用，由于柔性节点本身的特性，能够使墙板出现较大位移变形甚至导致转动，墙板不会参与主体结构受力，墙板的承载性能没有发挥最大。而使用刚性连接，墙板会对主体结构产生承载力和刚度贡献，参与受力。本文研究节点与主体结构采用柔性连接，连接节点具有足够的承载力和适应主体结构变形的能力（图 1）。

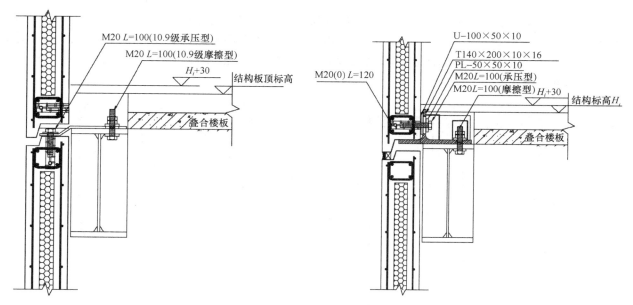

图1　外挂板结构连接示意图

墙板本身的连接件在夹心墙板中也是非常重要的构件。从受力情况来说，墙板连接件通常有以下几个作用：

（1）连接件能够防止外叶板在竖向荷载作用下发生失稳等现象。

（2）连接件往往具有一定的刚度和抗剪能力，通过对内外叶板层间位移的制约，来协调内外叶板的变形情况。

（3）连接件能够承受并传递外叶板所受到的垂直板面的水平荷载。墙板连接件对内外叶板的制约能力的大小直接反映了墙板结构性能的好坏。

墙板连接件通常有以下几种，包括：普通钢筋连接件、不锈钢连接件、玻璃纤维连接件（GFRP）、玄武岩纤维连接件（BFRP）、碳纤维连接件（CFRP）等（图2）。

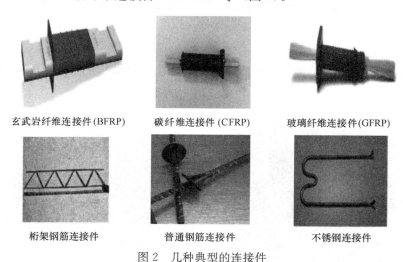

玄武岩纤维连接件(BFRP)　　碳纤维连接件(CFRP)　　玻璃纤维连接件(GFRP)

桁架钢筋连接件　　　普通钢筋连接件　　　不锈钢连接件

图2　几种典型的连接件

3　试验及有限元模型概况

3.1　试件设计

本文研究的装配式 PC 外挂墙板由内外叶墙板、夹心保温层、连接件组成，其中内、外叶均为

50mm 厚的 C30 混凝土，中间保温层为 50mm 厚的 XPS 保温材料。内外叶板中布置有直径为 4mm 的冷拔低碳钢丝网片，分布间距为 150mm×150mm。墙板连接件由钢筋桁架和 GFRP 棒状连接件共同组成，其中 3 根直径 8mm 的 HRB400 钢筋桁架，相邻两列间距为 750mm。墙板的尺寸为 2930mm×1860mm×150mm（图 3）。

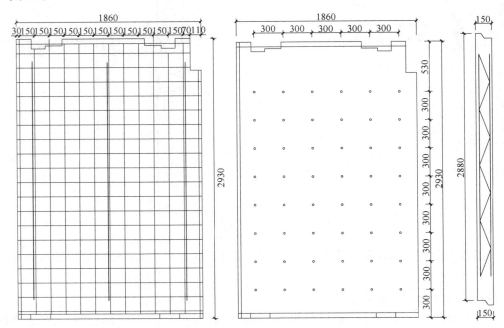

图 3　墙板构造详图

3.2　加载制度

本次试验借助集中荷载等效代替均布荷载的方法来对 PC 外挂墙板开展在四点支承下的抗弯试验研究。通过分配梁来将千斤顶的荷载分配成 8 个加载点来等效代替均布荷载。试验采用分级荷载法进行加载，每级荷载为 10kN。正式加载时按照每级 10kN 往上加载，每级荷载加载完毕后持荷 5min 至荷载稳定，期间记录试验现象，观察裂缝发展（图 4）。

3.3　计算模型与基本假定

根据实际尺寸建立了点式连接预制混凝土夹心保温 PC 外挂墙板的 ABAQUS 有限元模型，如图 5 所示。

图 4　加载装置图

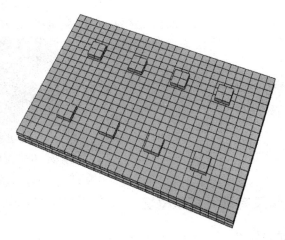

图 5　墙板有限元模型

由于实际墙板的受力情况较为复杂，需对模型做出一定的简化和基本假定，以便于分析计算：

（1）假定钢丝网和混凝土之间不考虑粘结滑移，通过 Embed（内置区域）的约束方式进行连接；

（2）建模时不考虑中间的 XPS 板；

（3）钢筋桁架与混凝土之间也不考虑粘结滑移，假定两者之间连接较好，建模时也是通过 Embed 的约束方式实现连接；

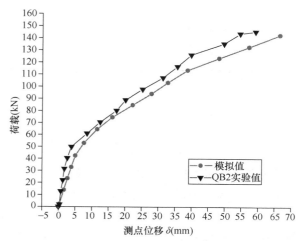

图 6　模拟与试验的荷载-跨中挠度曲线对比

（4）GFRP 连接件通过弹簧来进行模拟。

3.4　模拟结果与试验结果对比分析

在完成有限元分析计算后，导出墙板跨中位置的竖向位移与荷载，绘制出荷载-跨中挠度曲线，将模拟结果与试验结果进行对比，如图 6 所示。从有限元分析与试验结果的试件跨中荷载-挠度曲线比较可以看出，两者趋势一致，结果基本接近，墙板在荷载 139.33kN 时，有限元分析结果 63.29mm，比试验的 58.59mm 大了 8.1%。有限元分析结果比试验结果挠度偏大，说明有限元分析结果刚度偏小。出现这种偏差的原因主要是施工误差，即连接件实际锚固位置比设计值深，增强了其抗弯能力，导致结构刚度增加，考虑试验过程中诸多不确定因素，

基本符合实际需要，可以认为有限元模拟准确可靠。

4　参数化分析

以单一配置一种连接件的墙板进行参数化分析，只有钢筋桁架连接件的墙板和只有 GFRP 连接件的墙板，墙板的尺寸、支承和加载方式不变。

4.1　钢筋桁架布置间距对墙板抗弯性能的影响

选取钢筋桁架布置间距为 300mm、375mm、500mm、750mm 进行建模计算，得到的荷载-跨中挠度曲线，如图 7 所示。

以墙板变形达到 $L/200$ 时的荷载 P（$L/200$）为正常使用极限荷载，以墙板变形达到 $L/50$ 时的荷载 P（$L/50$）为承载力极限荷载，绘制出不同钢筋桁架间距的墙板极限荷载，见表 1。

不同钢筋桁架间距的墙板极限荷载　表 1

钢筋桁架间距 （mm）	正常使用极限荷载 P（kN）	承载力极限荷载 P（kN）
300	83.45	124.81
375	74.64	114.71
500	62.76	106.49
750	51.99	99.45

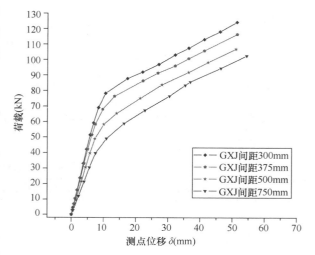

图 7　不同钢筋桁架间距墙板荷载-跨中挠度曲线

由上述结果可知，随着钢筋桁架布置间距的增加，墙板抗弯性能减小，当间距从 750mm 减小到 300mm 时，正常使用极限荷载提升了约 61%；而承载力极限荷载提升约 26%，由此可见，减小钢筋桁架的布置间距能大幅度地提高墙板的抗弯性能。

4.2 钢筋桁架的强度等级对墙板抗弯性能的影响

选取工程上常用的钢筋强度等级（HPB300，HRB335，HRB400，HRB500，不锈钢钢筋桁架）作为影响参数，进行建模计算，得到的荷载-跨中挠度曲线，如图8所示。

根据正常使用状态极限荷载的变形和承载力极限荷载的变形，得到不同钢筋桁架强度等级的墙板极限荷载，见表2。

不同钢筋桁架强度等级的墙板极限荷载　　表2

钢筋桁架等级	正常使用极限荷载 P（kN）	承载力极限荷载 P（kN）
HPB300	41.65	91.86
HRB335	44.32	92.11
HRB400	51.99	99.45
HRB500	55.59	102.63

由上述结果可知，随着钢筋桁架钢筋等级的增加，墙板抗弯性能增加，当钢筋桁架的钢筋等级从HPB300增加到HRB500时，正常使用极限荷载提升了约33%，承载力极限荷载提升了约12%。

4.3 钢筋桁架的直径对墙板抗弯性能的影响

选取钢筋桁架钢筋直径（5mm、6mm、8mm）作为影响参数，进行建模计算，墙板荷载-挠度曲线如图9所示。

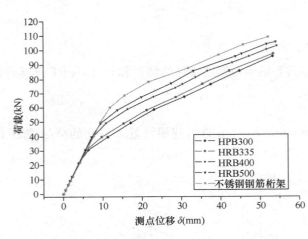

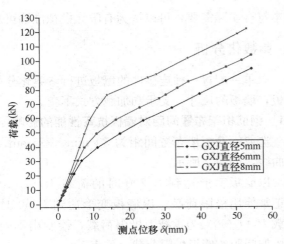

图8　不同等级钢筋桁架墙板荷载-挠度曲线　　　　图9　不同钢筋桁架直径的墙板荷载-挠度曲线

根据正常使用状态极限荷载的变形和承载力极限荷载的变形，得到不同钢筋桁架直径的墙板极限荷载，见表3。

不同钢筋桁架直径的墙板极限荷载　　表3

钢筋桁架间距（mm）	正常使用极限荷载 P（kN）	承载力极限荷载 P（kN）
5	41.73	89.35
6	51.99	99.45
8	72.91	118.17

由上述结果可知，随着钢筋桁架钢筋直径的增加，墙板抗弯性能增加，当钢筋桁架的钢筋直径从5mm增加到8mm时，正常使用极限荷载提升了约75%，承载力极限荷载提升了约32%，由此可见提高钢筋桁架的钢筋直径可以大幅度地提高墙板的抗弯能力。

4.4　GFRP 连接件横向间距对墙板抗弯性能的影响

保持 GFRP 纵向布置间距仍为 300mm，横向布置间距分别是 250mm、300mm、400mm、500mm、600mm、800mm 来进行建模计算，得到的荷载-跨中挠度曲线，如图 10 所示。

根据正常使用状态极限荷载的变形和承载力极限荷载的变形，得到不同 GFRP 横向布置间距的墙板极限荷载，见表 4。

不同 GFRP 横向布置间距的墙板极限荷载　　　　　　　　　　表 4

GFRP 布置间距	正常使用极限荷载 P（kN）	承载力极限荷载 P（kN）
250×300	20.34	75.32
300×300	20.04	73.01
400×300	18.67	67.71
500×300	14.36	55.92
600×300	13.21	50.33
800×300	11.64	45.61

由上述结果可知，随着 GFRP 横向布置间距越小，墙板的抗弯性能越好，但是布置减小到一定间距后，墙板的抗弯承载力基本不再提高，布置间距从 500mm×300mm 到 400mm×300mm 提升幅度最高。

4.5　GFRP 连接件纵向间距对墙板抗弯性能的影响

保持 GFRP 横向布置间距仍为 300mm，纵向布置间距分别是 250mm、300mm、400mm、500mm、600mm、800mm 来进行建模计算，得到的荷载-跨中挠度曲线，如图 11 所示。

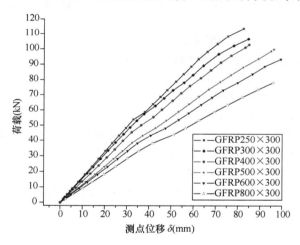

图 10　不同 GFRP 横向布置墙板荷载-跨中挠度曲线　　图 11　不同 GFRP 纵向布置墙板荷载-跨中挠度曲线

根据正常使用状态极限荷载的变形和承载力极限荷载的变形，得到不同 GFRP 纵向布置间距的墙板极限荷载，见表 5。

不同 GFRP 纵向布置间距的墙板极限荷载　　　　　　　　　　表 5

GFRP 布置间距	正常使用极限荷载 P（kN）	承载力极限荷载 P（kN）
300×250	20.31	75.16
300×300	20.04	73.01
300×400	16.28	60.45
300×500	14.30	54.88
300×600	13.18	49.44
800×300	11.64	45.61

由上述结果可知，随着 GFRP 纵向布置间距越小，墙板的抗弯性能越好，但是布置减小到一定间距后，墙板的抗弯承载力基本不再提高，布置间距从 300mm×400mm 到 300mm×300mm 提升幅度最高。

5　结论

（1）通过墙板静力压弯试验进行对比，建立的点式连接预制混凝土夹心保温 PC 外挂墙板的 ABAQUS 有限元模型具有一定的有效性和准确性。

（2）钢筋桁架布置间距从 750mm 减小到 300mm 时，正常使用极限荷载提升了约 61%，而承载力极限荷载提升约 26%。当钢筋桁架的钢筋等级从 HPB300 增加到 HRB500 时，正常使用极限荷载提升了约 33%，承载力极限荷载提升了约 12%。当钢筋桁架的钢筋直径从 5mm 增加到 8mm 时，正常使用极限荷载提升了约 75%，承载力极限荷载提升了约 32%。有限元参数化分析结果表明，对于只配置钢筋桁架的墙板，连接件的间距和直径对墙板抗弯性能影响较大，而强度等级影响相对较小。

（3）对于只配置 GFRP 连接件的墙板，GFRP 布置间距越小，墙板抗弯性能越好，但是布置减小到一定间距后，墙板的抗弯承载力基本不再提高；在 GFRP 连接件横向布置间距从 500mm×300mm 到 400mm×300mm 提升幅度最高，在纵向布置间距从 300mm×400mm 到 300mm×300mm 提升幅度最高。

参考文献

[1]　中华人民共和国国家标准. 装配式钢结构建筑技术标准 GB/T 51232—2016[S]. 北京：中国建筑工业出版社，2017.
[2]　建设部科技发展促进中心. 钢结构住宅设计与施工技术[M]. 北京：中国建筑工业出版社，2003.
[3]　蔡昭昀. 轻型钢结构房屋新技术与新产品的应用[C]. 北京：中国建筑工业出版社，2011.
[4]　刘卉. 预制混凝土夹心保温 PC 外挂墙板研究[D]. 南京：东南大学，2016.
[5]　薛伟辰. 预制混凝土框架结构体系研究与应用进展[J]. 工业建筑，2002，32(II)：47-50.
[6]　高娟，胡伟. 混凝土夹心板受弯性能实验研究[J]. 工业建筑，2007，37(sl)：965-968.
[7]　中华人民共和国国家标准. 混凝土结构试验方法标准 GB/T 50152—2012[S]. 北京：中国建筑工业出版社，2012.
[8]　曹金凤，石亦平. ABAQUS 有限元分析常见问题解答[M]. 北京：机械工业出版社，2009.
[9]　江勇. 钢结构住宅整体式复合内墙板结构性能研究[D]. 合肥：合肥工业大学，2017.
[10]　赵朝亮. GFRP 棒状拉结件预制混凝土夹心保温外墙板力学性能研究[D]. 合肥：合肥工业大学，2016.

装配式钢结构住宅体系的探索与应用

骆 浩

（西安建工绿色建筑集团有限公司，西安 710065）

摘 要 目前，国家大力发展装配式建筑，钢结构以其抗震、高效、绿色环保等优势，逐渐成为装配式建筑的主流之选。我集团转型发展，集产业布局优势，探索和开发装配式钢结构住宅体系的研究与应用。本文介绍了发展装配式钢结构的前景和意义，探索了一种新型结构支撑体系，实现装配式部品部件的集成，引入全装修、SI 体系理念。

关键词 钢结构；装配式；装配式住宅；钢结构建筑；结构支撑体系；装配式部品部件；全装修；SI 体系理念

1 引言

近年来，国家和各级领导都非常重视装配式建筑的发展，国家陆续出台了一系列政策鼓励装配式钢结构建筑的大力发展。发展装配式钢结构建筑是落实国家决策部署的重要举措，是促进建设行业节能减排降耗的有力措施，有利于形成我国经济新的增长点，使钢铁企业转型升级，促进了建筑行业新材料和配套产品的研发，以此消化过剩产能，增长国民经济具有重大的意义。

与此同时随着治污减霾，产业升级的要求，国务院发布的《关于进一步加强城市规划建设管理工作的若干意见》中指出："加大政策支持力度，力争用 10 年左右时间，使装配式建筑占新建建筑的比例达到 30％。积极稳妥推广钢结构建筑。"住房和城乡建设部发布《住房和城乡建设部建筑市场监管司 2019 年工作要点》要求"开展钢结构装配式住宅建设试点""推动建立成熟的钢结构装配式住宅建设体系"。我国钢结构建筑比例与发达国家之间还存在很大差距，具有很大的发展空间。装配式钢结构建筑产业进入了大发展的新时代！陕西省将进一步规范和加强装配式建筑工作。到 2020 年，陕西省重点推进地区装配式建筑占新建建筑的比例将达到 20％以上，2025 年达到 30％以上。

绿建集团遵循"以绿色为引导，以钢构为核心，以集成为手段"的指导思想，融入 SI 体系百年住宅理念，践行"三个一体化"的思路（"建筑、结构、机电、装修一体化""设计、加工、装配一体化""市场、管理、技术一体化"），研发高层装配式钢结构建筑产品，建立完整配套体系，着力实现钢结构住宅产业化！绿建集团努力促进住宅产业现代化发展，提高工业化设计与建造技术水平，研发装配式钢结构住宅产品安全适用、技术先进、经济合理、质量优良、节能环保，对装配式住宅建设的环境效益、社会效益和经济效益有了全面提高，符合住宅建筑全寿命期的可持续发展原则，满足建筑体系化、设计标准化、生产工厂化、施工装配化、装修部品化和管理信息化等全产业链工业化生产方式的要求。

2 结构支撑体系

采用扁钢管混凝土柱＋窄翼 H 型钢梁＋支撑（钢板剪力墙）体系（图 1），具有抗震性能好、施工速度快、技术先进、循环利用、绿色材料、装配组装、强度高、自重轻等优点。扁钢管混凝土柱、窄翼 H 型钢梁和支撑等作为主要受力构件构成。

图 1 新型扁钢管混凝土结构体系

扁钢管混凝土柱为宽度 200mm，长度以 50mm 为模数，且长宽比不超过 4：1 的扁矩形钢管内灌混凝土组成，由于柱构件宽度与墙体厚度一致，一方面很好地解决了传统住宅结构"露梁露柱"问题；另外通过固定宽度、模数制和长宽比能很好地形成标准化构件序列，从而进行结构标准化设计。

柱、梁、支撑的连接节点采用 T 型立板加强板节点连接，这种节点的基本特征是通过与柱壁板平行的两块 T 型板与钢梁支撑翼缘相连，将 H 型钢梁支撑的拉压内力传递至钢柱壁板上，与传统梁柱连接节点相比，钢管柱支撑的翼缘在对应位置没有横隔板，从而能有效地进行钢管内混凝土的浇筑，消除了由横隔板引起的柱节点区域混凝土浇筑不密实问题。

采用 T 型立板加强板节点，达到了使塑性铰外移的目的，这样也使节点根部焊缝因为应力集中而发生脆性破坏的概率大大降低。实现强节点弱构件的要求，符合我国抗震设计规范的规定。

3 装配式部品部件

装配式钢结构住宅部品部件由楼承板、装配式楼梯、墙板等组成。在自主研发并深入考察市场成熟产业链的基础上，根据工程项目具体情况及业主个性化的需求为业主提供了多样化的选择。

3.1 装配式楼承板

钢结构住宅的楼板和屋面板采用装配化程度较高的免支模的楼盖和屋盖体系，可供业主选择的有：钢筋桁架叠合楼板、预应力叠合楼板（PK 板）、装配式钢筋桁架楼承板（底模板可选择钢板、塑料模板或胶合板）、钢梁下翼缘支撑桁架＋传统现浇楼板等（图 2）。

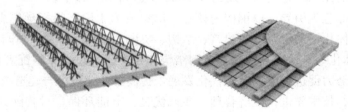

图 2 预制混凝土叠合楼板

预制混凝土叠合楼板具有底面平整、跨度大等优点，根据四周板支承条件设计为单向板或双向板，板缝做密缝拼接和宽缝拼接连接。

装配式钢筋桁架楼承板：底模板可更换为钢板、塑料模板或胶合板钢筋，桁架楼承板具有安装方便、质量轻、运输成本低等优点，底模可采用金属薄板，也可采用非金属材料。如果房间做吊顶时，底模不用拆除；住宅中不做吊顶的区域采用可拆底模的钢筋桁架楼承板（图 3）。

图3　装配式钢筋桁架楼承板

钢梁下翼缘支撑桁架＋传统现浇楼板（图4），相比于传统满堂脚手架，具有工程量小，施工方便，无落地式支撑节省空间，其他作业可提前进入，节省工期的优势。

图4　钢梁下翼缘支撑桁架＋传统现浇楼板

3.2　墙板体系

装配式钢结构住宅墙体分为外墙和内墙。

外墙可供业主选择的有预制混凝土外挂墙板（有预制混凝土外墙板、预制混凝土夹心保温外墙板）；轻质混凝土条板（蒸压加气混凝土板（ALC）、轻集料混凝土板、复合夹心条板等）钢木骨架组合外墙板（金属骨架组合外墙板、木骨架组合外墙板等）；建筑幕墙（包括玻璃幕墙、金属幕墙、石材幕墙、人造板幕墙等）。

外墙板与主体结构的连接可采用：外挂式安装、内嵌式安装、嵌挂结合式安装等。

内墙板有龙骨类隔墙、轻质水泥基隔墙、轻质复合隔墙等，内墙与主体结构的连接采用U形卡及管卡进行连接。

3.3　墙板体系

装配式钢结构住宅墙体分为外墙和内墙，墙体通常要满足质量轻、强度高、保温隔热性能优、安装简便、经久耐用的要求。

3.4　外墙板

钢结构住宅的外墙板宜采用轻质材料。外围护系统的材料种类多种多样，施工工艺和节点构造也不尽相同，不同类型的外墙围护系统具有不同的特点。

3.5　预制混凝土外挂墙板

包括预制混凝土外墙板、预制混凝土夹心保温外墙板。

3.6　轻质混凝土条板

包括蒸压加气混凝土板（ALC）、轻集料混凝土板、复合夹心条板等（图5）。

3.7　钢木骨架组合外墙板

包括金属骨架组合外墙板、木骨架组合外墙板等（图6）。

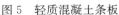

图5　轻质混凝土条板　　　　　　　　　图6　钢木骨架组合外墙板

3.8 外墙板与主体结构的连接

按照外墙板与主体结构的连接形式可分为外挂式、内嵌式及嵌挂结合式。

3.9 外挂式安装

外挂式安装具有施工速度快，能够很好克服钢结构构件挠度变形对墙体造成破坏的缺陷（图7）。

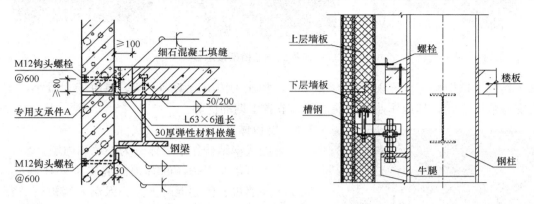

图 7 外挂式安装节点详图

3.10 内嵌式安装

内嵌式安装现场施工量较大，无法完全包裹住钢结构梁柱系统，易形成冷热桥，因此要进行二次包裹（图8）。

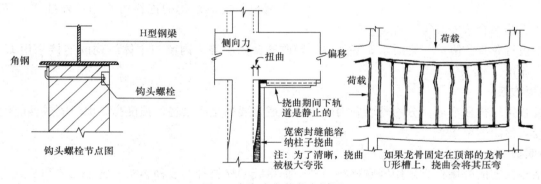

图 8 内嵌式安装节点详图

3.11 嵌挂结合式安装

嵌挂结合式安装是指外围护系统内板采用内嵌式安装，保温和外板采用外挂式安装，内板和外板错缝安装。现场施工较为复杂（图9）。

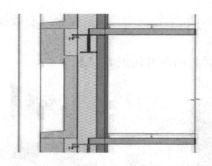

图 9 嵌挂结合式安装节点详图

3.12 内墙板

钢结构住宅的内墙板属于非承重构件，采用轻质材料、免抹灰的隔墙板；主要包括分户隔墙和户内隔墙。内墙板的主要类型有龙骨类隔墙、轻质水泥基隔墙、轻质复合隔墙等（图10）。

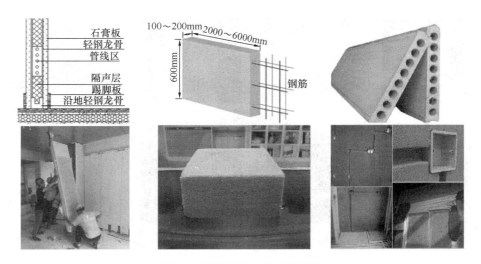

图 10　钢结构住宅的内墙板图

内墙与主体结构的连接采用 U 形卡及管卡进行连接（图 11）。

图 11　内墙与主体结构的连接图

3.13　内装体和内装部品

钢结构装配式住宅全装修的内装体和内装部品亦采用装配式建造方法，具有以下特点：

（1）采用工厂化生产的集成化内装部品；

（2）内装部品具有通用性和互换性；

（3）内装部品便于施工安装和使用维修（图 12）。

图 12　内装体和内装部品图

4　全装修

住宅装修设计在住宅主体施工动工前进行，住宅装修与土建安装进行一体化设计，待主体完成后由专业团队进行全楼装修和后期运维管理，包含墙面集成系统、地面集成系统、吊顶集成系统、管线集成系统、整体卫浴系统、整体厨房系统、节能门窗系统、智能家居系统。解决了传统毛坯房在装修过程中对建筑的损坏问题、装修噪声问题、装修质量参差不齐及产品后期服务无保障等问题，很好地保障了产品的使用品质（图 13）。

图 13　全装修集成系统图

5　体系应用

每个家庭都会面临这样的难题，不同的生命周期对户型的需求不同，当下房价持续走高，换房周期长，户型后期改造难度大，装修比较麻烦。随着时代和家庭居住需求的变化，住宅的功能和空间也会发生极大的变化。目前造成国内住宅"短寿"的主要原因是由于建筑自身的功能问题，无法满足更长的使用年限，因而造成建筑的"夭折"。

SI 住宅体系概念（skeleton：支撑体，infill：填充体）具备结构耐久性、室内空间灵活性以及填充体可更新特质，很好地解决这一难题，在支撑结构不破坏的前提下，具有灵活性、专有性的住宅填充体可以根据需求进行灵活改造，实现百变建筑。

住宅产品在设计过程中始终坚持以 SI 住宅体系为发展导向，主体所采用的钢骨架和填充墙体，具有天然的墙体骨架分离属性，将管线与墙体、楼板、主体相分离，能很好地应对使用阶段、不同年龄、不同人数、不同装修风格的需求改变（图 14）。

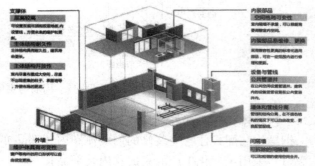

图 14　SI 体系应用图

6　体系优势

轻：自重减少 1/2，基础造价减少 23%，结构体积减小，得房率增大 6%；

快：主体结构施工功效提高 30%，装修等其他专业可提前 2～4 个月插入，缩短工期；

好：抗震性能更好，结构成本更低，工厂化制作，质量可控，主体钢材属 99% 可回收绿色建材；

省：主体工程化制作，装配式安装，钢结构 100% 装配率，运输成本降低 20%，建筑垃圾减少 70%。

7　体系推广应用实例

体系应用推广项目为安康装配式钢结构高层住宅工程，位于陕西省安康市，设计单位西安卓创中恒工程设计有限公司，建设单位陕西安康高新产业投资集团有限公司，本项目由多栋单体工程组成，其中 1 号、2 号、3 号楼采用装配式钢框架-支撑结构。

此三栋住宅户型基本相同，地下一层，地上 10 层，住宅层高 3.3m，建筑高度约 38.1m，地下一层为车库。选取 2 号楼为实例介绍。

2 号楼主体结构为钢框架-支撑结构体系，楼面采用钢筋桁架楼承板组合楼板，外墙采用 FR 复合保温墙板，内墙采用砂加气条形板，楼梯采用钢楼梯，卫生间和厨房采用下承式传统做法。项目效果如图 15 所示。

图 15　项目效果图

7.1　钢框架-支撑结构体系

本地区基本风荷载标准值：$0.45 kN/m^2$；地面粗糙度类别：C 类；基本雪荷载标准值：$0.15 kN/m^2$；地震基本烈度为 7 度，设计基本地震加速度为 $0.10g$，设计地震分组：第一组，建筑抗震设防类别属丙类，建筑场地类别为 II 类，场地特征周期：$0.35s$，多遇地震下的阻尼比按 0.040 取值，钢管混凝土柱的抗震等级为三级，钢梁、钢支撑的抗震等级均为四级。

钢框架柱截面尺寸：□300×160×10×10，□300×160×8×8 两种规格（图 16）。

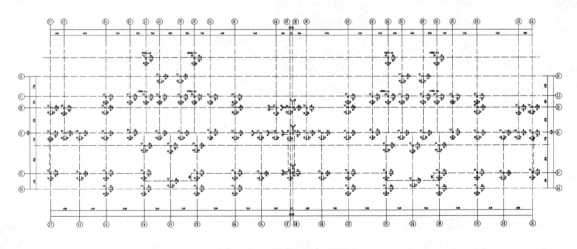

图 16　钢框架柱布置图 1

钢梁截面尺寸：HN300×150×6.5×9，H360×160×6×10，H250×125×4.5×6，H150×150×7×10 四种规格（图 17）。

7.2　主要构件及节点设计

本项目的主要构件包括钢管混凝土柱、钢梁、钢支撑、钢筋桁架楼承板组合楼板等，节点连接主要包括梁柱连接、支撑节点等。

（1）钢管混凝土柱

本项目采用方钢管混凝土柱，钢材为 Q345B，内灌 C40 无收缩混凝土。钢柱按 3 层为一个安装单

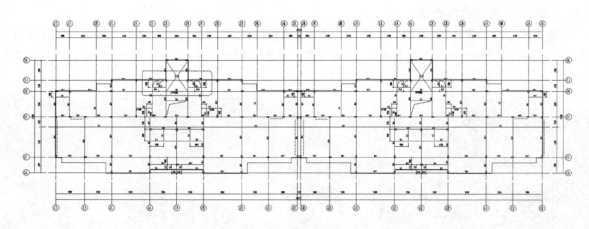

图 17 钢梁布置平面图 2

元，分段位置在楼层梁顶标高以上 1.2m（图 18）。

（2）钢梁

本项目梁采用焊接 H 型钢梁，钢材为 Q345B，梁截面最大尺寸为 H360×160×6×10（图 19）。

图 18 方钢管混凝土柱

图 19 钢梁

（3）楼板

本项目采用钢筋桁架楼承板组合楼板，钢管脚手架支撑体系（图 20）。

图 20 楼板

（4）梁柱节点连接

本工程钢管柱采用成品钢管，梁柱节点采用特殊连接节点（图 21）。

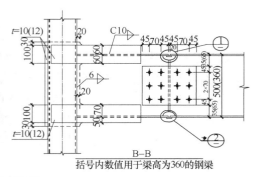

图 21　梁柱节点连接

（5）支撑及支撑节点

本工程钢支撑选择 H150×150×7×10 型钢，支撑有单支撑和双支撑两种方式（图 22）。

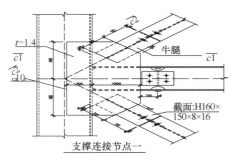

图 22　支撑及支撑节点

（6）阳台和楼梯

本工程采用封闭阳台，框架柱布置在建筑外围，飘窗板及空调板为现浇结构，楼梯采用钢楼梯（图 23）。

图 23　阳台和楼梯

（7）外墙采用整体内嵌式墙板

本工程外墙采用整体内嵌式墙板（图 24）。

图 24　外墙

8 总结

国家积极推广绿色建筑和建材，大力发展钢结构和装配式建筑，致力于提高建筑工程标准化和质量，装配式钢结构建筑已驶入"快车道"。装配式建筑是一个系统性的建筑产品，建筑业开始由建筑分包商向建筑系统集成商转变，绿建集团充分发挥产业链优势，集旗下国家级装配式产业基地、钢结构生产基地、集成化装饰公司等多家单位抢抓装配式钢结构发展机遇，通过装配式钢结构住宅体系研究探索与实践，为我国装配式钢结构住宅的发展做出贡献。

参考文献

[1] 中国建筑金属结构协会钢结构专家委员会. 装配式钢结构建筑技术研究及应用[M]. 北京：中国建筑工业出版社，2017.

[2] 江韩. 陈丽华. 吕佐超. 娄宇. 装配式建筑结构体系与案例[M]. 南京：东南大学出版社，2018.

[3] 中国建筑金属结构协会钢结构专家委员会. 钢结构与绿色建筑技术应用[M]. 北京：中国建筑工业出版社，2019.

[4] 张海霞，郑海涛，李帼昌，张德冰. 装配式住宅主体结构质量控制指标权重研究[J]. 沈阳建筑大学学报；自然科学版，2015(3)：485-491.

[5] 叶之皓. 我国装配式钢结构住宅现状及对策研究[D]. 南昌大学，2012.

[6] 陈志华，赵炳霞，于敬海，闫翔宇，郑培壮，杜青，雷志勇. 矩形钢管混凝土组合异形柱框架-剪力墙结构体系住宅设计[J]. 建筑结构，2017(6)：1-6.

[7] 陈志华. 钢结构和组合结构异形柱[J]. 钢结构，2002(2)：27-30.

宝钢轻型钢结构房屋的研究及应用

魏　勇　沈佳星

（上海宝钢建筑工程设计有限公司，上海　201900）

摘　要　本文对宝钢轻型房屋的发展历程进行了简要的回顾和梳理，对数个具有典型代表意义的项目进行了介绍，简述其采用的结构体系和技术路线，并展望轻型房屋技术的发展和优化改进，希望对推动轻型房屋行业的发展起到些许促进作用。

关键词　轻型房屋；钢结构；研究及应用

1　引言

宝钢从 1995 年开始低层轻型房屋的研发和建造，至今已经走过了 25 年的漫长路程，曾参与了国家 863 高技术研究发展计划中的《低、多层高频焊接 H 型钢住宅结构体系的开发和应用》的课题研究，在轻型房屋的设计和技术研发领域有了一定的积累。宝钢在轻型房屋领域的探索要追溯到在广东东莞建造的 30 余栋采用钢框架结构体系、外围护采用轻质混凝土砌块的住宅，随后一直在研发采用高频焊接 H 型钢作为承重结构的轻型房屋，并形成了一套较为成熟的技术体系，建成了一批示范性项目。从 2009 年开始，宝钢开始研发采用冷弯薄壁型钢作为承重骨架的轻型房屋，并开发了适用于该类型房屋的外墙面做法、屋面和卫生间的干法施工技术，在四川、新疆和西藏地区建成了一批适合当地气候条件和使用环境的别墅项目。本文对宝钢轻型房屋的发展历史进行简要的回顾，概括性地介绍具有宝钢特色的轻型房屋技术体系的研发历程，希望能为业内同行提供一些参考和借鉴。

2　轻型钢结构房屋的研究及应用

（1）东莞和记黄埔的别墅

宝钢的第一代轻型房屋采用的是钢框架-支撑结构、轻质混凝土外围护墙板的建筑体系，典型的代表项目是在广东东莞建造的由和记黄埔开发的一批 30 余栋的别墅群，项目建于 1994 年，钢框架采用宝钢大通生产的高频焊接 H 型钢，柱截面采用 HFW190×190×4.5×6，框架梁典型截面采用 HFW250×125×3.2×4.5、HFW200×100×3.2×4.5，柱间支撑采用 HFW100×50×3.2×3.2，柱间支撑设置在房屋四周转角处，楼面采用交叉张紧圆钢作为楼面水平支撑，屋面斜梁采用 HFW200×100×3.2×4.5，整体用钢量约 45kg/m²，外墙板采用蒸压砂加气混凝土条形板（图 1、图 2）。

（2）浙江宝业轻型房屋试点建筑

2004 年，宝钢参与了由同济大学陈以一教授领衔、浙江宝业共同参与的国家 863 高技术研究发展项目《低、多层高频焊接 H 型钢住宅结构体系的开发和应用》的技术攻关，主要研究了在低层房屋中采用高频焊接 H 型钢结构体系的可能性，先在浙江宝业的绍兴基地建成了一栋五层钢框架结构的宿舍楼。框架柱截面采用 HFW200×200×6×8，钢梁采用 HFW200×100×3.2×4.5 及 HFW250×125×3.2×4.5，柱间支撑及楼面水平支撑采用交叉张紧圆钢，楼面采用现浇钢筋混凝土楼板。设计中对钢结构连接节点进行了优化，梁柱连接节点大量采用了端板连接的方式，大大加速了钢结构的安装速度，并同步进行了高频焊接 H 型钢结构轻型房屋的抗震试验研究。课题的研究结果表明，高频焊接 H 型钢结构体系具有良好的抗震性能和变形能力，在大震下房屋基本保持完好，并具有户型灵活、保温隔热效果好的特点（图 3）。

图 1　东莞别墅项目建造中照片

图 2　东莞别墅项目完成后照片

图 3　浙江宝业试点房

（3）上海佘山宝石别墅

2005 年，宝钢参与建设了上海佘山宝石钢结构别墅的建设，该项目采用方钢管作为框架柱，屋面采用钢梁与冷弯 C 型檩条组成斜屋面，檩条上方铺设定向刨花板及轻质陶土瓦，楼面采用钢-混凝土压型钢板组合楼板，楼板厚度 100mm。外围护墙采用 ALC 板，内隔墙采用轻钢龙骨轻质墙体。同期建设了上海碧海金沙钢结构别墅，结构体系与佘山宝石别墅类似，但外墙增设了由 50mm 厚 EPS 保温板与薄抹灰砂浆外喷真石漆组成的外保温系统，提高了房屋的保温隔热性能，也是外保温系统在国内轻钢别墅领域的首次应用（图 4）。

图 4　上海佘山宝石别墅

（4）都江堰钢结构轻型房屋

2008 年，四川汶川发生了里氏 8.0 级地震，宝钢参与了大量的灾后重建工作，在都江堰援建了大批的低层轻钢房屋，结构采用了钢框架和冷弯薄壁型钢两种体系。在进行钢框架房屋外围护体系设计时，充分考虑到夹芯板保温性能优越的特点，结合当地住户对外围护系统的要求，在最大程度不影响住户的传统居住习惯的前提下，提出了废旧彩钢夹芯板和当地常见的传统建筑材料相结合的复合外围护体系的设计理念。外墙采用 70mm 彩钢夹芯板和 120mm 厚多孔黏土砖的复合做法，内墙采用 120mm 多孔黏土砖，屋面采用 100mm 厚波形彩钢夹芯板和水泥瓦复合屋面。外墙外饰面采用在彩钢夹芯板表面挂钢板网抹灰的做法，抹灰砂浆采用宝钢与同济大学共同研发的钢板网专用聚合物抗裂砂浆。

都江堰项目充分发挥了钢结构住宅施工速度快的优势，钢结构的制作与现场的基础施工同步进行，这两个工序仅需一周时间即可完成，钢结构的现场安装和焊接用时 3d 时间，剩余工作主要为内外隔墙的安装和砌筑，用时约 40d，整个工程建造从基础施工至毛坯房交付仅用时不到两个月的时间，而砖混结构住宅则需要约 3 个月的工期，建造周期大大缩短（图 5）。

（5）重庆中英低碳示范楼

2009 年，宝钢主持建造了重庆中英低碳示范楼，该项目为冷弯薄壁型钢体系在国内首次应用于三层建筑，设计标准和建造标准全部采用英国标准，除基础、卫生间瓷砖铺贴及外墙抹灰为现场湿作业以外，其余全部工序均为干作业。国内的轻钢别墅楼面通常采用在 OSB 板上浇筑 50mm 细石混凝土作为找平层的做法，但该栋建筑的建造精度极高，OSB 板铺设后可达到比较理想的平整度，所以不需要再设置现浇层。外立面同时采用了木饰面和金属饰面，雨棚采用冷弯薄壁型钢整体制作安装。露台面层通过设置铝合金龙骨实现了干法施工，为解决露台的排水问题，在露台面层与防水层之间设置了排水空腔，并在铝合金龙骨下方设置橡胶垫起到保护防水卷材的作用。为了改善楼面的舒适度，在 OSB 板和楼面龙骨之间设置了专用减震垫，还安装有新风和太阳能系统，可根据室内外的温度变化自动开启和关闭，具有较高的智能化程度。灯具采用冷光灯，照明过程中不产生热能，降低了房屋的能耗，是低碳房屋在国内的首次成功运用（图 6）。

图 5　都江堰钢结构轻型房屋　　　　　　　　　图 6　重庆中英低碳示范楼

（6）中国南极泰山站

2013 年，宝钢在南极建设了中国南极泰山站，泰山站是我国在南极大陆建设的第四个科学考察站，该站位于南极内陆地区的伊丽莎白公主地，常年气温在 −30℃ 以下，并伴随有大风，极端最低温度可达到约 −60℃，气候条件恶劣，建站的位置常年覆盖着厚厚的冰盖，没有坚实的天然地基供建筑物附着。在这样恶劣的条件下建站，对结构设计和现场施工提出了很严苛的要求，所以泰山站的结构设计采用了装配式、模块化的技术理念，主站房的外围护墙板、内墙板均采用装配式复合板，基础及上部结构构件均按照运输工具的尺寸制作成装配化模块，运输至现场后进行快速安装，所有结构部件实现了全螺栓连接，无任何现场焊接作业和湿作业（图 7）。

（7）乌鲁木齐南山丝绸之路度假别墅

2014年，宝钢在新疆乌鲁木齐南山风景区建造了丝绸之路度假别墅区，该项目主要解决了外墙、露台在严寒地区抗冻、防开裂的问题，新疆地区温差变化剧烈，早晚温差高达20℃，外墙板选用抗冻性能优越的水泥纤维压力板，使用专用乳液对外墙板的外表面进行涂抹，防止外界水分渗入墙板内部而引发冻害，外墙板接缝处采用专用接缝胶，使接缝处与外墙板变形协调，不产生墙体开裂现象。门窗处采用自锁扣防水处理，能够避免因防水层施工质量不当引起的渗漏。同期宝钢还建造了克拉玛依

图7 中国南极泰山站

油田轻型钢结构别墅、新疆维吾尔自治区人民政府公务员小区轻型钢结构低层住宅、八钢煤炭山轻型钢结构低层住宅等项目，取得了良好的社会反响（图8、图9）。

图8 丝绸之路轻钢别墅施工中

图9 丝绸之路轻钢别墅建成

（8）西藏日喀则示范工程

2016～2018年期间，宝钢在西藏日喀则、那曲、仲巴等地相继建造一批高原地区轻钢房屋样板工程，项目在设计时充分考虑西藏地区气候环境、地形地貌、地质、水文、运输、现场安装条件，内外墙体采用工厂整体预制，建筑部品、部件全部工厂生产完成，现场拼装全部为螺栓连接或钉连接，现场安装实现全部装配作业，施工设备简单化、轻型化。安装技术简单易于掌握，现场劳动力投入少，工期仅为传统房屋建筑工期的1/3。除基础部分外，上部结构全部实现干作业，施工受气候环境条件影响较小。项目建成后在西藏当地取得了良好的社会反响，有力推动了装配式轻型房屋在西藏地区的发展（图10）。

图10 西藏日喀则示范工程

3 结语

宝钢轻型房屋经过25年的发展，已经形成了较为成熟的轻型钢结构房屋体系，研发的屋面及卫生

间的全干法作业技术，相比传统的湿作业降低了成本，简化了工序。房屋设计的同时充分考虑各地区气候环境、地形地貌、运输、现场安装条件，建筑部品、部件实现了工厂化生产，质量可靠易保证。现场安装实现装配化作业，施工设备简单化、轻型化，安装技术简单易于掌握，现场劳动力投入少，工期短，施工现场固体废弃物很少，环境影响很少。未来宝钢将以西藏地区和南极地区轻型钢结构房屋的成功经验为基础，研发适用于高海拔、极端低温等气候条件下轻型钢结构房屋的建造技术。

浅谈轻型钢结构低层住宅体系的研究及应用

严虹 弓晓芸

(中冶建筑研究总院有限公司，北京 100038)

摘 要 本文简单介绍国内外轻型钢结构低层住宅体系的研究及应用，并给出不同类型房屋的承重结构形式及材料选用、围护结构选材及构造做法、各种类型工程实例，可供大家参考。

关键词 轻型钢结构；低层住宅体系；应用；工程实例

1 概述

国外轻型钢结构工业化低层住宅是指房屋的承重构件、围护板材及各种部品在工厂加工制作好，运到现场进行组装，内外装修及水暖电设备在专业厂家采购运至现场安装的预制装配式的 2 层、3 层独立住宅或连排住宅。这种建筑设计标准定型，构件在自动化生产线上加工，现场采用螺栓、自攻螺钉等连接件和密封材料干式组装无湿作业，施工安装便捷。这种工业化住宅的承重骨架可以采用木结构、钢结构。由于木结构的防火、防腐、防蚁处理及价格问题，采用轻型钢结构的越来越多。与其他结构相比，钢结构可以说是一种最符合工业化生产的结构体系，最容易实现设计的标准化，构配件生产的工厂化、施工机械化、装配化。

轻型钢结构工业化低层住宅与传统的砌体结构相比具有以下优点：

（1）房屋自重轻、基础费用低、运输安装工作量少；

（2）抗震性能好；

（3）承重骨架钢构件、围护结构板材及各种配件可工厂化生产，精度高、质量好；

（4）施工安装简单，周期短，建筑面积 200m² 的轻型钢结构别墅，从基础到装修竣工只需要两个月；

（5）建筑造型美观，房间空间大布置灵活，管道和各种线路布置简便，个性化设计满足客户不同要求；

（6）现场施工文明，基础以上全是干式工法没有湿作业，建筑垃圾少，钢材可以回收再利用属环保型建筑；

（7）对于山区、边远地区以及地方建筑材料缺乏的地区尤为适用；

（8）真正的交钥匙工程，从钢结构骨架、屋面、墙面、内墙等承重结构、围护结构及室内装修，到热水系统、中央空调及家电等的安装调试全部完工，不需二次装修，用户可即时入住。

这种工业化的低层住宅在国外得到广泛的应用，由于环保观念的加强和木材短缺等因素，目前许多国家如美国、日本、澳大利亚等国家积极推行低层轻型钢结构住宅。在日本工业化住宅专业厂家有几十个，厂家全面负责工业化住宅的研究开发、设计、构件加工、施工安装、售后服务及市场营销。工业化住宅设计施工除了遵守日本建筑基准法及各种规程、规范的要求以外，还要通过工业化住宅性能认定、优良节能建筑等认定，优良住宅部品认定。对新开发的轻钢别墅建筑在认定前要进行各种材料、结构性能试验，包括实物的火灾试验等，通过认定后才能在市场上销售。这种严格的审查制度，可保证消费者得到质量优良的住宅。另外，完善的售后服务以及各种部件的保修年限使消费者放心、满意。所以轻钢别墅在日本销售量一直呈上升趋势。

轻型钢结构住宅具有安全耐久、健康舒适、节能环保等优良性能，将成为 21 世纪全球化住宅的热门商品之一。

2 国外轻型钢结构低层住宅见闻

2.1 日本低层住宅轻型钢结构体系简介

从 20 世纪 60 年代开始日本低层轻型钢结构住宅逐渐发展成为工业化预制装配式住宅的主体。工业化住宅得到客户好评，关键是住宅质量优良。为保证消费者利益，日本建设省发布工业化住宅认定制度，住宅的安全性、居住性和耐久性是三项必须满足的性能，而后又增加了选择性能项目，制定了关于促进确保住宅质量的法律。

工业化住宅性能认定制度的内容包括：

1）必须满足的性能项目

① 安全性能检验：结构强度性能、防耐火构造性能、隔墙和地板的防火性能、三层住宅的避难性能、跌落防止措施；

② 居住性能的检验：通风和换气性能、节能性、防结露性能、隔墙和地板的隔声性能、地板对撞击声的隔断性能；

③ 耐久性检验：防锈防腐和防蚁性能、防水性能。

2）可选择的性能项目

① 适应独立住宅高龄者生活的措施；

② 有关改建、扩建的对应措施。

日本轻型钢结构低层工业化住宅建筑结构体系主要有四种形式：框架支撑（耐力壁）体系、钢框架体系、盒子结构体系及轻钢龙骨结构体系，以下略作介绍。

（1）框架支撑（耐力壁）体系

1）结构形式及材料选用

框架支撑（耐力壁）体系适用于二层住宅，采用 C 型钢和圆钢支撑组成 1 层、2 层的墙体的耐力壁，轻型 H 型钢和圆钢支撑组成刚性楼面梁，C 型钢焊接轻型屋架。设计采用标准模数为 250mm、500mm、750mm、1000mm，钢材采用 SS400 结构用钢，钢构件上下连接采用 M14 螺栓，左右连接采用 M12 螺栓。钢构件全部采用高耐久性三层防锈处理措施，即在钢材表面进行合金化镀锌、磷酸锌处理、阳离子电解涂层、树脂系涂料。另外，在建筑构造、节点设计上采取措施，避免钢结构生锈，保证住宅的强度和耐久性。基础一般采用钢筋混凝土条形基础，采用锚栓将耐力壁底框直接固定到基础上。

2）围护结构选材及构造做法

① 屋面构造从上到下为：隔热瓦、两层防水油毡、18mm 厚水泥木屑板或胶合板、钢屋架、檩条、100mm 厚保温玻璃棉、12.5mm 厚石膏板吊顶；

② 外墙构造从外到内做法：SH 陶瓷外墙板、23mm 厚保温玻璃棉板、空气层（框架支撑部位）、防水层、100mm 厚保温玻璃棉、防潮层、12.5mm 厚石膏板；

③ 楼面构造从上到下为：装饰地板、15mm 厚水泥木屑板、防潮层、100mm 厚 ALC 板、H 型钢梁、50mm 厚吸声材料、2×9.5mm 厚石膏板吊顶（图 1）。

（2）钢框架结构体系

1）结构形式及材料选用

钢框架结构形式，适用于不超过 3 层的住宅。有的厂家框架结构柱子采用方钢管，梁采用轻型焊接 H 型钢，采用螺栓将梁端板和柱外伸短牛腿连接，柱不断开梁断开。有的厂家框架结构的梁柱均采用

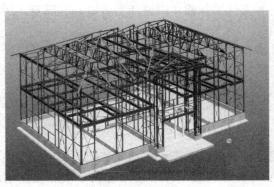

图 1　日本积水房屋株式会社低层住宅框架支撑（耐力壁）体系及建成的别墅

轻型焊接 H 型钢，采用螺栓将柱头连接在梁的上下翼缘，梁不断开柱断开。钢框架结构使用专业的计算机程序进行分析，确保结构框架的安全性。

2）围护结构选材及构造做法

① 屋面构造从上到下为：屋面瓦或刚性防水屋面、防水层、不燃板材、隔热材料、100mm 厚 ALC 板、H 型钢梁、100mm 玻璃棉、石膏板吊顶；

② 外墙构造从外到内做法：纤维混凝土空心板、通气层、80mm 厚玻璃棉、防潮层、空气层、12.5mm 厚石膏板；

③ 底层楼面构造从上到下为：装饰地板、胶合板楼板、94mm 厚聚苯乙烯泡沫板、架空钢构件、混凝土垫层；

④ 2、3 层楼面从上到下做法：装饰地板、15mm 厚木屑板、防潮层、100mm 厚 ALC 板、H 型钢梁、50mm 厚吸声棉、12.5mm 厚石膏板吊顶（图 2）。

图 2　日本积水房屋株式会社低层住宅钢框架结构体系及建成的别墅

（3）单元体组装体系（盒子结构）

1）结构形式及材料选用

轻型钢结构单元体组装低层住宅体系，是指将工厂制作的标准、定型、配套的盒子单元运到现场用螺栓组装成各种建筑造型的独立住宅、联排住宅及公寓式住宅。

日本积水化学工业株式会社的盒子单元外形尺寸有 70 多种规格，可以满足客户对房屋立面平面设计的个性化要求，通常一栋住宅平均需用 14 个单元建造。单元体柱子采用方钢管 □100×3.2～6.0，梁采用冷弯薄壁槽钢 [200×50×2.3～4.5，梁柱节点采用塞焊焊接方式。钢构件表面热镀锌铝镁合金，是一般热镀锌耐腐蚀性能的 10～20 倍。

轻型钢结构单元体组装低层住宅的建造工序：

① 工厂内的工作：

方钢管、冷弯薄壁槽钢切割下料→组装吊顶钢骨架及配线→组装楼面钢骨架安装楼板→组装竖向钢骨架组成单元体→安装内外墙板及门窗→安装室内隔断及楼梯→装配洗手间、厨房设备→检查包装、发货。

② 现场的工作：

基础工程→单元体安装→内部简单装修→室外工程（给水排水、电气等）→内部检查修补→竣工验收。

其中单元体安装只需要 1～2d，整个工期 30d，80％的工作量在工厂完成，这就保证了住宅的高精度、高质量及高性能，而且降低了成本，是一种高度工业化的低层轻型钢结构住宅体系。

2）围护结构选材及构造做法

① 屋面构造从上到下做法：集水化学瓦材、太阳光热复合系统、水泥木屑板、玻璃棉（坡屋顶90mm 厚，平屋顶 140mm 厚）、石膏板吊顶；

② 外墙构造从外到内做法：带饰面砖的水泥木屑板、空气层、100mm 厚玻璃棉、12.5mm 厚石膏板、壁纸；

③ 楼面构造从上到下做法：装饰地板、隔振材料、水泥木屑板、单元体的边梁、50mm 厚玻璃棉、石膏板、吊顶龙骨、石膏板（图3）。

图3　日本积水化学工业株式会社轻型钢结构单元体组装低层住宅体系

2.2 北美低层住宅轻钢龙骨结构体系

（1）结构形式及材料选用

轻钢龙骨结构体系住宅是将 2 英寸×4 英寸木结构房屋中的木龙骨以厚度 1.0mm 左右的镀锌冷弯薄壁型钢代替，采用自攻螺钉连接，围护结构屋面、墙面及楼面仍与 2 英寸×4 英寸木结构基本相同。阪神淡路震后重建时美国支援了 300 栋轻钢龙骨结构低层住宅，从此这种体系在日本开始发展起来。1995 年 7 月日本建筑中心发布《轻钢龙骨房屋建筑物的性能评定和评价标准》。按照日本《建筑结构用表面处理轻量型钢》标准，轻钢龙骨采用 $400N/mm^2$ 级钢材，钢材表面处理方法有三种：热镀锌 Z27，5％锌铝镀层 Y18，55％锌铝镀层 AZ150。轻钢龙骨截面形式有带卷边槽钢和轻型槽钢两种，截面高度83～300mm，板厚 0.8～1.6mm。同时制定了配套的《轻钢龙骨房屋用自攻螺钉》和《轻钢龙骨房屋用连接件》标准。轻钢龙骨结构房屋的设计方法与 2×4 英寸木结构方法基本相同。日本钢材俱乐部对其结构设计、耐久、保温隔热、隔声防火、制作安装、施工管理进行了全面的研究开发，在北美 2 英寸×4 英寸木结构房屋标准的基础上制定了自己的标准，大大促进了轻钢龙骨两层住宅的推广应用（图4）。

（2）围护结构选材及构造做法

日本厂家综合了北美和本国低层住宅围护结构的特点，研发形成了自己的轻钢龙骨结构低层住宅的围护结构体系。轻钢龙骨房屋作为准耐火结构建筑设计时，其主要结构墙体、隔墙和楼板构造必须经过

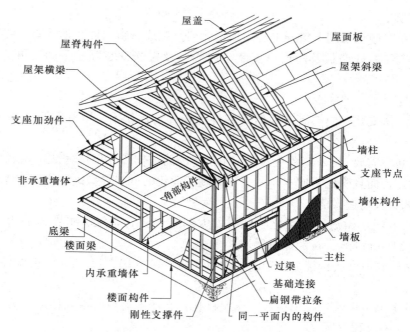

图 4　北美低层住宅轻钢龙骨结构体系

国家指定单位准耐火性能试验和性能评价，并取得认证，其屋面、檐口、楼梯、防火设备及特定防火设备也必须是经过认证的构造。但是整个建筑物的防火设计还与房屋所处地区、建筑物的规模、用途及是否和其他结构混合建造有关，设计时应严格遵守有关规范要求。2002 年日本建设部对轻钢龙骨低层住宅防火结构、准耐火结构构造做法进行了认证。

2.3　意大利低层钢结构住宅 BASIS 体系

　　意大利 BASIS 工业化钢结构建筑体系，是当时新意大利钢铁公司和热那亚大学合作研发的新型房屋建筑体系，适用于建造 1～8 层的钢结构住宅。该建筑体系具有造型新颖、结构受力合理、抗震性能好、施工速度快、居住办公舒适方便，采用 CAD 计算机辅助设计和 CAM 计算机辅助制造等优点，在欧洲、非洲和中东等地区大量推广应用，获得好评（图 5）。

图 5　意大利低层钢结构住宅 BASIS 体系

　　（1）结构形式及材料选用（以意方样板房为例）

　　采用框架支撑结构形式，柱子采用热轧 H 型钢，截面为 H140×140×7×11，主梁采用大断面冷弯型钢，截面为 2C280×80×30×5，次梁采用 2C180×80×25×5，支撑采用角钢 L75×6，梁柱通过连接板采用 M18 高强度螺栓连接。

　　（2）屋面、墙面及楼面结构选材及构造做法（以意方样板房为例）

1）屋面构造从上到下为：防水层、保温隔热材料层、0.8mm 厚压型钢板上现浇混凝土组合楼板、轻钢龙骨、石膏板吊顶；

2）外墙构造从外到内做法：80mm 厚混凝土预制条形板（也可以是轻砼预制条形板，板面可预制成各种图案）、空气层（钢柱所在位置）、轻钢龙骨、100mm 厚玻璃棉铝箔隔气层、石膏板；内隔墙采用轻钢龙骨、岩棉、石膏板组合构造；

外墙 80mm 厚混凝土预制条形板内设预埋件，采用 T 型螺栓与梁连接，板缝之间设双重密封条防风雨。

3）楼面从上到下做法：装饰瓷砖地板、0.8mm 厚压型钢板上现浇混凝土组合楼板、50mm 厚吸声棉、石膏板吊顶。

3 我国轻型钢结构低层住宅应用

20 世纪 80 年代中期，随着我国改革开放的深入，国外工业化轻型钢结构别墅陆续进入我国，上海龙柏饭店、大连桃园山庄、北京光明公寓等引进日本积水、大和、三泽房屋株式会社轻型钢结构别墅两百多栋。而后苏州、桂林、广州等地又从美国、澳大利亚引进 2、3 层轻型钢结构住宅，这些房屋的承重骨架和围护结构、设备等全套从国外引进，中方只负责基础地坪及房屋部件组装。还有一些单位引进了北美低层住宅轻钢龙骨体系等先进技术，并消化改进、推广应用，在大连、北京等地已建成一批轻钢别墅。国外技术的引进大大促进了我国轻型钢结构低层住宅建造技术的发展。

三十年来我国轻型钢结构低层住宅的研究开发及应用发展很快，国家陆续发布了有关住宅产业化，钢结构住宅技术应用的各项政策。钢结构住宅要以人为本，在研究设计、材料选用、部品配件及加工制作、施工管理等方面要严格要高水平。钢结构住宅应以其安全耐久、健康舒适、节能环保、经济适用等优良的性能得到用户的认可。另外，要研究开发适合我国国情的钢结构住宅，满足不同群体的要求，研究有地方特色的钢结构住宅体系。目前，我国生产的高频焊接 H 型钢、冷弯薄壁型钢及钢管的规格型号均能满足钢结构低层住宅钢结构骨架的选用。各种形式的屋面板，楼面用的压型钢板，墙面用 ALC 板、玻璃棉、岩棉保温隔热材料，石膏板、防火板及各种材料和型号的门窗，都可以生产；各种螺栓、自攻螺钉以及防水密封材料都有专业厂家供应。随着国民生活水平的提高，农村住宅改造、乡间别墅已是部分消费者的选择，轻型钢结构低层住宅体系可以为这部分消费群体提供理想的住宅。

一些企业在学习国外先进经验的基础上结合我国国情研究开发了自有的轻型钢结构低层住宅体系，并在全国各地推广应用。例如：上海 ABC 钢结构公司在苏州太湖边建造的轻型钢结构两层别墅；青岛莱钢建设公司在上海奉贤建造轻型钢结构三层联排别墅；其承重骨架都采用了高频焊接 H 型钢、冷弯薄壁型钢及钢管，外墙内墙采用了 ALC 板。上海宝钢集成房屋公司研发的轻钢龙骨结构低层住宅体系在新疆乌鲁木齐丝绸之路度假村得到推广应用。北京丽华房屋公司轻型钢结构低层住宅体系，其外墙采用自己研发的轻混凝土夹芯板，该体系建筑在新疆兵团基地、汶川震后建造的农村住宅中得到推广应用，还出口到中东地区。浙江精工绿筑集成房屋公司在千岛湖也建造了几十栋轻型钢结构别墅（图6～图10）。

图 6 苏州太湖边轻型钢结构别墅（ABC 钢结构公司建造）

图 7　上海奉贤联排别墅（莱钢建设建造）　　　　图 8　北京丽华房屋公司建造的农村住宅

图 9　轻钢龙骨结构体系住宅施工中　　　　图 10　乌鲁木齐丝绸之路度假村别墅

4　结语

（1）建议加强低层轻型钢结构住宅体系的研发。在总结目前国内外经验的基础上，提炼出适合我国国情的几套轻型钢结构低层住宅体系，除了几种钢结构承重骨架外，围护结构用的屋面板、外墙板、内墙板尽量采用地方材料制作，减少长途运输、发展当地经济，也便于日后维修，要编制适合当地风土人情的住宅体系。

（2）建议在地震多发区的农村新建以及地震后的重建住宅中，政策导向建设轻型钢结构低层住宅。对于震后国家和地方援建的住宅，规定必须建设轻型钢结构住宅，以减少下次地震来临造成人员伤亡和财产损失。

（3）完善与低层轻型钢结构住宅体系配套的通用部品研发，特别是与不同结构形式配套的外墙板的研发。外墙板的规格尺寸、板材自身的各种性能、外墙板与钢结构的连接构造、外墙板之间缝隙的密封处理等。另外与其结构配套的屋面、楼面、内隔墙、阳台、楼梯的做法；空调机电、给水排水、暖通等的集成都要进行详细的研究。

（4）以建筑设计院为主，对轻型钢结构低层住宅的承重结构、围护结构进行设计标准化、构件定型化，对门窗、厨卫、水暖、机电等部品部件也要标准化、定型化。编制适合不同气候条件下的轻型钢结构低层住宅体系通用图集，供各地参考。对于有特殊要求的低层轻型钢结构别墅，可进行个性化设计。但是在承重结构、围护结构设计时，应考虑高档的室内外装修对承重结构造成的影响因素。

五、钢结构桥梁工程

钢箱梁桥抗倾覆稳定性研究

（北京市市政六建设工程有限公司，北京　100023）

摘　要　钢箱梁与混凝土箱梁相比质强比低，具有抗扭刚度大、自重轻、强度高、施工周期短等优点，在城市高架跨路口处广泛运用。钢箱梁安装过程中易出现曲线内外侧临时支架的临时支座受力不均，甚至内侧支座脱空的状态，对抗倾覆稳定性不利。因此必须考虑施工过程中，临时支架体系对于构件安装的稳定性问题。通过对抗倾覆影响因素分析，抗倾覆验算要求，抗倾覆计算三个方面研究，提出抗倾覆措施，并应用于具体工程实例。
在城市钢箱梁桥的建造过程中，桥梁需要分段架设，分段处需要临时支架体系作为支撑。桥梁横向失稳甚至垮塌的事故桥梁有一些共同的特点：分段处临时支架横桥向距离较小，临时支座间距较小。因钢箱梁桥倾覆时，事前没有明显表征，但其发生后危害性极大，故钢箱梁桥的抗倾覆稳定性验算必须给予足够的重视。

关键词　钢箱梁；抗倾覆；稳定性研究

1　工程概况

通州环球主题公园增设京哈高速立交节点工程。拓宽改造起点对应京哈高速桩号 0＋691.96，拓宽改造终点对应京哈高速桩号 4＋075.76，主线京哈高速拓宽改造范围长约 3.38km。

专用匝道 1 等截面连续钢箱梁，梁高 1.8m，钢箱梁采用单箱双室截面，如图 1 所示，宽 9.76m，顶板厚 14mm，底板厚 14mm，腹板厚 12mm，每隔 3m 设置横隔板一道，横隔板厚 12mm，中间设置人孔。钢箱梁采用 Q345 钢材。

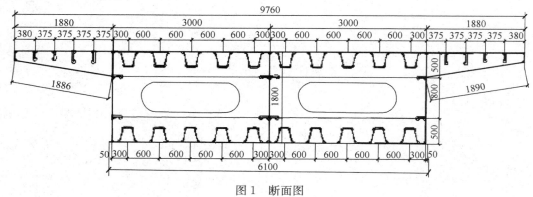

图 1　断面图

2　抗倾覆影响因素分析

2.1　最不利抗倾覆轴

倾覆的过程是首先出现临时支架一端的临时支座脱空，钢箱梁向一侧旋转，最后以沿着某直线轴刚

406

体转动而倾覆。可能的倾覆轴为临时支座的连线。对于复杂的弯曲钢箱梁，倾覆荷载效应复杂，钢箱梁可能沿着任一倾覆轴转动。因此抗倾覆计算最重要的是确定最不利倾覆轴。假定如下：第一，钢箱梁应力、挠度等均满足要求，只发生横向倾覆破坏；第二，不考虑支座大小。

以通州环球主题公园增设京哈高速立交节点工程为例，不考虑支座偏心。如图2（a）所示倾覆轴有两条a、b，由于不利活载布置区域面积大小很容易确定倾覆轴a为最不利倾覆轴。

如图2（b）、（c）所示，三段连续弯曲钢箱梁，倾覆轴为a、b。当钢箱梁曲率半径较小时，三跨连续梁中，倾覆轴a为最不利倾覆轴。但随曲率半径的增大，抗倾覆安全系数a、b都呈减小趋势。因为直线钢箱梁抗倾覆轴连线经过的支座个数较多，余下支座抗倾覆力矩较小，所以在相同条件下，直线钢箱梁比曲线钢箱梁更容易倾覆。

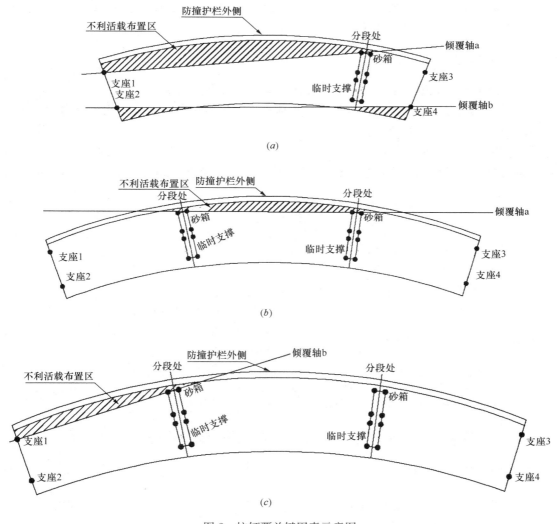

图2　抗倾覆关键因素示意图
（a）两段钢箱梁抗倾覆关键因素示意；（b）三段钢箱梁a轴抗倾覆关键因素示意；（c）三段钢箱梁b轴抗倾覆关键因素示意

2.2　临时支座间距

临时支座脱空是钢箱梁刚体倾覆破坏的必要条件，此时边界条件发生变化，对后续桥面施工也有较大影响。因此规定在最不利荷载标准组合作用下（活载考虑冲击系数），曲线钢箱梁支座不能出现负反力，即曲线钢箱梁支座反力需有足够的安全储备。临时支座间距增大对减小负反力有有利作用，通过砂箱调整内外侧临时支座高程，抵抗弯矩，保证结构的抗倾覆稳定性。

2.3 支座转角

在外部荷载作用下曲线钢箱梁会产生整体扭转变形，过度的梁体扭转变形会导致支座转角超过限制而破坏。一般认为此时桥梁支座会产生大位移，引起梁体转动或滑动，对倾覆稳定性不利。

3 抗倾覆验算要求

通过分析倾覆事故，有这样一些共同因素：施工机具密集堆放；分段处临时支架横桥向距离较小；临时支座间距较小。横向抗倾覆安全性评估的验算要求：在作用的基本组合下，临时支座不出现脱空状态。提出该验算要求的缘由是：临时支架采用组装式支撑为标准节的形式的连续箱梁桥，在施工人员、机具，浇筑防撞护栏混凝土等荷载作用下，主梁扭转效应增加，临时边支座会出现脱空，导致主梁支承体系发生改变。如荷载进一步增加，结构从静止状态进入运动状态，发生横向倾覆破坏。要保证结构支承体系不发生改变，需控制临时边支座，避免其出现脱空现象。

4 抗倾覆计算的研究

临时支座受压分析：规范规定，在荷载（作用）基本组合下，整体式连续箱梁的临时支座均应处于受压状态。在计算中应考虑施工人员荷载值、材料荷载值、施工机具荷载值、成桥内力（自重）、支座沉降、温度作用等设计值基本组合下支座反力是否为负值。桥梁倾覆失稳情况分析：首先需要确定整体式连续箱梁的倾覆轴线，倾覆轴线的具体取法：可以选取整体式连续箱梁中心线同一侧临时支座连接线作为箱梁的倾覆轴线。按作用标准值进行组合时，整体式截面简支梁和连续梁的作用效应应符合下式要求。

$$\frac{\sum S_{bk,i}}{\sum S_{sk,i}} \geqslant k_{qf} \tag{1}$$

式中 k_{qf}——横向抗倾覆稳定性系数；

$\sum S_{bk,i}$——使上部结构稳定的效应设计值；

$\sum S_{sk,i}$——使上部结构失稳的效应设计值。

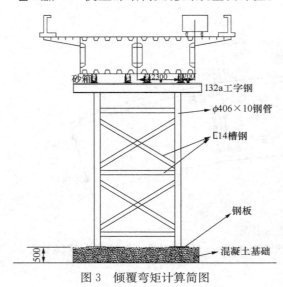

图 3 倾覆弯矩计算简图

当结构稳定的效应设计值足够大，大于结构失稳的效应设计值 1.3 倍时，认为桥梁是稳定的，具有抵抗倾覆的能力，否则认为具有倾覆危险。

以通州环球主题公园增设京哈高速立交节点工程为例，分析 42m 简支钢箱梁，桥梁自重 176220kg。假设桥上施工现场有 2 辆施工车辆，每辆车重为 60t。

倾覆弯矩验算计算简图如图 3 所示。

$$\sum S_{bk,i} = G \times L_1 = 176220 \times 10 \times 2.3kN \cdot m$$
$$= 4053060kN \cdot m$$

$$\sum S_{sk,i} = F \times L_2 = 2 \times 60 \times 10^3 \times 10 \times 0.7kN \cdot m$$
$$= 840000kN \cdot m$$

$$k_{qf} = \sum S_{bk,i} / \sum S_{sk,i}$$
$$= 4053060/840000 = 4.8 > 1.3$$

因此，桥梁是稳定的，具有抵抗倾覆的能力。

5 抗倾覆措施

钢箱梁桥施工是对设计意图的执行过程，也是桥梁建设的重要程序，施工前必须仔细阅读设计文件和设计图，对防落梁附属构造物做到不遗漏及布置准确，施工过程应认真细心，钢箱梁内灌混凝土应密实，不同型号的支座摆放应准确，存在疑点应能及时与设计等单位协调沟通。

钢箱梁桥倾覆往往突然发生，造成巨大的伤亡和损失。因此为避免倾覆破坏发生，在满足上述抗倾覆安全系数，支座脱空，支座转角的要求时，还需加强构造措施，进一步提高抗倾覆安全性。常用的方法如下：临时支架采用可扩大横桥向间距的组合钢管柱形式；采用钢管或预制钢筋混凝土圆形块制成砂箱式临时支座，通过调整砂箱高程，以便能更准确地控制钢箱梁架设后的高度，从而使施工阶段能够抵抗弯矩，保证结构的抗倾覆稳定性；防撞护栏对称施工，防撞护栏相对钢箱梁较重，如果一侧非对称施工，很容易造成事故；设置钢箱梁纵横向挡块，挡块的设置可以防止较大的纵横向位移和落梁，提高钢箱梁抗倾覆的安全性。

6 结论

通过对钢箱梁桥抗倾覆稳定性研究，可得出以下结论：较大的支座间距优于小的支座间距；设置横桥向临时支座高差可以有效改善钢箱梁的稳定性。

随着我国城市交通建设的飞速发展，高架桥梁的建设也会越来越多。因此，桥梁施工阶段的整体抗倾覆稳定性必须引起充分重视。

参考文献

[1] 汪瑞. 钢箱梁桥抗倾覆稳定性研究[J]. 城市道桥与防洪，2018(9)：121-125.
[2] 鲁昌河等. 独柱墩连续箱梁桥抗倾覆验算与加固分析[J]. 广东公路交通，2018：(3)：35-39.
[3] 王丰海. 连续箱梁桥抗倾覆稳定性分析 [J]. 北方交通，2013(2)：53.

浮托顶推法在京杭大运河钢桁梁施工中的应用

巫明杰　崔　强　吴文平　王振坤　傅俊玮　陈云辉

（江苏沪宁钢机股份有限公司，宜兴　214231）

摘　要　山北大桥是无锡江海西路跨越京杭大运河的重要节点，由主线桥和辅道桥组成。其中辅道桥分为南北两幅，均为重约1500t的100m跨简支钢桁梁。受京杭运河不能长时间封航、老桥后拆等现场施工条件的限制，采用浮托顶推法架设施工。浮托顶推法施工的主要设施由水上驳船浮托系统、顶推滑移系统、方向控制系统和落梁系统组成。本文主要介绍了浮托顶推法各主要设施的设计、工作原理、施工步骤和施工验算等，施工过程及结果表明该方法安全经济性好、质量易保证，在类似钢结构桥梁施工中具有较大的推广应用价值。

关键词　钢桁梁；临时支墩；顶推滑移；浮托；落梁

1　工程概况

山北大桥是江海西路跨越京杭大运河的重要节点，由山北大桥主线桥和山北大桥辅道桥组成。主线桥为50m＋100m＋50m混凝土-钢混合连续桥梁，辅道桥为100m下承式简支钢桁架桥，横桥向共两幅桥，分别为南辅道桥和北辅道桥。目前该标段京杭运河为四级航道，经过航道整治后达到三级航道，通航净宽80m，净高7m。

图1　钢桁架桥效果图

山北大桥辅道桥跨径100m，计算跨径98.5m；横桥向共两幅桥，分别位于主线桥的上下游。辅道桥位于竖曲线内，纵坡3%，竖曲线半径为R＝500m，横坡为1.5%。辅道桥结构采用下承式简支钢桁梁桥，单幅桥宽为18.5m，横向设置2片桁架，桁架中心间距13.7m。主桁架采用三角形桁架形式，上下弦杆中心距8～12m，节间距9m。上下弦杆采用箱形截面，腹杆采用箱形和H形截面，主体结构材质为Q370qD，附属结构材质为Q235C。钢桁架桥建筑效果如图1所示。

主桁架采用栓焊结合的整体节点，在工厂内将杆件和节点板、各连接的接头板焊成一体，运到工地架设时，除桥面板和上下弦杆顶板采用熔透焊接连接外，其余板件均在节点外采用高强度螺栓拼接，结构效果如图2所示。

大桥所在位置为京杭运河与锡澄运河并线位置附近，船只流量较大，施工时无法长期封航。此外，为确保整个道路的通行，先新建两幅辅道桥再拆除老桥后新建主桥，即辅桥施工时会受老桥在线通行的影响，选择在南岸整体拼装，再浮托顶推的施工方案，老桥图片见图3。

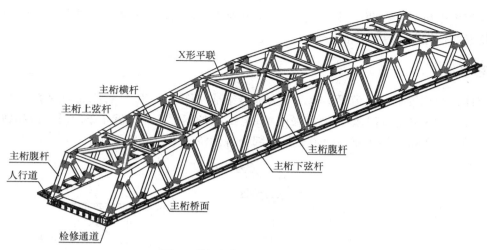

图 2 单幅钢桁架桥结构效果图

图 3 老山北大桥

2 施工流程

钢桁架桥施工流程如图 4 所示。

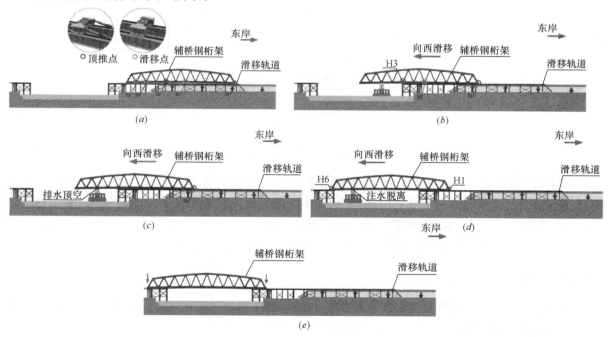

图 4 钢桁架桥施工流程

（a）主桥钢桁架拼装及滑移设备安装；（b）滑移使前端各滑靴与轨道脱离；（c）浮托移至第 3 主节点下方并抽水上浮与桥顶紧；
（d）钢桁架桥纵向浮运至北岸；（e）钢桁架桥落梁就位

411

左右两幅钢桁架桥分别在两岸拼装后浮托顶推至对岸。岸边与老桥墩之间需设置一段轨道支架以避免因河中老桥墩而使浮船无法靠岸的难题。

3 顶推滑移系统

滑移轨道体系由钢管桩、轨道梁、轨道三大部分组成（图5），其中钢管桩采用 $\phi609\times10$，轨道梁采用 $\square900\times520\times22\times40$ 的箱形梁，轨道采用 $43\mathrm{kg/m}$ 级的钢轨，共设置4条轨道。滑移轨道体系同时作为钢桥拼装平台，引桥桥墩盖梁与轨道梁干涉部分待钢桥施工完成后再施工。

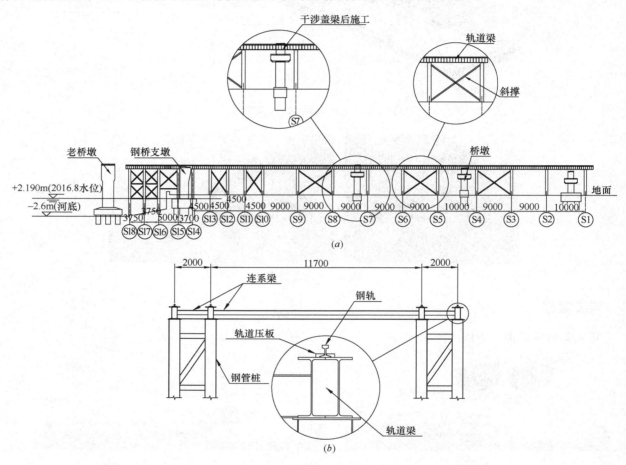

图 5 滑移轨道体系
（a）轨道纵向；（b）轨道横向

单幅钢桥滑移总重按 1500t 计，滑靴与钢轨之间的滑动摩擦系数取 0.2，则总水平推力 $1500\times0.2=300$t。主桁架滑移施工共设置 6 组顶推点共 24 个顶推点（每条轨道 2 个顶推点），每个顶推点布置 1 台 60t 顶推器。流程（d）中顶推点最少为 2 组 8 个顶推点，则安全系数为 $8\times60/300=1.6$，此系数满足滑移要求，为了减小滑动摩擦阻力，滑移前需在轨道顶面涂抹黄油。

4 水上浮托系统

根据滑移工况计算，浮托点的反力约为 900t，另考虑浮托支架重量 150t，船体内保留的压舱水荷载以及其他不利因素浮船产生的荷载，驳船选用 2000t 级，船长 63m，船宽 11.6m，驳船容水量 $1625\mathrm{m^3}$，驳船的船底面积 $678\mathrm{m^3}$，驳船空载排水量 $376\mathrm{m^3}$（驳船自重），满载排水量 $2195\mathrm{m^3}$。

4.1 驳船压舱水检算

为满足浮托时，驳船高程的升降以及荷载置换的需要，船舱内必须设置压舱水。压舱水的设置是浮托成功的关键环节。压舱水包括：反力压舱水、驳船调节平衡压舱水、驳船高程升降压舱水等，各压舱水组成如下。

（1）反力压舱水，等于驳船所承受的浮托支点的反力。

$$W_1 = 900 \text{m}^3$$

（2）调节平衡压舱水，舱底高 0.8m，按 300t 计。

$$W_2 = 300 \text{m}^3$$

（3）将桁架桥抬高 0.15m 相当于压舱水：

$$W_3 = 0.15 \times 678 = 101.7 \text{m}^3$$

驳船所需最大压舱水：

$$W_{舱\max} = \sum W = 900 + 300 + 101.7 = 1301.7 \text{m}^3$$

驳船所需最大排水量：

$$W_{排\max} = W_{舱\max} + W_{船} + W_{托} = 1301.7 + 376 + 150 = 1828 \text{m}^3$$

2000t 驳船舱内可容水：$W_{容} = 1625 \text{m}^3 > 1301.7 \text{m}^3$

驳船最大排水量为：$W_{排\max} = 2195 \text{m}^3 > 1828 \text{m}^3$

驳船舱内容积、排水量均能满足浮托的技术要求。

4.2 驳船的稳定性验算

驳船的稳定控制是浮托成功与否的关键。驳船倾覆力矩主要由风载和船上荷载的偏心所致。在布置浮托支架等船体内荷载时应沿着船体中心对称布置。风载依据规范按浮托时最大风载 5 级考虑，考虑可能受到突发风，取冲击系数 2。在浮托时确保船体干舷高度大于干舷警戒高度，驳船横向稳定系数大于 2.0，纵向稳心半径大于驳船重心与浮心间距。

4.3 浮托支架

浮托支架底部铺设路基箱以确保驳船均载受力，在路基箱上设置格构式浮托支架，支架立柱及斜撑主杆采用 $\phi 351 \times 12$ 钢管，腹杆采用 $\phi 133 \times 6$ 钢管，格构式立柱顶部设置钢平台（HW400×400×13×21）用于支撑钢桁架控制稳定，如图 6 所示。在船体内设置内撑减少注水后侧压对船壳的影响（图 7）。

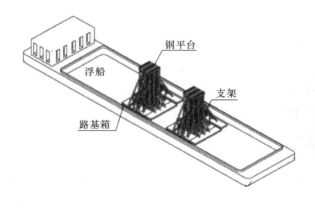

图 6　浮托支架轴测图　　　　　　　　　　　图 7　浮托支架实物图

4.4 驳船方向稳定控制

驳船在移动过程中需控制行进方向不发生偏离。根据现场条件，驳船在移动过程中采用卷扬机锚固和调节。在驳船上设置 4 台 5t 的卷扬机，利用两岸设置 4 个定位桩，每台卷扬机钢丝绳的自由端固定在一根定位桩上，通过控制卷扬调节控制驳船行进方向。驳船在浮运过程中，船四角的卷扬机钢丝绳与河面跨水平夹角从浮运初始状态至河中心状态时分别为 14°和 50°，其中船头或船尾一端的两根钢丝绳在水流作用下受拉，另一端的两根钢丝绳不受拉力（图 8）。

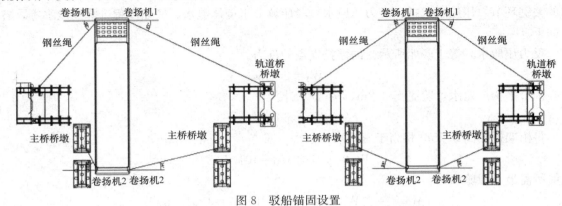

图 8　驳船锚固设置

卷扬机钢丝绳所受拉力主要为水流作用于船的水流力，其水流力计算公式如下：

$$t = \frac{(fS + \phi F)V^2}{100} \tag{1}$$

式中　f——摩擦因数（铁驳 0.17）；

S——驳船浸水面积约为 $L(2T+0.85B)$；

L——船长，取 63m；

B——船宽，取 11.6m；

T——吃水深度，2.69m（驳运时）；

V——船和水相对移动速度 2m/s；

ϕ——阻力系数（流线型船为 5，方头船为 10）；

F——驳船入水部分垂直水流方向的投影面积。

经计算 $t=19$kN。则单个卷扬机钢丝绳受最大拉力为：

$$T = 19/(2 \times \sin14) = 39.3\text{kN}$$

考虑卷扬机使用过程中的不同步性，需放大 1.5 倍系数，即：

$$T = 39.3 \times 1.5 = 59\text{kN}$$

选择 8t 卷扬机可满足要求。

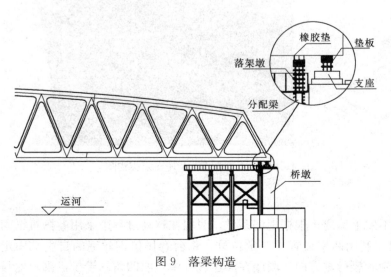

图 9　落梁构造

5　落梁系统

桁架桥两端支座标高需高于设计标高 0.65m，即钢桁架桥纵向滑移到位后还需落梁 0.65m。每侧落架分配梁上布置 2 台 400t 的油缸，共 4 台油缸，全桥共设置 8 台油缸，油缸顶与钢桁架下弦底面垫一块 30mm 厚的橡胶垫（用于增大摩擦力），油缸底与落架分配梁间设置落架调节墩（采用 H 型钢和钢板叠放），将主桥支座垫块顶面垫上调节墩和调节钢板，调节墩采用 H200×200 的拼接 H 型钢制作而成，调节钢板采用 10mm、20mm 厚的钢板，布置如图 9 所示。

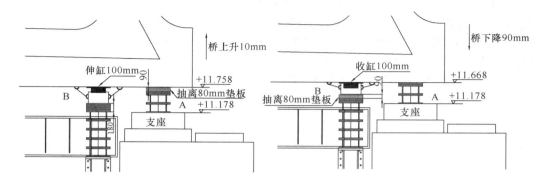

图 10 落梁系统

落架分配梁和支座上均布置有落架调节墩和调节钢板（图 10），所有调节钢板高度总和必须大于单个调节墩的高度。通过油缸升降交替抽出落架分配梁和调节墩上的垫板逐步落架，油缸升降最大行程为 100 mm，每次落架高度为 80mm。

6 施工注意事项

浮托前需对岸边水深进行测量以确定驳船注水后满足吃水深度要求，必要时需对岸边进行清淤。正式浮托前，驳船需进行注水、抽水试验以验证压舱水容量、驳船吃水深度、水泵抽水速度等指标，为后续正式浮托时航道的封航时间提供参数依据。对钢桁架桥滑移至悬挑最大位置时进行抗倾覆验算以确保滑移安全，局部滑靴支点位置需作适当加强以确保局部节点受力安全。现场需协调好从岸上滑移到水上浮托驳运至最后落架的指挥控制，确保各工序的对接准确、安全。浮托前应密切关注天气，如遇 5 级以上大风天气应暂停浮托。本座桥梁从浮托开始至滑移至对岸共耗时 7h，极大节约了封航时间，减少了对来往船只通行影响。现场浮托施工照片见图 11。

图 11 施工照片

7 结论

浮托顶托法具有操作方便、节约材料、减少水上作业、封航时间短、避免对河道的破坏、成本低、效率高等优点。本桥采用浮托顶推法极大减少了航道封航时间，减少了经济损失，创造了社会和经济效益，为以后类似工程的施工提供了宝贵经验。

参考文献

[1] 孟金强，王彬. 如泰运河大桥钢桁梁浮托架设施工技术[J]. 国防交通工程与技术，2015(1)：16-19.

[2] 贾义忠. 80m 钢桁梁浮托架设施工技术与安全稳定控制[J]. 铁道标准设计，2005(6)：65-67.

[3] 张云昭. 浮托顶推法架设 64m 钢桁梁技术[J]. 铁道工程学报，2011(3)：58-63.

[4] 铁路桥涵设计基本规范 TB 10002.1—2005 [S].

[5] 吴德馨. 浮桥施工技术[M]. 北京：中国建材工业出版社，2000.

阜阳西站站前广场南区落客平台钢箱梁安装方案

芮秀明　曹　靖　周春芳　庞京辉

（安徽富煌钢构股份有限公司，合肥　238076）

摘　要　本文介绍阜阳西站站前广场南区落客平台钢箱梁的安装技术，采用分段滑移＋提升的施工工艺，成功完成该工程的安装任务。

关键词　钢箱梁；桥墩；高空滑移；分段提升

1　工程概况

落客平台及连接匝道位于阜阳西站站前广场，桥梁全长约 3.3km，总面积约 37728m²。其中落客平台设置在阜阳西站进站大厅前，连接进站大厅，处于第二层，结构全长约 500m，标准宽度 28m，两侧通过匝道连接航颍路、何园路、卜子东路及地下建筑结构。落客平台北侧共计 4 条连接匝道，其中 N1、SN2 匝道为航颍路接落客平台上下平行匝道，E1 匝道为何园路跨越航颍路下穿地道接落客平台匝道，T2 匝道为调头匝道；南侧共计 5 条匝道，其中 S、SN1 匝道为航颍路接落客平台上下平行匝道，E2 匝道为卜子东路跨越航颍路下穿地道接落客平台匝道，H 匝道为出租车下地下场站专用匝道，T1 匝道为调头匝道，见图 1。

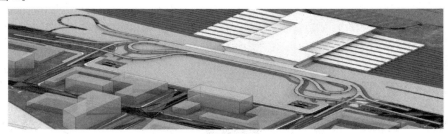

图 1　站前广场效果图

落客平台及匝道工程桥梁共计 35 联。落客平台桥梁结构全长约 500m，标准宽 28m，桥面面积约 14000m²。桥梁单跨跨径以 36m 为主，使桥梁墩柱与西站站厅立柱对齐。直线段落客平台及平行匝道上部结构采用整体钢箱梁结构，梁高 1.8m，宽 38.8m。下部结构采用矩形墩，承台桩基础，见图 2。

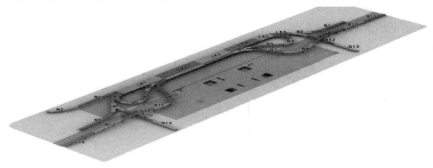

图 2　钢箱梁整体轴测图

落客平台钢箱梁采用单箱多室结构，桥宽为27.5m，标准箱室宽度分别为4.45m、3.9m，梁高为1.80m，挑臂长度为1.6m。落客平台钢箱梁顶板板厚采用16mm和25mm，底板板厚采用20mm和25mm，中腹板板厚采用14mm，边腹板板厚采用14mm和16mm；普通横隔板采用12mm，支座横隔板采用20mm；顶板加劲采用U形肋、Ⅰ字肋，底板及腹板均采用Ⅰ字肋。钢板材质：Q345QD。见图3。

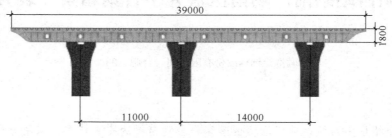

图3 落客平台典型剖面示意图

2 工程施工重点、难点保证措施

（1）桥梁线形复杂：平面由于结合桥面横坡的变化，存在较多的弯扭钢箱梁，给厂内制造和现场安装带来较大困难。

对策：精确放样，以直代曲制造，按成桥线形＋预拱度设计总装胎架，分段在胎架上匹配制造。

（2）本工程体量大，联段多，工期紧，对图纸深化、材料采购要求极高。

对策：根据总进度计划超前完成钢箱梁的图纸深化设计和材料清单的编制工作，根据现场实际进度采购材料。

（3）与其他专业工程交叉施工，场地狭小，施工组织困难。

对策：紧密联动其他专业工程，动态调整施工计划，合理安排各种资源，确保施工关键线路的节点目标。

3 施工流程

施工流程见图4～图6。

图4 流程第一步

图5 流程第二步

图6 流程第三步

第一步：地下开挖，承台墩混凝土强度满足要求后，依次安装匝道地下室上方N3、N4、N6、N7、N8、N9、N10、N15钢箱梁。

第二步：依次安装匝道N5、N11、N16钢箱梁，落客平台区域内跨间地下室结构满足要求，依次以"滑移＋提升"法安装LK2钢箱梁。

第三步：依次安装匝道N1、N2、N12、N13、N114钢箱梁，落客平台，依次以"滑移＋提升"法安装LK1钢箱梁，至整个钢箱梁安装完成。

4 落客平台钢箱梁安装

（1）本工程南区落客平台钢箱梁（联编号：LK1、LK2）在工厂内制作成钢箱梁分段发运到现场，其中 LK1、LK2 联拼成整箱分段后采用分段滑移＋提升的方法进行安装。拼装平台设置在 L 原联段跨间区域，采用两台 150t 汽车吊作为主要拼装机械。墩身上梁段采用滑移轨道直接滑移到位，墩身间梁段采用分段滑移＋提升进行安装。

（2）详图设计对吊装段、制造加工段划分原则

1）吊装分段的重量控制在 200t 以内，在适当范围之内可以调整尺寸。

2）沿桥厂方向的分段位置，桥面板、腹板、底板相互间错位 250mm。

3）桥宽方向的分段位置，桥面板、腹板、底板相互间错位 200mm。

4）桥宽方向的分段位置错开横向加劲板、U 形肋 100mm。

5）吊装段分段口需要考虑吊装的先后顺序，先吊装的分段块沿桥长方向的桥底板比面板外伸 500mm。

（3）滑移轨道精度要求

为保证滑移轨道及滑移梁顶面的水平度，降低滑动摩擦系数，滑移梁及滑移轨道在制作安装时，轨道现场安装的精度需予以保证。应做到：

1）滑移轨道选用 43kg 热轧钢轨；

2）轨道采用压板与轨道预埋板连接，压板间距 0.8m；

3）压板起限制轨道上下、左右方向的作用，不与其焊接；

4）单根轨道上表面水平度应小于 $L/1000$；

5）轨道分段接头处高差允许偏差应小于 2mm；

6）轨道衔接处需用轨道专用紧固件连接牢靠；

7）铺设轨道时混凝土梁表面应找平，表面平整度应控制在 10mm 内；

8）为保证爬行器夹紧器的可靠工作，轨道两侧面应保持整洁，不涂抹黄油以避免爬行器"打滑"。

（4）桥墩上方钢箱梁分段滑移安装

桥梁上方钢筋梁分段滑移流程见图 7～图 10。

1）分批施工完成地下结构及桥墩后，强度达到要求；部分土方回填，满足吊车站位。双机抬吊将第一块要滑移的横梁吊装到开始滑移区域；并对构件进行检查确认质量和构件号无误后方可进行下一步工序。

2）在轨道上安装好滑靴和支撑钢管，并将待滑移的横梁吊装就位，校正好位置，滑移到相应位置并与桥墩进行临时连接。在吊装就位的时候一定要确保落位正确，防止滑移到相应位置时存在偏差。

3）循环进行下一块横梁的滑移，并将第二块横梁与第一块横梁及桥跨结构进行连接。

4）依次循环进行，完成所有横梁的安装。

图 7　程序 1)　　　　　图 8　程序 2)　　　　　图 9　程序 3)　　　　　图 10　程序 4)

（5）钢箱梁在地下室顶板上的滑移流程

钢箱梁在地下屋顶板上的滑移流程见图 11～图 14。

1）分批施工完成地下顶板后，强度达到要求；部分土方回填，满足吊车站位。双机抬吊将第一块要滑移的钢箱梁分段吊装到开始滑移区域；并对构件进行检查，确认质量和构件号无误后方可进行下一步工序。

2）在轨道上安装好滑靴和支撑钢管，并将待滑移的钢箱梁吊装就位，校正好位置，滑移到相应位置。在吊装就位的时候一定要确保落位正确，防止滑移到相应位置时存在偏差。

3）滑移到相应位置后进行临时支撑防止偏位影响后续钢箱梁间的拼装焊接，并进行第二块钢箱梁分段的滑移。

4）当第二块钢箱梁分段滑移就位后，进行临时支撑，并进行两块钢箱梁分段的连接。

5）依次循环进行，完成所有钢箱梁分段的安装。

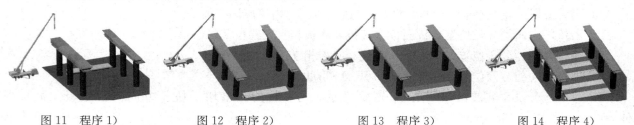

| 图 11　程序 1) | 图 12　程序 2) | 图 13　程序 3) | 图 14　程序 4) |

（6）桥墩间钢箱梁提升

钢箱梁施工流程主要分为如下步骤：

1）待 PE17～PE25 桥墩施工完毕后，在原桥墩位置按照要求安装预装段钢箱梁；

2）预装段安装完毕后，设置提升支架；

3）在对应位置依次拼装单跨钢箱梁桥段，并设置专用的提升下吊点；

4）安装液压提升专用钢绞线，通过钢绞线连接提升器和下吊点结构，安装专用地锚并预张拉钢绞线，调试液压提升系统；

5）利用液压提升系统设备提升分段钢结构桥梁，使之离开拼装胎架约 100mm；

6）全面检查和检测临时提升系统，利用计算机监控各个提升吊点的反力值；

7）确定整个提升工况安全后，提升分段钢结构箱梁结构，直至接近设计位置；

8）测量控制，利用液压同步提升设备对各个吊点进行竖直方向微调，精确定位；

9）提升到达设计位置后，与预装段焊接，并进行焊缝探伤，完全合格后，液压提升设备同步卸载，钢绞线松弛，钢结构分段落位于桥段上；分段钢结构安装完毕，拆除临时提升系统；

10）提升流程示意见图 15～图 20。

① 待 PE17～PE25 桥墩施工完毕后，在原桥墩位置按照安装要求安装预装段钢箱梁；

② 预装段钢箱梁上开孔设置提升平台，提升平台通过埋件与桥墩连接，并将 PE17、PE18 之间的钢箱梁被提升段在地面滑移拼装完毕；

| 图 15　步骤① | 图 16　步骤② |

③ 在 PE17、PE18 位置的提升平台上安装提升设备，对应的被提升段上设置提升下吊具，上下吊点之间用钢绞线连接，安装完毕后调试提升设备；

④ 使用超大型液压同步提升施工技术将 EP17、PE18 桥墩之间的分段提升至设计位置；

| 图 17　步骤③ | 图 18　步骤④ |

⑤ 被提升结构与预装段对口焊接完成后，提升设备同步卸载，拆除提升设备，并将 PE18、PE19 之间的提升分段滑移到提升位置；

⑥ 重复步骤 c、d，将 PE18、PE19 之间的分段提升至设计位置；

图 19　步骤⑤

图 20　步骤⑥

⑦ 重复上述步骤直至 PE17～PE25 所有分段提升完毕，提升作业结束。

5　结语

（1）分段滑移＋整体提升相结合的施工技术充分发挥了滑移与提升技术的各自优点，有效解决了在复杂施工环境和狭小空间交叉施工的难点，展现出施工技术的优越性。

（2）施工过程的仿真分析科学、详尽、充分做到对本工程的指导作用，并为以后类似工程施工仿真分析提供有利的参考。

（3）施工中多次采用高空滑移与分段提升技术的相互结合，灵活运用，极大提高了工作效率，节省人力和吊装机械的投入，保证了施工过程更加安全、可靠、便捷。

参考文献

[1]　鲍广鑑等．钢结构施工技术及实例[M]．北京：中国建筑工业出版社，2005．
[2]　贺明玄，曹洁华，董翠翠．虹桥综合交通枢纽工程的施工详图设计[J]．
[3]　王煦，孙伟等．整体提升及高空滑移综合技术在高层建筑施工中的应用[J]．

跨河双钢箱拱桥滑移竖转施工技术

李成杰　谢　超

（金环建设集团有限公司，石家庄　050035）

摘　要　主要介绍大跨度跨河双钢箱拱形钢结构桥梁滑移竖转安装施工技术在工程施工中的应用，其大桥主体结构为钢箱拱＋钢箱梁结构形式。重点说明钢结构安装施工方法，安装控制，竖转控制及施工测控。

关键词　施工技术；测量控制；竖转控制

1　概述

大跨度跨河双钢箱拱形钢结构桥梁在国内外的发展现状：

近十年来，中国钢结构桥梁进入了最辉煌的时期，开展了全球最大规模的建设浪潮，取得了举世瞩目的成就，中国开始从桥梁大国走向桥梁强国。尤其是在国家对钢铁产业结构调整的大趋势下，国内各大桥梁设计院纷纷根据"降产能、去库存"的总体要求，大量设计钢结构桥梁，钢结构桥梁已经成为国内桥梁制造业的主流。

随着桥梁设计水平的提高，桥梁不再是单一的满足通行需求，更成为一种景观地标性建筑的存在，而钢结构桥梁以其易于实现车间预制化生产，并且可根据设计理念完成更加新颖的造型方式而备受设计师的喜爱，这其中，尤其以桥梁钢塔为主要代表。这里以我国某城市采用钢结构拼装的造型桥为主要代表，见图1、图2。

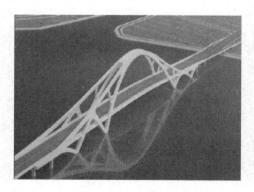

图1　连岛中桥

图2　苏州市云梨桥

不难看出，由于我国经济的快速发展，桥梁的定义已经不再局限于其作为道路交通的一部分，而是逐渐与城市文化、地域特色融为一体，成为具有浓烈地域特色的文化符号，但是，此类兼具景观性质的大跨度跨河双钢箱拱形桥梁，往往采取箱形空间拱形曲线结构形式，对钢结构制造单位的加工能力提出的更高的要求，其主要表现在曲线形控制难度加大，焊缝外观，焊接变形及应力集中的控制等要求提高，现场安装难度加大等多个方面。曾经有幸参与了某大跨度跨河双钢箱拱形桥梁安装施工项目，下面将针对在安装施工过程中存在的重难点进行剖析总结，以期提高公司拱形桥梁水平，为公司后续承接此类工程打下良好的基础，提供有力的成功经验。

2 工程概况

现以某跨河双钢箱拱形大桥主体桥梁结构项目为例，采用 BIM 模型形式介绍项目安装施工技术，该项目是钢箱拱＋钢箱梁结构形式，工程总跨度 177m，横向桥面宽度 53.54m，总工程量约为 7300t。

大桥主体桥梁结构拱肋采用等截面箱形拱肋，拱肋截面尺寸为 2480mm×4000mm，钢箱梁为叠合梁结构，边主梁为箱形钢梁，横梁及次纵梁为工字形横梁结构，均采用焊接连接形式，拱肋为主承重结构，主拱产生的水平推力由系杆承受。系杆锚固于边跨拱肋端部。桥面系由横梁及桥面板组成，桥面板通过剪力键与钢横梁形成叠合结构，横梁通过吊杆、立柱及拱肋牛腿与拱肋相联结。荷载由桥面板传到横梁，由横梁传给边主梁、吊杆，再传到拱肋，由拱肋传到拱脚桥墩。

全桥结构形式如图 3 所示。

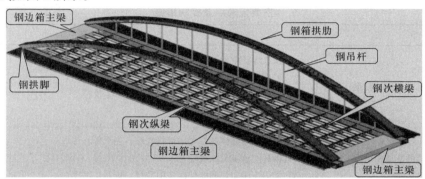

图 3　拱桥立体示意图

2.1 主要工作内容

本项目钢构件（钢箱梁、钢拱肋）场内制造控制；

钢构件现场安装措施及大临设施布置；

钢构件现场安装及连接；

整体卸载。

2.2 总体方案概述

本桥钢箱拱肋、桥面梁的杆件均在场内完成制造、预拼装、涂装工作，通过公路运输至现场，钢主梁、钢桁梁及悬挑分段在现场组装成钢梁分段，现场布置临时支架及贝雷梁组成的滑移梁，组装完成的钢梁分段通过滑移梁滑移到位，所有钢梁滑移到位焊接完成后，进行桥面板安装工作，桥面板安装到位现场湿接缝浇筑完成后，在桥面上进行钢箱拱拼装工作，钢箱拱采用低位拼装，然后竖转到位的方式进行安装，吊装完毕线形调整后完成拱肋、桥面梁工地焊缝的施焊及工地涂装工作。具体工艺施工流程见图 4、图 5。

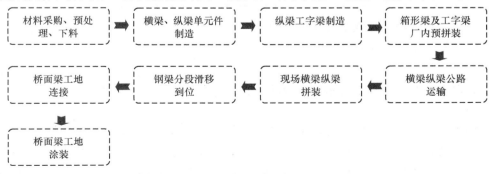

图 4　桥面梁施工流程图

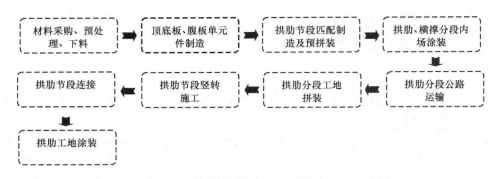

图5　钢箱拱肋施工流程图

2.3　项目施工重点及难点

钢构件制造重点为钢拱肋制造线形控制，其主要控制点及控制措施如表1所示。

主要控制点及控制措施　　　　　　　　　　　　　　　　　　　　　表1

序号	重　点	对　策
1	控制单元件的制造精度	1）预放焊接收缩量、加工余量精确放样； 2）采用专用胎架进行装焊； 3）采用夹紧装置，预放反变形以控制焊接变形； 4）采用小规范对称施焊原则
2	保证锚箱的制造精度	1）采用三维建模统筹考虑焊接收缩、变形等； 2）锚具支承板采取机加工； 3）采用专用装焊胎架保证装配质量，控制焊接变形
3	保证节段端口外形尺寸	采用端口控制装置
4	节段制造及组装的焊接质量	1）采用成熟的焊接技术； 2）焊工培训持证上岗； 3）加强过程控制，严格工艺纪律； 4）制定合理焊接程序减小变形； 5）重点部位采取消除应力措施
5	保证预拼装线形与成桥线形一致	1）工程制造时采用端口研配，保证成桥线形； 2）采用激光经纬仪、全站仪等检测手段
6	保证各重要节点与其相连接部位的一致	1）采取分段制造以控制焊接变形； 2）采取分层分阶段消除焊接应力； 3）重要节点与其他部位匹配预拼装； 4）采取临时连接件与各相连部位连接，保证现场接口质量

现场安装重点为钢梁的滑移施工及钢箱拱的竖转施工。

（1）钢梁滑移施工主要控制点

1）滑移点支点反力控制

施工之前，对钢梁滑移过程中的制作反力进行模拟计算，施工时，在重点监控部位设置传感器，监控制作反力情况。

支点反力的实际值与设计值的比较，是通过由支点反力特别控制仪表获得的数据进行的，其控制压力表安装在桥墩或桥台上，并与计算机连成一个系统。测力系统输出的信息包括直接的机械显示、电子读数和经指挥站中计算机处理过的信息。实际反力值由计算机连续监测，一旦其值超过设计值，则停止拖拉，进行调整。

2）拖拉导向及纠偏

为了控制梁体在拖拉过程中的中线始终处于规范范围内，滑移时需设置横向导向装置。拖拉时，做好横向偏差观测，主要观测主梁和永久墩的弹性横向位移。

当梁体偏移较大时，可采用主动纠偏方法。纠偏装置由防偏支持架、纠偏滚轴及水平千斤顶组成，用型钢作为防偏支架，成对地安装于主拱两边垫块钢架上，并用螺栓连接，当需要调整主拱轴线时，用千斤顶调整纠偏滚轴与主拱侧面的距离，梁体拖拉时，手动施压，用水平丝杠顶住纠偏滚轴，滚轴贴在梁腹上，强迫主拱结构纠偏。

3）高程控制

拖拉架设前，测量人员仔细检查墩位处支座垫石高程，保证施工高程满足规范要求。拖拉过程中，做好滑道、主拱挠度、临时墩沉降观测。施工桥面板时，根据桥面纵坡，由测量人员测量高程，并拉线控制，使桥面高程符合设计要求。

（2）钢箱拱竖转施工重点控制

1）钢箱拱竖转提升节段拱脚转动铰设计

提升重量约为500t，拱肋转动铰在提升竖转时作为主要承重构件，其结构形式及加工质量是钢箱拱竖转提升成功与否的关键，拱肋转动铰安装在拱脚节段及转动分段的底板上，便于钢箱拱转动就位。

2）钢箱拱竖转过程中轴线偏移监测与控制

钢箱拱在竖转过程中由于本项目两拱肋之间不设置横撑，因此，半幅拱肋需单独竖转，平面外刚度不足，提升时可能会出现拱肋轴线偏移。

应对措施：

（1）在施工工程中，后方设置八字后锚点，采用两台竖转千斤顶进行同步提升，同时平衡拱肋竖转过程中的水平力。

（2）通过模拟施工加载的顺序，调整由于实际加载对拱肋线形的影响，同时注意应力测点的应力变化，并使之控制在有效范围内。采取激光经纬仪及全站仪配合监控及测量，一旦出现偏差及时进行纠偏。

3 技术准备及要求

钢塔节段吊装调整固定及测量：

为了更好地控制施工质量，在加工厂加工过程中需要严格按照图6所示拱肋的线形控制线及定位点进行控制施工操作，当然在安装现场也要依据图7所示的桥面控制中心线及定位点进行控制施工操作。

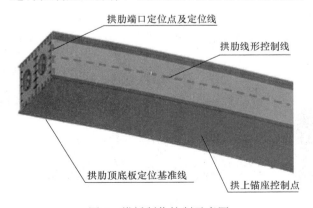

图 6　拱桥制作控制示意图

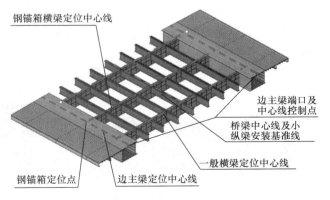

图 7　拱桥桥面控制示意图

4 安装施工技术

4.1 准备阶段

在工程施工操作前期必须完成如下准备工作：

首先完成引桥的施工任务，为跨河拱桥安装提供第一先决条件；

其次进行拱桥跨河两端结合段基座的安装工作，通过安装完毕的支座测量取得准确的安装控件数据提供结加工厂进行加工精度的参考；

接着对于加工厂而言，对于跨河段的拱桥钢结构需要在出厂前进行研配预组装要求，这样才能更好地保证桥梁在施工现场最终满足质量要求，加工误差也可有效控制，避免安装出现问题；

最后是进行跨河拱桥部分的安装施工任务。

4.2 跨河拱桥桥面梁安装施工阶段

跨河拱桥桥面梁安装施工阶段主要从下面七个方面进行说明（图8～图24）：

第一步：跨河大桥两侧的主桥及引桥前期已经施工完毕，接着准备施工长度177m、宽度53.54m的跨河大桥主体钢箱拱＋钢箱梁桥梁结构，工程总量约为7300t；

图8 现场拱桥位置正视示意图　　　　图9 现场拱桥位置立体示意图

第二步：在河道中进行施工桥面安装的临时支撑的两组桩基，包括：①钢箱桥梁水平组装，滑移安装的 $\phi600\times40000$mm—80组桩基；②钢箱桥梁组装履带吊运行栈桥的 $\phi500\times40000$mm—36组桩基；

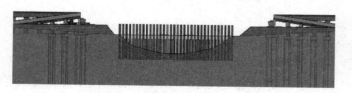
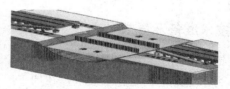

图10 拱桥桥面临时支撑安装正视示意图　　　图11 拱桥桥面临时支撑安装立体示意图

第三步：钢箱桥梁组装履带吊运行栈桥的钢梁及贝雷梁安装及铺设平台钢板，达到履带吊运行条件；

图12 拱桥栈桥临时支撑安装正视示意图　　　图13 拱桥栈桥临时支撑安装立体示意图

第四步：钢箱桥梁水平组装，滑移的钢梁及贝雷梁安装；

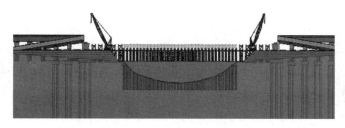

图 14 拱桥临时钢梁及贝雷梁安装正视示意图   图 15 拱桥临时钢梁及贝雷梁安装立体示意图

第五步：钢箱桥梁水平组装，滑移的钢梁及贝雷梁上面固定铺设平台导轨，达到桥梁拼装运行条件；

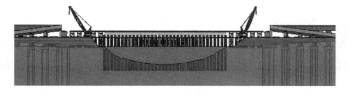

图 16 拱桥临时平台铺设正视示意图   图 17 拱桥临时平台铺设立体示意图

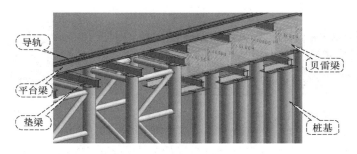

图 18 拱桥临时平台铺设立体局部示意图

第六步：钢箱桥梁自桥面的两端开始进行一次小单元水平组装，然后向桥梁中心滑移进行整体二次组装；

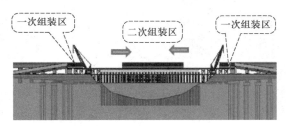
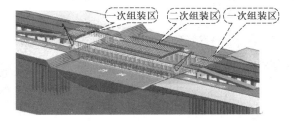

图 19 拱桥桥面梁组装滑移正视示意图   图 20 拱桥桥面梁组装滑移立体示意图

第七步：钢箱桥梁自桥面的两端小单元组装，然后向桥梁中心滑移整体组装完成。

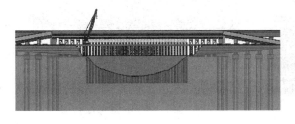
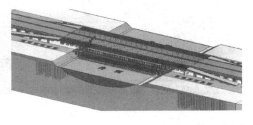

图 21 拱桥桥面梁组装滑移完成正视示意图   图 22 拱桥桥面梁组装滑移完成立体示意图

图 23 拱桥现场安装完成照片 1 　　　　　图 24 拱桥现场安装完成照片 2

4.3 拱桥拱肋安装施工阶段

跨河拱桥拱肋安装施工阶段主要从下面七个方面进行说明（图 25～图 38）：

第一步：钢箱拱肋桥梁安装竖转塔架及桥梁面组装临时塔架；

这里需要说明的是如果工程成本及工期允许，可以将竖转塔架加工两组，待拱桥完成（1）组竖转后再移至第（2）组使用；

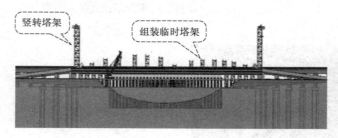 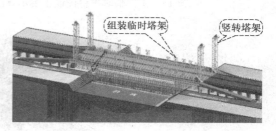

图 25 拱桥临时组装措施安装正视示意图 　　　图 26 拱桥临时组装措施安装立体示意图

第二步：钢箱拱肋桥梁竖转按照结构要求每组拱桥分为两段在桥面临时塔架上进行组装；

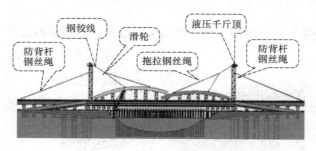 

图 27 拱桥组装正视示意图 　　　　　　图 28 拱桥组装立体示意图

图 29 拱桥竖转节点正视示意图 　　　　图 30 拱桥竖转节点立体示意图

第三步：钢箱拱肋桥梁在桥面临时塔架上组装完成后，按照结构要求对于每个拱桥同时开始进行竖转两段拱桥；

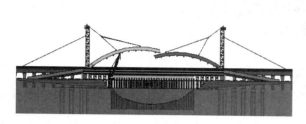

图 31　拱桥竖转过程正视示意图

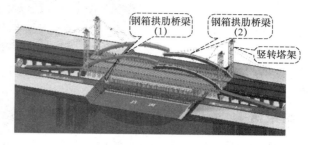

图 32　拱桥竖转过程立体示意图

第四步：钢箱拱肋桥梁在空中达到对接目的，接着安装吊杆；

图 33　拱桥竖转合拢连接正视示意图

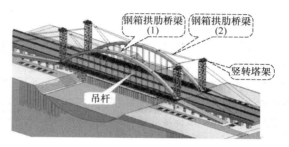

图 34　拱桥竖转合拢连接立体示意图

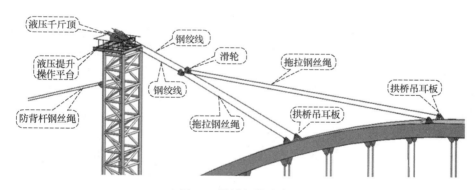

图 35　拱桥竖转示意图

第五步：钢箱拱肋桥梁对接及吊杆安装完成，再次进行检查验证，在满足要求后进行卸载操作，即按照工艺要求拆除施工措施，从而达到竣工条件。

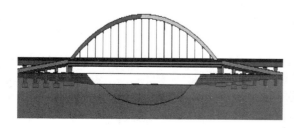

图 36　竣工后正视简图

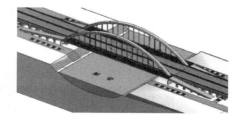

图 37　竣工后立体示意图

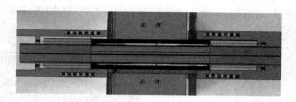

图 38 竣工后俯视简图

5 结束语

市政桥梁施工涉及多个技术领域，具有一定的难度，在现代化生产生活中，桥梁工程的建设丰富了城市建设，提高了交通运输功能，本项目在整个施工过程控制的各方面非常圆满地达到了预期，希望能够在今后施工过程中给同类型工程提供一些有用的参考信息。

参考文献

[1] 中华人民共和国国家标准.钢结构工程施工规范 GB 50755—2012[S].
[2] 中华人民共和国行业标准.公路工程技术标准 JTGB 01—2014[S].
[3] 中华人民共和国行业标准.城市桥梁工程施工与质量验收规范 CJJ 2—2008[S].
[4] 市政桥梁工程施工质量验收规程 DB13(J)59—2006[S].
[5] 中华人民共和国国家标准.钢结构焊接规范 GB 50661—2011[S].

双转体钢混混合连续梁桥 BIM 技术应用研究

李　硕　张延旭

（中铁六局集团有限公司，北京　100036）

摘　要　本文以延崇高速上跨大秦铁路及京新高速钢混混合连续梁桥工程为例，主要介绍 BIM 技术在转体施工各阶段的应用，解决传统的二维图纸会审耗时长、效率低、发现问题难的问题，确保转体施工的顺利完成。

关键词　BIM；模型；三维；转体；钢混混合连续梁桥

1　项目概况

延崇高速公路（北京段）工程位于延庆区内，为北京市与河北省张家口地区联系的一条重要道路，也是 2019 年北京世园会与 2022 年北京冬奥会的重要联络线。延崇高速公路呈南北走向，南起兴延高速公路，北至市界，规划线路全长 32.2km。见图 1、图 2。

图 1　延崇高速公路（北京段）工程第五标段全景图　　图 2　上跨大秦铁路及京新高速钢混混合连续梁桥

2　复核信息

2.1　转体桥创建模型

在施工前使用 Revit 软件转体工程进行模型搭建，包括转体系统、钢箱梁、混凝土连续梁，其中各部位的三维数据必须严格遵循图纸数据，实现施工过程中构件三维模型与设计施工图纸的实时交互，以及桥梁各构件的快速定位，便于施工信息查阅。

通过 BIM 技术还可实现对一线施工人员进行可视化的三维技术交底，让施工交底内容更形象，表达更加清晰直观、快捷，提高施工效率；使施工人员了解施工步骤和各项施工要求，确保施工质量，避免不必要错误而形成材料的损失。见图 3、图 4。

图 3　钢箱梁三维模型　　　　　图 4　转体系统三维模型

图 5 钢混结合段钢隔室加劲板

在钢混结合段模型搭设期间，按照图纸尺寸，钢隔室加劲板之间间距只有 16.7m，钢隔室长度 2m，锚头 15cm，螺旋筋 26.7cm，人工无法实现锚头位置的焊接，同时螺旋筋无法安装，可能造成工期滞后等后果。见图 5。

2.2 工程量测算

本工程转体桥结构复杂，其中钢箱梁内部包含异形模板，梁体内部钢筋工程量巨大，难以实现人工计算工程量，利用 BIM 模型计算工程量快速对各种构件进行统计分析，将各部位工程量通过计算机精确计算，达到工程量信息与设计方案的完全一致的目的，当遇到模型计算转体结构尺寸、数量与设计不符等问题时，及时与设计院沟通，获得反馈意见。在保障工程材料消耗管控同时，BIM 技术计算工程量节省人工计算时间，提升工作效率。见图 6。

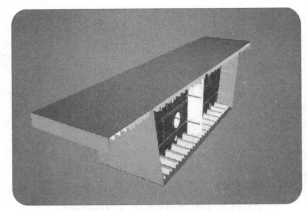

图 6 钢箱梁内部隔板工程量统计

用 BIM 计算工程量与图纸工程量对比，发现图纸混凝土、钢筋量大于实际量，经过调整，节省钢筋 200t、混凝土 300m³、钢绞线 3t，施工成本得到大幅度降低。见图 7。

图 7 钢筋及混凝土 BIM 计算工程量

2.3 三维坐标复合查询

测量领域采集目标的三维信息，由于硬软件的限制一直得不到更好的体现，随着 BIM 技术在各个领域的兴起，本转体工程也将 BIM 技术应用于施工测量方面。

在 BIM 模型搭建前在项目中设置基点，随后搭建模型都将得到精准的三维坐标与标高，可将三维参数与图纸进行二次核对，同时通过 BIM 三维模型可提取空间任意位置测量数据，提供测量人员参照放点，保证了施工空间位置的准确性，提升施工质量。见图 8。

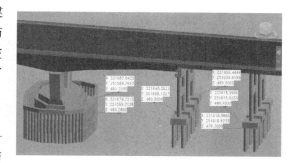

图 8　三维坐标体系坐标点复核清单

2.4　BIM 空间碰撞施工技术应用

依据设计图纸构建桥梁的三维模型，利用 Navisworks 软件检测包括纵向预应力、泄水孔、下料口等与普通钢筋间的碰撞，与设计院进行协调沟通，给出了转体桥连续梁钢筋碰撞位置调整原则：保证纵向预应力管道不变，可以对桥梁的整体空间位置、细部结构的几何尺寸进行检测，优先调整普通钢筋再调整纵向预应力筋，有效解决了钢筋碰撞冲突和竖向振捣不畅问题。碰撞分析解决了模型之间不协调的问题，减少不必要的返工。经过碰撞检查，审阅设计图纸，实现桥梁结构的实体阅读。见图 9。

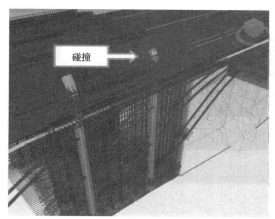

图 9　钢筋与各附属间碰撞检测

3　BIM 施工工艺模拟

通过对项目的施工模拟，再配合 3DMax、Lumion 等软件渲染与漫游，可以展示出贴近真实的现场感。通过对转体系统施工模拟、钢箱梁拼装工艺模拟、跨大秦铁路及京新高速钢混混合连续梁转体施工模拟，将转体施工与既有临建设施、环境因素结合 BIM 数据精细化分析，结合测量数据与施工监测数据，保证了转体顺利就位。见图 10。

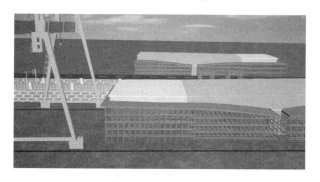

图 10　通过 BIM 模拟龙门吊施工
指导现场施工

虚拟施工保质提效，结合施工现场地理信息，建立主要施工区的精细地理模型，以此确定场区机械站位以及所需注意的安全净空、净距，有效预防施工中难以预判的错误。

使用 BIM 技术还可进行动态碰撞检查分析，通过软件快速检查转体施工障碍物，精确判断施工障碍物对转体施工的影响，提前合理安排施工工序，为顺利施工节约了时间和成本。见图 11、图 12。

桥下净空11.43m，与公路交叉角度为98.5°.桥下净空12.1m　　　应保证两个转体的梁体在平面位置关系上错开5m以上的距离

图 11　桥下安全净空　　　　　　　　图 12　箱梁转体安全净距

4　BIM 三维方案优化

4.1　转体桥脚手架方案

利用 BIM 技术对钢箱梁脚手架方案设计进行了超前模拟，在模型搭设过程中，提前调整了墩柱位置变截面支架的搭设方式，并提前确定了顶托位置的高程，极大地控制了丝杠外露长度。达到完全符合现场施工及规范要求。同时将脚手架准确定位，现场施工人员通过三维方案在放置一根脚手架后便可预知周边的脚手架放置方式，施工做到"0"返工。见图 13。

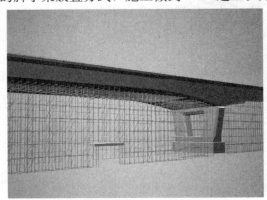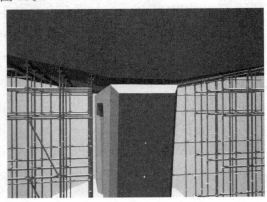

图 13　梁下脚手架三维方案图

4.2　三维钢箱梁合拢段吊装方案

在合拢段吊装施工前，利用 BIM 技术提前进行方案分析，发现合拢段预留 3.5m 宽，距离较窄，若在梁上搭设轨道，将梁体运至转体一端，利用卷扬机进行合拢段箱梁运输，则会导致人工难以控制梁体位置。于是及时修改方案，将箱梁运至合理位置，通过一台吊车进行吊装，保证了合拢段顺利就位。见图 14。

图 14　三维模拟合拢段吊装方案可行性

5 总结

该项目前后分别获得了 2018 年第七届"龙图杯"全国 BIM 大赛二等奖；2018 年天津市建设系统第二届 BIM 成果交流会二等奖；2018 年第四届"科创杯"中国 BIM 技术交流会暨优秀 BIM 案例作品展示会大赛优秀奖。

本工程将 BIM 技术深入高速公路立交桥施工领域，运用 Revit 、3DMax 软件成功建立互通立交桥模型，使用 Navisworks、Lumion 对工程进行可视化分析、施工模拟分析、进度模拟、碰撞分析等，大大优化了施工方案，缩短了工期，降低了工程成本，为延崇高速顺利通车打下坚实基础。

参考文献

[1] 杨京鹏，袁胜强，顾民杰．宁波梅山春晓大桥 BIM 应用[J]．土木建筑工程信息技术，2017，9(1)：14-20.

[2] 杨会强．基于 BIM 的桥梁工程设计与施工优化研究[J]．建筑设计，2016，43(5)：21-26.

[3] 李红学，郭红领，高岩，刘文平，韦笑美．基于 BIM 的桥梁工程设计与施工优化研究[J]．工程管理学报，2012，26(6)：48-52.

基于 BIM 的全过程数字化建造技术在永定河特大桥的应用研究

刘长宇　谭宗成　王 卓

（北京城建道桥建设集团有限公司，北京　100124）

摘　要　近些年，大量造型美观、结构形式独特的大型建筑物拔地而起，但与此同时，异形结构建筑设计的广泛应用，也极大地增加了深化设计和施工难度，如何高效高精度地建造异形建筑是亟需解决的问题。本文以永定河特大桥工程为实例，详细论述了基于 BIM 的设计、深化设计、虚拟仿真、成品质量验收和虚拟预拼装等，解决了该异形结构建筑的可建造性和精确建造的难题，为其他异形结构建筑的建造提供参考。

关键词　大型异形结构；BIM 技术；精确建造

目前，BIM 技术已广泛应用于工程建设中，尤其是在异形结构建筑中发挥了极其重要的作用。永定河特大桥工程大量运用了非一致曲率曲线形成的空间弯扭钢塔以及变截面钢梁，给工程建造带来了巨大的挑战。工程结构的高、矮双塔由不规则的空间弯扭构件组成，传统的二维图纸表达方法几乎无法完成工程的设计任务，因此，本工程设计阶段全面运用 BIM 技术，实现了全过程地数字化建造。本文通过对永定河特大桥施工中 BIM 技术的应用实例的介绍，以期为类似工程提供借鉴。

1　工程概况

长安街西延永定河特大桥，是长安街西延项目的标志工程，设计意向为"合力之门"（图 1）。主桥跨越西六环、莲石湖公园、永定河、丰沙铁路，与永定河斜交 57.4°，主桥全长 639m，主跨 280m，钢梁最宽处为 54.9m，为大横梁连接的分离式钢箱结构。钢塔为迈步空间非一致倾斜的椭圆拱形结构，最大塔高（高塔）为 124.26m，断面尺寸为 15m×15m 至 4.6m×3.3m 渐变。

图 1　长安街西延永定河特大桥效果图

2　设计模型的创建

2.1　施工图设计模型

本工程使用 CATIA 软件，有效解决了传统二维图纸无法表达复杂异形结构的困难，利用软件优化了桥塔成形方式和曲板外形，降低了钢结构加工难度。本工程中，通过对二维图参数的分类准备（图 2），构建了模型的骨架（图 3）和模型板单元模型（图 4），最终完成了全桥模型的建立（图 5），实现了协同设计的自动、高效、精确，达到了设计、加工、施工和后期养护无缝衔接的目的。

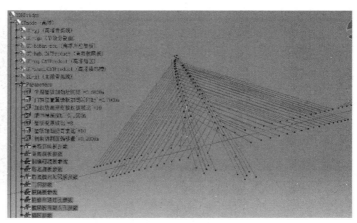

图 2　模型结构树　　　　　　　　　图 3　永定河特大桥模型骨架

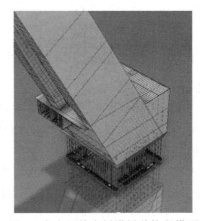

图 4　永定河特大桥板单元模型　　　　图 5　永定河特大桥塔梁共构段模型

2.2　施工深化的模型基础

本工程在施工图设计 BIM 模型的基础上，对其进行精准深入的施工模型深化，利用设计模型划分了建筑结构分段（图 6）及制造分段模型深化，实现了曲线异形结构的可建造性的施工深化。在利用 BIM 技术展开工程主体施工深化工作的同时，以工程主体设计模型为基准创建了施工场地及施工环境的施工模型（图 7），并结合主体设计模型的建造需求，对工程施工辅助设施及架控、施工所需设备、实物进行了工程模型建立。建立了锚杆定位架、结构吊耳（图 8）、高矮塔支架、矮塔支座及工装（图 9）等关键点模型。

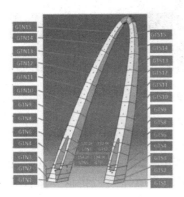

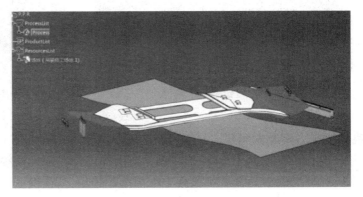

图 6　永定河特大桥高塔节段的划分　　　　图 7　形成场地资源模型

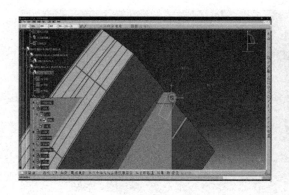

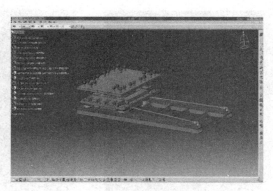

图 8　九节段吊耳建模　　　　　　　　图 9　矮塔支座及工装的建模

通过对设计模型的深化以及创建施工深化模型，实现了基于 BIM 技术的满足工程施工深度的模型及工程整体施工虚拟环境的建立，为工程的数字化建造提供了必要条件。

3　基于 BIM 技术的施工深化设计

3.1　设计、施工协同深化

基于 BIM 技术的工作环境，施工深化工作和设计模型有效结合可极大地提高施工单位对于设计意图的理解，同时，也做到了施工需求和设计成果最高效的结合。本工程在定位架的深化设计中，很好地实现了设计和施工的协同。

施工单位利用设计模型及工程需要展开定位架的深化，形成了最终实施的定位架设计模型（图10）。设计单位利用此模型结合基座模型对钢筋构造进行必要的调整和优化，及时在设计阶段解决了大量潜在碰撞点，为施工的高效展开打下了坚实的基础。施工单位与设计单位基于三维模型的深度协同工作不仅为工程的展开节省了工期，也为工程节省了大量的资源，避免了浪费，创造了巨大的价值（图11、图12）。

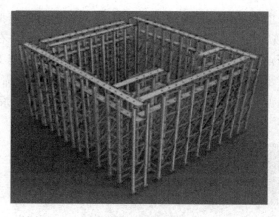

图 10　定位架三维模型　　　　　　　　图 11　定位架与基座合模

3.2　高塔支架方案及支架架控方案的深化设计

主塔支架研究的是基于 BIM 技术对支架结构进行有限元建模分析，然后，根据吊装工况进行每一节段变形与力学仿真分析。在本工程中承接设计单位 BIM 模型，采用壳单元模拟桥塔，采用梁单元模拟支架，进行了梁单元法计算与壳单元法计算两种方式，多种不同支架类型的多次建模计算，在确保结构准确性的同时大大地提高效率。

图 12　定位架钢构与基座钢筋的优化设计

　　将桥塔主要结构的所有板件从 BIM 模型中抽取为壳体几何模型（图 13a），然后划分为 11 万个壳单元（图 13b），对壳单元模型进行桥塔-支架耦合（图 13c）分析计算和支架的内力、应力与稳定性（图 13d）计算。最后，在以上模型和分析的基础上创建支架整体模型，并通过自主研发的软件插件将 BIM 模型转化为加工图纸并进行下料加工，如图 14 所示。

(a)　　　　　　　　　(b)　　　　　　　　　(c)　　　　　　　　　(d)

图 13　计算过程中的各种软件模型
(a) 壳单元横桥向视图；(b) 壳单元网格；(c) 桥塔-支架整体模型；(d) 支架设计模型

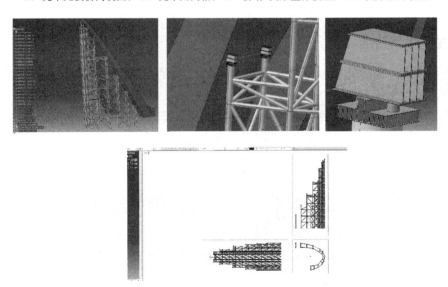

图 14　基于 BIM 系统的支架设计与出图

图 15　高塔北肢 8 节段吊装

主塔线形控制是支架法的核心问题，也是支架法的难点所在，本工程中，基于 BIM 技术建立了主塔线形控制方法，具体流程为：1) 计算主塔在无支架状态下的变形；2) 计算主塔在有支架状态不做其他调整下的变形，通过其结果与主塔无支架状态下的变形的对比验证支架法对主塔线形控制的效力；3) 使用预变形法，辅助支架法对主塔线形进行进一步控制。通过正拆倒装法进行主塔安装线形的计算，确定主塔的安装线形；4) 使用 BIM 技术将有限元计算结果与设计模型进行交互，确定每个设计节段的安装位置；5) 通过卡尔曼滤波法，对理论计算与将来实际安装时的误差进行纠偏。

通过实际施工中的验证，此套线形控制的方法很好地解决了工程吊装中线形控制的问题（图 15）。

3.3　BIM 模型应用于仿真计算存在的问题与分析

采用 BIM 模型直接对接有限元计算的方式大大地提高了效率，但是同时也存在着以下问题：

（1）BIM 模型精度不足。虽然模型的精度已经满足单元件加工与现场安装的要求，但是作为仿真计算使用仍然不够，在抽取壳单元的过程中，存在局部细小断点的问题，尤其是在结构交叉部位，需要后续的修补操作才能进行仿真计算。

（2）BIM 模型与仿真软件的交互并不完美。模型本身为实体模型，理论上可直接通过有限元计算软件进行实体单元仿真计算，这样得到的结果更加精准，但是由于实体单元的计算量远高于壳单元，而且由于模型中包含过多仿真分析中不需要的信息，在交互时不能实现有效规避，导致实体仿真分析计算量过大无法进行。

上述两个问题产生的主要原因在于 BIM 模型与仿真计算模型所需要的信息源是有差异的。仿真计算模型的核心信息是结构的计算尺寸属性与节点处的相互关系，BIM 模型更倾向于结构的实际尺寸模型并且对于节点位置的描述方式与仿真计算模型的要求不一致。该问题可以通过 BIM 模型在建立时对各类信息进行分类管理，对于不同使用环境可以快速选择所需要的信息以实现模型的快速、精确使用来解决。

4　数字仿真技术应用研究

利用数字仿真技术，通过充分模拟吊装过程中可能出现的风险源，在吊装前合理优化吊装施工工序，从而降低施工风险和提高吊装施工经济性。为了实现施工仿真的准确，施工 BIM 模型不仅体现重点工序施工细节，还要考虑施工仿真过程的施工顺序。本工程对主要施工方案进行了仿真模拟，如高塔钢拉杆定位架安装（图 16）、塔支架安装（图 17）、吊装方案（图 18）等的仿真模拟。

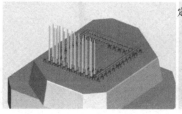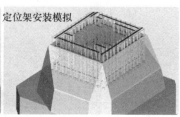

图 16　吊装方案的模拟

图 17　基于 BIM 系统的支架 4D 模拟施工示意图

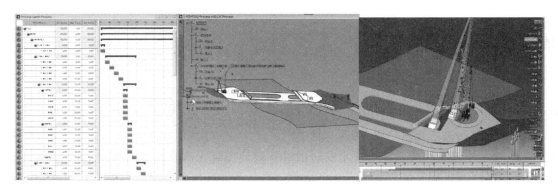

图 18　吊装方案的模拟

5　基于 BIM 的智慧建造技术应用研究

　　由于永定河特大桥异形钢结构构造复杂和非一致曲率曲板加工精度控制难度大，因此，在工程建造中，开展了基于三维激光扫描的钢构件空间位形测量及质量控制技术研究，取得良好的应用效果。通过测量机器人在众多构件中对目标进行高速自动识别、照准、跟踪、测角、测距和三维坐标测定，实现了对结构在复杂空间环境下快速精准测控的目标；通过三维扫描技术建立了构件点云模型，快速制作了平面图、立面图和剖面图，并对工程实体剪力键进行了复测（图 19）、曲板单元验收（图 20）、节段制造精度验收（图 21）的工作，取得了良好效果。

图 19　对扫描剪力键在 Trimble Business
Center 进行复测

图 20　对曲线段进行三维扫描

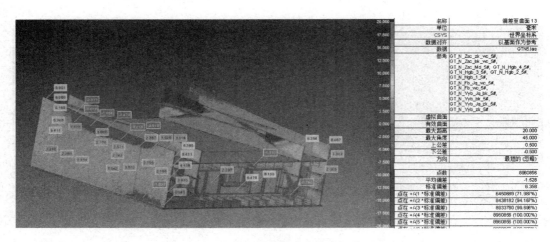

图 21　节段制造精度验收的工作

6　结语

本工程中，以永定河特大桥项目的实际需求开展了基于 BIM 技术的全过程数字化建造应用实践，取得了良好的应用效果，不仅降低了施工成本，还为工程建造节省了资源、缩短了工期、创造了可观的社会价值。随着我国城市化进程的加快和经济的持续快速增长，未来大型场馆、交通枢纽、工业厂房以及商务高层建筑中复杂异形建筑也将不断推陈出新，给工程建造带来极大的挑战。而 BIM 技术以及基于 BIM 技术的数字化建造和智慧建造技术的应用将有效地提高工程建造的数字化和智能化的水平，对于确保设计理念的实现、提高工程施工水平和效率、降低劳动强度和环境影响有非凡的意义。

参考文献

[1]　李久林，魏来，王勇等．智慧建造理论与实践[M]．北京：中国建筑工业出版社，2015.
[2]　刘占省．BIM 技术概论[M]．北京：中国建筑工业出版社，2016.
[3]　李久林．智慧建造关键技术与工程应用[M]．北京：中国建筑工业出版社，2017.
[4]　单岩．CATIA V5 曲面造型应用实例[M]．北京：清华大学出版社，2007.
[5]　单岩，谢龙汉等．CATIA V5 自由曲面造型[M]．北京：清华大学出版社，2004.